分布式中间件
技术实战
（Java版）

Introduction and Practice of Middleware Technology（Java Version）

钟林森◎编著

机械工业出版社
China Machine Press

图书在版编目（CIP）数据

分布式中间件技术实战：Java版/钟林森编著. —北京：机械工业出版社，2019.11
（2020.10重印）

ISBN 978-7-111-64151-3

Ⅰ. 分… Ⅱ. 钟… Ⅲ. JAVA语言－程序设计 Ⅳ. TP312.8

中国版本图书馆CIP数据核字（2019）第259189号

分布式中间件技术实战（Java 版）

出版发行：机械工业出版社（北京市西城区百万庄大街 22 号 邮政编码：100037）

责任编辑：欧振旭 李华君　　　　　　　　　责任校对：姚志娟

印　　刷：中国电影出版社印刷厂　　　　　　版　　次：2020 年 10 月第 1 版第 2 次印刷

开　　本：186mm×240mm 1/16　　　　　　印　　张：28

书　　号：ISBN 978-7-111-64151-3　　　　　定　　价：129.00 元

客服电话：（010）88361066　88379833　68326294　　　投稿热线：（010）88379604

华章网站：www.HZbook.com　　　　　　　　　读者信箱：hzit@hzbook.com

为什么要写这本书

互联网、移动互联网时代的到来，不仅给企业业务的扩展带来了巨大的挑战，同时也在某种层面上给开发者带来了重大机遇。这一机遇主要是由具有高并发、高可用、高扩展等功能特性的分布式系统架构带来的。然而，分布式系统架构的构建其实是一个相当复杂的过程，在这个过程中毫无疑问是需要有一系列的功能组件加以支撑的。其中，最为典型的当属"中间件"，它在构建分布式系统架构的过程中起到了至关重要的作用。因此，想要进军分布式系统架构领域，学习并实战分布式中间件的相关知识，以及掌握其在实际典型业务场景中的使用，都是很有必要的。

目前，国内图书市场上关于 Java 中间件的图书不少，但是真正从初学者的角度，基于实际项目，通过各种典型业务模块和案例来指导读者提高开发水平的图书却很少。本书便是以实战为主，配合必要的理论知识，介绍了几款比较流行的分布式中间件，包括其理论层面的知识要点及在实际业务场景中的实战过程，让读者几乎可以从零开始一步一个脚印地学习 Java 企业级应用开发的各种常用中间件，从而提高实际开发水平和项目实战能力。

本书有何特色

1. 详解Java企业级应用构建所涉及的常用中间件

本书主要介绍了 Java 企业级应用构建所涉及的各种常见中间件，包括 Redis、RabbitMQ、ZooKeeper 和 Redisson 等，不仅介绍了其理论要点，还介绍了其功能组件底层基础架构的执行过程。

2. 基于Spring Boot微服务框架作为实战中间件的奠基

本书采用了目前比较流行的 Spring Boot 微框架作为实战中间件的奠基，在整合中间件的相关依赖并实践其相关功能组件时，还介绍了 Spring Boot、Spring MVC、MyBatis、Redis、RabbitMQ、ZooKeeper、Redisson 和 MySQL 等热门技术。

3．详解实际生产环境中的各种典型应用案例，实用性强

本书不仅以大量图文相结合的方式介绍了相关中间件的理论知识，而且还重点介绍了实际生产环境中各种中间件的典型应用场景，并给出了实现代码，有很强的实用性。而且这些中间件之间也相互独立，开发人员可以作为手册随时查阅和参考。

4．案例典型，有较高的应用价值

本书在介绍完每个中间件的理论要点后，都会介绍一个典型的业务场景，甚至以实际的应用系统作为实战案例。这些案例来源于作者所开发的实际项目，具有较高的应用价值和参考性。而且这些案例分别使用不同的中间件实现，便于读者融会贯通地理解书中所讲解的相关理论知识。

本书内容及知识体系

第1篇　开发工具准备

本篇包括第 1、2 章，主要介绍了分布式系统架构的演进历程，并详细介绍了分布式中间件的重要性，重点介绍了常见中间件的功能特性、作用及其典型应用场景。除此之外，本篇还介绍了如何基于 Spring Boot 微服务框架搭建微服务项目，并系统地介绍了各种相关的开发工具。

第2篇　开发实战

本篇包括第 3~9 章，是全书的核心，介绍了目前在构建分布式系统架构中经常使用的典型分布式中间件，包括缓存中间件 Redis、消息中间件 RabbitMQ、统一协调管理中间件 ZooKeeper、综合中间件 Redisson 等。本篇在介绍完每个中间件的相关理论要点后，都给出了相应中间件在实际应用场景和业务模块中的实战案例，以充分巩固和加深读者对每个中间件的理解，从而提高实际的项目开发水平。

第3篇　总结

本篇包括第 10 章，对全书内容做了总结，并对核心篇章，特别是对实际应用系统的设计、开发与实战等章节做了重点回顾，并对读者使用书中提供的样例代码提出了几点建议。

配套资源获取方式

本书涉及的源代码文件及开发工具等配套资源需要读者自行下载。请在华章公司的网

站 www.hzbook.com 上搜索到本书，然后单击"资料下载"按钮，即可在本书页面上找到
"配书资源"下载链接，单击该链接即可下载。另外，读者也可以从 Git 仓库中下载这些
资料，网址为 https://gitee.com/steadyjack/middleware.git。

适合阅读本书的读者

- 需要全面学习分布式中间件技术的人员；
- Java 和 Java Web 开发程序员；
- Java EE 开发工程师；
- 希望提高项目开发水平的开发人员；
- 希望巩固和提升开发水平的系统架构师；
- 需要一本案头必备查询手册的人员；
- 相关专业的高校学生和社会培训学员。

阅读本书的建议

- 读者需要有一定的 Java 编程基础和 Spring Boot 微服务框架使用经验；
- 有 Java EE 框架使用经验的读者可以根据实际情况有重点地选择阅读各个中间件及
  其案例；
- 对于每个典型应用场景的实战案例，先自己思考一下实现的思路，然后再阅读，学
  习效果更好；
- 先对各种中间件的应用场景做必要的了解和学习，然后再结合提供的案例源代码进
  行应用实战，理解起来更加容易，也更加深刻。

本书作者

本书由钟林森主笔编写。作为一个 Java 后端工程师，作者曾任职于国内某知名互联
网公司，担任开发组长，并长期活跃于 CSDN 和 51CTO 学院等技术社区，写作了大量原
创博客，访问量达百万人次。作者还作为 CSDN 学院、网易云课堂等知名教育平台的讲师，
授课学员超过万人。

由于作者水平所限，加之写作时间有限，书中可能还存在错漏和不严谨之处，恳请同
行专家和各位读者不吝指正。您在阅读本书时若有疑问，请发电子邮件到 hzbook2017
@163.com。

钟林森

目录

第 3 篇　总结

第1篇
开发工具准备

第 1 章　走进分布式中间件

对于"分布式系统"，大多数初学者的第一感觉是遥不可及，犹如金庸先生的武侠小说中提及的"降龙十八掌""独孤九剑"等武林绝学一般，虽然没有亲眼见过，但也应听过其大名。

分布式系统凭借其具有高吞吐、强扩展、高并发、低延迟及灵活部署等特点，大大促进了互联网的飞速发展，给企业带来了巨大的收益。而作为分布式系统中关键的组件——分布式中间件，也起到了必不可少的作用。它是一种独立的基础系统软件或者服务程序，处于操作系统软件与用户的应用软件中间，可作为独立的软件系统运转。

随着业务的发展和用户流量的上升，对互联网系统或者服务程序则提出了新的挑战，其中，高吞吐、高并发、强扩展、灵活部署及低延迟等俨然成为急需解决的需求！为此，作为枢纽的中间件也从"集中式"发展为"分布式"，如基于 Redis 的分布式缓存、基于 RabbitMQ 的分布式消息中间件、基于 Elasticsearch 的分布式全文搜索引擎、基于 ZooKeeper 的分布式锁等。

另外，作为一名 IT 行业的从业人员，在普通研发工程师到系统架构师的成长之路上，分布式中间件是绕不过去的。既然绕不过去，那还不如从现在开始认真地学习分布式中间件，也当作是自己职业生涯的一个成长轨迹。

本章的主要内容有：

- 分布式系统概述、发展历程、特性及常见问题。
- 分布式中间件概述、常见分布式中间件及其典型应用场景介绍。

1.1　分布式系统概述

虽然"分布式系统"在初学者看来是多么的遥不可及，但当你接触过并实际掌握过分布式系统相关技术要点后，会发现分布式系统其实也很简单。回望分布式系统的发展历史，其出现并非一开始就是"分布式"的，而是随着业务的发展与用户访问量的上升，使得其应势而生，由此而带动了相关技术的发展。

本节我们将一起来认识"分布式系统"这一"庞然大物"，以及由此孕育的中间件的产生与发展。

1.1.1　白话分布式系统

关于"分布式系统"的定义，说直白点，可以这样理解：

- 分布式系统整体上来说比较强大，其内部至少由多台计算机组成，类似于一个统一的"机器中心"一样，背后由一组独立的计算机组成。
- 对于用户来说，这个"机器中心"却像是单个相关系统一样，根本感觉不到计算机集群的存在。

从程序的角度来看，程序 A 与程序 B 分别运行在两台计算机上，它们相互协作完成同一个功能。从理论上讲，这两个程序所组成的系统，就可以称作是"分布式系统"。当然，这两个程序可以是不同的程序，也可以是相同的程序。如果是相同的程序，我们又可以称之为"集群"。

1.1.2　分布式系统发展历程

在分布式系统出现之前，市面上几乎所有的软件系统都是集中式的，即所谓的单机系统。软件、硬件及各种组件高度耦合组成了单机架构。在很长一段时间内，这种架构着实起到了很大的作用，给企业带来了诸多收益。随着业务的发展及用户访问量的上升，这种系统架构也随之进行了演进。以 Web 应用为例，主要包含以下 5 个历程。

1. 单点集中式Web应用

早期很多中小型企业的大部分项目都是基于这样的架构，如图 1.1 所示。

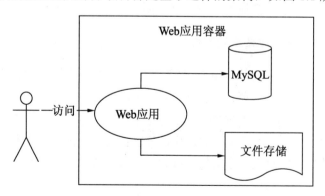

图 1.1　分布式系统发展历程——单点集中式 Web 应用

单点集中式 Web 应用系统架构总体上来看还是比较简单的，一般以后台管理应用为主，比如 CRM 和 OA 系统等。这种系统架构有一个很明显的特点就是数据库（比如

MySQL）及应用的 War 包都是共同部署在同一台服务器上，文件的上传存储也是上传到本台机器上。

单点集中式 Web 应用系统架构的优点是适用于小型项目，发布便捷（只需要打包成 War 包，并进行解压即可），对于运维的工作量也比较小。其缺点在于若是该台服务器宕机了，整个应用将无法访问。

2．应用与文件服务及数据库单独拆分

随着时间的推移，数据库及文件的数据量越来越多，由于服务器的容量是有限的，原有系统架构已经不足以支撑，此时需要将 Web 应用、数据库、文件存储服务拆分出来作为独立的服务，以此来避免存储瓶颈，如图 1.2 所示。

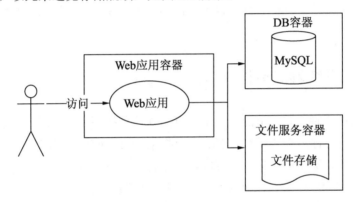

图 1.2 分布式系统发展历程——应用与文件及数据库服务单独拆分

应用与文件服务及数据库单独拆分这种系统架构，一个明显的特点就是三个服务独立部署，不同服务器宕机了，其他的仍然可以使用。

3．引入缓存与集群，改善系统整体性能

当请求并发量上去了，而单台 Web 服务器（比如 Tomcat）不足以支撑应用的时候，此时我们会考虑引入缓存及集群，以改善系统的整体性能，此种系统架构如图 1.3 所示。

- 引入缓存：把大量用户的读请求引导至缓存（如 Redis）中，而写操作仍然直接写到数据库 DB 中。这点性能上的优化，可以将数据库的一部分数据或者系统经常需要访问的数据（如热点数据）放入缓存中，减少数据库的访问压力，提高用户并发请求性能。
- 引入集群：目的在于减少单台服务器的压力。可以通过部署多台 Tomcat 来减少单机带来的压力，常见手段是 Nginx+Lvs，最终是多台应用服务器构成了负载均衡，减少了单机的负载压力（需要注意的是，对于用户的 Session 需要调整为使用 Redis 或者 Spring-Session 进行管理）。

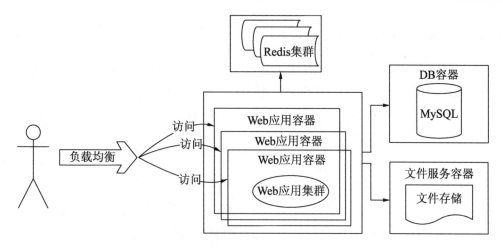

图 1.3　分布式系统发展历程——引入缓存与集群，改善系统整体性能

4．数据库读写分离，并提供反向代理及CDN加速访问服务

经过调查发现，在大多数互联网应用系统中，用户的读请求数量往往大于写请求，它们会相互竞争，在这个时候往往写操作会受到影响，导致数据库出现存储瓶颈（可以参考春节抢票高峰期 12306 的访问情况）。因此会对数据库采取读写分离，从而提高数据库的存储性能。

除此之外，为了加速网站的访问速度，尤其是加速静态资源的访问，会将系统的大部分静态资源存放到 CDN 中，并加入反向代理的配置，从而减少访问网站时直接去服务器读取静态数据。

DB 的读写分离将有效地提高数据库的存储性能，而加入 CDN 与反向代理将加速系统的访问速度，此种系统架构如图 1.4 所示。

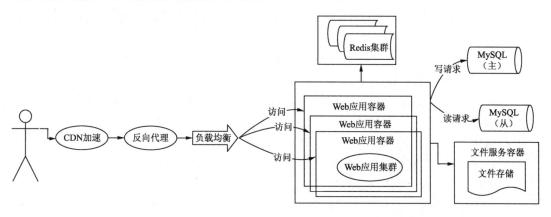

图 1.4　分布式系统发展历程——数据库读写分离并提供反向代理及 CDN 加速访问服务

5. 分布式文件系统与分布式数据库

经过统计与监测，发现系统对于某些表有大量的请求，此时为了减少 DB 的压力，我们会进行分库分表，即根据业务来拆分数据库，此种系统架构如图 1.5 所示。

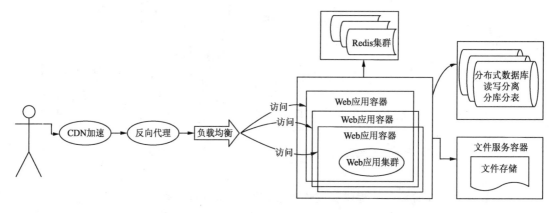

图 1.5　分布式系统发展历程——分布式文件系统与分布式数据库

1.1.3　分布式系统特性

回顾分布式系统的发展历程会发现，在分布式系统出现之前，软件系统都是集中式的，俗称单机系统。在很长一段时期，单机系统通过不断升级"程序"或者相关硬件，就能满足不断增长的性能需求，然而，随着互联网的飞速发展，高吞吐、高并发、低延迟逐渐成为"刚需"，单凭"生硬"地不断升级已无能为力，于是分布式系统"应需求而生"。总的来说，分布式系统具有以下 5 个特性：

- 内聚性和透明性：分布式系统是建立在网络之上的软件系统，所以具有高度的内聚性和透明性。
- 可扩展性：分布式系统可以随着业务的增长动态扩展自己的系统组件，从而提高系统整体的处理能力。通常有两种方式：其一，优化系统的性能或者升级硬件，即垂直扩展；其二，增加计算单元（如服务器等）以扩展系统的规模，即水平扩展。
- 可用与可靠性：说直白点，可靠性量化的指标是给定周期内系统无故障运行的平均时间，而可用性量化的指标是给定周期内系统无故障运行的总时间；一个是"平均"时间，一个是"总"时间。
- 高性能：不管是单机系统还是分布式系统，性能始终是关键指标。不同的系统对性能的衡量指标是不同的，最常见的有"高并发"（即单位时间内处理的任务越多越好和"低延迟"（即每个任务的平均处理时间越少越好）。分布式系统的设计初衷便是利用更多的机器，实现更强大的计算和存储能力，即实现高性能。

- 一致性：分布式系统为了提高可用性和可靠性，一般会引入冗余（副本）。为了保证这些节点上的状态一致，分布式系统必须解决一致性问题，其实就是在多个节点集群部署下，如何保证多个节点在给定的时间内，操作或者存储的数据只有一份。

1.1.4   分布式系统常见问题

分布式系统虽然看似很强大，但是在实际的应用环境中，由于一些人为难以控制或者根本就不可控制的因素，导致系统整体上变得十分脆弱。典型的常见因素包括：

1. 网络并没有那么可靠

分布式系统中，节点间本质上是通过网络通信，而网络有些时候并没有那么可靠。常见的网络问题有网络延时、丢包和消息丢失等。

2. 节点故障无法避免

当分布式的节点数目达到一定规模后，整个系统出现故障的概率将变高。而分布式系统需要保证故障发生时，系统仍然是可用的，即在某个或者某些节点发生故障的情况下，需要将该节点所负责的计算和存储任务转移到其他节点。

总而言之，分布式系统在给互联网企业带来诸多好处之时，随之也带来了诸多挑战和不确定性，可谓是一把"双刃剑"。

1.2   分布式中间件概述

作为分布式系统中必不可少的组件，分布式中间件在分布式系统的发展历程中起到了关键性的作用，特别是针对高并发、高吞吐、低延迟等普遍性的需求，在中间件层面能够得到很好的解决。

本节将介绍中间件的相关概念、常见的中间件及其常见的典型应用场景。

1.2.1   白话分布式中间件

中间件是一种独立的基础系统软件或者服务程序，处于操作系统软件与用户的应用软件中间，具有很好的独立性，可作为独立的软件系统运转。

如果读者还不清楚什么是中间件，那么应该听说过 Redis、RabbitMQ、ZooKeeper、Elasticsearch、Nginx 中的一种吧，它们都是常用的中间件，可实现缓存、消息队列、分布式锁、全文搜索及负载均衡等功能。

而随着互联网的飞速发展，高吞吐、高并发、低延迟和负载均衡已成为普遍性的需求，因此，作为枢纽的中间件也从单点的"集中式"发展为"分布式"，如常见的基于 Redis 的分布式缓存、基于 RabbitMQ 的分布式消息中间件、基于 ZooKeeper 的分布式锁，以及基于 Elasticsearch 的全文搜索引擎等。

1.2.2　常见中间件介绍

如前面所讲的，目前比较常见及常用的中间件包括 Redis、Redisson、RabbitMQ、ZooKeeper、Elasticsearch、Kafka、Etcd 和 Nginx 等。由于笔者阅历有限，本书将重点介绍 Redis、Redisson、RabbitMQ 及 ZooKeeper 这些中间件，其他的中间伴，感兴趣的读者可以在网上学习相关的技术要点。

1. Redis简介

Redis 是一个开源（BSD 许可）的、基于内存存储、采用 Key-Value（键值对）格式存储的内存数据库，支持多种数据类型，包括字符串、哈希表、列表、集合、有序集合和位图等。

本书我们将重点介绍 Redis 在"缓存"层面的相关技术要点，并采用典型的实际案例系统来实战 Redis。

2. Redisson简介

Redisson 是"架设在 Redis 基础上的一个 Java 驻内存数据网络（In-Memory Data Grid）"，可以简单地理解为 Redisson 是 Redis 的一个升级版，它充分利用了 Redis 键值对数据库提供的一系列优势，为使用者提供了一系列具有分布式特性的常用工具类。

Redisson 的出现使得原本作为协调单机多线程并发程序的工具包，获得了协调分布式多机多线程并发系统的能力，大大降低了设计和研发大规模分布式系统的难度，同时也简化了分布式环境中程序相互之间的协作。

Redis 在分布式系统应用过程中出现的问题，在 Redisson 这里能够得到很好的解决，比如关于分布式锁的处理，Redisson 的处理方式则更为安全、稳定与高效。这在后面 Redisson 的实战章节中将有所介绍。

3．RabbitMQ简介

RabbitMQ 是一款应用相当广泛并开源的消息中间件，可用于实现消息异步分发、模块解耦、接口限流等功能。特别是在处理分布式系统高并发的业务场景时，RabbitMQ 能够起到很好的作用，比如接口限流，从而降低应用服务器的压力；比如消息异步分发，从而降低系统的整体响应时间。

在后续的相关实战章节中，将会对 RabbitMQ 拥有的这些特性与功能进行详细介绍。

4．ZooKeeper简介

ZooKeeper 是一个开源的分布式应用程序协调服务，可以为分布式应用提供一致性服务，简称 ZK。其提供的功能服务包括配置维护、域名服务、分布式同步等；提供的接口则包括分布式独享锁、选举、队列等。

在本书中，我们将介绍 ZooKeeper 的分布式锁在处理分布式系统中高并发出现的并发问题。

1.3 本书核心知识要点

本书着重介绍目前比较流行的中间件及其相关技术要点。书中首先会讲解中间件的相关基础概念，让读者对其有初步的认识，之后会采用实际的典型应用案例"实战"中间件，真正地将中间件应用到实际的业务场景中，从而让读者掌握中间件的核心技术及实际应用场景！

工欲善其事，必先利其器。在"实战"本书相关技术要点之前，笔者首先会带领读者采用目前比较流行的微服务框架 Spring Boot 搭建企业级的微服务项目，然后一步一步地引入中间件的配置与相关依赖，从而实战相关的技术要点。

"首当其冲"的中间件是分布式缓存中间件 Redis。本书将会介绍 Redis 的相关基础概念、安装与简单用法，以代码"实战"Redis 支持的各种常见数据类型，并以目前两个典型的业务场景"缓存穿透"与"缓存雪崩"，巩固读者对 Redis 相关知识点的理解，最后以典型的案例"抢红包设计与实战"，带领读者体验 Redis 在实际项目中的应用。

接着会介绍目前应用相当广泛的分布式消息中间件 RabbitMQ。本书将会介绍 RabbitMQ 的相关基础概念、作用及常见的业务场景，认识 RabbitMQ 涉及的相关专用词汇，以实际代码"实战"RabbitMQ 的几种消息模型，并掌握如何采用 RabbitTemplate 组件发送消息、采用@RabbitListener 接受消息等，最后以典型的应用场景"用户操作异步写日志"实战案例，巩固 RabbitMQ 的相关知识点。

在某些业务场景下，需要实现"延时、延迟发送文件或者消息"等功能，此时 RabbitMQ 的死信队列即可搬上用场。本书将会介绍 RabbitMQ 死信队列的相关基础概念、作用及常见的应用场景，认识死信队列 DLX、DLK 和 TTL 等相关专用名词，并以实例实现死信队列的消息模型，最后以典型应用场景"商城平台用户支付超时"为案例进行巩固。

介绍完 Redis 与 RabbitMQ 后，本书将通过一个案例，即采用 Redis 和 RabbitMQ 的典型应用场景"商城系统高并发抢单"，介绍商城高并发抢单的整体业务流程，以及如何采用 Redis 和 RabbitMQ 的相关技术实现高并发抢单的核心业务逻辑。

在分布式系统中，"高并发"所产生的诸多问题是很常见的，其中比较典型的问题在于高并发抢占共享资源而导致并发安全的问题。为了解决这个问题，本书采用一章的篇幅介绍了分布式锁，包括其相关概念、作用与常见的应用场景，并以实际的典型应用场景"秒杀系统设计与实战"为案例驱动，以多种实现方式（数据库乐观锁/悲观锁、Redis 原子操作、ZooKeeper 分布式锁及 Redisson 分布式锁）配备实际代码实现分布式锁。

"打铁需趁热"本书将用一章的篇幅介绍 Redisson 及其分布式锁，包括其相关基础概念和作用，以实际的应用场景"高性能点赞和评论模块设计与实战"为案例驱动，带领读者对该案例展开业务流程分析，进行数据库表设计及项目的整合搭建，最终以代码的形式实现高性能的点赞与评论功能。

1.4　本书实战要求与建议

"师父领进门，修行靠个人"。在笔者带领各位读者步入中间件的殿堂之后，后续的巩固提升及代码实战就得靠自己了！在这里给大家提几点实战方面的要求与建议。

（1）读者须具备 Java 及 Spring Boot 方面的相关基础知识，因为本书的实战代码以微框架 Spring Boot 为奠基整合相关依赖，从而实现中间件的相关技术要点。

（2）读者需在自己的开发机器上安装最基本的软件，如 JDK（1.7 或者 1.8 版均可）、MySQL（5.6 或者 5.7 版均可）、Maven（3.3.x 版本或者更高版本均可）等，毕竟要进入代码实战，这些可以说是最基本的要求了（笔者采用的是 JDK 1.8，MySQL 5.6、Maven 3.3.9）。

（3）由于本书的大部分篇章采用代码实战及实际的案例为驱动，因而强烈建议读者一定要多动手、多写代码，只有代码写多了，才能知道可能会出现的问题及如何解决这些问题，才能将所学之物转化为自己的经验。

（4）最后一点是笔者总结的 7 个词：沉下心、坚持、多动手、多反思、多做笔记、享受代码、享受 Bug。

最后，衷心地希望这本书能给你打开一扇通往系统架构师的大门！

第 2 章　搭建微服务项目

在开始实战分布式中间件之前，我们需要准备相关的开发工具、软件及核心框架。其中，典型的开发工具包括 Intellij IDEA、Navicat Premium 及 Postman 等，开发软件包括 JDK、Maven 和 MySQL 等，核心框架则有很多。本书将采用当前比较流行的微框架 Spring Boot 作为核心的开发组件，一步一个脚印带领各位读者搭建微服务项目，一起"实战"分布式中间件。

本章的主要内容有：

- 简述 Spring Boot，包括 Spring Boot 的优势及特性。
- 介绍微服务项目的搭建规范及搭建流程。
- 基于搭建的微服务项目进行测试。

2.1　Spring Boot 概述

Spring Boot 是由 Pivotal 团队提供的全新框架，是 Spring 家族中的一个成员，业界称为"微框架"，可用于快速开发扩展性强、微而小的项目。毋庸置疑，Spring Boot 的诞生不仅给传统的企业级项目与系统架构带来了全面改进及升级的可能，同时也给 Java 界的程序员带来了诸多好处，可谓是 Java 程序员界的一大"福音"。

从本节开始，我们将一起学习 Spring Boot，包括其相关概念、特性及优势，一起了解 Spring Boot 在开发层面给开发者带来了哪些便捷。

2.1.1　什么是 Spring Boot

顾名思义，Spring Boot 是 Spring "全家桶"中的一员，其设计目的是用来简化 Spring 应用中烦琐的搭建及开发过程，它只需要使用极少的配置，就可以快速得到一个正常运行的应用程序，开发人员从此不再需要定义样板化的配置！

而实际上，对于像笔者这样拥有多年 Spring Boot 实战经验的 Java 程序员而言，Spring Boot 其实并不能称为"新框架"，它只是默认配置了很多常用框架的使用方式（这在后文会提及，称为"起步依赖"），就像一个 Maven 项目的 Pom.xml 整合了所有的 jar 包一样，Spring Boot 整合了常用的、大部分的框架（包括它们的使用方式以及常用配置）。

可以说，Spring Boot 的诞生给企业"快速"开发微而小的项目提供了可能，同时也给传统系统架构的改进及升级带来了诸多方便。而随着近几年互联网经济的快速发展、微服务和分布式系统架构的流行，Spring Boot 的到来使得 Java 项目的开发变得更为简单、方便和快速，极大地提高了开发和部署效率，同时也给企业带来了诸多收益。

2.1.2　Spring Boot 的优势

Spring Boot 作为广大 Java 程序员偏爱的微框架，着实给程序员的开发带来了诸多福利，特别是在改进传统 Spring 应用的烦琐搭建及开发上做出了巨大的贡献。概括性地讲，Spring Boot 给开发者带来的便捷主要有以下几点：

- 从搭建的角度看，Spring Boot 可以帮助开发者快速搭建企业级应用，借助开发工具如 IntelliJ IDEA，几乎只需要几个步骤就能简单地构建一个项目。
- 从整合第三方框架的角度看，传统的 Spring 应用如果需要整合第三方框架，则需要加入大量的 XML 配置文件，并配置很多晦涩难懂的参数；而对于 Spring Boot 而言，只需要加入 Spring Boot 内置的针对第三方框架的"起步依赖"，即内置的 jar 包即可，不再需要编写大量的样板代码、注释与 XML 配置。
- 从项目运行的角度看，Spring Boot 由于内嵌了 Servlet 容器（如 Tomcat），其搭建的项目可以直接打成 jar 包，并在安装有 Java 运行环境的机器上采用 java –jar xxx.jar 的命令直接运行，省去了额外安装及配置 Servlet 容器的步骤，可以说是非常方便。而且，Spring Boot 还能对运行中的应用进行状态监控。
- 从开发与部署的角度看，Spring Boot 相对于 Spring 搭建的项目代码和配置文件更少，不再需要对第三方框架的配置而"烦恼"了。项目整体上来看也更加精简，扩展性也变得更强，对于整个团队的开发和维护来说，更大程度地节约了成本。
- 由于 Spring Boot 是 Spring 家族中的一员，所以对于 Spring Boot 应用而言，其与 Spring 生态系统如 Spring ORM、Spring JDBC、Spring Data、Spring Security 等的集成非常方便、容易；再加上 Spring Boot 的设计者崇尚"习惯大于配置"的理念，使得 Spring Boot 应用集成主流框架及 Spring 生态系统时极为方便、快速，开发者可以更加专注于应用本身的业务逻辑。

总体来说，Spring Boot 的出现使得项目从此不再需要诸多烦琐的 XML 配置及重复性的样板代码，整合第三方框架及集成 Spring 生态系统时变得更加简单与方便，大大提高了开发效率。

2.1.3　Spring Boot 的几大特性

Spring Boot 的诞生着实给传统的企业级 Spring 应用带来了许多好处，特别是在应用的扩展及系统架构的升级上带来了强有力的帮助。概括性地讲，Spring Boot 在目前应用开发中具有以下 4 个优势：

- 编码更加简单；
- 简化了配置；
- 部署更加便捷；
- 应用的监控变得更加简单和方便。

而 Spring Boot 带来的这些优势主要还是源于其"天生"具有的特性。总的来说，其具有以下几点特性：

- Spring Boot 遵循"习惯优于配置"的理念，即使用 Spring Boot 开发项目时，我们只需要使用很少的配置，大多数使用默认配置即可。
- Spring Boot 可以帮助开发者快速搭建应用，并自动整合主流框架和大部分的第三方框架，即"自动装配"。
- 应用可以不需要使用 XML 配置，而只需要自动配置和采用 Java Config 配置相关组件即可。
- Spring Boot 可以采用内置的 Servlet 容器，并采用简单的命令直接执行项目，可以不需要借助外置的容器如 Tomcat 而运行。
- 整合大部分的第三方框架或主流框架时，只需要直接引入 Spring Boot 内置的 Start Jar 即可，这个特性称为"起步依赖"，可以很方便地进行包管理。
- Spring Boot 内置了监控组件 Actuator，只需要引入相应的起步依赖，就可以基于 HTTP、SSH 和 Telnet 等方式对运行中的应用进行监控。

而随着 Pivotal 团队对于 Spring Boot 的不断升级、优化，目前其版本也由 1.x 版本升级到了 2.x 版本，所拥有的特性及优势也不断增加。但是不管怎么优化、升级，笔者相信 Spring Boot 的几个特性会一直保留着，因为这对于开发者及企业应用系统而言都是强有力的助手，而这些特性在后续搭建微服务 Spring Boot 项目时将一点点地体现出来。

2.2　搭建规范与搭建流程

从本节开始，我们将借助 IntelliJ IDEA 开发工具搭建微服务 Spring Boot 项目，并应用于后续章节的中间件相关技术要点的实例中。而在介绍实际生产环境中微服务项目的搭建流程之前，先来了解一下搭建微服务项目的规范。

2.2.1　Spring Boot 项目搭建规范

规范化的搭建微服务项目将有助于团队开发、维护及对代码的理解。对于项目的整体目录结构如果规划设计得当，将有助于管理整个应用涉及的 Java 对象，甚至可以通过实际的业务模块直截了当地找到项目某个具体 Java 对象的位置。

目前应用比较广泛的项目搭建规范主要是"基于 Maven 构建多模块"的方式，这种方式搭建的每个模块各司其职，负责应用的不同功能，同时每个模块采用层级依赖的方式，最终构成一个聚合型的 Maven 项目。如图 2.1 所示为搭建微服务 Spring Boot 多模块项目的经典模式图。

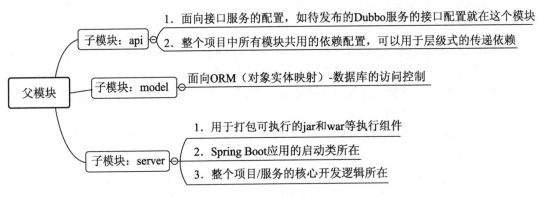

图 2.1　搭建微服务 Spring Boot 多模块项目的经典模式

图 2.1 中，"父模块"聚合了多个子模块，包括 api、model 及 server 模块（当然在实际项目中可以有更多的模块，而且模块的命名可以有所不同）。这 3 个模块的依赖层级关系为：server 依赖 model，model 依赖 api，最终构成了典型的 Maven 聚合型多模块项目。

每个模块的作用在图 2.1 中已经有所介绍，在这里就不再赘述。我们将在下一节 Spring Boot 多模块项目的搭建流程中体现出来。

2.2.2　Spring Boot 项目搭建流程

按照图 2.1 中介绍的微服务 Spring Boot 项目搭建规范图，本节我们将借助 IntelliJ IDEA 开发工具搭建一个多模块的 Maven 聚合型项目。

（1）打开开发工具 IntelliJ IDEA，然后选择 File 菜单下的 New→New Project 命令，即创建新项目的命令，如图 2.2 与图 2.3 所示。

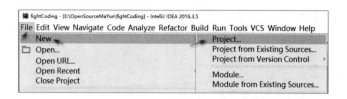

图 2.2　Spring Boot 项目搭建流程 1

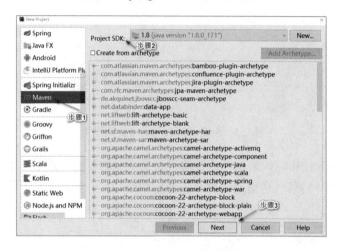

图 2.3　Spring Boot 项目搭建流程 2

（2）单击图 2.3 中的 Next 按钮，进入 Maven 多模块项目的命名界面，如图 2.4 所示。
这里笔者建议 Maven 坐标的命名尽量简洁、规范。

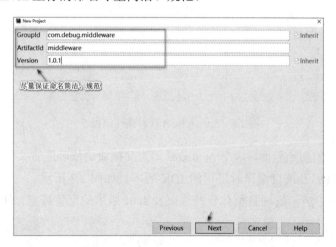

图 2.4　Spring Boot 项目搭建流程 3

（3）单击 Next 按钮进入下一步，选择项目的存储目录。这里笔者建议存储的文件目
录中不要含有中文或者其他特殊符号，如图 2.5 所示。

图 2.5　Spring Boot 项目搭建流程 4

（4）单击 Finish 按钮，如果项目的存储目录是新建的，则会弹出一个对话框，询问是否创建一个新的文件目录，这里只需要单击 OK 按钮即可，如图 2.6 所示。

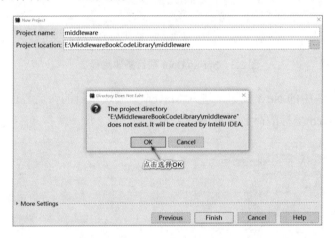

图 2.6　Spring Boot 项目搭建流程 5

（5）进入项目的初始界面，这个 pom.xml 即为**父模块**的依赖配置文件，这里我们指定整个项目资源的编码及项目编译时采用的 JDK 版本，如图 2.7 所示。

其中，图 2.7 中所示的项目整体资源编码及 JDK 版本的配置信息如下：

```
<properties>
    <!--定义项目整体资源的编码为 UTF-8，JDK 的版本为 1.8-->
    <project.build.sourceEncoding>UTF-8</project.build.sourceEncoding>
    <java.version>1.8</java.version>
    <maven.compiler.source>${java.version}</maven.compiler.source>
    <maven.compiler.target>${java.version}</maven.compiler.target>
</properties>
```

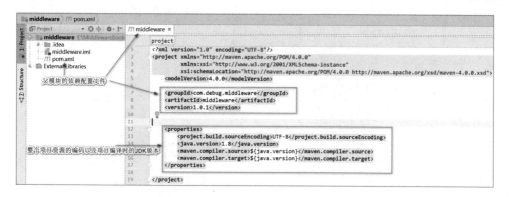

图 2.7　Spring Boot 项目的搭建流程 6

（6）开始创建各个子模块及每个子模块最基本的一些依赖配置信息。首先是创建子模块 api，然后直接单击 Next 按钮，命名子模块为 api，最终单击 Finish 按钮即可，具体操作如图 2.8、2.9、2.10 所示。

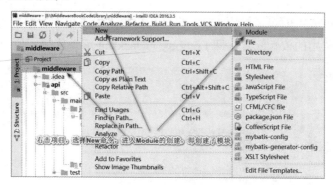

图 2.8　Spring Boot 项目搭建流程 7

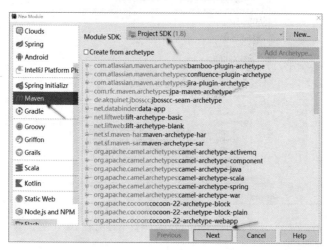

图 2.9　Spring Boot 项目搭建流程 8

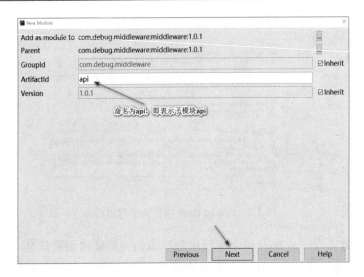

图 2.10　Spring Boot 项目搭建流程 9

（7）最终即可成功创建子模块 api，并自动初始化生成相应的配置信息。这里我们加入整个项目都将共用的依赖配置，即 Lombok 与 Jackson 解析依赖，如图 2.11 所示。

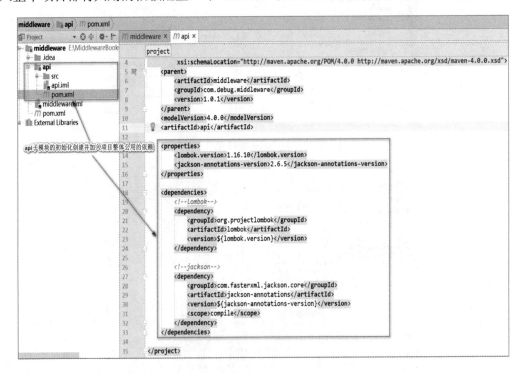

图 2.11　Spring Boot 项目搭建流程 10

在图 2.11 中，pom.xml 加入的项目整体公用依赖配置信息如下：

```
<properties>
    <lombok.version>1.16.10</lombok.version>
    <jackson-annotations-version>2.6.5</jackson-annotations-version>
</properties>
<dependencies>
    <!--lombok-->
    <dependency>
        <groupId>org.projectlombok</groupId>
        <artifactId>lombok</artifactId>
        <version>${lombok.version}</version>
    </dependency>
    <!--jackson-->
    <dependency>
        <groupId>com.fasterxml.jackson.core</groupId>
        <artifactId>jackson-annotations</artifactId>
        <version>${jackson-annotations-version}</version>
        <scope>compile</scope>
    </dependency>
</dependencies>
```

（8）按照上面创建 api 子模块的步骤，同样，也可以用于创建子模块 model。右击项目，选择右键快捷菜单 New 命令，创建子模块 model，并添加 api 子模块及 Spring-MyBatis 依赖，具体操作如图 2.12 与图 2.13 所示。

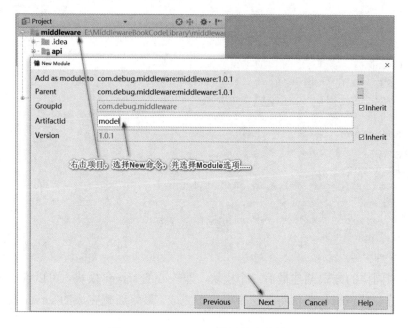

图 2.12　Spring Boot 项目搭建流程 11

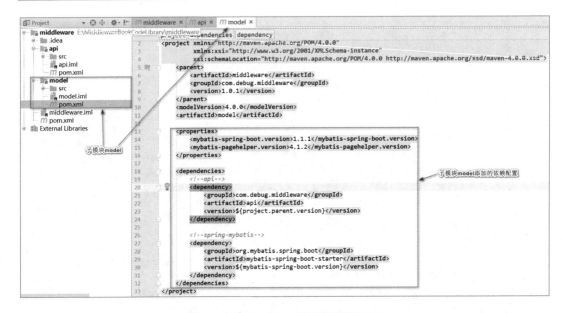

图 2.13 Spring Boot 项目搭建流程 12

其中，子模块 model 添加的依赖配置信息如下：

```
<properties>
    <mybatis-spring-boot.version>1.1.1</mybatis-spring-boot.version>
    <mybatis-pagehelper.version>4.1.2</mybatis-pagehelper.version>
</properties>
<dependencies>
    <!--api-->
    <dependency>
        <groupId>com.debug.middleware</groupId>
        <artifactId>api</artifactId>
        <version>${project.parent.version}</version>
    </dependency>
    <!--spring-mybatis-->
    <dependency>
        <groupId>org.mybatis.spring.boot</groupId>
        <artifactId>mybatis-spring-boot-starter</artifactId>
        <version>${mybatis-spring-boot.version}</version>
    </dependency>
</dependencies>
```

（9）按照同样的方式创建最后一个模块，即核心的 server 模块。可以说一个项目或者服务的大部分业务逻辑代码都将在这个模块中完成。最终新建完成的 server 模块如图 2.14 所示。

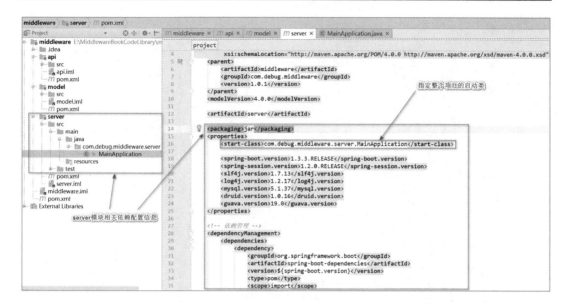

图 2.14　Spring Boot 项目搭建流程 13

其中，在 server 模块中加入的相关依赖包括 Spring Boot 依赖，日志 log4j 及 MySQL、Druid 等最基本的依赖配置。详细信息如下：

```xml
<?xml version="1.0" encoding="UTF-8"?>
<!--添加 XML 的命名空间-->
<project xmlns="http://maven.apache.org/POM/4.0.0"
        xmlns:xsi="http://www.w3.org/2001/XMLSchema-instance"
        xsi:schemaLocation="http://maven.apache.org/POM/4.0.0 http://maven.
apache.org/xsd/maven-4.0.0.xsd">
    <parent>
        <artifactId>middleware</artifactId>
        <groupId>com.debug.middleware</groupId>
        <version>1.0.1</version>
    </parent>
    <modelVersion>4.0.0</modelVersion>
    <artifactId>server</artifactId>
    <packaging>jar</packaging>
    <properties>
        <start-class>com.debug.middleware.server.MainApplication</start-
class>
        <spring-boot.version>1.3.3.RELEASE</spring-boot.version>
        <spring-session.version>1.2.0.RELEASE</spring-session.version>
        <mysql.version>5.1.37</mysql.version>
        <druid.version>1.0.16</druid.version>
        <guava.version>19.0</guava.version>
    </properties>
    <!-- 依赖管理 -->
    <dependencyManagement>
        <dependencies>
            <dependency>
                <groupId>org.springframework.boot</groupId>
```

```xml
                <artifactId>spring-boot-dependencies</artifactId>
                <version>${spring-boot.version}</version>
                <type>pom</type>
                <scope>import</scope></dependency></dependencies>
    </dependencyManagement>
    <dependencies>
        <!--日志-->
        <dependency>
            <groupId>org.springframework.boot</groupId>
            <artifactId>spring-boot-starter-log4j</artifactId>
        </dependency>
        <!--model-->
        <dependency>
            <groupId>com.debug.middleware</groupId>
            <artifactId>model</artifactId>
            <version>${project.parent.version}</version>
        </dependency>
        <!--guava-->
        <dependency>
            <groupId>com.google.guava</groupId>
            <artifactId>guava</artifactId>
            <version>${guava.version}</version>
        </dependency>
        <!--MySQL-->
        <dependency>
            <groupId>mysql</groupId>
            <artifactId>mysql-connector-java</artifactId>
            <version>${mysql.version}</version>
        </dependency>
        <!--druid-->
        <dependency>
            <groupId>com.alibaba</groupId>
            <artifactId>druid</artifactId>
            <version>${druid.version}</version>
        </dependency>
        <!--Spring-->
        <dependency>
            <groupId>org.springframework.boot</groupId>
            <artifactId>spring-boot-starter-web</artifactId>
            <version>${spring-boot.version}</version>
            <exclusions>
                <exclusion>
                    <groupId>ch.qos.logback</groupId>
                    <artifactId>logback-classic</artifactId>
                </exclusion>
                <exclusion>
                    <groupId>org.slf4j</groupId>
                    <artifactId>log4j-over-slf4j</artifactId>
                </exclusion>
            </exclusions>
        </dependency>
        <!--for test-->
        <dependency>
            <groupId>org.springframework.boot</groupId>
            <artifactId>spring-boot-starter-test</artifactId>
```

```
            <scope>test</scope>
        </dependency>
    </dependencies>
    <build>
        <finalName>book_middleware_${project.parent.version}</finalName>
        <plugins>
            <plugin>
                <groupId>org.springframework.boot</groupId>
                <artifactId>spring-boot-maven-plugin</artifactId>
                <version>${spring-boot.version}</version>
                <executions>
                    <execution>
                        <goals>
                            <goal>repackage</goal>
                        </goals></execution></executions>
            </plugin>
            <plugin>
                <groupId>org.apache.maven.plugins</groupId>
                <artifactId>maven-war-plugin</artifactId>
                <version>2.4</version>
                <configuration>
                    <failOnMissingWebXml>false</failOnMissingWebXml>
</configuration>
            </plugin>
        </plugins>
        <resources>
            <resource>
                <directory>src/main/resources</directory>
                <filtering>true</filtering>
            </resource>
        </resources>
    </build>
</project>
```

（10）至此，项目的各个模块已经初步搭建好了。其中，在 server 模块中指定了整个项目的启动类（也称为应用的入口）MainApplication。为了能使用 Spring Boot 内置容器将整个项目"跑"起来，需要对 MainApplication 进行"改造"。改造后的代码如下：

```
package com.debug.middleware.server;
import org.springframework.boot.SpringApplication;
import org.springframework.boot.autoconfigure.SpringBootApplication;
import org.springframework.boot.builder.SpringApplicationBuilder;
import org.springframework.boot.context.web.SpringBootServletInitializer;
@SpringBootApplication
public class MainApplication extends SpringBootServletInitializer{
    @Override
    protected SpringApplicationBuilder configure(SpringApplicationBuilder
builder) {
        return super.configure(builder);
    }
    public static void main(String[] args) {
        SpringApplication.run(MainApplication.class,args);
    }
}
}
```

　　其中，注解"@SpringBootApplication"用于表示被注解的类为整个应用的入口启动类，到时候只需要单击该类左边的运行按钮，即可将整个应用运行起来。

　　（11）为了能将项目最终发布为完整的服务，我们为项目引入 application.properties 配置文件，并将其放置在 server 模块的 resources 目录下（后续应用相关的配置文件将置于此目录）；同时采用 Navicat Premium 在本地创建一个没有任何表的数据库 db_middleware，并将其相关配置信息配置在 application.properties 中。最终 application.properties 的初步配置信息如下：

```
#profile
#spring.profiles.active=productions
#spring.profiles.active=local
#指定应用访问的上下文及端口
server.context-path=/middleware
server.port=8087
#logging 日志配置
logging.path=/srv/dubbo/middleware/logs
logging.file=middleware
logging.level.org.springframework = INFO
logging.level.com.fasterxml.jackson = INFO
logging.level.com.debug.middleware = DEBUG
#json 日期格式化
spring.jackson.date-format=yyyy-MM-dd HH:mm:ss
spring.jackson.time-zone=GMT+8
spring.datasource.initialize=false
spring.jmx.enabled=false
#数据库访问配置
spring.datasource.url=jdbc:mysql://localhost:3306/db_middleware?useUnic
ode=true&amp;characterEncoding=utf-8
spring.datasource.username=root
spring.datasource.password=linsen
#MyBatis 配置
mybatis.config-location=classpath:mybatis-config.xml
mybatis.checkConfigLocation = true
mybatis.mapper-locations=classpath:mappers/*.xml
```

　　（12）在上面的 application.properties 配置文件中，我们引入了半 ORM（对象实体映射）框架 MyBatis 的配置文件 mybatis-config.xml，这个文件可以通过右击 resources 目录，然后选择 New→mybatis-config 命令来创建。配置内容如下：

```
<?xml version="1.0" encoding="UTF-8"?>
<!DOCTYPE configuration  PUBLIC "-//mybatis.org//DTD Config 3.0//EN"
      "http://mybatis.org/dtd/mybatis-3-config.dtd">
<configuration>
    <settings>
        <!--允许使用缓存配置 -->
        <setting name="cacheEnabled" value="true"/>
        <!--SQL 执行语句的默认响应超时时间 -->
        <setting name="defaultStatementTimeout" value="3000"/>
        <!--允许驼峰命名的配置 -->
```

```
        <setting name="mapUnderscoreToCamelCase" value="true"/>
        <!-- 允许执行完 SQL 插入语句后返回主键配置 -->
        <setting name="useGeneratedKeys" value="true"/>
        <!-- 设置控制台打印 SQL -->
        <!--<setting name="logImpl" value="stdout_logging" />-->
    </settings>
</configuration>
```

（13）为应用引入日志配置文件 log4j.properties 作为整个应用的日志记录，其内容配置如下：

```
#Console Log
log4j.rootLogger=INFO,console,debug,info,warn,error
LOG_PATTERN=[%d{yyyy-MM-dd HH:mm:ss.SSS}] boot%X{context} - %5p [%t] ---
%c{1}: %m%n
#打印日志到 Console
log4j.appender.console=org.apache.log4j.ConsoleAppender
log4j.appender.console.Threshold=DEBUG
log4j.appender.console.layout=org.apache.log4j.PatternLayout
log4j.appender.console.layout.ConversionPattern=${LOG_PATTERN}
log4j.appender.info=org.apache.log4j.DailyRollingFileAppender
log4j.appender.info.Threshold=INFO
log4j.appender.info.File=${LOG_PATH}/${LOG_FILE}_info.log
log4j.appender.info.DatePattern='.'yyyy-MM-dd
log4j.appender.info.layout = org.apache.log4j.PatternLayout
log4j.appender.info.layout.ConversionPattern=${LOG_PATTERN}
log4j.appender.error=org.apache.log4j.DailyRollingFileAppender
log4j.appender.error.Threshold=ERROR
log4j.appender.error.File=${LOG_PATH}/${LOG_FILE}_error.log
log4j.appender.error.DatePattern='.'yyyy-MM-dd
log4j.appender.error.layout = org.apache.log4j.PatternLayout
log4j.appender.error.layout.ConversionPattern=${LOG_PATTERN}
log4j.appender.debug=org.apache.log4j.DailyRollingFileAppender
log4j.appender.debug.Threshold=DEBUG
log4j.appender.debug.File=${LOG_PATH}/${LOG_FILE}_debug.log
log4j.appender.debug.DatePattern='.'yyyy-MM-dd
log4j.appender.debug.layout = org.apache.log4j.PatternLayout
log4j.appender.debug.layout.ConversionPattern=${LOG_PATTERN}
log4j.appender.warn=org.apache.log4j.DailyRollingFileAppender
log4j.appender.warn.Threshold=WARN
log4j.appender.warn.File=${LOG_PATH}/${LOG_FILE}_warn.log
log4j.appender.warn.DatePattern='.'yyyy-MM-dd
log4j.appender.warn.layout = org.apache.log4j.PatternLayout
log4j.appender.warn.layout.ConversionPattern=${LOG_PATTERN}
```

（14）最终 server 模块下 resources 目录的配置文件包含了 3 个核心文件：项目配置文件 application.properties、日志配置文件 log4j.properties 及 MyBatis 配置文件 mybatis-config.xml，如图 2.15 所示。

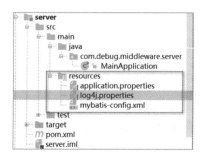

图 2.15　Spring Boot 项目搭建流程 14

至此，整个应用的搭建就完成了。现在打开 MainApplication 启动类的内容，单击左边的运行按钮，观察控制台打印的日志，发现整个应用已经成功地"跑"起来了。部分控制台日志信息如图 2.16 所示。

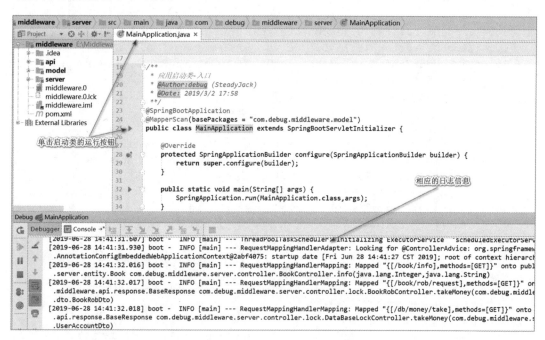

图 2.16　Spring Boot 项目的搭建流程 15

2.2.3　写个 Hello World 吧

接下来写个 Hello World，用于检查上一节搭建的项目所发布的接口是否能被正常访问。

（1）在 server 模块创建 controller 包和 entity 包，分别用于存放整个应用接收外部访问请求时的处理器及实体对象信息，并在 controller 包下创建 BookController 类，在 entity 包下创建 Book 类。其中，BookController 表示用于处理与"书籍实体"相关的请求，而 Book 则封装了"书籍实体"所拥有的相关字段信息，整体的目录结构如图 2.17 所示。

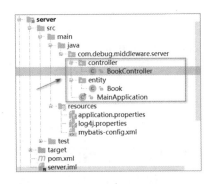

图 2.17　案例的目录结构

（2）BookController 类开发的代码如下：

```
package com.debug.middleware.server.controller;
import com.debug.middleware.server.entity.Book;
import org.slf4j.Logger;
import org.slf4j.LoggerFactory;
import org.springframework.web.bind.annotation.RequestMapping;
import org.springframework.web.bind.annotation.RequestMethod;
import org.springframework.web.bind.annotation.RestController;
@RestController
@RequestMapping("/book")
public class BookController {
    private static final Logger log= LoggerFactory.getLogger
(BookController.class);
    /*** 获取书籍对象信息*/
    @RequestMapping(value = "info",method = RequestMethod.GET)
    public Book info(Integer bookNo,String bookName){
        Book book=new Book();
        book.setBookNo(bookNo);
        book.setName(bookName);
        return book;
    }}
```

其中，在 BookController 中开发了 info 方法，用于接收书籍的编码及书名信息，最终方法原样返回书籍对象实体的信息。

（3）实体对象 Book 类的代码如下：

```
package com.debug.middleware.server.entity;
import lombok.Data;
@Data
public class Book {
    private Integer bookNo;
    private String name;
}
```

（4）单击运行按钮，将应用"跑"起来，然后打开浏览器或者 Postman，在地址栏中输入 http://localhost:8087/middleware/book/info?bookNo=10010&bookName=分布式中间件，即可得到书籍对象实体的返回信息，如图 2.18 所示。

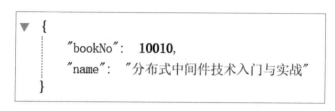

图 2.18　得到的响应结果

从运行结果及接口请求的过程来看，上节搭建的项目已经成功运行，项目发布的接口也能被正常访问，在后续的章节中，我们将采用此项目作为相关技术实战的奠基。

2.3　总　　结

本章主要是为后续章节做铺垫，介绍了当前比较流行的微服务框架 Spring Boot，包括其概念、优势及特性。不得不说，Spring Boot 的诞生在给 Java 程序员带来了诸多方便之时，也给企业的传统 Spring 应用和系统架构带来可升级和扩展的福音。

除此之外，本章还介绍了搭建微服务项目的规范，以及如何采用 IntelliJ IDEA 等开发工具一步一个脚印地搭建一个完整的项目。在本章的最后，还采用了实际的业务需求"获取对象实体信息"作为实战案例，为整个微服务项目的搭建画上圆满的句号。

"工欲善其事，必先利其器"。现在这个"器"已经准备好了。从下一章开始，我们将进入第一个中间件——缓存中间件 Redis 的实战学习。

第 2 篇
开发实战

第 3 章　缓存中间件 Redis

Redis（Remote Dictionary Server）是一个基于 BSD 开源的项目，同时也是一个基于内存的 Key-Value 结构化存储的存储系统。在实际生产环境中可以将其作为数据库、缓存和消息中间件来使用。

Redis 是如今市面上应用很广泛的缓存中间件，它支持多种数据结构，包括字符串 String、列表 List、集合 Set、有序集合 Sorted Set 和散列 Hash 等，在实际业务环境中可以实现类似于热点数据存储、非结构化数据存储和消息分发等功能。而在如今高并发、低延迟等架构流行的时代，Redis 的出现可以说是带来了很大的贡献。

本章涉及的内容主要有：

- Redis 简述：包括 Redis 的基本概念、典型应用场景介绍，以及在 Windows 开发环境下的简单使用。
- Spring Boot 整合 Redis：使用 StringRedisTemplate 及 RedisTemplate 组件编写 Hello World，初步感受 Redis 在实际微服务项目中的应用。
- 基于微服务项目举例 Redis 各种典型的数据结构。
- 以一个典型的实际业务场景为案例"实战"Redis，巩固 Redis 在实际互联网项目中的应用。

3.1　Redis 概述与典型应用场景介绍

Redis 是一款免费、开源、遵循 BSD 协议的高性能结构化存储数据库，可以满足目前企业大部分应用中对于高性能数据存储的需求。同时，它也是 NoSQL（Not Only SQL），即非关系型数据库的一种，内置多种丰富多彩的数据结构，如字符串 String、列表 List、集合 Set、散列 Hash 等，可以高效地解决企业应用频繁读取数据库而带来的诸多问题。

Redis 的诞生其实还得追溯到 Web 2.0 网站的时代。互联网 Web 2.0 时代，可以说是"百花齐放"的时代，其中的典型之物当属各种基于内容、服务模式产品的诞生。这些产品的出现，在给人们的生活及思想带来一定冲击时，也给企业带来了巨大的用户流量。

众所周知，在早期的互联网 Web 1.0 时代，大部分企业还是采用传统的企业级单体应用架构，而一时间"蜂拥而来"的巨大用户流量显然使得此种架构再也难以支撑下去。此时各种典型的新型互联网架构应势而生，如面向 SOA 的系统架构、分库分表的应用架构、微服务/分布式系统架构，以及基于各种分布式中间件的应用架构等层出不穷。

在诸多系统架构实施及对巨大用户流量的分析过程中发现，其实用户的"读"请求远远多于用户的"写"请求，频繁的读请求在高并发的情况下会增加数据库的压力，导致数据库服务器的整体压力上升，这也是早期很多互联网产品在面对高并发时经常出现"响应慢"、"卡住"等用户体验差的原因。

为了解决这个问题，许多架构引入了缓存组件，Redis 即为其中的一种。它可以很好地将用户频繁需要读取的数据存放至缓存中，减少数据库的 I/O（输入/输出）操作，降低了服务器整体的压力。

由于 Redis 是基于内存的、采用 Key-Value 结构化存储的 NoSQL 数据库，加上其底层采用单线程和多路 I/O 复用模型，所以 Redis 的查询速度很快。根据 Redis 官方提供的数据，它可以实现每秒查询的次数达到 10 万次，即 QPS 为 100000+，这在某种程度上足以满足大部分的高并发请求。

而随着微服务、分布式系统架构时代的到来，如今 Redis 在各大知名互联网产品中也得到了一席施展之地。比如大家都知晓的淘宝、天猫、京东、QQ、新浪微博、今日头条和抖音等 App 应用，其背后系统架构中分布式缓存的实现或多或少都可以见到 Redis 的踪影。概括来讲，Redis 具有以下 4 种典型的应用场景。

1. 热点数据的存储与展示

"热点数据"可以理解为大部分用户频繁访问的数据，这些数据对于所有的用户来说，访问将得到同一个结果，比如"微博热搜"（每个用户在同一时刻的热搜是一样的），如果采用传统的"查询数据库"的方法获取热点数据，将大大增加数据库的压力，而降低数据库的读写性能。

2. 最近访问的数据

用户最近访问过的数据记录在数据库中将采用"日期字段"作为标记，频繁查询的实现是采用该日期字段与当前时间做"时间差"的比较查询，这种方式是相当耗时的。而采用 Redis 的 List 作为"最近访问的足迹"的数据结构，将大大降低数据库频繁的查询请求。

3. 并发访问

对于高并发访问某些数据的情况，Redis 可以将这些数据预先装载在缓存中，每次高并发过来的请求则可以直接从缓存中获取，减少高并发访问给数据库带来的压力。

4. 排名

"排行榜"在很多互联网产品中也是比较常见的。采用 Redis 的有序集合（Sorted Set）可以很好地实现用户的排名，避免了传统的基于数据库级别的 Order By 及 Group By 查询所带来的性能问题。

除此之外，Redis 还有诸多应用场景，比如消息队列、分布式锁等。在后面的篇章中，会选取几种典型的应用场景结合实际的微服务项目，以代码实例的方式来实现。

3.2　Redis 的使用

接下来我们进入实际的微服务项目以代码的形式讲解 Redis 的使用。本节将首先介绍如何在本地开发环境下快速安装 Redis，以及如何使用简单的命令行实现 Redis 的相关操作。在前面章节中，已经采用 Spring Boot 搭建了一个微服务项目，本节将整合 Redis，介绍其在实际项目中的两个核心操作组件 StringRedisTemplate 及 RedisTemplate 的自定义注入配置。

3.2.1　快速安装 Redis

"工欲善其事，必先利其器"，在代码实战之前，需要在本地开发环境安装好 Redis。对于不同的开发环境，Redis 的安装及配置方式也不尽相同，本节将以 Windows 开发环境为例，介绍 Redis 的快速安装与使用。对于在 Linux 及 Mac 开发环境的安装方法，读者可以访问 Redis 的官网或者查找其他资料进行安装与配置即可。

Pivotal 开发团队考虑到部分开发者是在 Windows 开发环境下使用 Redis，因而发布了一款轻量便捷型的、可在 Windows 下使用的、免安装版的开源"绿色版 Redis"。下面介绍 Windows 开发环境下如何进行下载及安装。

（1）打开浏览器，访问 Redis 托管在 GitHub 开源平台上的下载链接 https://github.com /MicrosoftArchive/redis/tags　如图 3.1 所示。

（2）在这里需要补充一点：由于 Redis 的版本一直都处于迭代式的更新，因而每隔一段时间发布在 GitHub 上的最新版本也不尽相同。以图 3.1 为例，选择最新版本 win-3.2.100，单击即可。下载完成后，将其解压到某个没有包含中文目录或特殊符号的磁盘目录下，如图 3.2 所示，笔者将其放在 D 盘目录下。

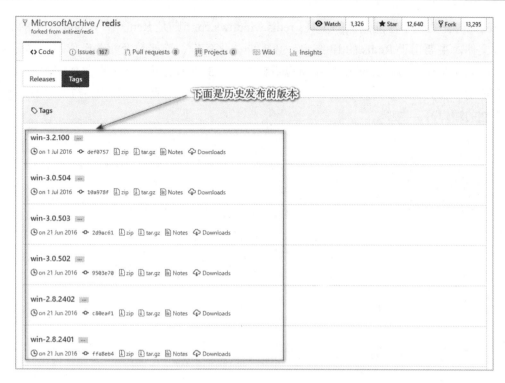

图 3.1　开源平台 GitHub 上的 Redis 历史发布版本

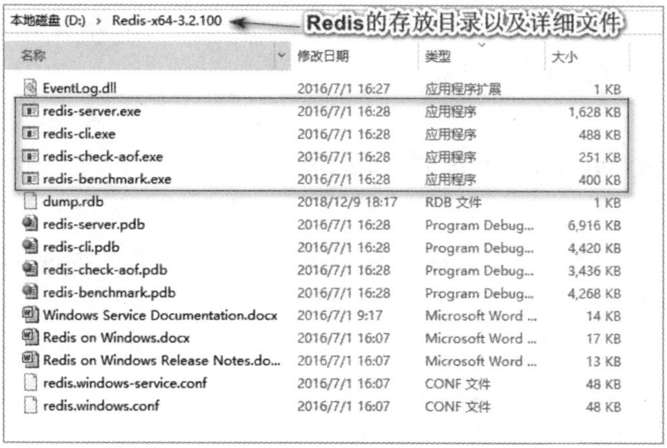

图 3.2　解压 Redis 并将其存放到磁盘目录下

　　打开 Redis 解压后的文件目录，如图 3.2 所示，可以看到 Redis 的一些核心文件，其中，redis-server.exe 文件用于启动 Redis 服务；redis-cli.exe 文件为 Redis 在 Windows 开发环境下的 Dos 客户端，提供给开发者以命令行的方式跟 Redis 服务进行交互；redis-check-aof.exe 是 Redis 内置的用于数据持久化备份的工具；redis-benchmark.exe 文件是 Redis 内置的用于性能测试的工具；redis.windows.conf 则是 Redis 在 Windows 下的核心配置文件，主要用于 Redis 的 IP 绑定、数据持久化备份、连接数及相关操作超时等配置。

（3）双击 redis-server.exe，如果可以看到如图 3.3 所示的界面，即代表 Redis 服务已经启动成功（省去了一步一步安装的过程和其他复杂配置的流程）。其中 6379 为 Redis 服务所在的端口号。

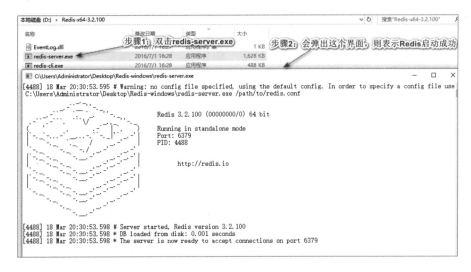

图 3.3　启动 Redis 服务

至此，Redis 在 Windows 开发环境下的安装已经完成了，下面继续借助 redis-cli.exe 文件，采用命令行的方式操作 Redis。

3.2.2　在 Windows 环境下使用 Redis

双击 redis-cli.exe 文件，如果可以看到如图 3.4 所示的界面，即表示开发者可以以命令行的方式操作本地的 Redis 服务了。

图 3.4　启动 Redis 命令行交互界面

下面简单使用几个命令，初步认识一下 Redis。

（1）查看 Redis 缓存中存储的所有 key，命令为：keys *，如图 3.5 所示。

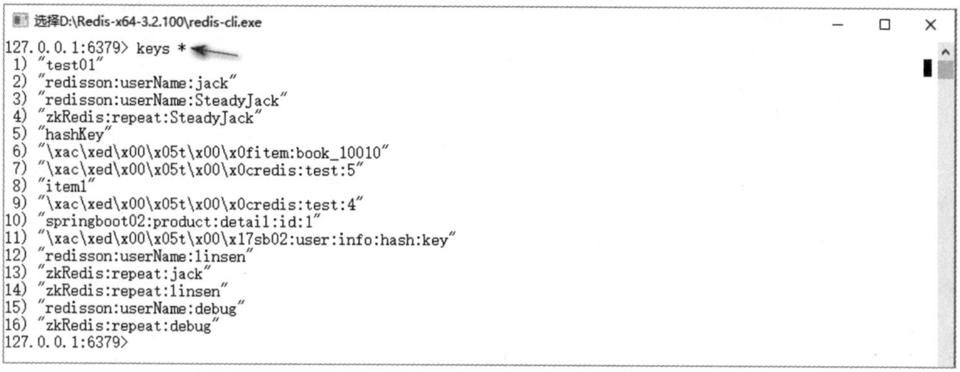

```
选择D:\Redis-x64-3.2.100\redis-cli.exe                                    —    □    ×
127.0.0.1:6379> keys *  ←
 1) "test01"
 2) "redisson:userName:jack"
 3) "redisson:userName:SteadyJack"
 4) "zkRedis:repeat:SteadyJack"
 5) "hashKey"
 6) "\xac\xed\x00\x05t\x00\x0fitem:book_10010"
 7) "\xac\xed\x00\x05t\x00\x0credis:test:5"
 8) "item1"
 9) "\xac\xed\x00\x05t\x00\x0credis:test:4"
10) "springboot02:product:detail:id:1"
11) "\xac\xed\x00\x05t\x00\x17sb02:user:info:hash:key"
12) "redisson:userName:linsen"
13) "zkRedis:repeat:jack"
14) "zkRedis:repeat:linsen"
15) "redisson:userName:debug"
16) "zkRedis:repeat:debug"
127.0.0.1:6379>
```

图 3.5　查看缓存中所有的 key

（2）在缓存中创建一个 key，设置其名字为 redis:order:no:10011（按照自己的习惯取名即可，但是建议最好具有某种含义），设置其值为 10011，命令为 set redis:order:no:10011 10011。设置完之后再查看所有的 key 列表，如图 3.6 所示。

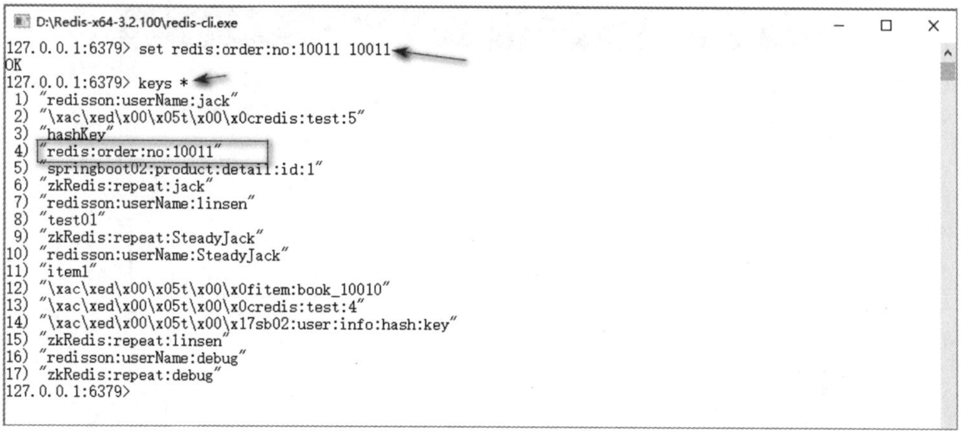

```
D:\Redis-x64-3.2.100\redis-cli.exe                                       —    □    ×
127.0.0.1:6379> set redis:order:no:10011 10011  ←
OK
127.0.0.1:6379> keys *  ←
 1) "redisson:userName:jack"
 2) "\xac\xed\x00\x05t\x00\x0credis:test:5"
 3) "hashKey"
 4) "redis:order:no:10011"
 5) "springboot02:product:detail:id:1"
 6) "zkRedis:repeat:jack"
 7) "redisson:userName:linsen"
 8) "test01"
 9) "zkRedis:repeat:SteadyJack"
10) "redisson:userName:SteadyJack"
11) "item1"
12) "\xac\xed\x00\x05t\x00\x0fitem:book_10010"
13) "\xac\xed\x00\x05t\x00\x0credis:test:4"
14) "\xac\xed\x00\x05t\x00\x17sb02:user:info:hash:key"
15) "zkRedis:repeat:linsen"
16) "redisson:userName:debug"
17) "zkRedis:repeat:debug"
127.0.0.1:6379>
```

图 3.6　在缓存中创建 key 并查看现在所有的 key

（3）查看缓存中指定 key 的取值，如获取刚刚创建的 key：redis:order:no:10011 的取值，命令为 get redis:order:no:10011，如图 3.7 所示。

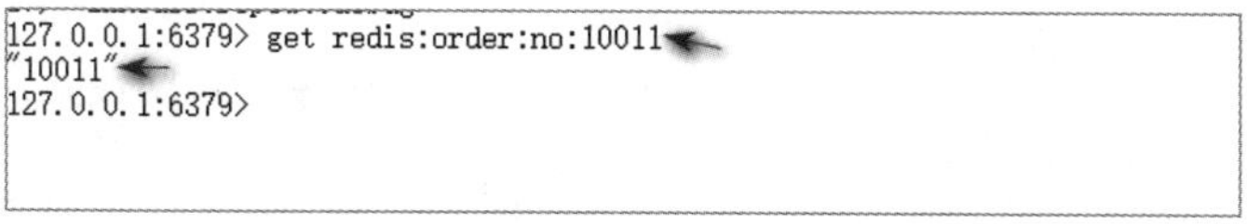

```
127.0.0.1:6379> get redis:order:no:10011  ←
"10011"
127.0.0.1:6379>
```

图 3.7　查看缓存中指定 key 的取值

（4）删除缓存中指定的 key，如删除 key：redis:order:no:10011，命令为 del redis:order:
no:10011。执行命令之后，如果返回值为 1，则代表删除成功。此时再执行命令 keys *，
查看缓存中现有的 key 列表，则发现刚刚被删除的 key 不见了，如图 3.8 所示。

图 3.8　删除缓存中指定的 key

Redis 提供的命令不止上面所介绍的这些，如果想要了解更多的命令，可以访问 Redis
的官网，找到其命令行一栏，按照其提供的文档即可进行学习。目前网上不仅提供了官方
英文版的网站，也提供了中文版的网站，分别为 https://redis.io/commands 和 http://www.
redis.cn /commands.html ，界面分别如图 3.9 和图 3.10 所示。

图 3.9　访问 Redis 官网—英文版

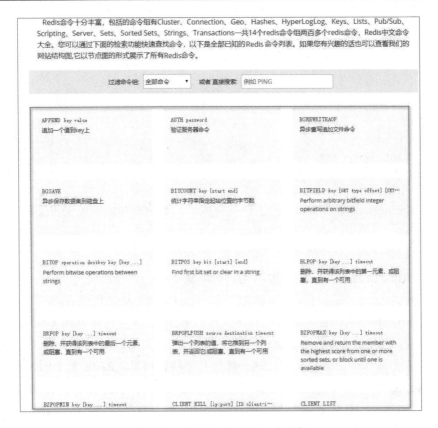

图 3.10　访问 Redis 官网—中文版

3.2.3　Spring Boot 项目整合 Redis

采用命令行的方式终究是需要"人为"去干预的，当你往界面中输入一个命令时，Redis 服务器会返回一个结果，即所谓的"一问一答"！然而在实际生产环境中是很少直接采用命令行的方式去操作 Redis 的，而更多的是将其整合到项目中，结合实际业务的需要以代码的方式操作 Redis。下面以第 2 章搭建的项目作为奠基，整合 Redis。

（1）需要加入 Redis 的依赖 Jar，代码为：

```
<!--redis 依赖 -->
<dependency>
    <groupId>org.springframework.boot</groupId>
    <artifactId>spring-boot-starter-redis</artifactId>
    <version>${spring-boot.version}</version> <!--版本为 1.3.3.Release-->
</dependency>
```

（2）只需要在配置文件 application.properties 中加入 Redis 的连接配置即可，如图 3.11 所示。

图 3.11　加入 Redis 连接配置

配置代码为:

```
#redis
#连接到本地的 Redis 服务，即 127.0.0.1；端口为 6379
spring.redis.host=127.0.0.1
spring.redis.port=6379
```

至此，SpringBoot 整合 Redis 的工作就完成了！下一节开始即可采用实际的代码操作
Redis。

3.2.4　Redis 自定义注入 Bean 组件配置

　　Spring Boot 有一大特性，称为"自定义注入 Bean 配置"，即 Java Config Bean 的自
定义注入配置，它可以允许特定 Bean 组件的属性自定义为用户指定的取值。在 Spring Boot
项目整合第三方依赖或主流框架时，这一特性几乎随处可见，Redis 也不例外！

　　对于 Spring Boot 项目整合 Redis，最主要的 Bean 操作组件莫过于 RedisTemplate 跟
StringRedisTemplate，后者其实是前者的一种特殊体现。而在项目中使用 Redis 的过程中，
一般情况下是需要自定义配置上述两个操作 Bean 组件的，比如指定缓存中 Key 与 Value
的序列化策略等配置。如下代码为自定义注入配置操作组件 RedisTemplate 与 StringRedis-
Template 的相关属性:

```
package com.coding.fight.server.config;
//导入包
import org.springframework.beans.factory.annotation.Autowired;
import org.springframework.context.annotation.Bean;
import org.springframework.context.annotation.Configuration;
import org.springframework.core.env.Environment;
import org.springframework.data.redis.connection.RedisConnectionFactory;
import org.springframework.data.redis.core.RedisTemplate;
import org.springframework.data.redis.core.StringRedisTemplate;
import org.springframework.data.redis.serializer.JdkSerializationRedis
Serializer;
import org.springframework.data.redis.serializer.StringRedisSerializer;
//通用化配置
@Configuration
public class CommonConfig {
    //Redis 链接工厂
    @Autowired
    private RedisConnectionFactory redisConnectionFactory;
    //缓存操作组件 RedisTemplate 的自定义配置
    @Bean
```

```
public RedisTemplate<String,Object> redisTemplate(){
  //定义 RedisTemplate 实例
    RedisTemplate<String,Object> redisTemplate=new RedisTemplate
<String, Object>();
  //设置 Redis 的链接工厂
    redisTemplate.setConnectionFactory(redisConnectionFactory);
    //TODO:指定大 Key 序列化策略为 String 序列化，Value 为 JDK 自带的序列化策略
    redisTemplate.setKeySerializer(new StringRedisSerializer());
    redisTemplate.setValueSerializer(new JdkSerializationRedisSerializer());
    //TODO:指定 hashKey 序列化策略为 String 序列化-针对 hash 散列存储
    redisTemplate.setHashKeySerializer(new StringRedisSerializer());
    return redisTemplate;
  }
  //缓存操作组件 StringRedisTemplate
  @Bean
  public StringRedisTemplate stringRedisTemplate(){
    //采用默认配置即可-后续有自定义配置时则在此处添加即可
    StringRedisTemplate stringRedisTemplate=new StringRedisTemplate();
    stringRedisTemplate.setConnectionFactory(redisConnectionFactory);
    return stringRedisTemplate;
  }
}
```

上述代码中对于 RedisTemplate 自定义注入配置的属性主要是缓存中 Key 与 Value 的序列化策略；对于 StringRedisTemplate 则采用默认的配置，后续如果有自定义的配置时则可以在此处添加。

值得一提的是，在 Spring Boot 项目中使用 Redis 进行相关业务操作之前，强烈建议将上面那段自定义注入 RedisTemplate 与 StringRedisTemplate 组件的代码加入项目中，避免出现"非业务性"的令人头疼的问题（这是笔者踩过的"坑"）。

3.2.5　RedisTemplate 实战

下面以实际生产环境中两个简单的案例需求，演示 RedisTemplate 操作组件的应用。

（1）采用 RedisTemplate 将字符串信息写入缓存中，并读取出来展示到控制台上。

（2）采用 RedisTemplate 将对象信息序列化为 JSON 格式的字符串后写入缓存中，然后将其读取出来，最后反序列化解析其中的内容并展示在控制台上。

对于这两个需求，我们可以直接借助 RedisTemplate 的 ValueOperations 操作组件进行操作，并采用 Java Unit 即"Java 单元测试"查看其运行效果。首先是第一个需求案例，其源码如下：

```
package com.debug.middleware.server;
//导入包
import org.junit.Test;
import org.junit.runner.RunWith;
import org.slf4j.Logger;
```

```
import org.slf4j.LoggerFactory;
import org.springframework.beans.factory.annotation.Autowired;
import org.springframework.boot.test.context.SpringBootTest;
import org.springframework.data.redis.core.RedisTemplate;
import org.springframework.data.redis.core.ValueOperations;
import org.springframework.test.context.junit4.SpringJUnit4ClassRunner;
//单元测试类
@RunWith(SpringJUnit4ClassRunner.class)
@SpringBootTest
public class RedisTest {
    //定义日志
    private static final Logger log= LoggerFactory.getLogger(RedisTest.
class);
    //由于之前已经自定义注入 RedisTemplate 组件，因而在此可以直接自动装配
    @Autowired
    private RedisTemplate redisTemplate;
    //采用 RedisTemplate 将字符串信息写入缓存中并读取出来
    @Test
    public void one(){
        log.info("------开始 RedisTemplate 操作组件实战----");
        //定义字符串内容及存入缓存的 key
        final String content="RedisTemplate 实战字符串信息";
        final String key="redis:template:one:string";
        //Redis 通用的操作组件
        ValueOperations valueOperations=redisTemplate.opsForValue();
        //将字符串信息写入缓存中
        log.info("写入缓存中的内容：{} ",content);
        valueOperations.set(key,content);
        //从缓存中读取内容
        Object result=valueOperations.get(key);
        log.info("读取出来的内容：{} ",result);}}
```

单击@Test注解方法左侧的运行按钮，即可看到代码运行输出的结果，运行的方式如图 3.12 所示。

图 3.12　运行单元测试方法代码

运行期间如果没有报错，则可以看到控制台打印输出的结果，如图 3.13 所示。

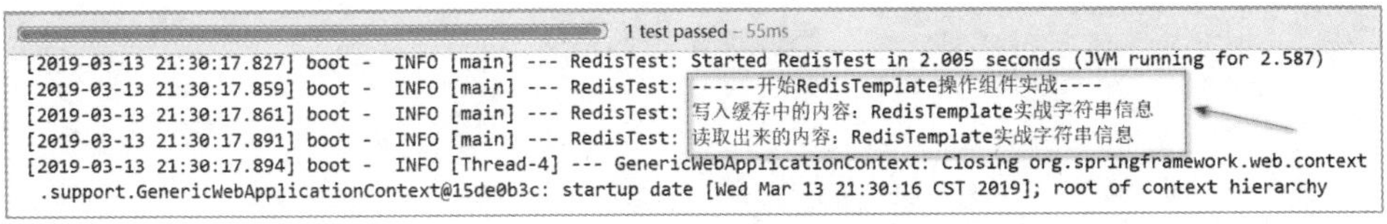

```
                                    1 test passed – 55ms
[2019-03-13 21:30:17.827] boot - INFO [main] --- RedisTest: Started RedisTest in 2.005 seconds (JVM running for 2.587)
[2019-03-13 21:30:17.859] boot - INFO [main] --- RedisTest: ------开始RedisTemplate操作组件实战----
[2019-03-13 21:30:17.861] boot - INFO [main] --- RedisTest: 写入缓存中的内容: RedisTemplate实战字符串信息
[2019-03-13 21:30:17.891] boot - INFO [main] --- RedisTest: 读取出来的内容: RedisTemplate实战字符串信息
[2019-03-13 21:30:17.894] boot - INFO [Thread-4] --- GenericWebApplicationContext: Closing org.springframework.web.context
.support.GenericWebApplicationContext@15de0b3c: startup date [Wed Mar 13 21:30:16 CST 2019]; root of context hierarchy
```

图 3.13　运行单元测试后控制台输出的结果

至此完成了第一个案例需求的演示。对于第二个案例需求，我们需要构造一个对象，并采用 JSON 序列化框架对这个对象进行序列化与反序列化操作。为此我们需要借助 ObjectMapper 组件提供的 Jackson 序列化框架（JSON 序列化框架的一种）对对象进行序列化与反序列化操作，案例代码如下：

```java
package com.debug.middleware.server;
//导入包
import com.debug.middleware.server.entity.User;
import com.fasterxml.jackson.databind.ObjectMapper;
import org.junit.Test;
import org.junit.runner.RunWith;
import org.slf4j.Logger;
import org.slf4j.LoggerFactory;
import org.springframework.beans.factory.annotation.Autowired;
import org.springframework.boot.test.context.SpringBootTest;
import org.springframework.data.redis.core.RedisTemplate;
import org.springframework.data.redis.core.ValueOperations;
import org.springframework.test.context.junit4.SpringJUnit4ClassRunner;
//单元测试类
@RunWith(SpringJUnit4ClassRunner.class)
@SpringBootTest
public class RedisTest {
    //定义日志
    private static final Logger log= LoggerFactory.getLogger(RedisTest.class);
    //定义 RedisTemplate 操作组件
    @Autowired
    private RedisTemplate redisTemplate;
    //定义 JSON 序列化与反序列化框架类
    @Autowired
    private ObjectMapper objectMapper;
    //采用 RedisTemplate 将对象信息序列化为 JSON 格式字符串后写入缓存中
    //然后将其读取出来，最后反序列化解析其中的内容并展示在控制台上
    @Test
    public void two() throws Exception{
```

```
        log.info("------开始RedisTemplate操作组件实战----");
        //构造对象信息
        User user=new User(1,"debug","阿修罗");
        //Redis通用的操作组件
        ValueOperations valueOperations=redisTemplate.opsForValue();
        //将序列化后的信息写入缓存中
        final String key="redis:template:two:object";
        final String content=objectMapper.writeValueAsString(user);
        valueOperations.set(key,content);
        log.info("写入缓存对象的信息: {} ",user);
        //从缓存中读取内容
        Object result=valueOperations.get(key);
        if (result!=null){
            User resultUser=objectMapper.readValue(result.toString(),User.class);
            log.info("读取缓存内容并反序列化后的结果: {} ",resultUser);
        }
    }
```

其中，实体对象 User 的定义代码如下：

```
package com.debug.middleware.server.entity;/**
//导入包
import lombok.AllArgsConstructor;
import lombok.Data;
import lombok.ToString;
//采用lombok的注解，省去了一堆getter、setter、toString方法
@Data
@ToString
public class User {
    private Integer id;
    private String userName;
    private String name;
    //空构造器与所有字段构造器
    public User() {
    }
    public User(Integer id, String userName, String name) {
        this.id = id;
        this.userName = userName;
        this.name = name;
    }
}
```

单击运行按钮，期间没有报错，则可以看到控制台打印输出的结果，如图 3.14 所示。

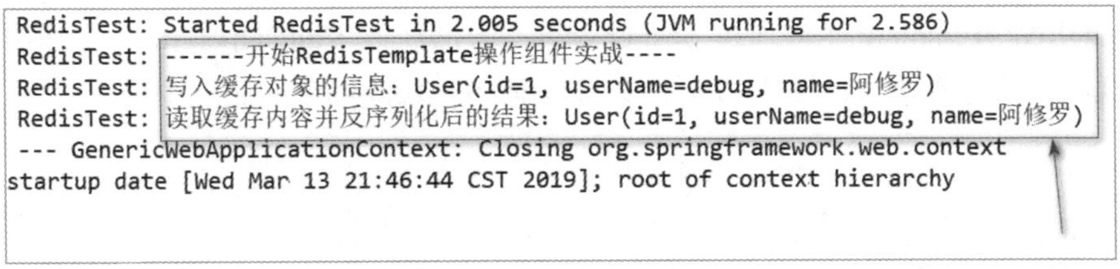

```
RedisTest: Started RedisTest in 2.005 seconds (JVM running for 2.586)
RedisTest: ------开始RedisTemplate操作组件实战----
RedisTest: 写入缓存对象的信息: User(id=1, userName=debug, name=阿修罗)
RedisTest: 读取缓存内容并反序列化后的结果: User(id=1, userName=debug, name=阿修罗)
--- GenericWebApplicationContext: Closing org.springframework.web.context
startup date [Wed Mar 13 21:46:44 CST 2019]; root of context hierarchy
```

图 3.14　运行单元测试后控制台输出的结果

至此我们完成了第二个案例的编码实现。

通过对这两个案例的演示，我们基本上已经了解了 RedisTemplate 组件的基本操作，下一节中将以同样的案例，采用 StringRedisTemplate 组件进行代码实现。

3.2.6　StringRedisTemplate 实战

StringRedisTemplate，顾名思义是 RedisTemplate 的特例，专门用于处理缓存中 Value 的数据类型为字符串 String 的数据，包括 String 类型的数据，和序列化后为 String 类型的字符串数据。

下面仍然以 3.2.5 节提到的两个需求作为案例，采用 StringRedisTemplate 操作组件实现数据的存储与读取。

（1）采用 StringRedisTemplate 将字符串信息写入缓存中，并读取出来展示到控制台上。其核心代码如下：

```
//定义 StringRedisTemplate 操作组件
@Autowired
private StringRedisTemplate stringRedisTemplate;
//采用 StringRedisTemplate 将字符串信息写入缓存中并读取出来
@Test
public void three(){
    log.info("------开始 StringRedisTemplate 操作组件实战----");
    //定义字符串内容及存入缓存的 key
    final String content="StringRedisTemplate 实战字符串信息";
    final String key="redis:three";
    //Redis 通用的操作组件
    ValueOperations valueOperations=stringRedisTemplate.opsForValue();
    //将字符串信息写入缓存中
    log.info("写入缓存中的内容：{} ",content);
    valueOperations.set(key,content);
    //从缓存中读取内容
    Object result=valueOperations.get(key);
    log.info("读取出来的内容：{} ",result);
}
```

单击 StringRedisTemplate 类查看其底层源代码，可以发现其继承了 RedisTemplate 类，所以 StringRedisTemplate 也能通过 opsForValue()方法获取 ValueOperations 操作组件类，进而实现相关业务操作。如图 3.15 所示为 StringRedisTemplate 的底层源代码：

```java
public class StringRedisTemplate extends RedisTemplate<String, String> {
    public StringRedisTemplate() {
        StringRedisSerializer stringSerializer = new StringRedisSerializer();  //指定默认的序列化方式都为String
        this.setKeySerializer(stringSerializer);
        this.setValueSerializer(stringSerializer);
        this.setHashKeySerializer(stringSerializer);
        this.setHashValueSerializer(stringSerializer);
    }

    public StringRedisTemplate(RedisConnectionFactory connectionFactory) {
        this();
        this.setConnectionFactory(connectionFactory);
        this.afterPropertiesSet();
    }

    protected RedisConnection preProcessConnection(RedisConnection connection, boolean existingConnection) {
        return new DefaultStringRedisConnection(connection);
    }
}
```

图 3.15　StringRedisTemplate 的底层源代码

单击单元测试方法左侧的运行按钮，查看控制台的输出结果，如图 3.16 所示。

```
                                      1 test passed - 57ms
[2019-03-14 08:31:22.502] boot - INFO [main] --- RedisTest: Started RedisTest in 1.969 seconds (JVM running for 2.599)
[2019-03-14 08:31:22.533] boot - INFO [main] --- RedisTest: ------开始StringRedisTemplate操作组件实战----
[2019-03-14 08:31:22.535] boot - INFO [main] --- RedisTest: 写入缓存中的内容：StringRedisTemplate实战字符串信息
[2019-03-14 08:31:22.569] boot - INFO [main] --- RedisTest: 读取出来的内容：StringRedisTemplate实战字符串信息
[2019-03-14 08:31:22.572] boot - INFO [Thread-4] --- GenericWebApplicationContext: Closing org.springframework.web.context
.support.GenericWebApplicationContext@3bf7ca37: startup date [Thu Mar 14 08:31:20 CST 2019]; root of context hierarchy
```

图 3.16　运行单元测试后控制台输出的结果

至此，我们完成了第一个案例的 StringRedisTemplate 实现。

（2）采用 StringRedisTemplate 将对象信息序列化为 JSON 格式字符串后写入缓存中，然后将其读取出来，最后反序列化解析其中的内容并展示在控制台上。

同样的道理，采用 StringRedisTemplate 对象的 opsForValue()方法将对象序列化后的字符串写入缓存中，并从缓存中读取出序列化后的字符串值，最后进行解析得到整个对象的信息。整个过程的核心代码如下：

```java
//采用StringRedisTemplate将对象信息序列化为JSON格式字符串后写入缓存中
//然后将其读取出来，最后反序列化解析其中的内容并展示在控制台上
@Test
public void four() throws Exception{
    log.info("------开始StringRedisTemplate操作组件实战----");
    //构造对象信息
    User user=new User(2,"SteadyJack","阿修罗");
    //Redis通用的操作组件
    ValueOperations valueOperations=redisTemplate.opsForValue();
    //将序列化后的信息写入缓存中
    final String key="redis:four";
```

```
final String content=objectMapper.writeValueAsString(user);
valueOperations.set(key,content);
log.info("写入缓存对象的信息：{} ",user);
//从缓存中读取内容
Object result=valueOperations.get(key);
if (result!=null){
    User
resultUser=objectMapper.readValue(result.toString(),User.class);
    log.info("读取缓存内容并反序列化后的结果：{} ",resultUser);
}
}
```

单击单元测试方法左侧的运行按钮，运行期间如果没有报错，即可以在控制台看到输出结果，如图 3.17 所示。

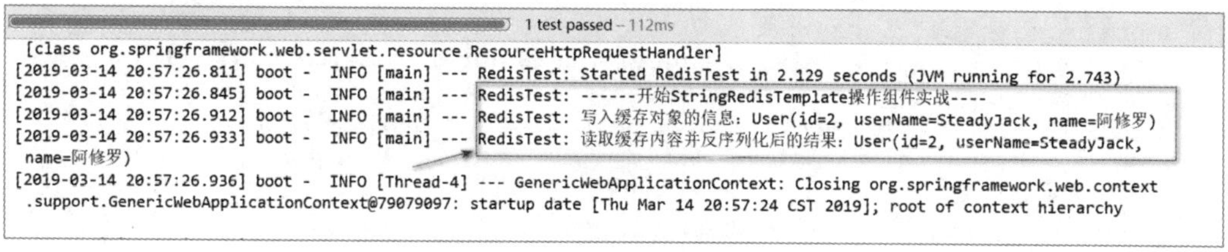

图 3.17　运行单元测试后控制台输出的结果

至此，我们完成了第二个案例需求的实现。

通过这两个案例演练，我们可以得出结论：RedisTemplate 与 StringRedisTemplate 操作组件都可以用于操作存储字符串类型的数据信息。当然，对于 RedisTemplate 而言，它还适用于其他的数据类型的存储，如列表 List、集合 Set、有序集合 SortedSet 和哈希 Hash 等。

3.3　Redis 常见数据结构实战

Redis 是一个具有高性能的、基于 Key-Value 结构化存储的缓存中间件，支持多种丰富的数据类型，包括字符串 String、列表 List、集合 Set、有序集合 SortedSet 及哈希 Hash 存储。本节将基于 Spring Boot 整合 Redis 的项目以实际业务场景为案例，实现上述各种数据结构，使读者真正掌握 Redis 在实际项目中的使用。

3.3.1　字符串

在上一节介绍两大核心操作组件时，我们其实已经演练过了关于字符串类型数据的存储，本节将继续巩固关于字符串类型数据的存储与读取。

下面以这样的业务场景：将用户个人信息存储至缓存中，实现每次前端请求获取用户个人详情时直接从缓存中读取为例，来演示字符串的写入与读取。为了实现这个需求，首先需要建立用户对象实体，里面包含用户个人的各种信息，包括 ID、年龄、姓名、用户名及住址等，然后采用 RedisTemplate 操作组件将这一用户对象序列化为字符串信息并写入缓存中，最后从缓存中读取即可。整个过程的源代码如下：

```java
package com.debug.middleware.server;
//导入包
import com.debug.middleware.server.entity.Person;
import com.fasterxml.jackson.databind.ObjectMapper;
import org.junit.Test;
import org.junit.runner.RunWith;
import org.slf4j.Logger;
import org.slf4j.LoggerFactory;
import org.springframework.beans.factory.annotation.Autowired;
import org.springframework.boot.test.context.SpringBootTest;
import org.springframework.data.redis.core.RedisTemplate;
import org.springframework.test.context.junit4.SpringJUnit4ClassRunner;
//单元测试类
@RunWith(SpringJUnit4ClassRunner.class)
@SpringBootTest
public class RedisTest2 {
    //定义日志
    private static final Logger log= LoggerFactory.getLogger(RedisTest2.
class);
    //定义 RedisTemplate 操作组件
    @Autowired
    private RedisTemplate redisTemplate;
    //JSON 序列化与反序列化框架类
    @Autowired
    private ObjectMapper objectMapper;
    //单元测试方法
    @Test
    public void one() throws Exception{
        //构造用户个人实体对象
        Person p=new Person(10013,23,"修罗","debug","火星");
        //定义 key 与即将存入缓存中的 value
        final String key="redis:test:1";
        String value=objectMapper.writeValueAsString(p);
        //写入缓存中
        log.info("存入缓存中的用户实体对象信息为: {} ",p);
        redisTemplate.opsForValue().set(key,value);
        //从缓存中获取用户实体信息
        Object res=redisTemplate.opsForValue().get(key);
        if (res!=null){
            Person resP=objectMapper.readValue(res.toString(),Person.class);
            log.info("从缓存中读取信息: {} ",resP);
        }
    }
}
```

运行此单元测试方法，即可看到控制台的输出结果，如图 3.18 所示。

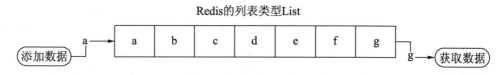

图 3.18　运行单元测试后控制台输出的结果

其实，对于字符串信息的存储，在实际的项目中应用还是很广泛的，因为在 Java 世界里"到处都是对象"，甚至从数据库中查询出来的结果都可以封装成 Java 中的对象，而对象又可以通过 ObjectMapper 等 JSON 解析框架进行序列化与反序列化，从而将对象转化为 JSON 格式的字符串，或者将序列化后的字符串反序列化解析为对象。

3.3.2　列表

Redis 的列表类型跟 Java 的 List 类型很类似，用于存储一系列具有相同类型的数据。其底层对于数据的存储和读取可以理解为一个"数据队列"，往 List 中添加数据时，即相当于往队列中的某个位置插入数据（比如从队尾插入数据）；而从 List 获取数据时，即相当于从队列中的某个位置中获取数据（比如从队头获取数据）。其底层存储的数据结构类似图 3.19 所示。

Redis的列表类型List

```
添加数据 a →  a  b  c  d  e  f  g  g → 获取数据
```

图 3.19　Redis 的列表类型底层存储的数据结构图

接下来以实际生产环境中的一个案例来演示 Redis 的列表类型的使用其需求为：将一组已经排好序的用户对象列表存储在缓存中，按照排名的先后顺序获取出来并输出打印到控制台上。对于这样的需求，首先需要定义一个已经排好序的用户对象列表，然后将其存储到 Redis 的 List 中，最后按照排名先后顺序将每个用户实体获取出来。

整个过程的源代码如下：

```
//列表类型
@Test
public void two() throws Exception{
    //构造已经排好序的用户对象列表
    List<Person> list=new ArrayList<>();
```

```
list.add(new Person(1,21,"修罗", "debug", "火星"));
list.add(new Person(2,22,"大圣","jack","水帘洞"));
list.add(new Person(3,23,"盘古","Lee","上古"));
log.info("构造已经排好序的用户对象列表: {} ",list);
//将列表数据存储至 Redis 的 List 中
final String key="redis:test:2";
ListOperations listOperations=redisTemplate.opsForList();
for (Person p:list){
    //往列表中添加数据—从队尾中添加
    listOperations.leftPush(key,p);
}
//获取 Redis 中 List 的数据—从队头中遍历获取，直到没有元素为止
log.info("-- 获取 Redis 中 List 的数据-从队头中获取--");
Object res=listOperations.rightPop(key);
Person resP;
while (res!=null){
    resP= (Person) res;
    log.info("当前数据: {} ",resP);
    res=listOperations.rightPop(key);
}
}
```

运行此单元测试方法，可以在控制台得到输出结果，如图 3.20 所示。

```
[2019-03-16 12:05:11.102] boot - INFO [main] --- RedisTest2: Started RedisTest2 in 2.938 seconds (JVM running for 3.756)
[2019-03-16 12:05:11.143] boot - INFO [main] --- RedisTest2: 构造已经排好序的用户对象列表: [Person(id=1, age=21, name=修罗, userName=debug,
location=火星), Person(id=2, age=22, name=大圣, userName=jack, location=水帘洞), Person(id=3, age=23, name=盘古, userName=Lee, location=上古)]
[2019-03-16 12:05:11.219] boot - INFO [main] --- RedisTest2: --获取Redis中List的数据-从队头中获取--
[2019-03-16 12:05:11.240] boot - INFO [main] --- RedisTest2: 当前数据: Person(id=1, age=21, name=修罗, userName=debug, location=火星)
[2019-03-16 12:05:11.240] boot - INFO [main] --- RedisTest2: 当前数据: Person(id=2, age=22, name=大圣, userName=jack, location=水帘洞)
[2019-03-16 12:05:11.240] boot - INFO [main] --- RedisTest2: 当前数据: Person(id=3, age=23, name=盘古, userName=Lee, location=上古)
[2019-03-16 12:05:11.251] boot - INFO [Thread-4] --- GenericWebApplicationContext: Closing org.springframework.web.context.support
.GenericWebApplicationContext@4b2bac3f: startup date [Sat Mar 16 12:05:08 CST 2019]; root of context hierarchy
```

图 3.20　运行单元测试方法后得到输出结果

从上述代码中可以看出，在 Spring Boot 整合 Redis 的项目使用 List 类型存储数据时，可以通过 push 添加、pop 获取等操作存储获取的数据。在实际应用场景中，Redis 的列表 List 类型特别适用于"排名""排行榜""近期访问数据列表"等业务场景，是一种很实用的存储类型。

3.3.3　集合

Redis 的集合类型 Set 跟高等数学中的集合很类似，用于存储具有相同类型或特性的不重复的数据，即 Redis 中的集合 Set 存储的数据是唯一的，其底层的数据结构是通过哈希表来实现的，所以其添加、删除、查找操作的复杂度均为 O(1)。

下面以实际生产环境中典型的业务场景作为例子来演示，需求为：给定一组用户姓名列表，要求剔除具有相同姓名的人员并组成新的集合，存放至缓存中并用于前端访问。对

于这个需求，首先需要构造一组用户列表，然后遍历访问，将姓名直接塞入 Redis 的 Set 集合中，集合底层会自动剔除重复的元素。整个过程的核心源代码如下：

```
//集合类型
@Test
public void three() throws Exception{
    //构造一组用户姓名列表
    List<String> userList=new ArrayList<>();
    userList.add("debug");
    userList.add("jack");
    userList.add("修罗");
    userList.add("大圣");
    userList.add("debug");
    userList.add("jack");
    userList.add("steadyheart");
    userList.add("修罗");
    userList.add("大圣");
    log.info("待处理的用户姓名列表：{} ",userList);
    //遍历访问，剔除相同姓名的用户并塞入集合中，最终存入缓存中
    final String key="redis:test:3";
    SetOperations setOperations=redisTemplate.opsForSet();
    for (String str:userList){
        setOperations.add(key,str);
    }
    //从缓存中获取用户对象集合
    Object res=setOperations.pop(key);
    while (res!=null){
        log.info("从缓存中获取的用户集合-当前用户：{} ",res);
        res=setOperations.pop(key);
    }
}
```

运行此单元测试方法，可以在控制台得到输出结果，如图 3.21 所示。

```
[2019-03-16 20:45:36.222] boot - INFO [main] --- RedisTest2: Started RedisTest2 in 2.22 seconds (JVM running for 3.119)
[2019-03-16 20:45:36.257] boot - INFO [main] --- RedisTest2: 待处理的用户姓名列表：[debug, jack, 修罗, 大圣, debug, jack, steadyheart, 修罗, 大圣]
[2019-03-16 20:45:36.295] boot - INFO [main] --- RedisTest2: 从缓存中获取的用户集合-当前用户：jack
[2019-03-16 20:45:36.295] boot - INFO [main] --- RedisTest2: 从缓存中获取的用户集合-当前用户：debug
[2019-03-16 20:45:36.295] boot - INFO [main] --- RedisTest2: 从缓存中获取的用户集合-当前用户：steadyheart
[2019-03-16 20:45:36.295] boot - INFO [main] --- RedisTest2: 从缓存中获取的用户集合-当前用户：大圣
[2019-03-16 20:45:36.295] boot - INFO [main] --- RedisTest2: 从缓存中获取的用户集合-当前用户：修罗
Disconnected from the target VM, address: '127.0.0.1:12230', transport: 'socket'
[2019-03-16 20:45:36.299] boot - INFO [Thread-4] --- GenericWebApplicationContext: Closing org.springframework.web.context.support
.GenericWebApplicationContext@56673b2c: startup date [Sat Mar 16 20:45:34 CST 2019]; root of context hierarchy
```

图 3.21　运行单元测试方法后得到输出结果

从上述代码及运行结果可以看出，Redis 的集合类型确实可以保证存储的数据是唯一、不重复的。在实际互联网应用中，Redis 的 Set 类型常用于 解决重复提交、剔除重复 ID 等业务场景。

3.3.4　有序集合

Redis 的有序集合 SortedSet 跟集合 Set 具有某些相同的特性,即存储的数据是不重复、无序、唯一的;而这两者的不同之处在于 SortedSet 可以通过底层的 Score(分数/权重)值对数据进行排序,实现存储的集合数据既不重复又有序,可以说其包含了列表 List、集合 Set 的特性。

下面以实际生产环境中典型的业务场景作为例子来演示,需求为:找出一个星期内手机话费单次充值金额前 6 名的用户列表,要求按照充值金额从大到小的顺序进行排序,并存至缓存中。

为了实现这一需求,首先需要构造一组对象列表,其中对象信息包括用户手机号、充值话费,然后需要遍历访问对象列表,将其加入缓存的 SortedSet 中,最终将其获取出来。整个实战过程的核心源代码如下:

```
//有序集合
@Test
public void four() throws Exception{
    //构造一组无序的用户手机充值对象列表
    List<PhoneUser> list=new ArrayList<>();
    list.add(new PhoneUser("103",130.0));
    list.add(new PhoneUser("101",120.0));
    list.add(new PhoneUser("102",80.0));
    list.add(new PhoneUser("105",70.0));
    list.add(new PhoneUser("106",50.0));
    list.add(new PhoneUser("104",150.0));
    log.info("构造一组无序的用户手机充值对象列表:{}",list);
    //遍历访问充值对象列表,将信息塞入 Redis 的有序集合中
    final String key="redis:test:4";
    //因为 zSet 在 add 元素进入缓存后,下次就不能进行更新了,因而为了测试方便
    //进行操作之前先清空该缓存(实际生产环境中不建议这么使用)
    redisTemplate.delete(key);
//获取有序集合 SortedSet 操作组件 ZSetOperations
    ZSetOperations zSetOperations=redisTemplate.opsForZSet();
    for (PhoneUser u:list){
     //将元素添加进有序集合 SortedSet 中
        zSetOperations.add(key,u,u.getFare());
    }
    //前端获取访问充值排名靠前的用户列表
    Long size=zSetOperations.size(key);
    //从小到大排序
    Set<PhoneUser> resSet=zSetOperations.range(key,0L,size);
    //从大到小排序
    //Set<PhoneUser> resSet=zSetOperations.reverseRange(key,0L,size);
//遍历获取有序集合中的元素
    for (PhoneUser u:resSet){
```

```
        log.info("从缓存中读取手机充值记录排序列表，当前记录：{} ",u);
    }
}
```

其中，PhoneUser 实体对象信息如下：

```
package com.debug.middleware.server.entity;
//导入包
import lombok.Data;
import lombok.ToString;
import java.io.Serializable;
//用户充值对象
@Data
@ToString
public class PhoneUser implements Serializable{
    private String phone;
    private Double fare;
    //无参构造方法
    public PhoneUser() {
    }
    //拥有所有参数的构造方法
    public PhoneUser(String phone, Double fare) {
        this.phone = phone;
        this.fare = fare;
    }
//手机号相同，代表充值记录重复(只适用于特殊的排名需要)，所以需要重写 equals 和 hashCode
//方法
    @Override
    public boolean equals(Object o) {
        if (this == o) return true;
        if (o == null || getClass() != o.getClass()) return false;
        PhoneUser phoneUser = (PhoneUser) o;
        return phone != null ? phone.equals(phoneUser.phone) : phoneUser.
phone == null;
    }
    @Override
    public int hashCode() {
        return phone != null ? phone.hashCode() : 0;
    }
}
```

运行单元测试方法，即可在控制台看到输出结果，如图 3.22 所示。

```
[2019-03-16 22:15:37.755] boot -  INFO [main] --- RedisTest2: 构造一组无序的用户手机充值对象列表:[PhoneUser(phone=103, fare=130.0), PhoneUser
 (phone=101, fare=120.0), PhoneUser(phone=102, fare=80.0), PhoneUser(phone=105, fare=70.0), PhoneUser(phone=106, fare=50.0), PhoneUser
 (phone=104, fare=150.0)]
[2019-03-16 22:15:37.792] boot -  INFO [main] --- RedisTest2: 从缓存中读取手机充值记录排序列表，当前记录：PhoneUser(phone=106, fare=50.0)
[2019-03-16 22:15:37.792] boot -  INFO [main] --- RedisTest2: 从缓存中读取手机充值记录排序列表，当前记录：PhoneUser(phone=105, fare=70.0)
[2019-03-16 22:15:37.792] boot -  INFO [main] --- RedisTest2: 从缓存中读取手机充值记录排序列表，当前记录：PhoneUser(phone=102, fare=80.0)
[2019-03-16 22:15:37.792] boot -  INFO [main] --- RedisTest2: 从缓存中读取手机充值记录排序列表，当前记录：PhoneUser(phone=101, fare=120.0)
[2019-03-16 22:15:37.792] boot -  INFO [main] --- RedisTest2: 从缓存中读取手机充值记录排序列表，当前记录：PhoneUser(phone=103, fare=130.0)
[2019-03-16 22:15:37.792] boot -  INFO [main] --- RedisTest2: 从缓存中读取手机充值记录排序列表，当前记录：PhoneUser(phone=104, fare=150.0)
[2019-03-16 22:15:37.795] boot -  INFO [Thread-4] --- GenericWebApplicationContext: Closing org.springframework.web.context.support
 .GenericWebApplicationContext@bcec361: startup date [Sat Mar 16 22:15:36 CST 2019]; root of context hierarchy
```

图 3.22　运行单元测试方法后得到输出结果

从上述代码及运行结果可以看到，Redis 的有序集合类型 SortedSet 确实可以实现数据元素的有序排列。默认情况下，SortedSet 的排序类型是根据得分 Score 参数的取值从小到大排序，如果需要倒序排列，则可以调用 reverseRange()方法即可！

在实际生产环境中，Redis 的有序集合 SortedSet 常用于充值排行榜、积分排行榜、成绩排名等应用场景。

3.3.5　哈希 Hash 存储

Redis 的哈希存储跟 Java 的 HashMap 数据类型有点类似，其底层数据结构是由 Key-Value 组成的映射表，而其 Value 又是由 Filed-Value 对构成，特别适用于具有映射关系的数据对象的存储。其底层存储结构如图 3.23 所示。

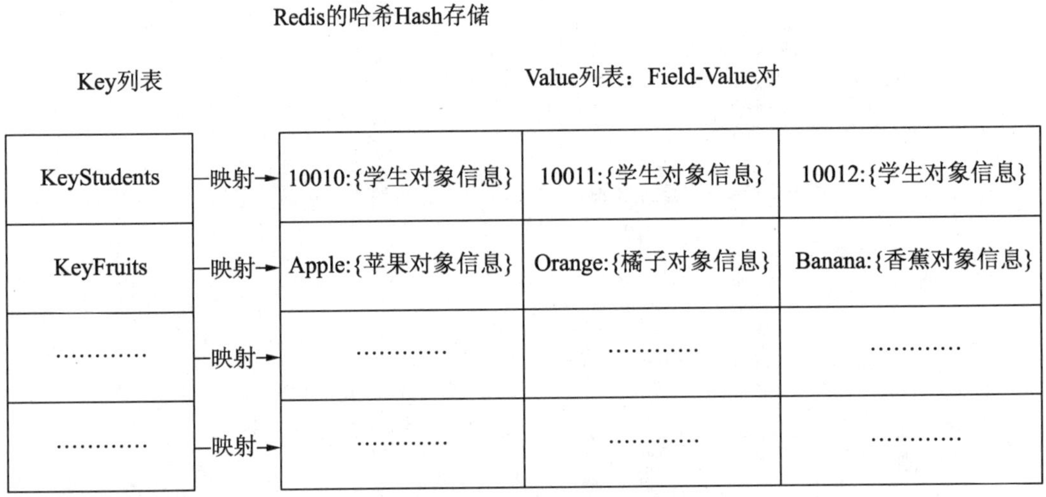

图 3.23　哈希 Hash 存储底层数据结构图

实战出真知。下面以图 3.23 中涉及的学生对象列表和水果对象列表的存储为例，演示 Redis 的哈希 Hash 数据结构的使用。整个过程的核心源代码如下：

```java
//Hash 哈希存储
@Test
public void five() throws Exception{
    //构造学生对象列表和水果对象列表
    List<Student> students=new ArrayList<>();
    List<Fruit> fruits=new ArrayList<>();
    //往学生集合中添加学生对象
    students.add(new Student("10010","debug","大圣"));
    students.add(new Student("10011","jack","修罗"));
    students.add(new Student("10012","sam","上古"));
```

```
    //往水果集合中添加水果对象
    fruits.add(new Fruit("apple","红色"));
    fruits.add(new Fruit("orange","橙色"));
    fruits.add(new Fruit("banana","黄色"));
    //分别遍历不同的对象列表，并采用 Hash 哈希存储至缓存中
    final String sKey="redis:test:5";
    final String fKey="redis:test:6";
    //获取 Hash 存储操作组件 HashOperations，遍历获取集合中的对象并添加进缓存中
    HashOperations hashOperations=redisTemplate.opsForHash();
    for (Student s:students){
        hashOperations.put(sKey,s.getId(),s);
    }
    for (Fruit f:fruits){
        hashOperations.put(fKey,f.getName(),f);
    }
    //获取学生对象列表与水果对象列表
    Map<String,Student> sMap=hashOperations.entries(sKey);
    log.info("获取学生对象列表：{} ",sMap);
    Map<String,Fruit> fMap=hashOperations.entries(fKey);
    log.info("获取水果对象列表：{} ",fMap);
    //获取指定的学生对象
    String sField="10012";
    Student s= (Student) hashOperations.get(sKey,sField);
    log.info("获取指定的学生对象：{} -> {} ",sField,s);
    //获取指定的水果对象
    String fField="orange";
    Fruit f= (Fruit) hashOperations.get(fKey,fField);
    log.info("获取指定的水果对象：{} -> {} ",fField,f);
}
```

其中，学生对象实体信息如下：

```
package com.debug.middleware.server.entity;
//导入包
import lombok.Data;
import lombok.ToString;
import java.io.Serializable;
//学生对象
@Data
@ToString
public class Student implements Serializable{
    private String id;
    private String userName;
    private String name;
    //无参构造方法
    public Student() {
    }
    //所有参数的构造方法
    public Student(String id, String userName, String name) {
        this.id = id;
        this.userName = userName;
```

```
            this.name = name;
        }
    }
```

水果对象信息如下：

```
package com.debug.middleware.server.entity;
//导入包
import lombok.Data;
import lombok.ToString;
import java.io.Serializable;
//水果对象信息
@Data
@ToString
public class Fruit implements Serializable{
    private String name;
    private String color;
    //无参构造方法
    public Fruit() {
}
//所有参数的构造方法
    public Fruit(String name, String color) {
        this.name = name;
        this.color = color;
    }
}
```

运行此单元测试方法，即可以在控制台得到输出结果，如图 3.24 所示。

```
[2019-03-16 23:47:03.804] boot -  INFO [main] --- RedisTest2: Started RedisTest2 in 1.895 seconds (JVM running for 2.469)
[2019-03-16 23:47:03.871] boot -  INFO [main] --- RedisTest2: 获取学生对象列表：{10012=Student(id=10012, userName=sam, name=上古),
   10011=Student(id=10011, userName=jack, name=修罗), 10010=Student(id=10010, userName=debug, name=大圣)}
[2019-03-16 23:47:03.872] boot -  INFO [main] --- RedisTest2: 获取水果对象列表：{apple=Fruit(name=apple, color=红色), banana=Fruit
   (name=banana, color=黄色), orange=Fruit(name=orange, color=橙色)}
[2019-03-16 23:47:03.872] boot -  INFO [main] --- RedisTest2: 获取指定的学生对象：10012 -> Student(id=10012, userName=sam, name=上古)
[2019-03-16 23:47:03.873] boot -  INFO [main] --- RedisTest2: 获取指定的水果对象：orange -> Fruit(name=orange, color=橙色)
[2019-03-16 23:47:03.876] boot -  INFO [Thread-4] --- GenericWebApplicationContext: Closing org.springframework.web.context.support
   .GenericWebApplicationContext@26794848: startup date [Sat Mar 16 23:47:02 CST 2019]; root of context hierarchy
```

图 3.24　运行单元测试方法后得到输出结果

通过上述代码及运行结果可以得知，Redis 的 Hash 存储特别适用于具有映射关系的对象存储。在实际互联网应用，当需要存入缓存中的对象信息具有某种共性时，为了减少缓存中 Key 的数量，应考虑采用 Hash 哈希存储。

3.3.6　Key 失效与判断是否存在

由于 Redis 本质上是一个基于内存、Key-Value 存储的数据库，因而不管采用何种数据类型存储数据时，都需要提供一个 Key，称为"键"，用来作为缓存数据的唯一标识。而获取缓存数据的方法正是通过这个 Key 来获取到对应的信息，这一点在前面几节中以代码实战 Redis 各种数据类型时已有所体现。

　　然而在某些业务场景下，缓存中的 Key 对应的数据信息并不需要永久保留，这个时候就需要对缓存中的这些 Key 进行"清理"。在 Redis 缓存体系结构中，Delete 与 Expire 操作都可以用于清理缓存中的 Key，这两者不同之处在于 Delete 操作需要人为手动触发，而 Expire 只需要提供一个 TTL，即"过期时间"，就可以实现 Key 的自动失效，也就是自动被清理。本节将采用实际的代码演示如何使缓存中的 Key 失效。

　　首先介绍第一种方法：在调用 SETEX 方法中指定 Key 的过期时间，代码如下：

```
//Key 失效一
@Test
public void six() throws Exception{
    //构造 Key 与 Redis 操作组件 ValueOperations
    final String key1="redis:test:6";
    ValueOperations valueOperations=redisTemplate.opsForValue();
    //第一种方法：在往缓存中 set 数据时，提供一个 TTL，表示 ttl 时间一到，缓存中的 key
    //将自动失效，即被清理，在这里 TTL 是 10 秒
    valueOperations.set(key1,"expire 操作",10L, TimeUnit.SECONDS);
    //等待 5 秒-判断 key 是否还存在
    Thread.sleep(5000);
    Boolean existKey1=redisTemplate.hasKey(key1);
    Object value=valueOperations.get(key1);
    log.info("等待 5 秒-判断 key 是否还存在:{} 对应的值:{}",existKey1,value);

    //再等待 5 秒-再判断 key 是否还存在
    Thread.sleep(5000);
    existKey1=redisTemplate.hasKey(key1);
    value=valueOperations.get(key1);
    log.info("再等待 5 秒-再判断 key 是否还存在:{} 对应的值:{}",existKey1,value);
}
```

　　在上述代码中，为了能直观地看到运行效果，特地加上了 Thread.sleep()方法，表示等待特定的时间，运行此单元测试方法，即可在控制台看到输出结果，如图 3.25 所示。

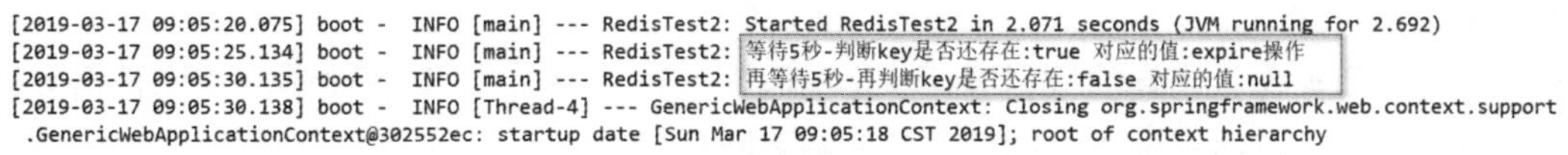

```
[2019-03-17 09:05:20.075] boot - INFO [main] --- RedisTest2: Started RedisTest2 in 2.071 seconds (JVM running for 2.692)
[2019-03-17 09:05:25.134] boot - INFO [main] --- RedisTest2: 等待5秒-判断key是否还存在:true 对应的值:expire操作
[2019-03-17 09:05:30.135] boot - INFO [main] --- RedisTest2: 再等待5秒-再判断key是否还存在:false 对应的值:null
[2019-03-17 09:05:30.138] boot - INFO [Thread-4] --- GenericWebApplicationContext: Closing org.springframework.web.context.support
.GenericWebApplicationContext@302552ec: startup date [Sun Mar 17 09:05:18 CST 2019]; root of context hierarchy
```

图 3.25　运行单元测试方法后得到输出结果

　　从上述代码运行结果可以看出，当缓存中的 Key 失效时，对应的值也将不存在，即获取的值为 null。

　　另外一种使缓存中的 Key 失效的方法是采用 RedisTemplate 操作组件的 Expire()方法指定失效的 Key，代码如下：

```
//Key 失效二
@Test
```

```
public void seven() throws Exception{
    //构造 key 与 redis 操作组件
    final String key2="redis:test:7";
    ValueOperations valueOperations=redisTemplate.opsForValue();
    //第二种方法: 在往缓存中 set 数据后,采用 redisTemplate 的 expire 方法使该 key 失效
    valueOperations.set(key2,"expire 操作-2");
    redisTemplate.expire(key2,10L,TimeUnit.SECONDS);
    //等待 5 秒-判断 key 是否还存在
    Thread.sleep(5000);
    Boolean existKey=redisTemplate.hasKey(key2);
    Object value=valueOperations.get(key2);
    log.info("等待 5 秒-判断 key 是否还存在:{} 对应的值:{}",existKey,value);

    //再等待 5 秒-再判断 key 是否还存在
    Thread.sleep(5000);
    existKey=redisTemplate.hasKey(key2);
    value=valueOperations.get(key2);
    log.info("再等待 5 秒-再判断 key 是否还存在:{} 对应的值:{}",existKey,value);
}
```

运行此单元测试方法,在控制台即可看到输出结果,如图 3.26 所示。

```
INFO [main] --- RedisTest2: 等待5秒-判断key是否还存在:true 对应的值:expire操作-2
INFO [main] --- RedisTest2: 再等待5秒-再判断key是否还存在:false 对应的值:null
INFO [Thread-4] --- GenericWebApplicationContext: Closing org.springframework.web.context.support
285d7e: startup date [Sun Mar 17 09:31:23 CST 2019]; root of context hierarchy
```

图 3.26　运行单元测试方法后得到输出结果

在上述两种方式对应的代码中,我们还可以看到如何判断缓存中的 Key 是否存在,即通过 redisTemplate.hasKey()方法,传入一个 Key 的名称参数,即可获取缓存中该 Key 是否仍然存在。

使缓存中的 Key 失效与判断 Key 是否存在,在实际业务场景中是很常用的,最常见的场景包括:

(1) 将数据库查询到的数据缓存一定的时间 TTL,在 TTL 时间内前端查询访问数据列表时,只需要在缓存中查询即可,从而减轻数据库的查询压力。

(2) 将数据压入缓存队列中,并设置一定的 TTL 时间,当 TTL 时间一到,将触发监听事件,从而处理相应的业务逻辑。

3.4　Redis 实战场景之缓存穿透

Redis 缓存的使用极大地提升了应用程序的整体性能和效率,特别是在查询数据方

面，大大减低了查询数据库的频率，但同时也带来了一些问题，其中比较典型的问题包括缓存穿透、缓存雪崩和缓存击穿。对于这些问题的处理，目前业界也有比较流行的解决方案，本节我们将以"缓存穿透"作为案例，以代码实现缓存穿透的典型解决方案。

3.4.1　什么是缓存穿透

在介绍什么是缓存穿透之前,首先来看看项目中使用缓存 Redis 查询数据的正常流程,如图 3.27 所示。

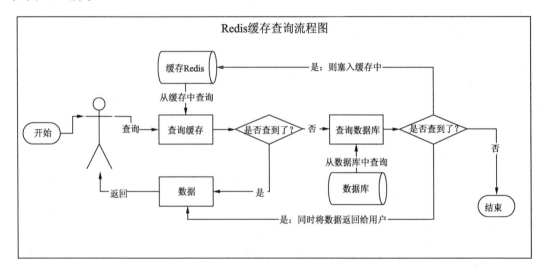

图 3.27　Redis 缓存正常查询的大致流程图

从图 3.27 中可以看出，前端用户要访问获取数据时，后端首先会在缓存 Redis 中查询，如果能查询到数据，则直接将数据返回给用户，流程结束；如果在缓存中没有查询到数据，则前往数据库中查询，此时如果能查询到数据，则将数据返回给用户，同时将数据塞入缓存中，流程结束，如果在数据库中没有查询到数据时，则返回 Null，同时流程结束。

这个正常查询缓存的流程刚开始看倒没有什么问题，但是仔细看最后一个步骤："当查询数据库时如果没有查询到数据，则直接返回 Null 给前端用户，流程结束"，如果前端频繁发起访问请求时，恶意提供数据库中不存在的 Key，则此时数据库中查询到的数据将永远为 Null。由于 Null 的数据是不存入缓存中的，因而每次访问请求时将查询数据库，如果此时有恶意攻击，发起"洪流"式的查询，则很有可能会对数据库造成极大的压力，甚至压垮数据库。这个过程称之为"缓存穿透"，顾名思义，就像是"永远越过了缓存而直接永远地访问数据库"。

3.4.2　缓存穿透的解决方案

目前业界有多种比较成熟的解决方案，其中比较典型的是改造图 3.27 中的最后一个步骤，即"当查询数据库时如果没有查询到数据，则将 Null 返回给前端用户，同时将该 Null 数据塞入缓存中，并对对应的 Key 设置一定的过期时间，流程结束"。流程图改造如图 3.28 所示。

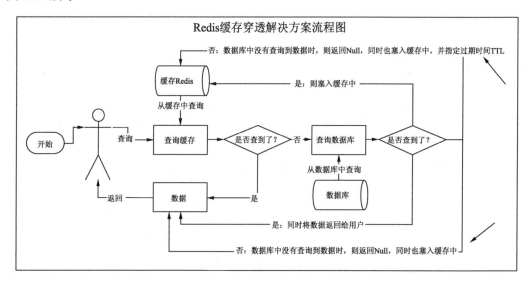

图 3.28　Redis 缓存穿透解决方案流程图

这种方案在一定程度上可以减少数据库频繁查询的压力！

3.4.3　实战过程

本节将基于 Spring Boot 整合 Redis 的项目，以"商城用户访问某个热销的商品"为实战案例，演示上述缓存穿透的解决方案。

（1）在这里，商城的商品我们以书为例。首先在数据库中建立数据库表，命名为 item，创建数据库表语句如下：

```sql
CREATE TABLE `item` (
  `id` int(11) NOT NULL AUTO_INCREMENT,
  `code` varchar(255) DEFAULT NULL COMMENT '商品编号',
  `name` varchar(255) CHARACTER SET utf8mb4 DEFAULT NULL COMMENT '商品名称',
  `create_time` datetime DEFAULT NULL,
  PRIMARY KEY (`id`)
) ENGINE=InnoDB DEFAULT CHARSET=utf8 COMMENT='商品信息表';
```

在数据库表创建一条记录，其中，code 取值为"book_10010"，name 取值为"分布式中间件实战"，create_time 取值为当前时间即可。

（2）采用 MyBatis 的逆向工程生成该实体类对应的 Model、Mapper 和 Mapper.xml，并将这 3 个文件存放至 model 模块下不同的目录中，目录结构如图 3.29 所示。

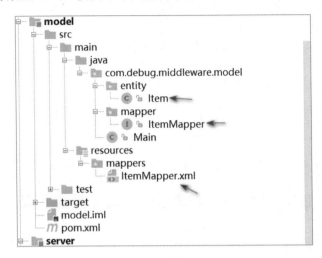

图 3.29　MyBatis 逆向工程生成的 3 个核心文件所在目录

Item 实体类代码如下：

```
package com.debug.middleware.model.entity;
//导入包
import com.fasterxml.jackson.annotation.JsonFormat;
import java.util.Date;
//商品实体对象
public class Item {
    private Integer id;
    private String code;
    private String name;
    @JsonFormat(pattern = "yyyy-MM-dd HH:mm:ss",timezone = "GMT+8")
    private Date createTime;

    //此处省略字段的getter和setter方法
    ......
}
```

在 ItemMapper 和 ItemMapper.xml 中开发"根据商品编码获取商品详情"的功能，其代码如，首先是 ItemMapper：

```
package com.debug.middleware.model.mapper;
//导入包
import com.debug.middleware.model.entity.Item;
import org.apache.ibatis.annotations.Param;
//定义动态SQL执行所在的Mapper
public interface ItemMapper {
```

```
//此为 MyBatis 逆向工程自动生成的方法-增、删、改、查
int deleteByPrimaryKey(Integer id);
int insert(Item record);
int insertSelective(Item record);
Item selectByPrimaryKey(Integer id);
int updateByPrimaryKeySelective(Item record);
int updateByPrimaryKey(Item record);

//根据商品编码,查询商品详情
Item selectByCode(@Param("code") String code);
}
```

然后是 ItemMapper.xml 文件对应的部分源码:

```
<mapper namespace="com.debug.middleware.model.mapper.ItemMapper" >
  <!--字段映射-->
  <resultMap id="BaseResultMap" type="com.debug.middleware.model.entity.
Item" >
    <id column="id" property="id" jdbcType="INTEGER" />
    <result column="code" property="code" jdbcType="VARCHAR" />
    <result column="name" property="name" jdbcType="VARCHAR" />
    <result column="create_time" property="createTime" jdbcType="TIMESTAMP" />
  </resultMap>
  <sql id="Base_Column_List" >
    id, code, name, create_time
  </sql>

  <!--在这里省略 MyBatis 逆向工程生成的动态 SQL 对应的方法-->

  <!--根据商品编码查询-->
  <select id="selectByCode" resultType="com.debug.middleware.model.entity.Item">
    select
    <include refid="Base_Column_List" />
    from item
    where code = #{code}
  </select>
</mapper>
```

(3) 在启动类 MainApplication 加上@MapperScan 注解,用于扫描 MyBatis 动态 SQL 对应的 Mapper 接口所在的包,即改造后的 MainApplication 类的完整源码如下:

```
@SpringBootApplication
@MapperScan(basePackages = "com.debug.middleware.model")
public class MainApplication extends SpringBootServletInitializer {
    @Override
    protected SpringApplicationBuilder configure(SpringApplicationBuilder
builder) {
        return super.configure(builder);
}
//Spring Boot 应用程序启动入口类
    public static void main(String[] args) {
        SpringApplication.run(MainApplication.class,args);
    }
}
```

（4）建立对应的控制层 Controller 与实际业务逻辑处理层 Service，其目录结构如图 3.30 所示。

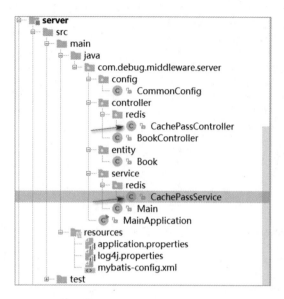

图 3.30　Controller 与 Service 层的目录结构

（5）其中，CachePassController 用于接收前端用户"获取热销商品信息"的访问请求，代码如下：

```
package com.debug.middleware.server.controller.redis;
//导入包
import com.debug.middleware.server.service.redis.CachePassService;
import org.slf4j.Logger;
import org.slf4j.LoggerFactory;
import org.springframework.beans.factory.annotation.Autowired;
import org.springframework.web.bind.annotation.RequestMapping;
import org.springframework.web.bind.annotation.RequestMethod;
import org.springframework.web.bind.annotation.RequestParam;
import org.springframework.web.bind.annotation.RestController;
import java.util.HashMap;
import java.util.Map;
//缓存穿透实战 controller
@RestController
public class CachePassController {
    private static final Logger log= LoggerFactory.getLogger(CachePass
Controller.class);
    private static final String prefix="cache/pass";
    //定义缓存穿透处理服务类
    @Autowired
    private CachePassService cachePassService;
    /**
     * 获取热销商品信息
     * @param itemCode
```

```
 * @return
 */
@RequestMapping(value = prefix+"/item/info",method = RequestMethod.GET)
public Map<String,Object> getItem(@RequestParam String itemCode){
//定义接口返回的格式，主要包括 code、msg 和 data
    Map<String,Object> resMap=new HashMap<>();
    resMap.put("code",0);
    resMap.put("msg","成功");
    try {
        //调用缓存穿透处理服务类得到返回结果，并将其添加进结果 Map 中
        resMap.put("data",cachePassService.getItemInfo(itemCode));
    }catch (Exception e){
        resMap.put("code",-1);
        resMap.put("msg","失败"+e.getMessage());
    }
    return resMap;
}
}
```

（6）而 CachePassService 则为真正的核心业务逻辑处理类，完整的代码如下：

```
package com.debug.middleware.server.service.redis;
//导入包
import com.debug.middleware.model.entity.Item;
import com.debug.middleware.model.mapper.ItemMapper;
import com.fasterxml.jackson.databind.ObjectMapper;
import org.slf4j.Logger;
import org.slf4j.LoggerFactory;
import org.springframework.beans.factory.annotation.Autowired;
import org.springframework.data.redis.core.RedisTemplate;
import org.springframework.data.redis.core.ValueOperations;
import org.springframework.stereotype.Service;
//缓存穿透 service
@Service
public class CachePassService {
    private static final Logger log= LoggerFactory.getLogger(CachePass
Service.class);
    //定义 Mapper
    @Autowired
    private ItemMapper itemMapper;
    //定义 Redis 操作组件 RedisTemplate
    @Autowired
    private RedisTemplate redisTemplate;
    //定义 JSON 序列化与反序列化框架类
    @Autowired
    private ObjectMapper objectMapper;
    //定义缓存中 Key 命名的前缀
    private static final String keyPrefix="item:";
    /**
     * 获取商品详情，如果缓存有，则从缓存中获取；如果没有，则从数据库查询，并将查询结
果塞入缓存中*/
```

```java
public Item getItemInfo(String itemCode) throws Exception{
    //定义商品对象
    Item item=null;
        //定义缓存中真正的 Key：由前缀和商品编码组成
        final String key=keyPrefix+itemCode;
        //定义 Redis 的操作组件 ValueOperations
        ValueOperations valueOperations=redisTemplate.opsForValue();
        if (redisTemplate.hasKey(key)){
            log.info("---获取商品详情-缓存中存在该商品---商品编号为:{}",itemCode);

            //从缓存中查询该商品详情
            Object res=valueOperations.get(key);
            if (res!=null && !Strings.isNullOrEmpty(res.toString())){
            //如果可以找到该商品，则进行 JSON 反序列化解析
                item=objectMapper.readValue(res.toString(),Item.class);
            }
        }else{
            //else 表示在缓存中没有找到该商品
            log.info("---获取商品详情-缓存中不存在该商品-从数据库中查询---商品编号
为：{}",itemCode);
            //从数据库中获取该商品详情
            item=itemMapper.selectByCode(itemCode);
            if (item!=null){
                //如果数据库中查得到该商品，则将其序列化后写入缓存中
                valueOperations.set(key,objectMapper.writeValueAsString
(item));
            }else{
                //过期失效时间 TTL 设置为 30 分钟，实际情况要根据实际业务决定
                valueOperations.set(key,"",30L, TimeUnit.MINUTES);
            }
        }
        return item;
    }
}
```

（7）单击运行 MainApplication 类，即可将整个应用程序运行起来。然后打开 Postman 或者浏览器，首先假设先获取商品编号为 book_10010 的书籍信息，链接为 http://127.0.0. 1:8087/middleware/cache/pass/item/info?itemCode=book_10010，由于是首次查询，因而缓存中不存在该商品信息，而直接从数据库查询获取商品详情。控制台输出结果如图 3.31 所示。

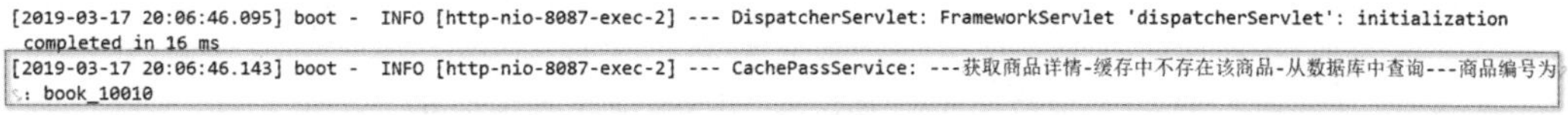

```
[2019-03-17 20:06:46.095] boot - INFO [http-nio-8087-exec-2] --- DispatcherServlet: FrameworkServlet 'dispatcherServlet': initialization
  completed in 16 ms
[2019-03-17 20:06:46.143] boot - INFO [http-nio-8087-exec-2] --- CachePassService: ---获取商品详情-缓存中不存在该商品-从数据库中查询---商品编号为
  : book_10010
```

图 3.31 缓存穿透解决方案实例控制台输出结果

而此时访问后得到的响应结果则是商品详情，如图 3.32 所示。

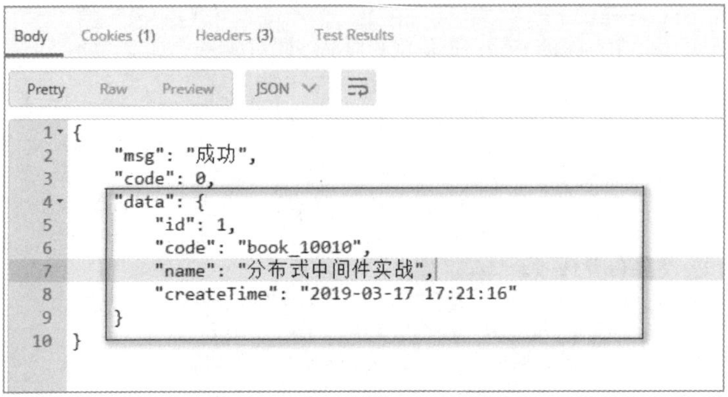

图 3.32　缓存穿透解决方案响应结果

接着再次多次发起同样的获取书籍编号为"book_10010"的访问请求，链接同样为 http:// 127.0.0.1:8087/middleware/cache/pass/item/info?itemCode=book_10010。再看控制台的输出结果，可以发现以后的所有请求都将从缓存中查询，如图 3.33 所示。

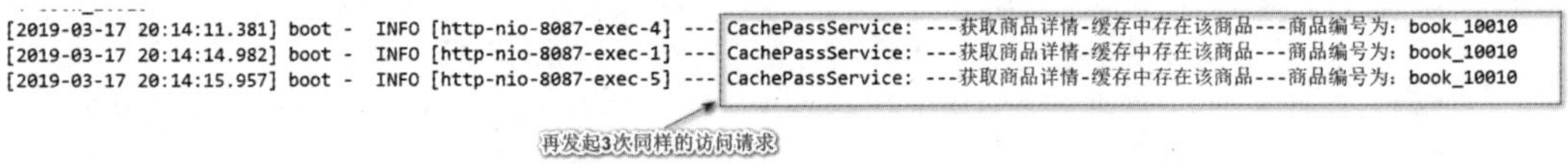

图 3.33　缓存穿透解决方案实战控制台输出结果

最后发起多次获取书籍编号为"book_10012"的访问请求，请求访问链接为 http:// 127.0.0.1:8087/middleware/cache/pass/item/info?itemCode=book_10012。此时由于缓存中不存在这个书籍编号，因而首先会查询数据库，又由于数据库中不存在该书籍记录，所以数据库查询结果为 Null，然后将此结果塞入缓存中，并设置一定的 TTL，下次再发起同样的请求时则直接查询数据库。控制台输出结果，如图 3.34 所示。

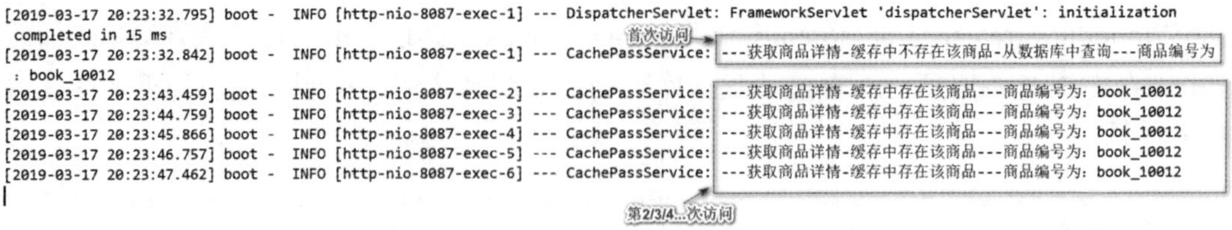

图 3.34　缓存穿透解决方案实战控制台输出结果

当然，由于此时数据库不存在该书籍记录，因而响应结果自然为 Null，如图 3.35 所示。

图 3.35　缓存穿透解决方案响应结果

至此，关于 Redis 缓存穿透的典型解决方案我们已经演示完毕，读者可以按照上述思路亲自将代码从头到尾地运行一遍，之后，相信你会对缓存穿透的场景有更深入的理解。

3.4.4　其他典型问题介绍

Redis 缓存的使用在给应用带来整体性能和效率提升的同时，也带来了一定的问题。前面主要介绍了目前比较典型的问题：缓存穿透，并基于 Spring Boot 整合 Redis 的项目通过代码演示了缓存穿透中典型的解决方案。除此之外，本节开始也介绍了另外两大典型的问题，分别是缓存雪崩和缓存击穿。下面简单介绍一下这两种典型问题及解决方案。

（1）缓存雪崩：指的是在某个时间点，缓存中的 Key 集体发生过期失效致使大量查询数据库的请求都落在了 DB（数据库）上，导致数据库负载过高，压力暴增，甚至有可能"压垮"数据库。

这种问题产生的原因其实主要是因为大量的 Key 在某个时间点或者某个时间段过期失效导致的。所以为了更好地避免这种问题的发生，一般的做法是为这些 Key 设置不同的、随机的 TTL（过期失效时间），从而错开缓存中 Key 的失效时间点，可以在某种程度上减少数据库的查询压力。

（2）缓存击穿：指缓存中某个频繁被访问的 Key（可以称为"热点 Key"），在不停地扛着前端的高并发请求，当这个 Key 突然在某个瞬间过期失效时，持续的高并发访问请求就"穿破"缓存，直接请求数据库，导致数据库压力在某一瞬间暴增。这种现象就像是"在一张薄膜上凿出了一个洞"。

这个问题产生的原因主要是热点的 Key 过期失效了，而在实际情况中，既然这个 Key 可以被当作"热点"频繁访问，那么就应该设置这个 Key 永不过期，这样前端的高并发请求将几乎永远不会落在数据库上。

不管是缓存穿透、缓存雪崩还是缓存击穿，其实它们最终导致的后果几乎都是一样的，即给 DB（数据库）造成压力，甚至压垮数据库。而它们的解决方案也都有一个共性，那就是"加强防线"，尽量让高并发的读请求落在缓存中，从而避免直接跟数据库打交道。

关于缓存雪崩与缓存击穿解决方案的代码，这里就不做详细介绍了，读者可以参考前面缓存穿透解决方案的实例代码自行编写实现。

3.5　总　　结

Redis 不仅是一个基于 BSD 开源的项目，同时也是一个基于内存的 Key-Value 结构化存储的数据库，在实际生产环境中有广泛的应用。

本章开篇主要介绍了 Redis 的相关概念及其典型应用场景，之后介绍了如何在本地快速安装 Redis 并采用命令行的形式介绍相关命令的使用。本章还介绍了如何基于 Spring Boot 项目整合 Redis，并实现两大核心操作组件 RedisTemplate 和 StringRedisTemplate 的自定义注入配置，最后采用 RedisTemplate 操作组件配备各种典型的应用场景演示了各种数据类型的使用，包括字符串 String、列表 List、集合 Set、有序集合 SortedSet 及哈希 Hash 存储。

本章最后还介绍了 Redis 在应用过程产生的几大典型问题，包括缓存穿透、缓存雪崩和缓存击穿，同时也花了一节的篇幅以缓存穿透作为代表，以代码形式演示了缓存穿透的解决方案，增强读者对 Redis 的各种典型数据结构在实际业务场景中的应用理解。

第 4 章　Redis 典型应用场景实战之抢红包系统

在微服务、分布式系统架构的时代，Redis 作为一款具有高性能存储的缓存中间件，具有很广泛的应用，特别是在以内容、服务为主打运营模式的互联网产品中，几乎都可以看到 Redis 的踪影。本章将重点介绍 Redis 的典型应用场景，即"抢红包系统"的设计与开发实战，巩固 Redis 的各种特性和典型数据结构在实际生产环境中的应用。

"抢红包"起初是在微信中兴起并得到普及的。其"发红包"与"抢红包"的业务着实给企业带来了巨大的用户流量。在本章中我们将自主设计一款能"扛住"用户高并发请求的抢红包系统。

本章的主要内容有：

- 抢红包系统整体业务流程介绍、业务流程分析和业务模块划分。
- 系统整体开发环境的搭建、相关数据库表的设计及整体开发流程介绍。
- "红包金额"随机数算法之二倍均值法的介绍、分析、代码实战和自测。
- "发红包""抢红包"业务模块的分析、代码实战和自测，采用 Jmeter 工具压力测试高并发下抢红包出现的问题。
- 对高并发下产生的问题进行分析，并采用分布式锁对整体业务逻辑进行优化。

4.1　整体业务流程介绍

在 2014 年春节，微信上线了红包功能，在短短一个月内，微信支付的用户便从 3000 万激增到 1 亿，为微信在移动支付领域争得了一席之地。微信红包成功的原因在本章中不会细谈，因为若是从其产品定位、组织架构、用户体验、消费者心理等等去展开讲解，每一个点都值得专业人士花大量的时间去研究。本章我们将借鉴微信红包的部分业务流及红包随机金额生成算法的思想，设计一款能扛住秒级高并发用户流量的抢红包系统。

本节将介绍自主设计的抢红包系统的整体业务流程，并对该业务流程进行分析、模块划分，为后续小节的代码实战做准备。

4.1.1　抢红包系统业务流程

实际生产环境中红包系统的系统架构是相当复杂的，涉及的范围也比较广泛。简要了解红包系统的运作，无论是对于技术大牛还是小白，都是大有裨益的，至少能扩展思维深度，增长个人见识，若是能深入研究其细节，学习其中的设计哲学，思考其中的优化方案，那将是一件很有意思的事情。概括性地讲，一个红包系统主要由以下三大部分组成：

- 信息流：包括用户操作背后的请求通信和红包信息在不同用户与用户群中的流转等。
- 业务流：主要包括发红包、点红包和抢红包等业务逻辑。
- 资金流：主要包括红包背后的资金转账和入账等流程。

由于篇幅有限，本章我们将重点分析其中的业务流，并借鉴微信红包中的一种模式进行实例演示。此模式的场景为：用户发出一个固定金额的红包，让若干个人抢。如图 4.1 所示为这种红包模式下的整体业务流程图。

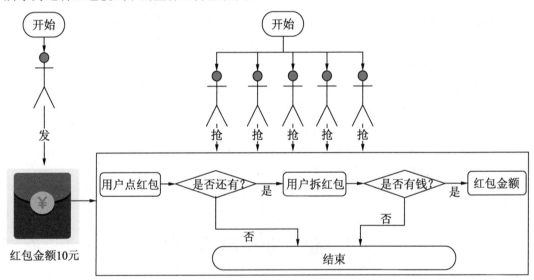

图 4.1　抢红包系统整体业务流程

其中，左边（小人图标）为发红包者，右边为用户群里其他的抢红包者（当然可以包括发红包者本人）。

4.1.2　业务流程分析

由图 4.1 可以看出，系统整体业务流程主要由两大业务组成：发红包和抢红包。其中，抢红包又可以拆分为两个小业务，即用户点红包和用户拆红包，相信玩过微信红包或者 QQ 红包的读者对此并不陌生。下面介绍一下这两大业务模块具体的业务流程。

　　首先是用户发红包流程。用户单击进入某个群（如微信群、QQ 群），然后单击发红包按钮，输入总金额与红包个数，最后确认，输入支付密码后，将在群界面生成一个红包的图样，之后群里的所有成员就可以开始抢红包了，整体业务流程如图 4.2 所示。

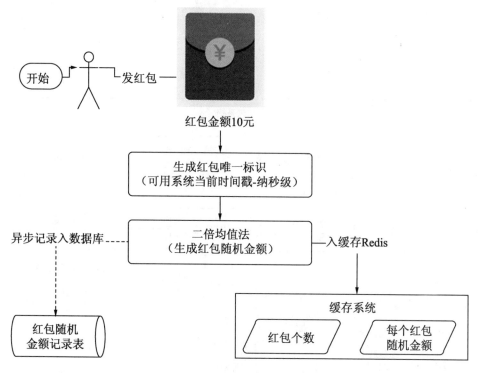

图 4.2　发红包整体业务流程

　　然后是用户抢红包流程。当群里的成员看到红包图样的时候，正常情况下都会单击红包图样，由此便开始了系统的抢红包流程。系统后端接口在接收到前端用户抢红包的请求时，首先应当校验用户账号的合法性（比如当前账号是否已被禁用抢红包等）、是否绑定银行卡等，当全部信息校验通过之后，将真正开启抢红包业务逻辑的处理。整体业务流程如图 4.3 所示。

　　首先是"用户点红包"的业务逻辑，主要用于判断缓存系统中红包个数是否大于 0。如果小于等于 0。则意味着红包已经被抢光了；如果红包个数大于 0，则表示缓存系统中还有红包，仍然可以抢。

　　然后是"用户拆红包"的业务逻辑，主要是从缓存系统的红包随机金额队列中弹出一个随机金额，如果金额不为空，则表示该用户抢到红包了，缓存系统中红包个数减 1，同

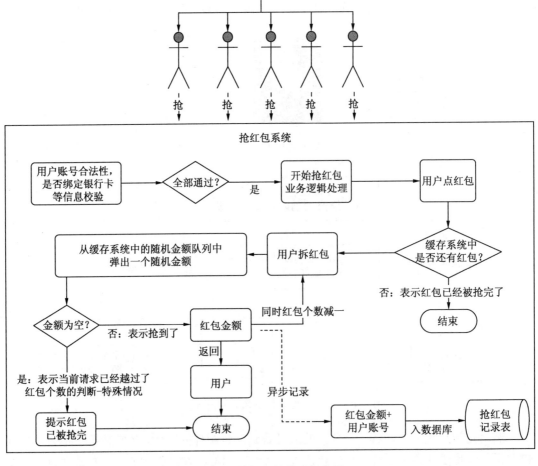

时异步记录用户抢红包的记录并结束流程；如果金额为空，则意味着用户来晚一步，红包已被抢光（比如用户点开红包后，却迟迟不能拆的情况）。

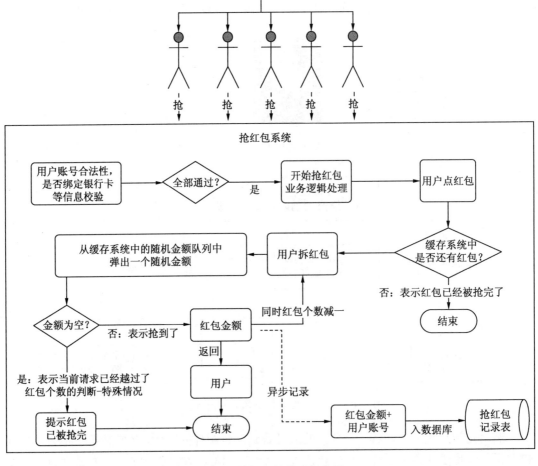

图 4.3　抢红包整体业务流程

　　至此我们已经对抢红包系统的整体业务流程进行了分析及拆分，主要包括发红包和抢红包流程，其中抢红包流程则包括点红包和拆红包流程。基于此，下一节将对抢红包系统的整体业务模块进行划分。

4.1.3　业务模块划分

　　系统整体业务模块的划分依据主要来源于对系统整体业务流程的分析和拆分，抢红包系统整体业务流程主要包括发和抢，基于此，对系统进行整体业务模块的划分，如图 4.4 所示。

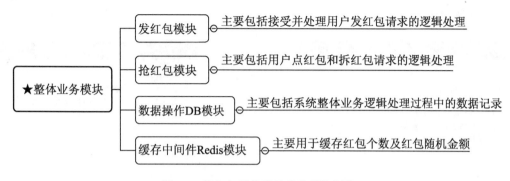

图 4.4 抢红包系统整体业务模块划分

由图 4.4 可以看出，系统包括两大核心业务模块，即发红包模块和抢红包模块，分别对应发红包业务流程和点红包及拆红包业务流程。

而在系统整体业务操作过程中，将产生各种各样的核心业务数据，这部分数据将由数据操作 DB 模块存储至数据库中。最后是缓存中间件 Redis 操作模块，主要用于发红包时缓存红包个数和由随机数算法产生的红包随机金额列表，同时将借助 Redis 单线程特性与操作的原子性实现抢红包时的锁操作。

在后面的实战环节中，我们将看到 Redis 的引入将给系统带来诸多的贡献。一方面它将大大减少高并发情况下频繁查询数据库的操作，从而减少数据库的压力；另一方面则是提高系统的整体响应性能和保证数据的一致性。这些操作模块及 Redis 的应用，在后面章节的代码实战中将得到体现。

4.2 数据库表设计与环境搭建

依旧是老规矩："工欲善其事，必先利其器"。在进行代码实战之前，首先需要为抢红包系统搭建整体的开发环境，然后根据划分好的业务模块进行数据库设计，最后采用 MyBatis 的逆向工程生成数据库表对应的"三剑客"，即实体类 Entity、数据库层操作接口 Mapper 及写动态 SQL 的配置文件 Mapper.xml。

4.2.1 数据库表设计

至此，我们知道了我们自主研发的抢红包系统主要由两大业务模块构成，基于这两大业务模块进行数据库层面数据库表的设计，如图 4.5 所示。主要包括 3 张数据表，即发红包时记录红包相关信息表、发红包时生成的对应随机金额信息表，以及抢红包时用户抢到的红包金额记录表。

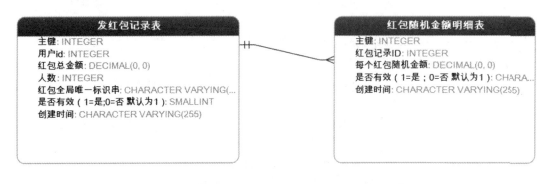

图 4.5　抢红包系统数据库设计

这 3 张表对应的 DDL 如下，其中需要说明的是这 3 张表的主键都用 id 字段表示，用户账号用 user_id 字段表示。首先是"发红包记录表"，代码如下：

```
CREATE TABLE `red_record` (
 `id` int(11) NOT NULL AUTO_INCREMENT,
 `user_id` int(11) NOT NULL COMMENT '用户id',
 `red_packet` varchar(255) CHARACTER SET utf8mb4 NOT NULL COMMENT '红包
全局唯一标识串',
 `total` int(11) NOT NULL COMMENT '人数',
 `amount` decimal(10,2) DEFAULT NULL COMMENT '总金额（单位为分）',
 `is_active` tinyint(4) DEFAULT '1',
 `create_time` datetime DEFAULT NULL,
 PRIMARY KEY (`id`)
) ENGINE=InnoDB AUTO_INCREMENT=11 DEFAULT CHARSET=utf8 COMMENT='发红包
记录';
```

然后是每个红包对应的"红包明细金额表"，代码如下：

```
CREATE TABLE `red_detail` (
 `id` int(11) NOT NULL AUTO_INCREMENT,
 `record_id` int(11) NOT NULL COMMENT '红包记录id',
 `amount` decimal(8,2) DEFAULT NULL COMMENT '金额（单位为分）',
```

```
  `is_active` tinyint(4) DEFAULT '1',
  `create_time` datetime DEFAULT NULL,
  PRIMARY KEY (`id`)
) ENGINE=InnoDB AUTO_INCREMENT=83 DEFAULT CHARSET=utf8 COMMENT='红包明细
金额';
```

最后是用户抢到红包时"抢红包记录"表，数据库建表如下：

```
CREATE TABLE `red_rob_record` (
  `id` int(11) NOT NULL AUTO_INCREMENT,
  `user_id` int(11) DEFAULT NULL COMMENT '用户账号',
  `red_packet` varchar(255) CHARACTER SET utf8mb4 DEFAULT NULL COMMENT
'红包标识串',
  `amount` decimal(8,2) DEFAULT NULL COMMENT '红包金额（单位为分）',
  `rob_time` datetime DEFAULT NULL COMMENT '时间',
  `is_active` tinyint(4) DEFAULT '1',
  PRIMARY KEY (`id`)
) ENGINE=InnoDB AUTO_INCREMENT=72 DEFAULT CHARSET=utf8 COMMENT='抢红包
记录';
```

在这里需要补充一点，为了整体实战的方便性，这里的金额包括红包总金额、每个红
包随机金额和抢到红包时的金额，在数据库表中的存储采用"分"作为存储单位，而 1 元
等于 100 分，这一点在后续介绍二倍均值法生成随机红包金额时将会介绍。

当然，在实际生产环境中，红包系统涉及的数据库表远远不止这 3 个，本章只是针对
红包系统中的一种红包模式及其核心业务进行数据库设计，其他的如日志记录、请求数据
记录等也可以根据实际情况添加。

4.2.2 开发环境搭建

接下来，采用 MyBatis 的逆向工程生成这 3 张数据库表对应的实体类 Entity、数据库
操作 Mapper 接口及写动态 SQL 的配置文件 Mapper.xml。

（1）开发 3 个实体类。RedRecord 类代码如下：

```
//导入包
import java.math.BigDecimal;
import java.util.Date;
//发红包记录实体类
public class RedRecord {
    private Integer id;                    //主键 id
    private Integer userId;                //用户 id
    private String redPacket;              //红包全局唯一标识串
    private Integer total;                 //红包指定可以抢的总人数
    private BigDecimal amount;             //红包总金额
    private Byte isActive;                 //是否有效
    private Date createTime;               //创建时间
```

```
//这里省略字段的 getter、setter 方法
}
```

RedDetail 类代码如下：

```
//导入包
import java.math.BigDecimal;
import java.util.Date;
//红包随机金额明细实体类
public class RedDetail {
    private Integer id;                  //主键 id
    private Integer recordId;            //红包记录 id
    private BigDecimal amount;           //红包随机金额
    private Byte isActive;               //是否有效
    private Date createTime;             //创建时间

//此处省略每个字段的 getter、setter 方法
}
```

最后是 RedRobRecord 类，代码如下：

```
//导入包
import java.math.BigDecimal;
import java.util.Date;
//抢到红包时金额等相关信息记录表
public class RedRobRecord {
    private Integer id;                  //主键 id
    private Integer userId;              //用户 id
    private String redPacket;            //红包全局唯一标识串
    private BigDecimal amount;           //抢到的红包金额
    private Date robTime;                //抢到时间
    private Byte isActive;               //是否有效
}
```

（2）开发 3 个 Mapper 接口。RedDetailMapper 接口源代码如下：

```
//导入包
import com.debug.spring.boot.middleware.model.entity.RedDetail;
//接口 Mapper
public interface RedDetailMapper {
    int deleteByPrimaryKey(Integer id);           //根据主键 id 删除
    int insert(RedDetail record);                 //插入数据记录
    int insertSelective(RedDetail record);        //插入数据记录
    RedDetail selectByPrimaryKey(Integer id);     //根据主键 id 查询记录
    int updateByPrimaryKeySelective(RedDetail record); //更新数据记录
    int updateByPrimaryKey(RedDetail record);     //更新数据记录
}
```

RedRecordMapper 接口源代码如下：

```
//导入包
import com.debug.spring.boot.middleware.model.entity.RedRecord;
public interface RedRecordMapper {
```

```
    int deleteByPrimaryKey(Integer id);              //根据主键 id 删除
    int insert(RedRecord record);                    //插入数据记录
    int insertSelective(RedRecord record);           //插入数据记录
    RedRecord selectByPrimaryKey(Integer id);        //根据主键 id 查询记录
    int updateByPrimaryKeySelective(RedRecord record); //更新数据记录
    int updateByPrimaryKey(RedRecord record);        //更新数据记录
}
```

最后是 RedRobRecordMapper 接口，其源代码如下：

```
public interface RedRobRecordMapper {
    int deleteByPrimaryKey(Integer id);              //根据主键 id 删除
    int insert(RedRobRecord record);                 //插入数据记录
    int insertSelective(RedRobRecord record);        //插入数据记录
    RedRobRecord selectByPrimaryKey(Integer id);     //根据主键 id 查询记录
    int updateByPrimaryKeySelective(RedRobRecord record);  //更新数据记录
    int updateByPrimaryKey(RedRobRecord record);     //更新数据记录
}
```

（3）开发动态 SQL 所在的配置文件 Mapper.xml。RedDetailMapper.xml 的源代码如下：

```xml
<!--xml 文件版本、编码、Schema 定义-->
<?xml version="1.0" encoding="UTF-8" ?>
<!DOCTYPE mapper PUBLIC "-//mybatis.org//DTD Mapper 3.0//EN" "http://
mybatis.org/dtd/mybatis -3-mapper.dtd" >
<!--Mapper 接口所在的完整位置-->
<mapper namespace="com.debug.spring.boot.middleware.model.mapper.RedDetailMapper" >
<!--定义查询结果集映射-->
  <resultMap id="BaseResultMap" type="com.debug.spring.boot.middleware.
model.entity.RedDetail" >
    <id column="id" property="id" jdbcType="INTEGER" />
    <result column="record_id" property="recordId" jdbcType="INTEGER" />
    <result column="amount" property="amount" jdbcType="DECIMAL" />
    <result column="is_active" property="isActive" jdbcType="TINYINT" />
    <result column="create_time" property="createTime" jdbcType="TIMESTAMP" />
  </resultMap>
  <sql id="Base_Column_List" >
    id, record_id, amount, is_active, create_time
  </sql>
<!--根据主键查询数据库-->
  <select id="selectByPrimaryKey" resultMap="BaseResultMap" parameterType=
"java.lang.Integer" >
    select
    <include refid="Base_Column_List" />
    from red_detail
    where id = #{id,jdbcType=INTEGER}
  </select>
<!--根据主键删除数据记录-->
  <delete id="deleteByPrimaryKey" parameterType="java.lang.Integer" >
    delete from red_detail
    where id = #{id,jdbcType=INTEGER}
  </delete>
  <!--新增数据记录(不带判断条件)-->
```

```xml
  <insert id="insert" parameterType="com.debug.spring.boot.middleware.
model.entity.RedDetail" >
    insert into red_detail (id, record_id, amount, is_active, create_time)
    values (#{id,jdbcType=INTEGER}, #{recordId,jdbcType=INTEGER}, #{amount,
jdbcType=DECIMAL},
        #{isActive,jdbcType=TINYINT}, #{createTime,jdbcType=TIMESTAMP})
  </insert>
  <!--新增数据记录(带判断条件)-->
  <insert id="insertSelective" parameterType="com.debug.spring.boot.
middleware.model.entity.RedDetail" >
    insert into red_detail
    <trim prefix="(" suffix=")" suffixOverrides="," >
      <if test="id != null" >
        id,
      </if>
      <if test="recordId != null" >
        record_id,
      </if>
      <if test="amount != null" >
        amount,
      </if>
      <if test="isActive != null" >
        is_active,
      </if>
      <if test="createTime != null" >
        create_time,
      </if>
    </trim>
    <trim prefix="values (" suffix=")" suffixOverrides="," >
      <if test="id != null" >
        #{id,jdbcType=INTEGER},
      </if>
      <if test="recordId != null" >
        #{recordId,jdbcType=INTEGER},
      </if>
      <if test="amount != null" >
        #{amount,jdbcType=DECIMAL},
      </if>
      <if test="isActive != null" >
        #{isActive,jdbcType=TINYINT},
      </if>
      <if test="createTime != null" >
        #{createTime,jdbcType=TIMESTAMP},
      </if>
    </trim>
  </insert>
  <!--更新数据记录-->
  <update id="updateByPrimaryKeySelective" parameterType="com.debug.spring.
boot.middleware.model.entity.RedDetail" >
    update red_detail
    <set >
      <if test="recordId != null" >
        record_id = #{recordId,jdbcType=INTEGER},
      </if>
      <if test="amount != null" >
```

```
      amount = #{amount,jdbcType=DECIMAL},
    </if>
    <if test="isActive != null" >
      is_active = #{isActive,jdbcType=TINYINT},
    </if>
    <if test="createTime != null" >
      create_time = #{createTime,jdbcType=TIMESTAMP},
    </if>
  </set>
  where id = #{id,jdbcType=INTEGER}
</update>
<!--更新数据记录-->
<update id="updateByPrimaryKey" parameterType="com.debug.spring.boot.
middleware.model.entity.RedDetail" >
  update red_detail
  set record_id = #{recordId,jdbcType=INTEGER},
    amount = #{amount,jdbcType=DECIMAL},
    is_active = #{isActive,jdbcType=TINYINT},
    create_time = #{createTime,jdbcType=TIMESTAMP}
  where id = #{id,jdbcType=INTEGER}
</update>
</mapper>
```

RedRecordMapper.xml 的源代码如下：

```
<!--相关方法与 SQL 片段的定义与 RedDetailMapper.xml 配置文件一样-->
<?xml version="1.0" encoding="UTF-8" ?>
<!DOCTYPE mapper PUBLIC "-//mybatis.org//DTD Mapper 3.0//EN" "http://
mybatis.org/dtd/mybatis-3-mapper.dtd" >
<mapper namespace="com.debug.spring.boot.middleware.model.mapper.RedRecord
Mapper" >
  <!--查询结果集映射-->
  <resultMap id="BaseResultMap" type="com.debug.spring.boot.middleware.
model.entity.RedRecord" >
    <id column="id" property="id" jdbcType="INTEGER" />
    <result column="user_id" property="userId" jdbcType="INTEGER" />
    <result column="red_packet" property="redPacket" jdbcType="VARCHAR" />
    <result column="total" property="total" jdbcType="INTEGER" />
    <result column="amount" property="amount" jdbcType="DECIMAL" />
    <result column="is_active" property="isActive" jdbcType="TINYINT" />
    <result column="create_time" property="createTime" jdbcType="TIMESTAMP" />
  </resultMap>
  <!--查询的基本 SQL 片段-->
  <sql id="Base_Column_List" >
    id, user_id, red_packet, total, amount, is_active, create_time
  </sql>
  <!--根据主键 id 查询数据库记录-->
  <select id="selectByPrimaryKey" resultMap="BaseResultMap" parameterType=
"java.lang.Integer" >
    select
    <include refid="Base_Column_List" />
    from red_record
    where id = #{id,jdbcType=INTEGER}
  </select>
  <!--根据主键 id 删除数据库记录-->
```

```xml
<delete id="deleteByPrimaryKey" parameterType="java.lang.Integer" >
  delete from red_record
  where id = #{id,jdbcType=INTEGER}
</delete>
<!--插入数据库记录-->
<insert id="insert" parameterType="com.debug.spring.boot.middleware.model.
entity.RedRecord" >
  insert into red_record (id, user_id, red_packet,
    total, amount, is_active,
    create_time)
  values (#{id,jdbcType=INTEGER}, #{userId,jdbcType=INTEGER}, #{redPacket,
jdbcType=VARCHAR},
    #{total,jdbcType=INTEGER}, #{amount,jdbcType=DECIMAL}, #{isActive,
jdbcType=TINYINT},
    #{createTime,jdbcType=TIMESTAMP})
</insert>
<!--插入数据库记录-->
<insert id="insertSelective" useGeneratedKeys="true" keyProperty="id"
parameterType="com.debug.spring.boot.middleware.model.entity.RedRecord" >
  insert into red_record
  <trim prefix="(" suffix=")" suffixOverrides="," >
    <if test="id != null" >
      id,
    </if>
    <if test="userId != null" >
      user_id,
    </if>
    <if test="redPacket != null" >
      red_packet,
    </if>
    <if test="total != null" >
      total,
    </if>
    <if test="amount != null" >
      amount,
    </if>
    <if test="isActive != null" >
      is_active,
    </if>
    <if test="createTime != null" >
      create_time,
    </if>
  </trim>
  <trim prefix="values (" suffix=")" suffixOverrides="," >
    <if test="id != null" >
      #{id,jdbcType=INTEGER},
    </if>
    <if test="userId != null" >
      #{userId,jdbcType=INTEGER},
    </if>
    <if test="redPacket != null" >
      #{redPacket,jdbcType=VARCHAR},
    </if>
    <if test="total != null" >
      #{total,jdbcType=INTEGER},
```

```
        </if>
        <if test="amount != null" >
          #{amount,jdbcType=DECIMAL},
        </if>
        <if test="isActive != null" >
          #{isActive,jdbcType=TINYINT},
        </if>
        <if test="createTime != null" >
          #{createTime,jdbcType=TIMESTAMP},
        </if>
      </trim>
  </insert>
  <!--根据主键 id 更新数据库记录-->
  <update id="updateByPrimaryKeySelective" parameterType="com.debug.spring.
boot.middleware.model.entity.RedRecord" >
    update red_record
    <set >
      <if test="userId != null" >
        user_id = #{userId,jdbcType=INTEGER},
      </if>
      <if test="redPacket != null" >
        red_packet = #{redPacket,jdbcType=VARCHAR},
      </if>
      <if test="total != null" >
        total = #{total,jdbcType=INTEGER},
      </if>
      <if test="amount != null" >
        amount = #{amount,jdbcType=DECIMAL},
      </if>
      <if test="isActive != null" >
        is_active = #{isActive,jdbcType=TINYINT},
      </if>
      <if test="createTime != null" >
        create_time = #{createTime,jdbcType=TIMESTAMP},
      </if>
    </set>
    where id = #{id,jdbcType=INTEGER}
  </update>
  <!--更新数据库记录-->
  <update id="updateByPrimaryKey" parameterType="com.debug.spring.boot.
middleware.model.entity.RedRecord" >
    update red_record
    set user_id = #{userId,jdbcType=INTEGER},
      red_packet = #{redPacket,jdbcType=VARCHAR},
      total = #{total,jdbcType=INTEGER},
      amount = #{amount,jdbcType=DECIMAL},
      is_active = #{isActive,jdbcType=TINYINT},
      create_time = #{createTime,jdbcType=TIMESTAMP}
    where id = #{id,jdbcType=INTEGER}
  </update>
</mapper>
```

最后是 RedRobRecordMapper.xml，其源代码如下：

```xml
<!--相关方法与 SQL 片段的定义与 RedDetailMapper.xml 配置文件一样-->
<?xml version="1.0" encoding="UTF-8" ?>
<!DOCTYPE mapper PUBLIC "-//mybatis.org//DTD Mapper 3.0//EN" "http://
mybatis.org/dtd/mybatis-3-mapper.dtd" >
<mapper namespace="com.debug.spring.boot.middleware.model.mapper.RedRob
RecordMapper" >
  <!--结果集映射-->
  <resultMap id="BaseResultMap" type="com.debug.spring.boot.middleware.
model.entity.RedRobRecord" >
    <id column="id" property="id" jdbcType="INTEGER" />
    <result column="user_id" property="userId" jdbcType="INTEGER" />
    <result column="red_packet" property="redPacket" jdbcType="VARCHAR" />
    <result column="amount" property="amount" jdbcType="DECIMAL" />
    <result column="rob_time" property="robTime" jdbcType="TIMESTAMP" />
    <result column="is_active" property="isActive" jdbcType="TINYINT" />
  </resultMap>
  <!--定义基本的 SQL 片段-->
  <sql id="Base_Column_List" >
    id, user_id, red_packet, amount, rob_time, is_active
  </sql>
<!--根据主键 id 查询-->
  <select id="selectByPrimaryKey" resultMap="BaseResultMap" parameterType=
"java.lang.Integer" >
    select
    <include refid="Base_Column_List" />
    from red_rob_record
    where id = #{id,jdbcType=INTEGER}
  </select>
<!--根据主键 id 删除-->
  <delete id="deleteByPrimaryKey" parameterType="java.lang.Integer" >
    delete from red_rob_record
    where id = #{id,jdbcType=INTEGER}
  </delete>
  <!--插入记录-->
  <insert id="insert" parameterType="com.debug.spring.boot.middleware.
model.entity.RedRobRecord" >
    insert into red_rob_record (id, user_id, red_packet,
      amount, rob_time, is_active
      )
    values (#{id,jdbcType=INTEGER}, #{userId,jdbcType=INTEGER}, #{redPacket,
jdbcType=VARCHAR},
      #{amount,jdbcType=DECIMAL}, #{robTime,jdbcType=TIMESTAMP}, #{isActive,
jdbcType=TINYINT}
      )
  </insert>
  <!--插入记录-->
  <insert id="insertSelective" parameterType="com.debug.spring.boot.middleware.
```

```xml
model.entity.RedRobRecord" >
    insert into red_rob_record
    <trim prefix="(" suffix=")" suffixOverrides="," >
      <if test="id != null" >
        id,
      </if>
      <if test="userId != null" >
        user_id,
      </if>
      <if test="redPacket != null" >
        red_packet,
      </if>
      <if test="amount != null" >
        amount,
      </if>
      <if test="robTime != null" >
        rob_time,
      </if>
      <if test="isActive != null" >
        is_active,
      </if>
    </trim>
    <trim prefix="values (" suffix=")" suffixOverrides="," >
      <if test="id != null" >
        #{id,jdbcType=INTEGER},
      </if>
      <if test="userId != null" >
        #{userId,jdbcType=INTEGER},
      </if>
      <if test="redPacket != null" >
        #{redPacket,jdbcType=VARCHAR},
      </if>
      <if test="amount != null" >
        #{amount,jdbcType=DECIMAL},
      </if>
      <if test="robTime != null" >
        #{robTime,jdbcType=TIMESTAMP},
      </if>
      <if test="isActive != null" >
        #{isActive,jdbcType=TINYINT},
      </if>
    </trim>
  </insert>
  <!--更新数据库记录-->
  <update id="updateByPrimaryKeySelective" parameterType="com.debug.spring.
boot.middleware.model.entity.RedRobRecord" >
    update red_rob_record
    <set >
      <if test="userId != null" >
```

```
        user_id = #{userId,jdbcType=INTEGER},
      </if>
      <if test="redPacket != null" >
        red_packet = #{redPacket,jdbcType=VARCHAR},
      </if>
      <if test="amount != null" >
        amount = #{amount,jdbcType=DECIMAL},
      </if>
      <if test="robTime != null" >
        rob_time = #{robTime,jdbcType=TIMESTAMP},
      </if>
      <if test="isActive != null" >
        is_active = #{isActive,jdbcType=TINYINT},
      </if>
    </set>
    where id = #{id,jdbcType=INTEGER}
  </update>
  <!--更新数据库记录-->
  <update id="updateByPrimaryKey" parameterType="com.debug.spring.boot.
middleware.model.entity.RedRobRecord" >
    update red_rob_record
    set user_id = #{userId,jdbcType=INTEGER},
      red_packet = #{redPacket,jdbcType=VARCHAR},
      amount = #{amount,jdbcType=DECIMAL},
      rob_time = #{robTime,jdbcType=TIMESTAMP},
      is_active = #{isActive,jdbcType=TINYINT}
    where id = #{id,jdbcType=INTEGER}
  </update>
</mapper>
```

这几个由逆向工程生成的文件对应的目录位置如图 4.6 所示。

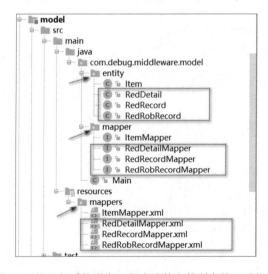

图 4.6　抢红包系统逆向工程生成的文件所在的目录位置

至此已经基本上完成了抢红包系统整体开发环境的搭建，在后面章节便可以根据划分好的业务模块进行代码实战了。

4.2.3　开发流程介绍

在代码实战之前，需要梳理一下系统的整体开发流程，主要目的是为了跟踪用户在前端发起的操作请求，以及由此产生的数据流向。如图 4.7 所示为抢红包系统用户请求处理的整体过程及由此产生的数据流向。从图 4.7 中可以看出，用户发起的请求主要包括"发红包"和"抢红包"请求。

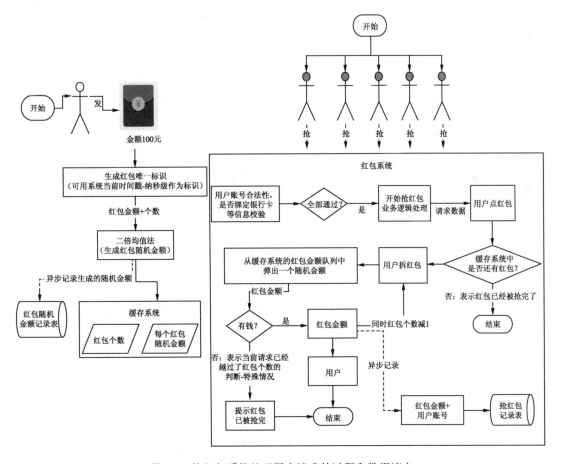

图 4.7　抢红包系统处理用户请求的过程和数据流向

对于发红包请求的处理，在本系统中的后端主要是根据用户输入的金额和个数预生成相应的红包随机金额列表，并将红包的总个数及对应的随机金额列表缓存至 Redis 中，同时将红包的总金额、随机金额列表和红包全局唯一标识串等信息异步记录到相应的数据库表中。

　　而对于抢红包请求的处理,后端接口首先接收前端用户账号及红包全局唯一标识串等请求信息,并假设用户账号合法性等信息全部校验通过,然后开始处理用户"点红包"的逻辑,主要是从缓存系统中获取当前剩余红包的个数,根据红包个数是否大于 0 判断是否仍然还有红包。假设剩余红包个数大于 0,则开始处理用户"拆红包"的逻辑,这个逻辑主要是从缓存系统的随机金额队列中弹出一个红包金额,并根据金额是否为 Null 判断是否成功抢到红包。

　　值得一提的是,为了保证系统整体开发流程的规范性、可扩展性和接口的健壮性,我们约定了处理用户请求信息后将返回统一的响应格式。这种格式主要是借鉴了 HTTP 协议的响应模型,即响应信息应当包含状态码、状态码的描述和响应数据。为此在项目的 api 模块引入两个类,分别是 BaseResponse 类和 StatusCode 类,源代码如下。首先是 BaseResponse:

```java
//导入包
import com.debug.middleware.api.enums.StatusCode;
//响应信息类
public class BaseResponse<T> {
    private Integer code;          //状态码
    private String msg;            //描述信息
    private T data;                //响应数据-采用泛型表示可以接受通用的数据类型
    public BaseResponse(Integer code, String msg) {      //重载的构造方法一
        this.code = code;
        this.msg = msg;
    }
    public BaseResponse(StatusCode statusCode) {         //重载的构造方法二
        this.code = statusCode.getCode();
        this.msg = statusCode.getMsg();
    }
    public BaseResponse(Integer code, String msg, T data) {
                                                     //重载的构造方法三
        this.code = code;
        this.msg = msg;
        this.data = data;
    }
    public Integer getCode() {
        return code;
    }
    public void setCode(Integer code) {
        this.code = code;
    }
    public String getMsg() {
        return msg;
    }
    public void setMsg(String msg) {
        this.msg = msg;
    }
    public T getData() {
```

```
        return data;
    }
    public void setData(T data) {
        this.data = data;
    }
}
```

而状态码类 StatusCode 则采用 Enum 类型进行统一封装，代码如下：

```
//通用状态码类
public enum StatusCode {
    //以下是暂时设定的几种状态码类
    Success(0,"成功"),
    Fail(-1,"失败"),
    InvalidParams(201,"非法的参数!"),
    InvalidGrantType(202,"非法的授权类型");

    private Integer code;                    //状态码
    private String msg;                      //描述信息
    StatusCode(Integer code, String msg) {   //重载的构造方法
        this.code = code;
        this.msg = msg;
    }
    public Integer getCode() {
        return code;
    }
    public void setCode(Integer code) {
        this.code = code;
    }
    public String getMsg() {
        return msg;
    }
    public void setMsg(String msg) {
        this.msg = msg;
    }}
```

从下一节开始将进入抢红包系统代码实战环节，一步一个脚印地体验抢红包系统背后的核心系统架构。

4.3　"红包金额"随机生成算法实战

在前面的章节对抢红包系统整体业务流程的分析过程中可以看出，系统架构的核心部分主要在于"抢红包"逻辑的处理，而是否能抢到红包，主要的决定因素在于红包个数和红包随机金额列表，特别是后者将起到决定性的作用。

在本系统中，红包随机金额列表主要是采用"预生成"的方式产生的（这种方式跟微信红包的实时生成方式不一样），即通过给定红包的总金额 M 和人员总数 N，采用某种

随机数算法生成红包随机金额列表，并将其存至缓存中，用于"拆红包"逻辑的处理。

本节主要介绍随机数生成算法，包括其基本的概念、要求，以及二倍均值法的介绍、代码实战和自测等内容。

4.3.1　随机数算法

随机数算法是数学算法中的一种，主要是在算法中引入一个或多个随机因素，通过随机数选择算法的下一步操作，从而产生某种约定范围内的随机数值。

在数学与计算机科学领域存在着多种随机数生成算法，不同的算法可以说是各有千秋，适用的场景也不尽相同。下面简单介绍一种在数学与计算机领域比较典型的随机数生成算法，即蒙特卡罗方法。

蒙特卡罗方法是由著名科学家、"计算机科学之父"和"博弈论之父"冯·诺依曼提出的，此种方法又可称为统计模拟法、随机抽样技术，是一种以概率和统计理论方法为基础的计算方法。主要是通过将待求解的问题采用相同的概率模型进行求解，并用电子计算机实现统计模拟或抽样，以获得问题的近似解。蒙特卡罗方法生成随机数的主要步骤如下：

（1）针对实际问题建立一个简单且便于实现的概率统计模型，使所求的量恰好是该模型的概率分布或数字特征。

（2）基于模型的随机变量建立抽样方法，在计算机上进行模拟测试，抽取足够多的随机数。

（3）对模拟实验结果进行统计分析，给出所求解的估计值，这就是最终产生的随机数。

（4）必要时，可以通过改进模型以提高估计精度和减少实验费用，最终提高模拟效率。

直白点讲，这种算法主要是通过建立一个模型，并对模型中的随机变量建立抽样方法，在计算机中反复多次进行模拟测试，最终得到一个或多个估计值，即随机数列表。

如果读者想了解更多的关于蒙特卡罗方法或者其他关于数学与计算机领域的随机数算法，可以自行参阅相关资料。

4.3.2　红包随机金额生成算法要求

当用户发出固定总金额为 M、红包个数为 N 的红包后，由于系统后端采用的是预生成方式，因而将在后端生成 N 个随机金额的小红包并存储至缓存中，等待着被抢。小红包随机金额的产生对用户而言是透明的，用户也无须知晓红包随机金额的产生原理与规则，因而对于抢红包系统来说，只需要保证系统后端每次对于总金额 M 和红包个数 N 生成的小红包金额是随机且平等的，即间接性地保证每个用户抢到的红包金额是随机产生且概率是平等的即可。

除了保证预生成红包金额的随机性和概率平等性之外,抢红包系统后端还需保证如图 4.8 所示的 3 点要求。

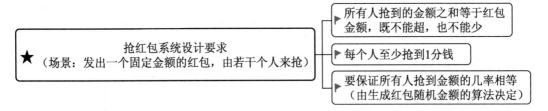

图 4.8　抢红包系统设计要求

(1)应保证所有人抢到的红包金额之和等于总金额 M,这一点是毋庸置疑的。

(2)每个参与抢红包的用户,当抢到红包(即红包金额不为 Null)时,金额应至少是 1 分钱,即 0.01 元。

(3)应当保证参与抢红包的用户抢到红包金额时,几率是相等的,这一点由于是采用预生成的方式,因而可以交给随机数生成算法进行控制。

蒙特卡罗方法的核心思想主要在于构造一个数学模型,并基于若干个随机变量和统计分析的方法求出若干个估计值(随机数),在某种程度上并不适用于抢红包系统生成随机金额的几率相等、随机金额之和等于总金额等要求。然而我们却可以借助其构造数学模型的思想,将总金额 M 和总个数 N 作为模型变量,从而求得一组红包随机金额。

4.3.3　二倍均值法简介

目前市面上关于红包随机金额的生成算法有许多种,二倍均值法属于其中比较典型的一种。顾名思义,二倍均值算法的核心思想是根据每次剩余的总金额 M 和剩余人数 N,执行 M/N 再乘以 2 的操作得到一个边界值 E,然后制定一个从 0 到 E 的随机区间,在这个随机区间内将产生一个随机金额 R,此时总金额 M 将更新为 $M-R$,剩余人数 N 更新为 $N-1$。再继续重复上述执行流程,以此类推,直至最终剩余人数 $N-1$ 为 0,即代表随机数已经产生完毕。这一算法的执行流程如图 4.9 所示。

从图 4.9 中可以看出,该算法的执行流程其实是一个 for 循环产生数据的过程,循环终止的条件是 $N-1<=0$,即代表随机数已经生成完毕。而对于随机数的生成,主要是在约束的随机区间 $(0,M/N×2)$ 中产生,这样着实可以保证每次数值 R 产生的随机性和平等性;除此之外,由于每次总金额 M 的更新采用的是递减的方式,即 $M=M-R$,因而可以保证最终产生的所有随机金额之和等于 M。

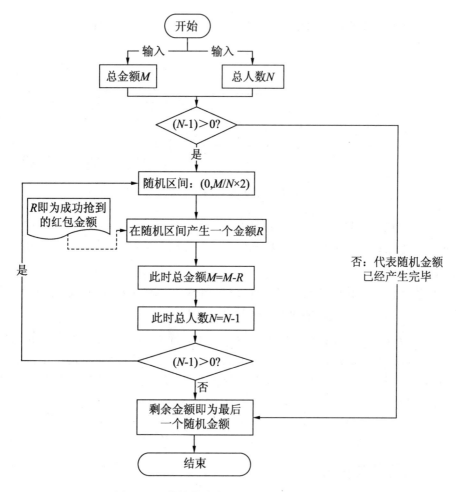

图 4.9　二倍均值法生成红包随机金额的流程

4.3.4　红包随机金额生成算法实战

算法流程图在某种程度上是实战代码的直接体现。从二倍均值法的算法执行流程图可以看出，其核心执行逻辑在于不断地更新总金额 M 和剩余人数 N，并根据 M 和 N 组成一个随机区间，最终在这个区间内产生一个随机金额，如此不断地进行循环迭代，直至 $N-1$ 为 0，此时剩余的金额即为最后一个随机金额。该算法的执行流程对应的源代码如下：

```
//导入包
import java.util.ArrayList;
import java.util.List;
import java.util.Random;
/**
 * 二倍均值法的代码实战-封装成工具类
```

```
 * @author: debug
*/
public class RedPacketUtil {
    /**
     * 发红包算法，金额参数以分为单位
     * @param totalAmount 红包总金额-单位为分
     * @param totalPeopleNum 总人数
     * @return
     */
    public static List<Integer> divideRedPackage(Integer totalAmount,
Integer totalPeopleNum) {
    //用于存储每次产生的小红包随机金额 List -金额单位为分
        List<Integer> amountList = new ArrayList<Integer>();
    //判断总金额和总个数参数的合法性
        if (totalAmount>0 && totalPeopleNum>0){
        //记录剩余的总金额-初始化时金额即为红包的总金额
            Integer restAmount = totalAmount;
        //记录剩余的总人数-初始化时即为指定的总人数
            Integer restPeopleNum = totalPeopleNum;
            //定义产生随机数的实例对象
            Random random = new Random();
        //不断循环遍历、迭代更新地产生随机金额，直到 N-1>0
            for (int i = 0; i < totalPeopleNum - 1; i++) {
                //随机范围：[1, 剩余人均金额的两倍)，左闭右开-amount 即为产生的
            //随机金额 R-单位为分
                int amount = random.nextInt(restAmount / restPeopleNum * 2 - 1) + 1;
            //更新剩余的总金额 M=M-R
                restAmount -= amount;
            //更新剩余的总人数 N=N-1
                restPeopleNum--;
            //将产生的随机金额添加进列表 List 中
                amountList.add(amount);
            }
            //循环完毕，剩余的金额即为最后一个随机金额，也需要将其添加进列表中
            amountList.add(restAmount);
        }
        //将最终产生的随机金额列表返回
        return amountList;
    }
}
```

由于二倍均值法在整个抢红包系统中具备一定的通用性，因而在这里将其封装成工具类 RedPacketUtil，将产生随机金额列表的方法封装成静态方法调用，即可以通过 RedPacketUtil.divideRedPackage()方法直接进行调用，从而产生一组随机金额列表。

值得一提的是，因为随机区间的边界具有"除以 2"的操作，因而为了程序处理的方便，上述实战代码中总金额 M 采用"分"作为单位。在调用该方法时需要注意这一点，即如果发红包者输入的红包金额为"10 元"，则后端接口接收到该参数后，调用该方法时总金额参数需赋值为"1000 分"。

4.3.5　红包随机金额生成算法自测

对于一名程序员而言，良好的编程习惯列表中除了写代码前的构思和写代码时的规范之外，还应当有代码完成后的自测。"二倍均值法"的代码实战，在上一节中已经实现了，接下来通过 Java 单元测试方法进行测试。代码如下：

```
//导入包
import com.debug.middleware.server.utils.RedPacketUtil;
import org.junit.Test;
import org.junit.runner.RunWith;
import org.slf4j.Logger;
import org.slf4j.LoggerFactory;
import org.springframework.boot.test.context.SpringBootTest;
import org.springframework.test.context.junit4.SpringJUnit4ClassRunner;
import java.math.BigDecimal;
import java.util.List;
/**
 * @Author:debug (SteadyJack)
**/
@SpringBootTest
@RunWith(SpringJUnit4ClassRunner.class)
public class RedPacketTest {
    //定义日志
    private static final Logger log= LoggerFactory.getLogger(RedisTest2.
class);
    //二倍均值法自测方法
    @Test
    public void one() throws Exception{
        //总金额单位为分，在这里假设总金额为 1000 分，即 10 元
        Integer amout=1000;
        //总人数即红包总个数，在这里假设为 10 个
        Integer total=10;
        //调用二倍均值法工具类中产生随机金额列表的方法得到小红包随机金额列表
        List<Integer> list=RedPacketUtil.divideRedPackage(amout,total);
        log.info("总金额={}分，总个数={}个",amout,total);
        //用于统计生成的随机金额之和是否等于总金额
        Integer sum=0;
        //遍历输出每个随机金额
        for (Integer i:list){
        //输出随机金额时包括单位为分和单位为元的信息
            log.info("随机金额为：{}分，即 {}元",i,new BigDecimal(i.toString()).
divide(new BigDecimal(100)));
            sum += i;
        }
        log.info("所有随机金额叠加之和={}分",sum);
    }
}
```

运行该单元测试方法，在控制台可以看到相应的输出信息。每次运行该测试方法时，将

产生一批新的随机金额列表。首先是第一次运行该单元测试方法，运行结果如图 4.10 所示。

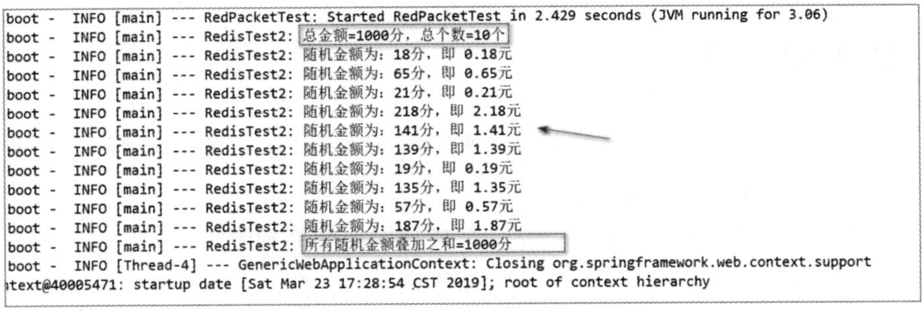

```
boot - INFO [main] --- RedPacketTest: Started RedPacketTest in 2.429 seconds (JVM running for 3.06)
boot - INFO [main] --- RedisTest2: 总金额=1000分, 总个数=10个
boot - INFO [main] --- RedisTest2: 随机金额为: 18分, 即 0.18元
boot - INFO [main] --- RedisTest2: 随机金额为: 65分, 即 0.65元
boot - INFO [main] --- RedisTest2: 随机金额为: 21分, 即 0.21元
boot - INFO [main] --- RedisTest2: 随机金额为: 218分, 即 2.18元
boot - INFO [main] --- RedisTest2: 随机金额为: 141分, 即 1.41元
boot - INFO [main] --- RedisTest2: 随机金额为: 139分, 即 1.39元
boot - INFO [main] --- RedisTest2: 随机金额为: 19分, 即 0.19元
boot - INFO [main] --- RedisTest2: 随机金额为: 135分, 即 1.35元
boot - INFO [main] --- RedisTest2: 随机金额为: 57分, 即 0.57元
boot - INFO [main] --- RedisTest2: 随机金额为: 187分, 即 1.87元
boot - INFO [main] --- RedisTest2: 所有随机金额叠加之和=1000
boot - INFO [Thread-4] --- GenericWebApplicationContext: Closing org.springframework.web.context.support
ntext@40005471: startup date [Sat Mar 23 17:28:54 CST 2019]; root of context hierarchy
```

图 4.10　第一次运行二倍均值法代码的单元测试方法

接着再运行该单元测试方法，观察控制台的输出结果，可以看到这次产生的随机金额列表跟上一次是不一样的，如图 4.11 所示。

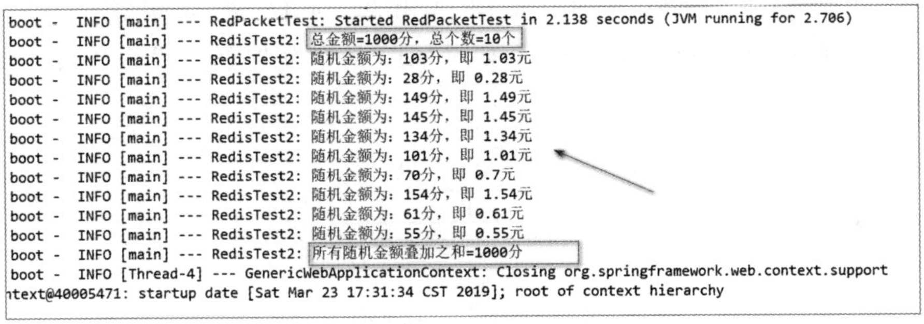

```
boot - INFO [main] --- RedPacketTest: Started RedPacketTest in 2.138 seconds (JVM running for 2.706)
boot - INFO [main] --- RedisTest2: 总金额=1000分, 总个数=10个
boot - INFO [main] --- RedisTest2: 随机金额为: 103分, 即 1.03元
boot - INFO [main] --- RedisTest2: 随机金额为: 28分, 即 0.28元
boot - INFO [main] --- RedisTest2: 随机金额为: 149分, 即 1.49元
boot - INFO [main] --- RedisTest2: 随机金额为: 145分, 即 1.45元
boot - INFO [main] --- RedisTest2: 随机金额为: 134分, 即 1.34元
boot - INFO [main] --- RedisTest2: 随机金额为: 101分, 即 1.01元
boot - INFO [main] --- RedisTest2: 随机金额为: 70分, 即 0.7元
boot - INFO [main] --- RedisTest2: 随机金额为: 154分, 即 1.54元
boot - INFO [main] --- RedisTest2: 随机金额为: 61分, 即 0.61元
boot - INFO [main] --- RedisTest2: 随机金额为: 55分, 即 0.55元
boot - INFO [main] --- RedisTest2: 所有随机金额叠加之和=1000分
boot - INFO [Thread-4] --- GenericWebApplicationContext: Closing org.springframework.web.context.support
ntext@40005471: startup date [Sat Mar 23 17:31:34 CST 2019]; root of context hierarchy
```

图 4.11　第二次运行二倍均值法代码的单元测试方法

从两次单元测试方法运行的结果来看，可以得出小红包金额的生成满足随机性、概率平等性，以及所有小红包金额之和等于总金额等特性。

至此，我们已经完成抢红包系统红包随机金额的生成算法，接下来便是将其应用到实际的开发环境中，即"发红包"模块的业务处理逻辑中。

4.4　"发红包"模块实战

"发红包"业务流程是抢红包系统整个业务流程的开端，用户进入某个群（如微信群或 QQ 群），单击发红包的按钮，输入总金额与红包个数后，确认并输入支付密码，将在群界面生成一个红包图样，之后群里的所有成员就可以抢红包了。在整个业务流程中，系统后端接口需要根据红包个数 N 和总金额 M 采用二倍均值法拆分成多个随机金额，并生成红包的全局唯一标识串返回给前端，前端用户发起抢红包请求时将带上这个标识串参数，从而实现后续的"点红包""拆红包"流程。

4.4.1　业务模块分析

"发红包"模块的整体业务流程在这里就不再深入介绍了，各位读者可以参见前面章节即图 4.2 所示的流程自行回顾。

从该业务流程图中可以看出，"发红包"模块的核心处理逻辑在于接受前端发红包者设定的红包总金额 M 和总个数 N，后端接口根据这两个参数，采用二倍均值法生成 N 个随机金额的红包，最后将红包个数 N 与随机金额列表 List 存至缓存中，同时将相关数据异步记录到数据库中。

除此之外，后端接口在接收到前端用户发红包的请求时，将采用当前的时间戳（纳秒级别）作为红包全局唯一标识串，并将这一标识串返回给前端，后续用户发起"抢红包"的请求时，将会带上这一参数，目的是为了给发出的红包打标记，并根据这一标记去缓存中查询红包个数和随机金额列表等数据。如图 4.12 所示为"发红包"业务模块的整体开发流程。

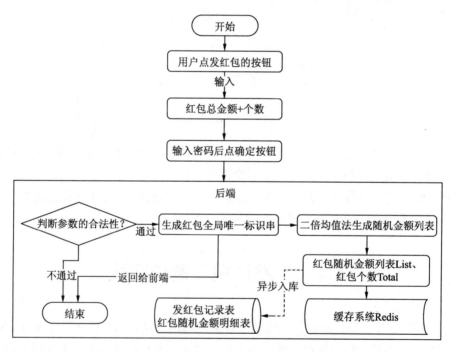

图 4.12　"发红包"业务模块整体开发流程

由图 4.12 可以得知，在处理"发红包"的请求时，后端接口需要接收红包总金额和总个数等参数，因而将其封装成实体对象 RedPacketDto。源代码如下：

```
//导入包
import lombok.Data;
import lombok.ToString;
import javax.validation.constraints.NotNull;
/**
 * 发红包请求时接收的参数对象
 * @author: debug
 */
@Data
@ToString
public class RedPacketDto {
    private Integer userId;              //用户账号 id
    @NotNull
    private Integer total;               //红包个数
    @NotNull
    private Integer amount;              //总金额-单位为分
}
```

除此之外，在本系统中为了开发的规范性和代码的可读性，我们采用 MVCM 的模式
开发相应的代码模块。其中，MVC 指的是 M-Model（模型层，即数据库表相对应的实体
类和业务逻辑处理服务类）、V-View（视图层，在本系统中暂不需要用到）、C-Controller
（控制层，即接受前端请求参数并执行相应的判断处理逻辑），而最后的 M 指的是
Middleware（中间件层，即采用中间件辅助处理业务逻辑的服务类）。

4.4.2　整体流程实战

基于 MVCM 的开发模式，下面进入抢红包系统中"发红包"业务模块的整体流程。

（1）首先是处理发红包请求的 RedPacketController，主要用于接收前端用户请求的参
数并执行响应的判断处理逻辑。源代码如下：

```
//导入包
import com.debug.middleware.api.enums.StatusCode;
import com.debug.middleware.api.response.BaseResponse;
import com.debug.middleware.server.dto.RedPacketDto;
import com.debug.middleware.server.service.IRedPacketService;
import org.slf4j.Logger;
import org.slf4j.LoggerFactory;
import org.springframework.beans.factory.annotation.Autowired;
import org.springframework.http.MediaType;
import org.springframework.validation.BindingResult;
import org.springframework.validation.annotation.Validated;
import org.springframework.web.bind.annotation.*;
import java.math.BigDecimal;
/**
 * 红包处理逻辑 Controller
 * @author: debug
 */
@RestController
public class RedPacketController {
```

```
//定义日志
    private static final Logger log= LoggerFactory.getLogger(RedPacket
Controller.class);
    //定义请求路径的前缀
    private static final String prefix="red/packet";
    //注入红包业务逻辑处理接口服务
    @Autowired
    private IRedPacketService redPacketService;
    /**
     * 发红包请求-请求方法为 Post，请求参数采用 JSON 格式进行交互
     */
    @RequestMapping(value = prefix+"/hand/out",method = RequestMethod.
POST,consumes = MediaType.APPLICATION_JSON_UTF8_VALUE)
    public BaseResponse handOut(@Validated @RequestBody RedPacketDto dto,
BindingResult result){
        //参数校验
        if (result.hasErrors()){
            return new BaseResponse(StatusCode.InvalidParams);
        }
        BaseResponse response=new BaseResponse(StatusCode.Success);
        try {
            //核心业务逻辑处理服务-最终返回红包全局唯一标识串
            String redId=redPacketService.handOut(dto);
            //将红包全局唯一标识串返回给前端
            response.setData(redId);
        }catch (Exception e){
            //如果报异常则打印日志并返回相应的错误信息
            log.error("发红包发生异常: dto={} ",dto,e.fillInStackTrace());
            response=new BaseResponse(StatusCode.Fail.getCode(),e.getMessage());
        }
        return response;
    }
}
```

“发红包”请求对应的处理方法需要接受红包总金额、个数和发红包者账号 id 参数信息，并要求请求方式为 Post，数据采用 JSON 的格式进行提交。

（2）IRedPacketService 为红包业务逻辑处理接口，主要包括对“发红包”与“抢红包”逻辑的处理。代码如下：

```
//导入包
import com.debug.middleware.server.dto.RedPacketDto;
import java.math.BigDecimal;
/**
 * 红包业务逻辑处理接口
 * @author: debug
 */
public interface IRedPacketService {
    //发红包核心业务逻辑的实现
    String handOut(RedPacketDto dto) throws Exception;
    //抢红包，在下一章中将实现该方法
    BigDecimal rob(Integer userId,String redId) throws Exception;
}
```

IRedPacketService 接口对应的实现类 RedPacketService 主要用于处理真正的业务逻辑。源代码如下：

```java
//导入包
import com.debug.middleware.server.dto.RedPacketDto;
import com.debug.middleware.server.service.IRedPacketService;
import com.debug.middleware.server.service.IRedService;
import com.debug.middleware.server.utils.RedPacketUtil;
import com.debug.middleware.server.utils.SnowFlake;
import com.google.common.base.Strings;
import org.slf4j.Logger;
import org.slf4j.LoggerFactory;
import org.springframework.beans.factory.annotation.Autowired;
import org.springframework.data.redis.core.HashOperations;
import org.springframework.data.redis.core.RedisTemplate;
import org.springframework.data.redis.core.ValueOperations;
import org.springframework.stereotype.Service;
import java.math.BigDecimal;
import java.util.List;
import java.util.concurrent.TimeUnit;
/**
 * 红包业务逻辑处理接口-实现类
 * @author: debug
 */
@Service
public class RedPacketService implements IRedPacketService {
    //日志
    private static final Logger log= LoggerFactory.getLogger(RedPacket
Service.class);
    //存储至缓存系统Redis时定义的Key前缀
    private static final String keyPrefix="redis:red:packet:";
    //定义Redis操作Bean组件
    @Autowired
    private RedisTemplate redisTemplate;
    //自动注入红包业务逻辑处理过程数据记录接口服务
    @Autowired
    private IRedService redService;
    /**
     * 发红包
     * @throws Exception
     */
    @Override
    public String handOut(RedPacketDto dto) throws Exception {
//判断参数的合法性
        if (dto.getTotal()>0 && dto.getAmount()>0){
            //采用二倍均值法生成随机金额列表，在上一节已经采用代码实现了二倍均值法
            List<Integer> list=RedPacketUtil.divideRedPackage(dto.getAmount(),
dto.getTotal());
            //生成红包全局唯一标识串
            String timestamp=String.valueOf(System.nanoTime());
            //根据缓存Key的前缀与其他信息拼接成一个新的用于存储随机金额列表的Key
            String redId = new StringBuffer(keyPrefix).append(dto.getUserId()).
append(":").append(timestamp).toString();
```

```
            //将随机金额列表存入缓存 List 中
            redisTemplate.opsForList().leftPushAll(redId,list);
            //根据缓存 Key 的前缀与其他信息拼接成一个新的用于存储红包总数的 Key
            String redTotalKey = redId+":total";
            //将红包总数存入缓存中
            redisTemplate.opsForValue().set(redTotalKey,dto.getTotal());
            //异步记录红包的全局唯一标识串、红包个数与随机金额列表信息至数据库中
            redService.recordRedPacket(dto,redId,list);
                //将红包的全局唯一标识串返回给前端
            return redId;
        }else{
            throw new Exception("系统异常-分发红包-参数不合法!");
        }
    }
    /**
     * 抢红包处理逻辑-下一章中将实现该业务逻辑
     * @throws Exception
     */
    @Override
    public BigDecimal rob(Integer userId,String redId) throws Exception {
        return null;
    }
}
```

（3）"红包业务逻辑处理过程数据记录接口"服务 **IRedService**，主要用于将发红包时红包的相关信息与抢红包时用户抢到的红包金额等信息记入数据库中。源代码如下：

```
//导入部分包
import com.debug.middleware.server.dto.RedPacketDto;
import java.math.BigDecimal;
import java.util.List;
/**
 * 红包业务逻辑处理过程数据记录接口-异步实现
 * @author: debug
 */
public interface IRedService {
    //记录发红包时红包的全局唯一标识串、随机金额列表和个数等信息入数据库
    void recordRedPacket(RedPacketDto dto, String redId, List<Integer>
list) throws Exception;
    //记录抢红包时用户抢到的红包金额等信息入数据库-在下一章中将介绍
    void recordRobRedPacket(Integer userId, String redId, BigDecimal
amount) throws Exception;
}
```

其实现类 **RedService** 的源代码如下：

```
//导入包
import com.debug.middleware.model.entity.RedDetail;
import com.debug.middleware.model.entity.RedRecord;
import com.debug.middleware.model.entity.RedRobRecord;
import com.debug.middleware.model.mapper.RedDetailMapper;
import com.debug.middleware.model.mapper.RedRecordMapper;
import com.debug.middleware.model.mapper.RedRobRecordMapper;
import com.debug.middleware.server.dto.RedPacketDto;
```

```
import com.debug.middleware.server.service.IRedService;
import org.slf4j.Logger;
import org.slf4j.LoggerFactory;
import org.springframework.beans.factory.annotation.Autowired;
import org.springframework.scheduling.annotation.Async;
import org.springframework.scheduling.annotation.EnableAsync;
import org.springframework.stereotype.Service;
import org.springframework.transaction.annotation.Transactional;
import java.math.BigDecimal;
import java.util.Date;
import java.util.List;
/**
 * 红包业务逻辑处理过程数据记录接口-接口实现类
 * @author: debug
 */
@Service
@EnableAsync
public class RedService implements IRedService {
    //日志
    private static final Logger log= LoggerFactory.getLogger(RedService.
class);
    //发红包时红包全局唯一标识串等信息操作接口 Mapper
    @Autowired
    private RedRecordMapper redRecordMapper;
    //发红包时随机数算法生成的随机金额列表等信息操作接口 Mapper
    @Autowired
    private RedDetailMapper redDetailMapper;
    //抢红包时相关数据信息操作接口 Mapper-在下一章中将介绍
    @Autowired
    private RedRobRecordMapper redRobRecordMapper;
    /**
     * 发红包记录-异步方式
     * @param dto 红包总金额+个数
     * @param redId 红包全局唯一标识串
     * @param list 红包随机金额列表
     * @throws Exception
     */
    @Override
    @Async
    @Transactional(rollbackFor = Exception.class)
    public void recordRedPacket(RedPacketDto dto, String redId, List<Integer>
list) throws Exception {
        //定义实体类对象
        RedRecord redRecord=new RedRecord();
        //设置字段的取值信息
        redRecord.setUserId(dto.getUserId());
        redRecord.setRedPacket(redId);
        redRecord.setTotal(dto.getTotal());
        redRecord.setAmount(BigDecimal.valueOf(dto.getAmount()));
        redRecord.setCreateTime(new Date());
        //将对象信息插入数据库
        redRecordMapper.insertSelective(redRecord);
//定义红包随机金额明细实体类对象
```

```
    RedDetail detail;
    //遍历随机金额列表，将金额等信息设置到相应的字段中
    for (Integer i:list){
        detail=new RedDetail();
        detail.setRecordId(redRecord.getId());
        detail.setAmount(BigDecimal.valueOf(i));
        detail.setCreateTime(new Date());
        //将对象信息插入数据库
        redDetailMapper.insertSelective(detail);
    }
}
/**
 * 抢红包记录-下一章将介绍
 * @param userId
 * @param redId
 * @param amount
 * @throws Exception
 */
@Override
@Async
public void recordRobRedPacket(Integer userId, String redId, BigDecimal
amount) throws Exception {     }}
```

（4）至此，"发红包"业务模块的代码已经基本完成了，在将项目运行起来之前，需要将 Redis 服务"跑"起来，即双击 redis-server.exe 可执行文件，即可开启本地的 Redis 服务。项目运行期间查看控制台输出日志，如果没有报错误信息，说明"发红包"业务模块的整体开发流程并没有大的问题，该业务模块的整体目录结构如图 4.13 所示。

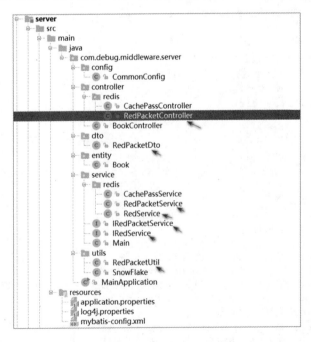

图 4.13　发红包业务模块整体目录结构

4.4.3　业务模块自测

万事具备，只差东风。发红包业务模块的完整代码实战已经做完了。下面采用 Postman 工具测试抢红包系统发红包业务的整体流程。

单击运行应用程序的启动入口类 MainApplication，观察控制台的输出信息，如果没有报错，则表示项目启动成功。打开 Postman，在地址栏中输入"发红包"请求对应的链接，即 http://127.0.0.1:8087/middleware/red/packet/hand/out，选择请求方式为 Post，并在请求体中输入请求参数，如下：

```
{
  "userId":10010,
  "total":10,
  "amount":1000
}
```

其中，userId 表示发红包者的账户 id；total 表示抢红包时设定的总人数，在这里假设为 10 个人；amount 表示红包的总金额，在这里要注意单位为分，即这里的 1000 表示 10 元。单击 Send 按钮即可发起"发红包"请求，如图 4.14 所示。

其中，响应结果中 data 的值为"redis:red:packet:10010:177565921763957，这个字符串数值代表的是存储至缓存系统中随机金额列表 List 和红包总数 Total 对应的 Key 前缀，后续前端发起"抢红包"请求时需要带上这个字符串数值，表示当前用户所抢的红包。值得一提的是，该前缀包含了采用当前时间戳生成的红包全局唯一标识串 177565921763957。

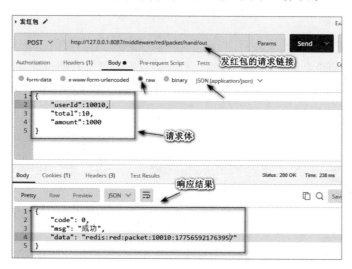

图 4.14　Postman 发起抢红包请求

接着，我们可以看一下数据库中的 red_record 数据库表。可以看到，发出红包时会将其相关信息记录到数据库中，如图 4.15 所示。

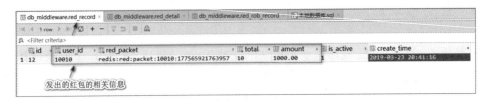

图 4.15　将发出红包的相关信息记录到数据库中

最后，再看看数据库中的 red_detail 数据库表，表示生成的小红包随机金额信息，如图 4.16 所示。

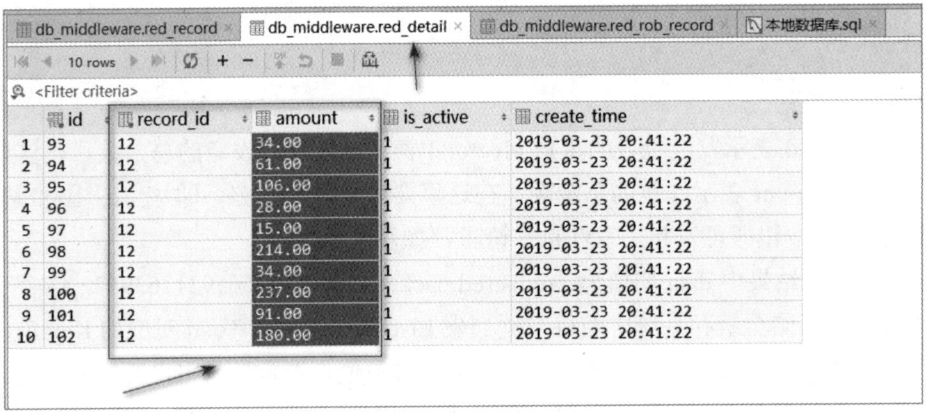

图 4.16　发出的红包对应生成的随机金额信息

其中，record_id 字段的取值对应 red_record 表的主键字段取值，amount 字段的取值即为 10 个小红包的随机金额，单位为分，可以打开数据库管理工具的查询界面，并汇总 amount 字段的取值，看看是否等于 1000 分。SQL 的写法及执行结果如图 4.17 所示。

图 4.17　汇总查询随机金额之和的 SQL 语句与执行结果

从该执行结果可以看出，二倍均值法生成的 10 个小红包的随机金额之和等于总金额 1000 分，这 10 个随机金额此时既记录在了数据库中，同时也存储到了缓存系统 Redis 中，它们将被用于下一节"抢红包"业务模块中。

4.5　"抢红包"模块实战

"抢红包"业务模块是整个抢红包系统的核心模块,可以说是最关键的环节。当群里的成员看到有人发红包时,正常情况下都会点该红包图样,并由此开启后端处理抢红包请求逻辑的节奏。首先后端接口将会接收红包全局唯一标识串和用户账号 id,从缓存系统中取出红包的个数,判断个数是否大于 0。如果大于 0 则表示缓存中仍然有红包,然后从缓存系统的随机金额列表中弹出一个随机金额,判断是否为 Null。如果不为 Null,则表示当前用户抢到红包了,此时需要更新缓存系统的红包个数并异步记录相关信息到数据库中。

本节将采用代码方式实现这一个业务逻辑模块,为整个抢红包系统初步画上一个圆满的句号。

4.5.1　业务模块分析

"抢红包"模块的整体业务流程在这里就不再深入介绍了,各位读者可以参见前面章节即如图 4.3 所示流程自行回顾。从抢红包系统业务流程图(图 4.1)中可以看出,"抢红包"业务模块相对于"发红包"业务模块而言比较复杂,这可以从以下分析中得出。

(1)从业务角度分析,抢红包业务模块需要实现两大业务逻辑,包括点红包业务逻辑和拆红包业务逻辑,简单地讲,包含两个"动作"。

(2)从系统架构角度分析,"抢红包"业务模块对应的后端处理逻辑需要保证接口的稳定性、可扩展性和扛高并发性,对于相应接口的设计需要尽可能做到低耦合和服务的高内聚,因而在代码实战过程中,采用的是面向接口和服务进行编程。

(3)从技术角度分析,抢红包业务模块对应的后端接口需要频繁地访问缓存系统Redis,用于获取红包剩余个数和随机金额列表,进而判断用户点红包、拆红包是否成功。除此之外,在用户每次成功抢到红包之后,后端接口需要及时更新缓存系统中红包的剩余个数,将相应的信息记入数据库中等。

如图 4.18 所示为"抢红包"业务模块的整体开发流程。从该流程图中可以看出,前端用户发起抢红包请求,需要带上红包全局唯一标识串 resId 和当前用户账户 id 到系统后端接口。其中,resId 即为上一节前端发起"发红包"请求后得到的响应结果中的data 数值,后端接口将根据这一数值去缓存系统 Redis 中获取红包剩余个数与随机金额列表。

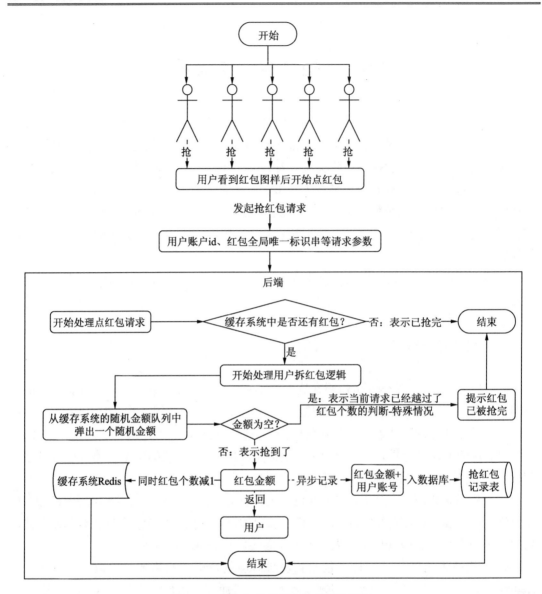

图 4.18　抢红包业务模块整体开发流程

除此之外，"抢红包"业务模块的实战将参考"发红包"业务模块实战过程的相关规范，即同样采用 MVCM（Model-View-Controller-Middleware）的模式。

4.5.2　整体流程

基于 MVCM 的开发模式，下面介绍抢红包系统中"抢红包"业务模块的整体流程。

（1）开发处理发红包请求的 RedPacketController，这个类文件已经在上一节中建立好了，在这里只需要添加一个处理抢红包请求的方法即可。源代码如下：

```
/**
* 处理抢红包请求：接收当前用户账户 id 和红包全局唯一标识串参数
*/
@RequestMapping(value = prefix+"/rob",method = RequestMethod.GET)
public BaseResponse rob(@RequestParam Integer userId, @RequestParam String
redId){
  //定义响应对象
  BaseResponse response=new BaseResponse(StatusCode.Success);
  try {
      //调用红包业务逻辑处理接口中的抢红包方法，最终返回抢到的红包金额
      //单位为元（不为 Null 时则表示抢到了，否则代表已经被抢完了）
      BigDecimal result=redPacketService.rob(userId,redId);
      if (result!=null){
          //将抢到的红包金额返回到前端
          response.setData(result);
      }else{
          //没有抢到红包，即已经被抢完了
          response=new BaseResponse(StatusCode.Fail.getCode(),"红包已被抢完!");
      }
  }catch (Exception e){
      //处理过程如果发生异常，则打印异常信息并返回给前端
      log.error("抢红包发生异常: userId={} redId={}",userId,redId,e.fill
InStackTrace());
      response=new BaseResponse(StatusCode.Fail.getCode(),e.getMessage());
  }
  //返回处理结果给前端
  return response;
}
```

在这里值得一提的是，为了前端处理方便，后端接口在处理完成"抢红包"的请求之后，直接将抢到的红包金额单位处理成"元"，这对于前端开发而言，可以直接显示该返回结果，而不需要再经过二次处理。

（2）对于红包业务逻辑处理接口中的抢红包方法，是定义在 IRedPacketService 接口的 rob()方法中的，相应的实现类为 RedPacketService，这在上一节"发红包"业务模块的实战过程都已经建立好了，只需要实现其中的 rob()方法逻辑即可。源代码如下：

```
/**
* 抢红包实际业务逻辑处理
* @param userId 当前用户 id-抢红包者
* @param redid 红包全局唯一标识串
* @return 返回抢到的红包金额或者抢不到红包金额的 Null
* @throws Exception
*/
@Override
public BigDecimal rob(Integer userId,String redId) throws Exception {
  //定义 Redis 操作组件的值操作方法
  ValueOperations valueOperations=redisTemplate.opsForValue();
  //在处理用户抢红包之前，需要先判断一下当前用户是否已经抢过该红包了
```

```
    //如果已经抢过了, 则直接返回红包金额, 并在前端显示出来
    Object obj=valueOperations.get(redId+userId+":rob");
    if (obj!=null){
        return new BigDecimal(obj.toString());
    }
    //"点红包"业务逻辑-主要用于判断缓存系统中是否仍然有红包, 即//红包剩余个数是否大于 0
    Boolean res=click(redId);
    if (res){
        // res 为 true, 则可以进入"拆红包"业务逻辑的处理
        //从小红包随机金额列表中弹出一个随机金额
        Object value=redisTemplate.opsForList().rightPop(redId);
        if (value!=null){
            //value!=null, 表示当前弹出的红包金额不为 Null, 即有钱
            //当前用户抢到一个红包了, 则可以进入后续的更新缓存, 并将信息记入数据库
            String redTotalKey = redId+":total";
            //更新缓存系统中剩余的红包个数, 即红包个数减 1
            Integer currTotal=valueOperations.get(redTotalKey)!=null? (Integer)
valueOperations.get(redTotalKey)  : 0;
            valueOperations.set(redTotalKey,currTotal-1);
            //将红包金额返回给用户前, 在这里金额的单位设置为"元"
            //如果你不想设置, 则可以直接返回 value, 但是前端需要作除以 100 的操作
            //因为在发红包业务模块中金额的单位是设置为"分"的
            BigDecimal result = new BigDecimal(value.toString()).divide(new
BigDecimal(100));
            //将抢到红包时用户的账号信息及抢到的金额等信息记入数据库
            redService.recordRobRedPacket(userId,redId,new BigDecimal
(value.toString()));
            //将当前抢到红包的用户设置进缓存系统中, 用于表示当前用户已经抢过红包了
            valueOperations.set(redId+userId+":rob",result,24L,TimeUnit.HOURS);
            //打印当前用户抢到红包的记录信息
            log.info("当前用户抢到红包了: userId={} key={} 金额={} ",userId,
redId,result);
            //将结果返回
            return result;
        }
    }
    //null 表示当前用户没有抢到红包
    return null;
}
/**
 * 点红包的业务处理逻辑-如果返回 true, 则代表缓存系统 Redis 还有红包, 即剩余个数>0
 * 否则, 意味着红包已经被抢光了
 * @throws Exception
 */
private Boolean click(String redId) throws Exception{
    //定义 Redis 的 Bean 操作组件-值操作组件
    ValueOperations valueOperations=redisTemplate.opsForValue();
    //定义用于查询缓存系统中红包剩余个数的 Key
    //这在发红包业务模块中已经指定过了
    String redTotalKey = redId+":total";
    //获取缓存系统 Redis 中红包剩余个数
    Object total=valueOperations.get(redTotalKey);
```

```
//判断红包剩余个数 total 是否大于 0，如果大于 0，则返回 true，代表还有红包
if (total!=null && Integer.valueOf(total.toString())>0){
    return true;
}
//返回 false，代表已经没有红包可抢了
return false;
}
```

在上述实战代码中需要注意的是，去缓存系统中查询红包剩余个数 Total 和随机金额列表时需要提供 Key，这些 Key 是在"发红包"业务模块的代码中定义的。

（3）当用户抢到红包后，需要将当前用户的账号信息及抢到的金额等信息记入数据库中。这一实现逻辑是通过调用 redService 实现类的 recordRobRedPacket() 方法实现的，源代码如下：

```
/**
 * 成功抢到红包时将当前用户账号信息及对应的红包金额等信息记入数据库中
 * @param userId 用户账号 id
 * @param redid 红包全局唯一标识串
 * @param amount 抢到的红包金额
 * @throws Exception
 */
@Override
@Async
public void recordRobRedPacket(Integer userId, String redId, BigDecimal
amount) throws Exception {
    //定义记录抢到红包时录入相关信息的实体对象，并设置相应字段的取值
    RedRobRecord redRobRecord=new RedRobRecord();
    redRobRecord.setUserId(userId);              //设置用户账号 id
    redRobRecord.setRedPacket(redId);            //设置红包全局唯一标识串
    redRobRecord.setAmount(amount);              //设置抢到的金额
    redRobRecord.setRobTime(new Date());         //设置抢到的时间
    //将实体对象信息插入数据库中
    redRobRecordMapper.insertSelective(redRobRecord);
}
```

（4）至此，抢红包业务模块的整体实现过程就基本上完成了。可以看出，其核心处理逻辑主要在于 RedPacketService 实现类的 rob() 方法，该方法主要用于实现"点红包"和"拆红包"业务逻辑。

4.5.3　业务模块自测

接下来我们对"抢红包"业务模块的整体流程进行自测。在此之前需要注意，"抢红包"模块的开发与自测是基于"发红包"业务模块，也就是说，"要想抢红包，你得先发红包"。自测也是一个道理，因而我们以"发红包"业务模块自测中发出的红包作为测试数据，即 redId 的取值为 redis:red:packet:10010:177565921763957。

（1）打开 Postman，在地址栏中输入以下链接用于发起当前用户抢红包的请求，URL 为 http://127.0.0.1:8087/middleware/red/packet/rob?userId=10010&redId=redis:red:packet:10010:177565921763957，表示当前账号 id 为 10010 的用户发起了抢红包的请求，单击 Send 按钮即可发起请求操作。查看控制台输出及 Postman 的响应结果可以发现，当前用户抢到了 0.34 元。控制台输出结果如图 4.19 所示。

```
[2019-03-24 17:03:24.493] boot -  INFO [http-nio-8087-exec-1] --- DispatcherServlet: FrameworkServlet 'dispatcherServlet': initialization
  completed in 18 ms
[2019-03-24 17:03:24.610] boot -  INFO [http-nio-8087-exec-1] --- AnnotationAsyncExecutionInterceptor: No task executor bean found for async
  processing: no bean of type TaskExecutor and no bean named 'taskExecutor' either
[2019-03-24 17:03:24.624] boot -  INFO [http-nio-8087-exec-1] --- RedPacketService: 当前用户抢到红包了: userId=10010
  key=redis:red:packet:10010:177565921763957 金额=0.34
```

图 4.19　抢红包业务模块整体自测控制台输出结果

而 Postman 得到的响应结果如图 4.20 所示。

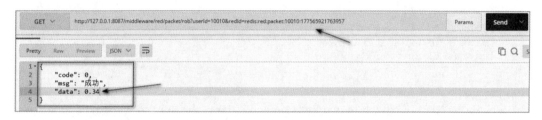

图 4.20　抢红包业务模块整体自测的 Postman 响应结果

而同时，在数据库 red_rob_record 表中将会异步插入一条该用户抢到的红包金额记录等信息，如图 4.21 所示。

图 4.21　将当前用户抢到的红包金额等信息记入数据库中

（2）如果此时在 Postman 对同一个链接 URL 再次发起 Send 请求时，即意味着"当前用户再次发起抢红包的操作"。由于此时缓存系统中已经缓存了该用户抢到的红包记录，因而后端会直接将缓存在 Redis 中的该用户抢到的红包金额返回给前端，而不会执行"点红包"和"拆红包"的业务处理逻辑。

（3）我们换一个用户账号 id 为 10011，而其他参数的取值保持不变的链接 URL http://127.0.0.1:8087/middleware/red/packet/rob?userId=10011&redId=redis:red:packet:10010:177565921763957，这个 URL 表示当前用户 10011 也看到了群里有人发出了红包，因而也发起了抢红包的操作。单击 Send 按钮即可发起请求，然后再观察控制台的输出结果和 Postman

的响应结果。可以看到，当前用户抢到的红包金额为 0.61 元，控制台输出结果和 Postman
响应结果分别如图 4.22 和图 4.23 所示。

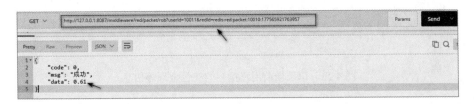

图 4.22　抢红包业务模块整体自测控制台输出结果

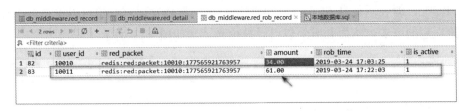

图 4.23　抢红包业务模块整体自测 Postman 响应结果

查看数据库中 red_rob_record 表中的记录信息，如图 4.24 所示。

id	user_id	red_packet	amount	rob_time	is_active
1 82	10010	redis:red:packet:10010:177565921763957	34.00	2019-03-24 17:03:25	1
2 83	10011	redis:red:packet:10010:177565921763957	61.00	2019-03-24 17:22:03	1

图 4.24　记录当前用户抢到的红包金额等信息入数据库

（4）重复步骤（3）再进行 10 次自测，其中发起请求的链接 URL 保持不变，而只需
要更改一下 userId 的取值，将其取值设定成 10012、10013、10014、10015……即可，然
后观察控制台的输出信息，如图 4.25 所示。

```
[2019-03-24 17:03:24.624] boot - INFO [http-nio-8087-exec-1] --- RedPacketService: 当前用户抢到红包了: userId=10010
 key=redis:red:packet:10010:177565921763957 金额=0.34
[2019-03-24 17:22:02.717] boot - INFO [http-nio-8087-exec-5] --- RedPacketService: 当前用户抢到红包了: userId=10011
 key=redis:red:packet:10010:177565921763957 金额=0.61
[2019-03-24 17:33:11.945] boot - INFO [http-nio-8087-exec-7] --- RedPacketService: 当前用户抢到红包了: userId=10012
 key=redis:red:packet:10010:177565921763957 金额=1.08
[2019-03-24 17:33:15.150] boot - INFO [http-nio-8087-exec-8] --- RedPacketService: 当前用户抢到红包了: userId=10013
 key=redis:red:packet:10010:177565921763957 金额=0.28
[2019-03-24 17:33:17.578] boot - INFO [http-nio-8087-exec-10] --- RedPacketService: 当前用户抢到红包了: userId=10014
 key=redis:red:packet:10010:177565921763957 金额=0.15
[2019-03-24 17:33:19.960] boot - INFO [http-nio-8087-exec-9] --- RedPacketService: 当前用户抢到红包了: userId=10015
 key=redis:red:packet:10010:177565921763957 金额=2.14
[2019-03-24 17:33:22.409] boot - INFO [http-nio-8087-exec-1] --- RedPacketService: 当前用户抢到红包了: userId=10016
 key=redis:red:packet:10010:177565921763957 金额=0.34
[2019-03-24 17:33:25.991] boot - INFO [http-nio-8087-exec-2] --- RedPacketService: 当前用户抢到红包了: userId=10017
 key=redis:red:packet:10010:177565921763957 金额=2.37
[2019-03-24 17:33:28.692] boot - INFO [http-nio-8087-exec-3] --- RedPacketService: 当前用户抢到红包了: userId=10018
 key=redis:red:packet:10010:177565921763957 金额=0.91
[2019-03-24 17:33:31.657] boot - INFO [http-nio-8087-exec-4] --- RedPacketService: 当前用户抢到红包了: userId=10019
 key=redis:red:packet:10010:177565921763957 金额=1.8
```

图 4.25　抢红包业务模块整体自测控制台输出结果

每次发起请求后再查看 Postman 的响应结果，将会看到对应的金额信息，同时再查看数据库 red_rob_record 表的记录，可以发现已经成功将抢到红包的用户和其金额等信息记录在了数据库表中，如图 4.26 所示。

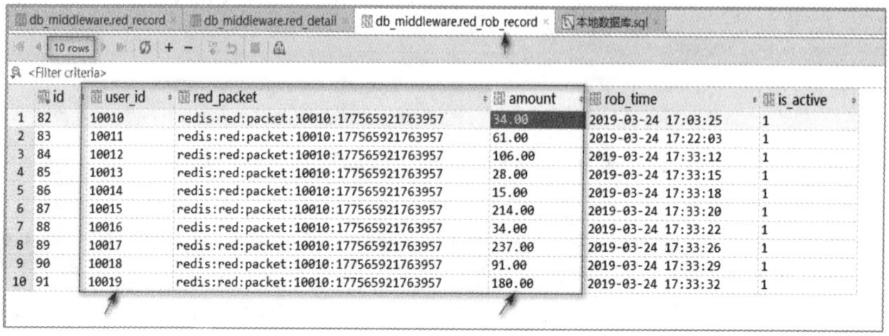

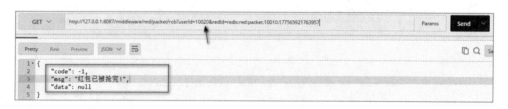

图 4.26　记录当前用户抢到的红包金额等信息

可以发现此时已经有 10 条记录了，即理论上该红包应当被抢完了。如果此时还有其他用户发起抢红包的请求，那么应当提示"红包已被抢完！"。在 Postman 输入 URL http://127.0.0.1:8087/middleware/red/packet/rob?userId=10020&redId=redis:red:packet:10010:177565921763957，即表示账号 id 为 10020 的用户进入群后发现有红包可以抢，单击红包图样发起抢红包的请求，然而此时红包已经被抢光了，如图 4.27 所示。

图 4.27　抢红包业务模块整体自测的 Postman 响应结果

最后是打开数据库中的两个数据库表：red_detail 和 red_rob_record。其中，red_detail 表存储的是"发红包"业务模块中用户发出红包后采用二倍均值法生成的随机金额列表；而 red_rob_record 表存储的是群成员抢到红包时用户账号和抢到的红包金额等信息。很显然，这两个表的数据列表应当"如出一辙"，否则就是代码有问题。

这一点可以通过对比这两个数据表的数据记录，特别是 amount 字段的取值信息而得出结论，如图 4.28 所示。

至此，关于"抢红包"业务模块的整体实现流程已经自测完毕。读者在自测的过程中需要理解每次在 Postman 发起请求的含义，发起请求后需要时刻观察 IDEA 控制台的输出结果、Postman 的响应信息和数据库中相关数据库表的记录信息等并作对比。某种程度上，这也是程序员需要养成的一种良好习惯。

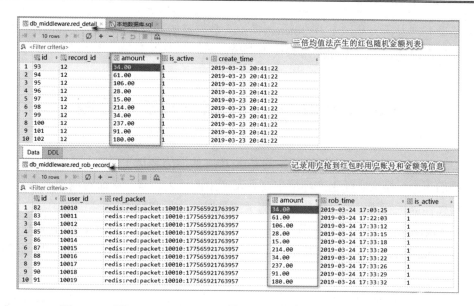

图 4.28　对比 red_detail 和 red_rob_record 两个数据库表中的数据记录

4.5.4　总结

"抢红包"业务模块建立在"发红包"业务基础之上，是整个系统的核心流程，它主要包括两大核心业务，即"点红包"和"拆红包"业务。本节主要是采用代码实战的方式实现这一整块业务逻辑，内容主要包含整体业务模块的分析、实现代码和整体业务模块的自测。经过自测可以得出"抢红包"业务模块基本上没有问题，算是为整个系统的代码实现初步画上一个圆满的句号。

然而，任何事物并非十全十美的，代码也是如此。在整个自测过程中，缺陷在于 Postman 不断发起的请求几乎并非"同一时刻"，即这些请求几乎都是"串行"、有时间间隔的，而这并不能达到实际生产环境中"秒级高并发请求"的要求。所谓的"高并发"，其实指的就是在同一时刻突然有成千上万甚至上百万、上千万数量级的请求到达后端接口。

例如，春节期间微信群的抢红包，当某个成员发出红包后，正常情况下群里的所有成员均会点该红包图样，发起抢红包的请求。而这些请求中的很大一部分是在同一时刻同时到达后端接口的，在当前"抢红包"业务模块的代码实现过程中，并没有考虑高并发抢红包的情况。众所周知，高并发请求其实本质上是高并发多线程，多线程的高并发如果出现抢占共享资源而不加以控制的话，将会带来各种各样的并发安全问题，数据不一致便是其中典型的一种。

既然有这样、那样的问题，那就需要寻找解决方案了。从下一节开始，我们将重点介绍如何借助高并发压力测试工具 Jmeter 模拟大数据量的并发请求，并观察由此产生的问题，以及针对出现的问题进行优化与代码实战。

4.6　Jmeter 压力测试高并发抢红包

　　Apache Jmeter 是 Apache 组织开发的基于 Java 的压力测试工具。它可以通过产生来自不同类别的压力，模拟实际生产环境中高并发产生的巨大负载，从而对应用服务器、网络或对象整体性能进行测试，并对产生的测试结果进行分析和反馈。

　　使用 Jmeter 压力测试工具之前，需要前往 Apache 官网获取 Jmeter 压力测试工具包。访问 http://jmeter.apache.org/download_jmeter.cgi，选择最新的版本单击下载即可，如图 4.29 所示。

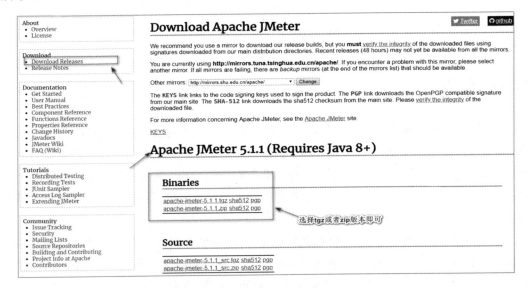

图 4.29　Apache Jmeter 官网

　　下载完成之后将其解压到某个磁盘目录下，双击进入该文件夹，找到 bin 文件目录，然后双击 jmeter.sh 文件，会弹出 DOS 界面，此时是 Jmeter 在做一些初始化工作，稍微等待一定的时间，即可进入 Jmeter 的操作界面。Jmeter 的 bin 文件目录如图 4.30 所示。

　　接下来我们借助 Jmeter 工具对高并发抢红包请求进行压力测试。首先右击"文件"选项，新建一个测试计划，然后在该测试计划下新建线程组，最后在线程组下新建"HTTP请求""CSV 数据文件设置""查看结果树"，整体目录结构如图 4.31 所示。

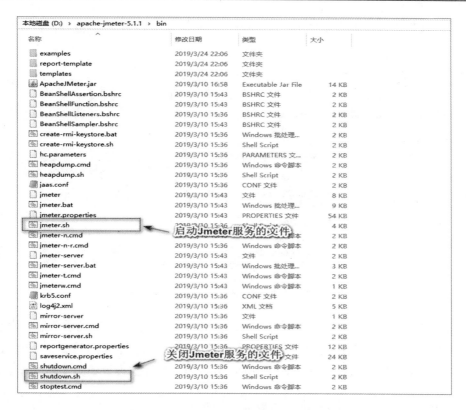

图 4.30　Apache Jmeter 的 bin 文件目录内容

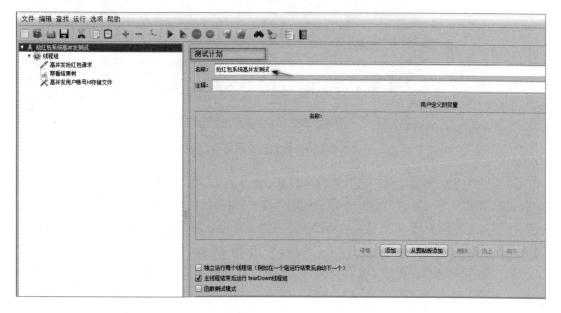

图 4.31　高并发抢红包请求目录结构

新建的线程组内容如图 4.32 所示，在这里暂时指定 1 秒内并发的线程数，即请求数为 10 个。

图 4.32　高并发抢红包请求下新建线程组

紧接着是新建的 HTTP 请求的内容设置，包括请求的协议、所在的服务器名称或 IP、端口、请求方法和请求路径等信息，当然，重点是该 HTTP 请求的请求参数。其中，userId 的取值将来源于"CSV 数据文件设置"中的文件内容。整体的设置如图 4.33 所示。

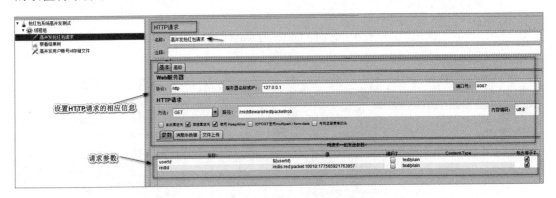

图 4.33　高并发抢红包请求下新建 HTTP 请求

然后是"CSV 数据文件设置"的内容设置。由于抢红包的高并发主要来源于多个用户同时发起请求，因而需要设定几个固定的用户账户 id 列表，用于发起高并发请求时从此文件中随机读取用户账户 id 值，从而赋值给请求参数 userId。在这里我们假设当前用户账号 id 的取值列表为 10030~10035，共 6 个用户，如图 4.34 所示。

最后是在线程组下新建"察看结果树"选项，目的是为了查看发起请求后系统的响应结果，如图 4.35 所示。

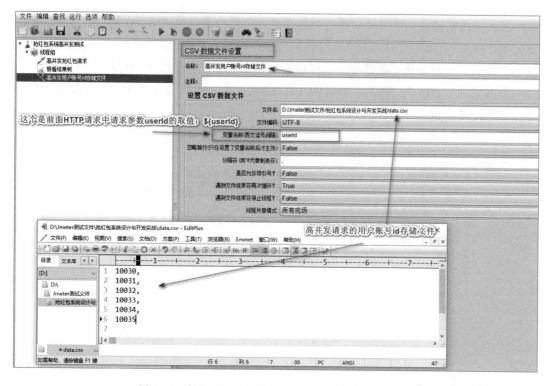

图 4.34　高并发抢红包请求下新建 CSV 数据文件设置

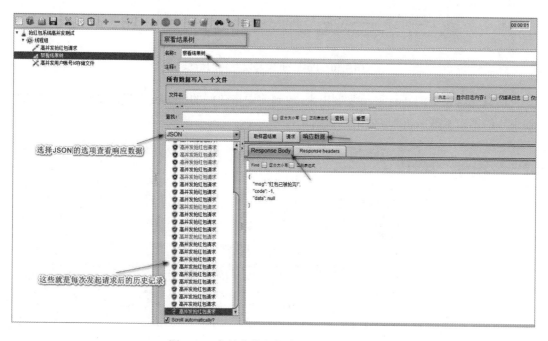

图 4.35　高并发抢红包请求下察看结果树

至此，我们已经完成了针对系统发起高并发抢红包请求的设置。在进行高并发压力测试之前，因为"抢红包"建立在"发红包"业务的基础上，因而需要通过 Postman 发起"发红包"请求，从而在缓存系统中生成红包剩余总个数和红包随机金额列表。

下面采用 userId 为 10030、total 为 10、amount 为 500 即 5 元的测试数据发起"发红包"请求。请求数据如下：

```
{
"userId":10030,
"total":10,
"amount":500
}
```

单击 Send 按钮发起请求，即可得到响应结果，如图 4.36 所示。

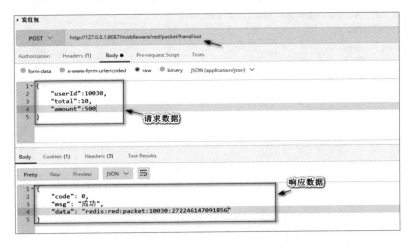

图 4.36　Postman 发起发红包的请求

将响应结果中的 data 取值复制出来，放到前面搭建好的 Jmeter 并发测试界面中"HTTP 请求"的请求参数 redId 取值中，如图 4.37 所示。

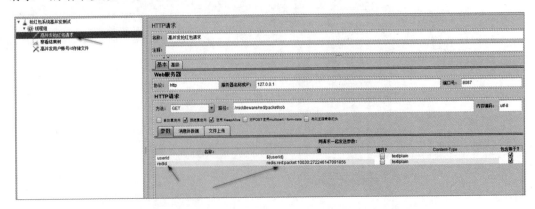

图 4.37　将 redId 的取值赋值给 Jmeter 压力测试 HTTP 请求的请求参数中

最后调整一下线程组中 1 秒并发的线程数为 1000，表示在同一时刻群里将有 1000 个用户同时发起抢红包的请求，如图 4.38 所示。

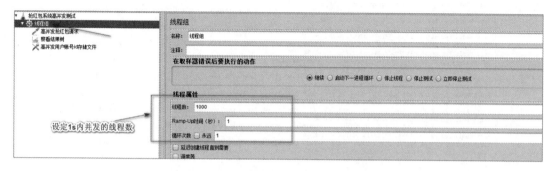

图 4.38　调整线程组中 1 秒内并发的线程数

至此，所有的准备工作都已经做好了。单击"运行"按钮，即可发起高并发抢红包请求。单击 Jmeter 的察看结果树，即可看到 1000 个请求对应的响应结果，如图 4.39 所示。

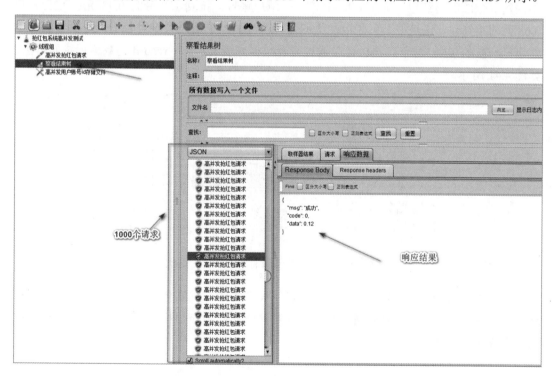

图 4.39　察看 1000 个请求对应的响应结果

然后再查看 IDEA 控制台的输出结果。由于我们在发起发红包请求时指定的红包个数为 10 个，所以不管高并发的请求量有多少，后端接口在处理相应的业务逻辑过程中，也必须要保证最多有 10 个不同的用户抢到这 10 个小红包。控制台输出结果如图 4.40 所示。

```
[2019-03-24 22:57:39.722] boot -  INFO [http-nio-8087-exec-12] --- RedPacketService: 当前用户抢到红包了：userId=10030
 key=redis:red:packet:10030:272246147091856 金额=0.12
[2019-03-24 22:57:39.722] boot -  INFO [http-nio-8087-exec-7] --- RedPacketService: 当前用户抢到红包了：userId=10034
 key=redis:red:packet:10030:272246147091856 金额=0.37
[2019-03-24 22:57:39.725] boot -  INFO [http-nio-8087-exec-1] --- RedPacketService: 当前用户抢到红包了：userId=10033
 key=redis:red:packet:10030:272246147091856 金额=0.22
[2019-03-24 22:57:39.729] boot -  INFO [http-nio-8087-exec-15] --- RedPacketService: 当前用户抢到红包了：userId=10035
 key=redis:red:packet:10030:272246147091856 金额=0.38
[2019-03-24 22:57:39.729] boot -  INFO [http-nio-8087-exec-10] --- RedPacketService: 当前用户抢到红包了：userId=10031
 key=redis:red:packet:10030:272246147091856 金额=0.43
[2019-03-24 22:57:39.729] boot -  INFO [http-nio-8087-exec-11] --- RedPacketService: 当前用户抢到红包了：userId=10032
 key=redis:red:packet:10030:272246147091856 金额=0.95
[2019-03-24 22:57:39.729] boot -  INFO [http-nio-8087-exec-8] --- RedPacketService: 当前用户抢到红包了：userId=10035
 key=redis:red:packet:10030:272246147091856 金额=1.5
[2019-03-24 22:57:39.729] boot -  INFO [http-nio-8087-exec-4] --- RedPacketService: 当前用户抢到红包了：userId=10031
 key=redis:red:packet:10030:272246147091856 金额=0.25
[2019-03-24 22:57:39.729] boot -  INFO [http-nio-8087-exec-13] --- RedPacketService: 当前用户抢到红包了：userId=10031
 key=redis:red:packet:10030:272246147091856 金额=0.68
[2019-03-24 22:57:39.729] boot -  INFO [http-nio-8087-exec-3] --- RedPacketService: 当前用户抢到红包了：userId=10030
 key=redis:red:packet:10030:272246147091856 金额=0.1
```

图 4.40　高并发请求下查看控制台的输出结果

仔细分析图 4.40 的输出结果会发现一个很明显的 Bug，即同一个用户竟然抢到了多个不同随机金额的小红包，如 userId=10031 的用户账号，抢到了金额为 0.43 元、0.25 元和 0.68 元的小红包。这是很不可思议的大问题，违背了一个用户只能对若干个随机金额的小红包抢一次的规则。这个问题也可以通过查看数据库表 red_rob_record 的数据记录而得出，如图 4.41 所示。

db_middleware.red_rob_record

10 rows

red_packet='redis:red:packet:10030:272246147091856'

	id	red_packet	user_id	amount	rob_time	is_active
1	97	redis:red:packet:10030:272246147091856	10030	10.00	2019-03-24 22:57:40	1
2	100	redis:red:packet:10030:272246147091856	10030	12.00	2019-03-24 22:57:40	1
3	93	redis:red:packet:10030:272246147091856	10031	68.00	2019-03-24 22:57:40	1
4	95	redis:red:packet:10030:272246147091856	10031	25.00	2019-03-24 22:57:40	1
5	99	redis:red:packet:10030:272246147091856	10031	43.00	2019-03-24 22:57:40	1
6	101	redis:red:packet:10030:272246147091856	10032	95.00	2019-03-24 22:57:40	1
7	94	redis:red:packet:10030:272246147091856	10033	22.00	2019-03-24 22:57:40	1
8	96	redis:red:packet:10030:272246147091856	10034	37.00	2019-03-24 22:57:40	1
9	92	redis:red:packet:10030:272246147091856	10035	38.00	2019-03-24 22:57:40	1
10	98	redis:red:packet:10030:272246147091856	10035	150.00	2019-03-24 22:57:40	1

图 4.41　高并发请求下查看数据库表的记录

从技术层面分析，这其实就是高并发多线程产生的并发安全导致的！在下一节中将从代码的角度剖析为何会出现这种问题，并针对这样的问题介绍相应的解决方案，然后通过代码方式实现。

4.7　问题分析与优化方案

程序员（包括笔者本人）们总会有这样一种错觉：自己明明已经在本地或者测试环境

中对代码进行了千百遍测试，何以上了实际生产环境后却依然会出现这样、那样的问题呢？其实，这种情况在很大程度上并不能说是代码的核心逻辑有问题，很大一部分原因在于开发者并没有将这份代码置于实际的生产环境中接受考验，从而导致自己自认为代码是"完美无瑕"的！

对于抢红包系统的抢业务模块来说也是如此。我们确实已经进行了业务模块分析、开发流程梳理、代码实战和自测等操作，也对产生的数据进行了分析和对比，但是却在模拟实际生产环境的过程中暴露出了问题。因为我们并没有考虑"秒级同时并发多线程"的情况，从而导致最终出现的数据不一致或并非自己所预料的结果。

4.7.1　问题分析

事出必有因。本节我们将从代码的角度剖析产生"同一个用户抢到多个红包"问题的原因。

回顾一下前面章节"抢红包"业务模块的开发过程，特别是其后端接口的执行流程会发现，程序首先需要执行"缓存系统中是否有红包"的判断，成功通过之后再继续执行后续的业务流程，如图 4.42 所示。

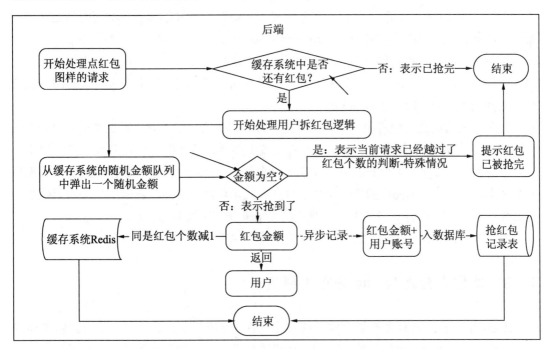

图 4.42　抢红包业务模块后端接口执行流程

当某一时刻的同一用户在"疯狂"地点红包图样时，如果前端不加以控制的话，同一时间的同一个用户将发起多个抢红包请求。当后端接收到这些请求时，将很有可能同时进行"缓存系统中是否有红包"的判断并成功通过，然后执行后面弹出红包随机金额的业务逻辑，导致同一个用户抢到多个红包的情况发生。

综合图 4.42 的执行流程和上述对产生问题的原因分析可以得出，其实是后端接口并没有考虑到高并发请求的情况。更深入地讲，其原因在于当前请求还没有处理完核心业务逻辑时，其他同样的请求已经到来，导致后端接口几乎来不及做重复判断的逻辑。

4.7.2　优化方案介绍

通过前面的分析基本上可以得知问题产生的原因在于：同一时刻多个并发的线程对共享资源进行了访问操作，导致最终出现数据不一致或者结果并非自己所预料的现象，而这其实就是多线程高并发时出现的并发安全问题。

在传统的单体 Java 应用中，为了解决多线程高并发的安全问题，最常见的做法是在核心的业务逻辑代码中加锁操作（同步控制操作），即加 Synchronized 关键字。然而在微服务、分布式系统架构时代，这种做法是行不通的。因为 Synchronized 关键字是跟单一服务节点所在的 JVM 相关联，而分布式系统架构下的服务一般是部署在不同的节点（服务器）下，从而当出现高并发请求时，Synchronized 同步操作将显得"力不从心"！

因而我们需要寻找一种更为高效的解决方案。这种方案既要保证单一节点核心业务代码的同步控制，也要保证当扩展到多个节点部署时同样能实现核心业务逻辑代码的同步控制，这就是"分布式锁"出现的初衷。

分布式锁其实是一种解决方案，而不是一种编程语言，更不是一种新型的"组件"或"框架"。它的出现主要是为了解决分布式系统中高并发请求时并发访问共享资源导致并发安全的问题。目前关于分布式锁的实现有许多种，典型的包括基于数据库级别的乐观锁和悲观锁，以及基于 Redis 的原子操作实现分布式锁和基于 ZooKeeper 实现分布式锁等。在后续章节中，我们将专门采用一到两章的篇幅来介绍实战分布式锁。

下一节我们将基于 Redis 的分布式锁解决抢红包系统中出现的高并发问题。

4.7.3　优化方案之 Redis 分布式锁实战

Redis 作为一款具有高性能存储的缓存中间件，给开发者提供了丰富的数据结构和相应的操作。由于 Redis 底层架构是采用单线程进行设计的，因而它提供的这些操作也是单线程的，即其操作具备原子性。而所谓的原子性，指的是同一时刻只能有一个线程处理核心业务逻辑，当有其他线程对应的请求过来时，如果前面的线程没有处理完毕，那么当前线程将进入等待状态（堵塞），直到前面的线程处理完毕。

对于抢红包系统"抢红包"的业务模块，其核心处理逻辑在于"拆红包"的操作。因而可以通过 Redis 的原子操作 setIfAbsent()方法对该业务逻辑加分布式锁，表示"如果当前的 Key 不存在于缓存中，则设置其对应的 Value，该方法的操作结果返回 True；如果当前的 Key 已经存在于缓存中，则设置其对应的 Value 失败，即该方法的操作结果将返回 False。由于该方法具备原子性（单线程）操作的特性，因而当多个并发的线程同一时刻调用 setIfAbsent()时，Redis 的底层是会将线程加入"队列"排队处理的。

下面采用 setIfAbsent()方法改造"抢红包"业务逻辑对应的代码。改造后的 rob()方法如下：

```
/**
 * 加分布式锁的情况
 * 抢红包-分"点"与"抢"处理逻辑
 * @throws Exception
 */
@Override
public BigDecimal rob(Integer userId,String redId) throws Exception {
  //获取 Redis 的值操作组件
  ValueOperations valueOperations=redisTemplate.opsForValue();
  //判断用户是否抢过该红包
  Object obj=valueOperations.get(redId+userId+":rob");
  if (obj!=null){
      return new BigDecimal(obj.toString());
  }
  // "点红包"业务逻辑的处理
  Boolean res=click(redId);
  if (res){
      //上分布式锁：一个红包每个人只能抢到一次随机金额，即要永远保证一对一的关系
      //构造缓存中的 Key
      final String lockKey=redId+userId+"-lock";
      //调用 setIfAbsent()方法，其实就是间接实现了分布式锁
      Boolean lock=valueOperations.setIfAbsent(lockKey,redId);
      //设定该分布式锁的过期时间为 24 小时
      redisTemplate.expire(lockKey,24L,TimeUnit.HOURS);
      try {
          //表示当前线程获取到了该分布式锁
          if (lock) {
              //开始执行后续的业务逻辑-注释同前面 rob()的注释
              Object value=redisTemplate.opsForList().rightPop(redId);
              if (value!=null){
                  //红包个数减 1
                  String redTotalKey = redId+":total";
                  Integer currTotal=valueOperations.get(redTotalKey)!=null?
(Integer) valueOperations.get(redTotalKey) : 0;
                  valueOperations.set(redTotalKey,currTotal-1);
                  //将红包金额返回给用户的同时，将抢红包记录存入数据库与缓存中
                  BigDecimal result = new BigDecimal(value.toString()).
divide(new BigDecimal(100));
```

```
                     redService.recordRobRedPacket(userId,redId,new BigDecimal
        (value.toString()));
                        //将当前用户抢到的红包记录存入缓存中，表示当前用户已经抢过该红包了
                        valueOperations.set(redId+userId+":rob",result,24L,
        TimeUnit.HOURS);
                        //打印抢到的红包金额信息
                        log.info("当前用户抢到红包了: userId={} key={} 金额={} ",
        userId,redId,result);
        return result;
                   }}
          }catch (Exception e){
             throw new Exception("系统异常-抢红包-加分布式锁失败!");
          }
      }
    return null;
    }
```

接下来需要对加了分布式锁后的接口进行压力测试。测试流程和前面的测试流程一样。首先需要调用发红包的接口发出若干个小红包。请求和响应信息如图 4.43 所示。

图 4.43　Postman 发起发红包请求

然后将响应结果中的 data 值复制出来，放到 Jmeter 界面中"HTTP 请求"redId 参数的取值中，如图 4.44 所示。

其中，"CSV 数据文件设置"中的用户账号 id 存储列表文件保持不变，即用户账号 id 取值为 10030~10035；线程组中 1 秒内并发的线程数也保持不变。单击"运行"按钮，即可发起高并发请求。观察控制台的输出结果会发现，不会再出现"同一用户抢到多个红包金额"的现象了，如图 4.45 所示。

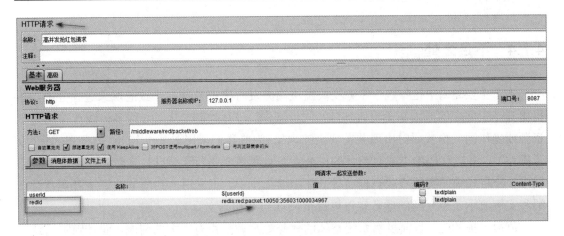

图 4.44　将响应结果中 data 的取值赋值给 redId 请求参数

```
[2019-03-25 22:06:59.829] boot - INFO [http-nio-8087-exec-13] --- RedPacketService: 当前用户抢到红包了: userId=10035
 key=redis:red:packet:10050:356507939164216 金额=2.04
[2019-03-25 22:06:59.829] boot - INFO [http-nio-8087-exec-1] --- RedPacketService: 当前用户抢到红包了: userId=10031
 key=redis:red:packet:10050:356507939164216 金额=1.49
[2019-03-25 22:06:59.829] boot - INFO [http-nio-8087-exec-34] --- RedPacketService: 当前用户抢到红包了: userId=10033
 key=redis:red:packet:10050:356507939164216 金额=1.39
[2019-03-25 22:06:59.831] boot - INFO [http-nio-8087-exec-15] --- RedPacketService: 当前用户抢到红包了: userId=10032
 key=redis:red:packet:10050:356507939164216 金额=0.14
[2019-03-25 22:06:59.831] boot - INFO [http-nio-8087-exec-16] --- RedPacketService: 当前用户抢到红包了: userId=10030
 key=redis:red:packet:10050:356507939164216 金额=0.79
[2019-03-25 22:06:59.833] boot - INFO [http-nio-8087-exec-26] --- RedPacketService: 当前用户抢到红包了: userId=10034
 key=redis:red:packet:10050:356507939164216 金额=0.38
```

图 4.45　加分布式锁后高并发请求下控制台的输出结果

最后，观察数据库表 red_rob_record 的数据记录，发现确实没有出现"同一个用户抢到多个红包"的现象，如图 4.46 所示。

	id	red_packet	user_id ▲1	amount	rob_time	is_active
1	116	redis:red:packet:10050:356507939164216	10030	79.00	2019-03-25 22:07:00	1
2	112	redis:red:packet:10050:356507939164216	10031	149.00	2019-03-25 22:07:00	1
3	117	redis:red:packet:10050:356507939164216	10032	14.00	2019-03-25 22:07:00	1
4	114	redis:red:packet:10050:356507939164216	10033	139.00	2019-03-25 22:07:00	1
5	115	redis:red:packet:10050:356507939164216	10034	38.00	2019-03-25 22:07:00	1
6	113	redis:red:packet:10050:356507939164216	10035	204.00	2019-03-25 22:07:00	1

db_middleware.red_rob_record ×
6 rows
red_packet='redis:red:packet:10050:356507939164216'

图 4.46　加分布式锁后高并发请求下数据库表记录

至此，对于抢红包系统高并发请求的优化方案基本上已经完成并自测完毕。在这里笔者强烈建议读者仍然需要多自测几遍，并不断地变更红包的个数、总金额、用户账号 id 列表文件中的取值和 1 秒内并发的线程数等参数的取值设置，相信会看到不一样且更有趣的现象。

4.7.4　不足之处

本节主要是对"抢红包"业务模块发生高并发时出现数据不一致的现象进行分析，并得出其产生问题的原因在于没有加锁（同步操作）进行控制，从而导致多个线程访问共享资源或操作同一份代码时出现并发安全的现象。为此我们采用了基于 Redis 的分布式锁（原子操作），并以代码的方式对整体的核心业务处理逻辑进行了优化。当然，在实际生产环境中，分布式锁的实现方式有许多种。在后续篇章中，将采用一到两章的篇幅对其进行介绍和实例演示。感兴趣的读者也可以提前阅读第 8 和第 9 章。

值得一提的是，目前虽然系统整体的代码处理逻辑没有太大的问题，而且确实已经能扛得住秒级高并发的请求，然而从业务层面的角度看，这个抢红包系统还是存在着些许问题。在这里提出其中的一个当作是各位读者的课后作业，该问题描述如下：

当发出的红包没有被抢完时，请问该如何处理剩下的红包？如发出一个固定总金额为 10 元的红包，设定个数为 10 个，但是最终却只有 6 个被抢到，那么剩下的 4 个红包汇总的金额该如何处理？对于目前的系统而言，是暂时没有实现这一功能的，算是其中的不足之处吧。对于这个问题的解决，读者可以尝试自己实现。（提示：最终剩下的金额当然是归还给发红包者。）

4.8　总　　结

"抢红包"系统的兴起，着实给互联网企业带来了巨大的用户流量，也给系统的设计和开发者带来了巨大的挑战。本章我们主要是借鉴了微信红包中的一种模式进行实际演练，自主设计了一款能扛住用户高并发请求的抢红包系统。此种模式的场景为：用户发出一个固定金额的红包，让若干个人抢。

基于这样的业务场景，我们首先对系统进行了整体业务流程的梳理，并对其进行了分析和模块划分。然后基于划分好的模块进行数据库的设计、开发环境的搭建和整体开发流程的介绍。接着，为了保证红包金额产生的随机性和概率平等性，我们介绍并演示了一种随机数生成算法：二倍均值法。值得一提的是，在本系统中我们采用"预生成"的方式生成随机金额列表，这和微信红包实时产生金额的方式是不一样的（但是算法的核心思想却很类似）。最后，是抢红包系统两大核心业务模块的开发流程分析与代码演示，包括"发红包"和"抢红包"两大业务模块，而且我们采用自测的方式对相应的接口进行了测试。

然而，任何事物都并非十全十美的，代码也是如此。当我们用 Jmeter 模拟高并发请求对系统的接口进行压力测试时，会出现超出预料的现象，即"同一个用户会抢到多个红包金额"，这在实际情况下显然是不允许出现的。经分析发现，这是一种多线程高并发时产生的并发安全问题，需要对核心业务处理逻辑加同步控制操作，即加分布式锁，最后我们基于 Redis 的分布式锁解决了上述问题。

　　至此，我们基本上已经完成了抢红包系统的设计、开发和性能测试。在这里建议读者一定要多动手、多分析、多自测和多总结，正所谓"实战出真知"，只有经过不间断的代码实战，以及不间断的犯错和总结，最终才能积累宝贵的开发经验！

第 5 章　消息中间件 RabbitMQ

在企业级应用系统架构演进的过程中，中间件的使用起到了不可磨灭的作用。前面章节中介绍了缓存中间件 Redis，其主要作用在于提升高并发读请求情况下查询的性能，减少频繁查询数据库的频率，从而降低 DB（数据库）服务器的压力。随着用户流量的快速增长，由于传统应用在系统接口和服务处理模块层面仍然沿用"高耦合"和"同步"的处理方式，导致接口由于线程堵塞而延长了整体响应时间，即所谓的"高延迟"。

为此，消息中间件 RabbitMQ 得到了"重用"。RabbitMQ 是目前市面上应用相当广泛的分布式消息中间件，在企业级应用、微服务系统中充当着重要的角色。它可以通过异步通信等方式降低应用系统接口层面的整体响应时间。除此之外，RabbitMQ 在一些典型的应用场景和业务模块处理中具有重要的作用，比如业务服务模块解耦、异步通信、高并发限流、超时业务和数据延迟处理等，这些特性与应用场景在本章中将有所提及。

本章的主要内容有：

- 认识 RabbitMQ，包括其典型应用场景和作用，并在本地安装 RabbitMQ 服务。
- 介绍 RabbitMQ 相关专有词汇，包括消息、队列、交换机、路由和各种典型的消息模型。
- 基于搭建的 Spring Boot 项目为基础整合 RabbitMQ，并自定义注入相关 Bean 配置，采用 RabbitMQ 相关组件，通过代码实现消息的发送和接收。
- 基于 Spring Boot 整合 RabbitMQ 的项目，"实战"各种典型的消息模型，并介绍 RabbitMQ 的几种消息确认消费机制。
- 采用 RabbitMQ "实战"典型的应用场景，即"用户登录成功异步写日志"。

5.1　RabbitMQ 简介

作为市面上为数不多的分布式消息中间件，RabbitMQ 的应用相当广泛，根据目前官方提供的数据，在全球范围内有诸多小型初创企业和大型公司共部署了 35000 多个 RabbitMQ 生产节点，给企业的应用系统带来了性能和规模上的提升。

除此之外，RabbitMQ 还是一款开源并实现了高级消息队列协议（即 AMQP）的消息中间件，既支持单一节点的部署，同时也支持多个节点的集群部署，在某种程度上完全可以满足目前互联网应用或产品高并发、大规模和高可用性的要求。

本节主要从 RabbitMQ 的官方网站入手，一步一步地认识 RabbitMQ，同时介绍 RabbitMQ 目前在实际生产环境中的典型应用场景。除此之外，我们将会在本地 Windows 安装 RabbitMQ 服务，并一起见识 RabbitMQ 面向开发者的后端管理控制台的"容貌"。在本章的最后，将介绍传统企业级应用系统如何基于 Spring 的特性和内置组件实现业务服务模块的解耦和消息的异步通信。

5.1.1　认识 RabbitMQ

打开浏览器，在地址栏中输入 https://www.rabbitmq.com/ 并回车，即可看到 RabbitMQ 的官网，如图 5.1 所示。

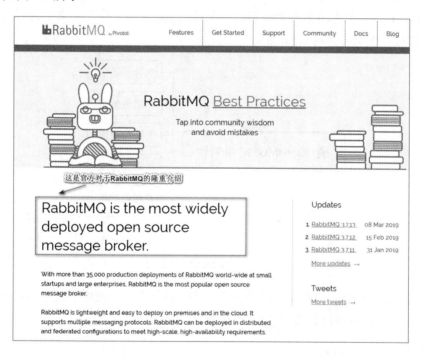

图 5.1　RabbitMQ 的官方介绍

从图 5.1 中可以看出，官方对于 RabbitMQ 的介绍还是相当隆重的，称 RabbitMQ 是目前应用和部署"最"广泛的开源消息代理。虽然 RabbitMQ 可能是目前应用部署最广泛的开源消息中间件，但也不能保证将来仍然是如此。

官方既然能如此隆重地定义和介绍 RabbitMQ，在某种程度上说明其在企业级系统中应用还是很广泛的。事实也如此，RabbitMQ 在如今盛行的分布式系统中主要起到存储分发消息、异步通信和解耦业务模块等作用，在易用性、扩展性和高可用性等方面均表现不俗。

值得一提的是，RabbitMQ 是一款面向消息而设计的、遵循高级消息队列协议（Advanced Message Queuing Protocol，AMQP）的分布式消息中间件，其服务端是采用 Erlang 语言开发的，支持多种编程语言的应用系统调用其提供的 API 接口。

除此之外，RabbitMQ 的开发团队还为其内置了人性化的后端管理控制台，或者称为"面向开发者的消息客户端"，可以用于实现 RabbitMQ 的队列、交换机、路由、消息和服务节点的管理等，同时也可以通过客户端管理相应的用户（主要是分配相应的操作权限和数据管理权限等）。

5.1.2　典型应用场景介绍

RabbitMQ 作为一款能实现高性能存储分发消息的分布式中间件，具有异步通信、服务解耦、接口限流、消息分发和业务延迟处理等功能，在实际生产环境中具有很广泛的应用，其特性可以概括为如图 5.2 所示。

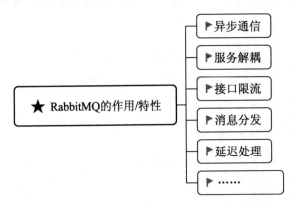

图 5.2　RabbitMQ 的作用

正是由于 RabbitMQ 拥有如此多的特性，才使得其在实际应用系统中具有一席之地，本节主要介绍一下 RabbitMQ 的典型应用场景。

1．异步通信和服务解耦

以"用户注册"为实际场景，传统的企业级应用处理用户注册的流程，首先是用户在界面上输入用户名、邮箱或手机号等信息，确认无误后，单击"注册"按钮提交相关信息，前端会将这个信息提交到后端相关接口进行处理，后端在接收到这些信息后，会先对这些信息进行最基本的校验，校验成功后会将信息写入数据库相关数据表中，而为了用户注册的安全性，后端会调用邮件服务器提供的接口发送一封邮件验证用户的合法性，或者调用短信服务的发送短信验证码接口给用户进行验证，最后才将响应信息返回给前端用户，并提示"注册成功"，整个流程如图 5.3 所示。

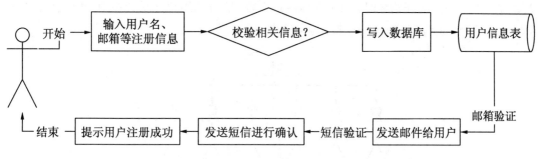

图 5.3　传统的企业级应用系统用户注册流程

从图 5.3 的流程可以看出，用户从单击"注册"按钮，提交相关信息之后便需要经历"漫长"的等待时间，整体的等待时间约等于"写入数据库"+"邮箱验证"+"短信确认"的处理时间之和。在处理过程中如果发邮件和发短信业务逻辑出现异常，整个流程将会终止，很显然这种处理方式对于当前互联网用户来说几乎不能接受！

仔细分析用户注册的整个流程，不难发现其核心的业务逻辑在于"判断用户注册信息的合法性并将信息写入数据库"，而"发送邮件"和"短信验证"服务在某种程度上并不归属于"用户注册"的核心流程，因而可以将相应的服务从其中解耦出来，并采用消息中间件如 RabbitMQ 进行异步通信，如图 5.4 所示。

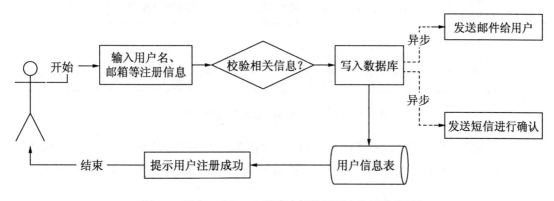

图 5.4　引入 RabbitMQ 消息中间件后用户注册的流程

可以看到 RabbitMQ 的引入，将"一条线走到底"的业务服务模块进行了解耦，系统接口的整体响应时间也明显降低了许多，即实现了"低延迟"。从用户的角度上看，这将给用户带来很好的体验效果。

2. 接口限流和消息分发

以"商城用户抢购商品"为例，商城为了吸引用户流量，会不定期地举办线上商城热

门商品的抢购活动，当抢购活动开始之前，用户犹如"守株待兔"一般会盯在屏幕前等待
活动的开始，当活动开始之时，由于商品数量有限，所有的用户几乎会在同一时刻单击"抢
购"按钮开始进行商品的抢购，整体流程如图 5.5 所示。

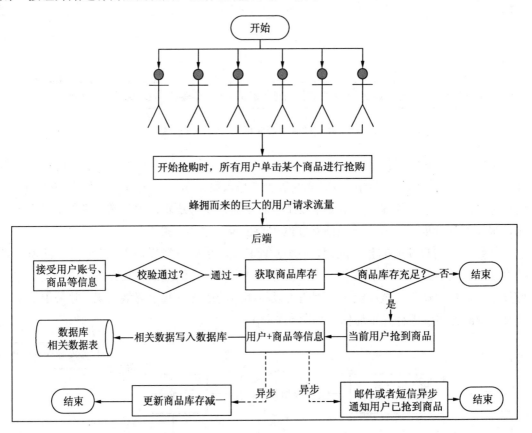

图 5.5　商城商品抢购活动传统的处理流程

毫无疑问，在抢购活动开始的那一刻，将会产生巨大的用户抢购流量，这些请求几乎
在同一时间到达后端系统接口。而在正常的情况下，后端系统接口在接收到前端发送过来
的请求时，会执行如下流程：

首先会校验用户和商品等信息的合法性，当校验通过之后，会判断当前商品的库存是
否充足，如果充足，则代表当前用户将能成功抢购到商品，最后将用户抢购成功的相关数
据记入数据库，并异步通知用户抢购成功，尽快进行付款等。

然而，通过仔细分析发现，后端系统接口在处理用户抢购的整体业务流程"太长"，
而在这整块业务逻辑的处理过程中，存在着先取出库存再进行判断，最后再进行减 1 的更
新操作，在高并发的情况下，这些业务操作会给系统带来诸多的问题。比如，商品超卖、
数据不一致、用户等待时间长、系统接口挂掉等现象。因而这种单一的处理流程只适用于

同一时刻前端请求量很少的情况，而对于类似商城抢购、商品秒杀等某一时刻产生高并发请求的情况则显得力不从心。

消息中间件 RabbitMQ 的引入可以大大地改善系统的整体业务流程和性能，如图 5.6 为引入 RabbitMQ 后系统的整体处理流程。

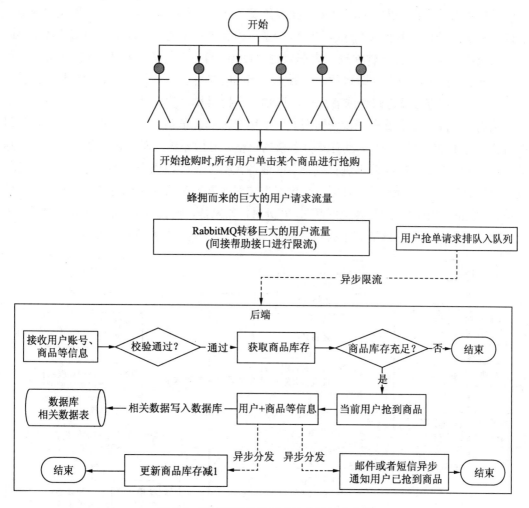

图 5.6　商城商品抢购活动传统的处理流程

由图 5.6 可以看出，RabbitMQ 的引入主要是从以下两个方面来优化系统的整体处理流程：

（1）接口限流：当前端产生高并发请求时，并不会像"无头苍蝇"一样立即到达后端系统接口，而是像每天上班时的地铁限流一样，将这些请求按照先来后到的规则加入 RabbitMQ 的队列，即在某种程度上实现"接口限流"。

（2）消息异步分发：当商品库存充足时，当前抢购的用户将可以抢到该商品，之后会异步地通过发送短信、发送邮件等方式通知用户抢购成功，并告知用户尽快付款，即在某种程度上实现了"消息异步分发"。

3．业务延迟处理

RabbitMQ 除了可以实现消息实时异步分发之外，在某些业务场景下，还能实现消息的延时和延迟处理。下面以"春运 12306 抢票"为例进行说明。春运抢票相信读者都不陌生，当我们用 12306 抢票软件抢到火车票时，12306 官方会提醒用户"请在 30 分钟内付款"。正常情况下用户会立即付款，然后输入相应的支付密码支付火车票的价格。扣款成功后，12306 官方会发送邮件或者短信，通知用户抢票和付款成功。

然而，实际却存在着一些特殊情况，比如用户抢到火车票后，由于各种原因而迟迟没有付款，过了 30 分钟后仍然没有支付车票的价格，导致系统自动取消该笔订单。类似这种"需要延迟一定的时间后再进行处理"的业务在实际生产环境中并不少见，传统企业级应用对于这种业务的处理，是采用一个定时器定时去获取没有付款的订单，并判断用户的下单时间距离当前的时间是否已经超过 30 分钟，如果是，则表示用户在 30 分钟内仍然没有付款，系统将自动使该笔订单失效并回收该张车票，整个业务流程如图 5.7 所示。

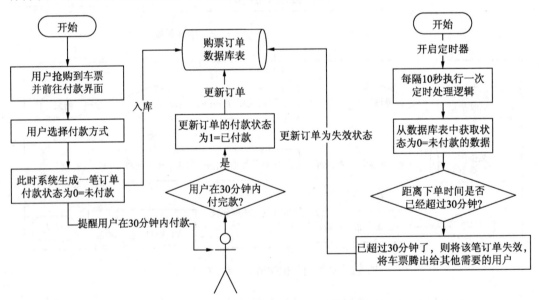

图 5.7　抢票成功后 30 分钟内未付款的传统处理流程

春运抢票完全可以看作是一个大数据量、高并发请求的场景，在某一时刻车票开抢之后，正常情况下将陆续会有用户抢到车票，但是距离车票付款成功是有一定的时间间隔的。

在这段时间内，如果定时器频繁地从数据库中获取"未付款"状态的订单，其数据量之大将难以想象，而且如果大批量的用户在 30 分钟内迟迟不付款，那从数据库中获取的数据量将一直在增长，当达到一定程度时，将给数据库服务器和应用服务器带来巨大的压力，更有甚者将直接压垮服务器，导致抢票等业务全线崩溃，带来的直接后果将不堪设想！

早期的很多抢票软件每当赶上春运高峰期时，经常会出现"网站崩溃""单击购买车票后却一直没响应"等状况，某种程度上是因为在某一时刻产生的高并发，或者定时频繁拉取数据库得到的数据量过大等状况，导致内存、CPU、网络和数据库服务等负载过高所引起的。

而消息中间件 RabbitMQ 的引入，不管是从业务层面还是应用的性能层面，都大大得到了改善，如图 5.8 为引入 RabbitMQ 消息中间件后"抢票成功后 30 分钟内未付款的处理流程"的优化。

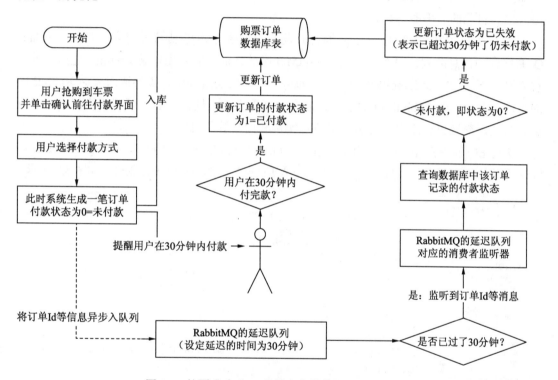

图 5.8　抢票成功后 30 分钟内未付款的优化处理流程

从优化流程中可以看出，RabbitMQ 的引入主要是替代了传统处理流程的"定时器处理逻辑"，取而代之的是采用 RabbitMQ 的延迟队列进行处理。延迟队列，顾名思义指的是可以延迟一定的时间再处理相应的业务逻辑。

RabbitMQ 的这一特性在某些场景下确实能起到很好的作用，比如上面讲的"成功抢到票后 30 分钟内未付款的处理流程"就是比较典型的一种。除此之外，商城购物时"单击去付款而迟迟没有在规定的时间内支付"的流程的处理、点外卖时"下单成功后迟迟没有在规定的时间内付款"的流程的处理等都是实际生产环境中比较典型的场景。

除了上述所罗列的应用场景外，RabbitMQ 在其他业务场景下也同样具有广泛的应用，在这里就不再一一列举了！

5.1.3　RabbitMQ 后端控制台介绍

RabbitMQ 作为一款应用相当广泛的分布式中间件，在实际应用系统中具有很重要的
"地位"。为了能在项目中使用 RabbitMQ，需要在本地安装 RabbitMQ 并能进行简单的使
用。RabbitMQ 的安装在这里就不做详细介绍了，读者可以在网上搜索相关资料进行安装。
比如搜索"Windows RabbitMQ 的安装与配置"，然后按照相应的指示进行安装和配置即
可（培养自己的动手能力！）。

由于 RabbitMQ 是采用 Erlang 语言开发的、遵循 AMQP 协议并建立在强大的 Erlang
OTP 平台的消息队列，因而在安装 RabbitMQ 服务之前，需要先安装 Erlang，之后再前往
官方网站下载相应的 RabbitMQ 安装包 即可安装。安装过程中，需要同时安装 RabbitMQ
的管理控制台，即 RabbitMQ 的后端控制台，其提供的人性化界面主要用于更好地管理消
息、队列、交换机、路由、通道、消费者实例和用户等信息。

安装完成后，打开浏览器，在地址栏输入 http://127.0.0.1:15672/并回车，输入 guest/guest（即
默认的用户名和密码），单击 Login，即可进入 RabbitMQ 的后端管理控制台，如图 5.9 所示。

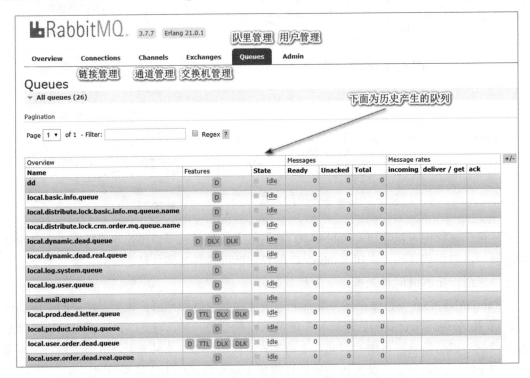

图 5.9　RabbitMQ 的后端管理控制台

　　图 5.9 中所看到的是笔者在本地开发环境中使用 RabbitMQ 产生的历史消息队列，单击某条队列，可以看到队列的详情，包括名称、绑定的路由和交换机、持久化策略和消费者实例等信息，如图 5.10 所示。

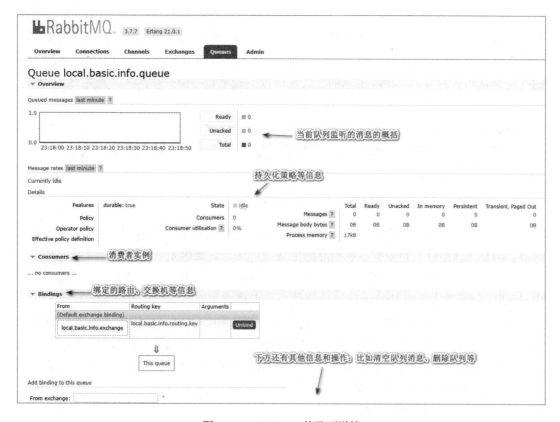

图 5.10　RabbitMQ 的队列详情

　　当然，关于 RabbitMQ 的这些专有词汇，读者现在可能比较陌生。别急！在下一章我们将很快认识并掌握这些词汇的含义与作用！

5.1.4　基于 Spring 的事件驱动模型实战

　　在真正开始介绍 RabbitMQ 的专有词汇和各种消息模型之前，本节先来介绍一下传统企业级 Spring 应用系统中是如何构建消息模型、实现消息的异步分发和业务模块解耦的。众所周知，Spring 作为一款应用很广泛的 Java 核心框架，在目前大部分的 Java Web 应用系统中几乎都可以看到它的踪影，它具有各种强大的功能特性和核心组件，其中比较典型的当属"控制反转 IOC"和"面向切面 AOP"两大特性。关于这两大特性的介绍，在本书中就不作详述了，感兴趣的读者可以参阅其他书籍或者网上搜索相关资料进行学习。本节重点要介绍的是 Spring 内置的基于 ApplicationEvent 和 ApplicationListener 的事件驱动模型。

　　Spring 的事件驱动模型，顾名思义是通过"事件驱动"的方式实现业务模块之间的交互，交互的方式有同步和异步两种，某种程度上，"事件"也可以看作是"消息"。

　　在传统企业级 Spring 应用系统中，正是通过事件驱动模型实现信息的异步通信和业务模块的解耦，在后续章节的实战过程中，读者会发现此种模型跟 RabbitMQ 的消息模型有几分相似之处，如果对底层源码感兴趣的读者，通过研读会发现这两者确实是有关联关系的（特别是两者的发送、接收消息的方式，可以说几乎是一模一样的）。如图 5.11 所示为基于 Spring 的事件驱动模型图。

图 5.11　基于 Spring 的事件驱动模型图

　　从图 5.11 中可以看出，Spring 的事件驱动模型主要由 3 部分组成，包括发送消息的生产者、消息（或事件）和监听接收消息的消费者，这三者是绑定在一起的，可以说是"形影不离"。在后续章节介绍 RabbitMQ 的消息模型时，会发现"生产者+消息+交换机+路由对应队列+消费者"跟 Spring 的事件驱动模型出奇地相似。

　　接下来我们将基于前面章节搭建好的项目，以实际的案例和代码的方式演示 Spring 的事件驱动模型，需求为：将用户登录成功后的相关信息封装成实体对象，由生产者采用异步的方式发送给消费者，消费者监听到消息后进行相应的处理并执行其他的业务逻辑。

　　（1）需要创建用户登录成功后的事件实体类 LoginEvent，该实体类需要继承ApplicationEvent 并实现序列化机制，代码如下：

```java
//导入包
import lombok.Data;
import lombok.ToString;
import org.springframework.context.ApplicationEvent;
import java.io.Serializable;
/**
 * 用户登录成功后的事件实体
 * @Author:debug (SteadyJack)
 **/
@Data
@ToString
public class LoginEvent extends ApplicationEvent implements Serializable{
    private String userName;            //用户名
    private String loginTime;           //登录时间
    private String ip; //所在IP
    //构造方法一
    public LoginEvent(Object source) {
        super(source);
```

```
    }
    //构造方法二：这是在继承 ApplicationEvent 类时需要重写的构造方法
    public LoginEvent(Object source, String userName, String loginTime,
String ip) {
        super(source);
        this.userName = userName;
        this.loginTime = loginTime;
        this.ip = ip;
    }
}
```

（2）开发监听消息的消费者 Consumer 类，该类需要实现 ApplicationListener 接口并绑定事件源 LoginEvent，其源代码如下：

```
//导入包
import org.slf4j.Logger;
import org.slf4j.LoggerFactory;
import org.springframework.context.ApplicationListener;
import org.springframework.scheduling.annotation.Async;
import org.springframework.scheduling.annotation.EnableAsync;
import org.springframework.stereotype.Component;
/**Spring 的事件驱动模型-消费者
 * @Author:debug (SteadyJack)
**/
@Component  //加入 Spring 的 IOC 容器
@EnableAsync //允许异步执行
public class Consumer implements ApplicationListener<LoginEvent>{
    //定义日志
    private static final Logger log= LoggerFactory.getLogger(Consumer.
class);
    /**
     * 监听消费消息
     * @param loginEvent
     */
    @Override
    @Async
public void onApplicationEvent(LoginEvent loginEvent) {
    //打印日志信息
        log.info("Spring 事件驱动模型-接收消息：{}",loginEvent);

        //TODO:后续为实现自身的业务逻辑-比如写入数据库等
    }
}
```

（3）开发用于发送消息或产生事件的生产者 Producer，其主要是通过 Spring 内置的 ApplicationEventPublisher 组件实现消息的发送，其源代码如下：

```
//导入包
import org.slf4j.Logger;
import org.slf4j.LoggerFactory;
import org.springframework.beans.factory.annotation.Autowired;
import org.springframework.context.ApplicationEventPublisher;
import org.springframework.stereotype.Component;
```

```
import java.text.SimpleDateFormat;
import java.util.Date;
/**Spring 的事件驱动模型-生产者
 * @Author:debug (SteadyJack)
**/
@Component
public class Publisher {
    //定义日志
    private static final Logger log= LoggerFactory.getLogger(Publisher.
class);
    //定义发送消息的组件
    @Autowired
    private ApplicationEventPublisher publisher;
    //发送消息的方法
public void sendMsg() throws Exception{
    //构造 登录成功后用户的实体信息
        LoginEvent event=new LoginEvent(this,"debug",new SimpleDateFormat
("yyyyy-MM-dd HH:mm:ss").format(new Date()),"127.0.0.1");
    //发送消息
publisher.publishEvent(event);
        log.info("Spring 事件驱动模型-发送消息：{}",event);
    }
}
```

（4）写个 Java 单元测试方法，触发消息的发送和接收，其源代码如下：

```
//导入包
import com.debug.middleware.server.MainApplication;
import com.debug.middleware.server.event.Publisher;
import org.junit.Test;
import org.junit.runner.RunWith;
import org.springframework.beans.factory.annotation.Autowired;
import org.springframework.boot.test.context.SpringBootTest;
import org.springframework.test.context.junit4.SpringJUnit4ClassRunner;
/**定义 Java 单元测试类
 * @Author:debug (SteadyJack)
**/
@RunWith(SpringJUnit4ClassRunner.class)
@SpringBootTest
public class EventTest {
    //自动装配生产者实例
    @Autowired
    private Publisher publisher;
    //Java 单元测试方法
    @Test
public void test1() throws Exception{
    //调用发送消息的方法产生消息
        publisher.sendMsg();
    }
}
```

至此，基于 Spring 的事件驱动模型的代码部分已经完成，相关代码文件所在的目录结构如图 5.12 所示。

server
src
main
java
com.debug.middleware.server
config
controller
dto
entity
event
Consumer
LoginEvent
Publisher
service
utils
MainApplication
resources
application.properties
log4j.properties
mybatis-config.xml
test

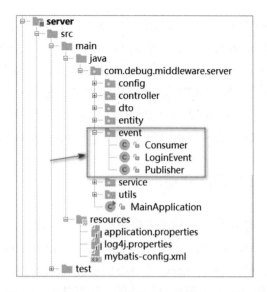

图 5.12　基于 Spring 的事件驱动模型代码文件位置

运行 Java 单元测试方法 test1，观察控制台的输出结果，如图 5.13 所示。

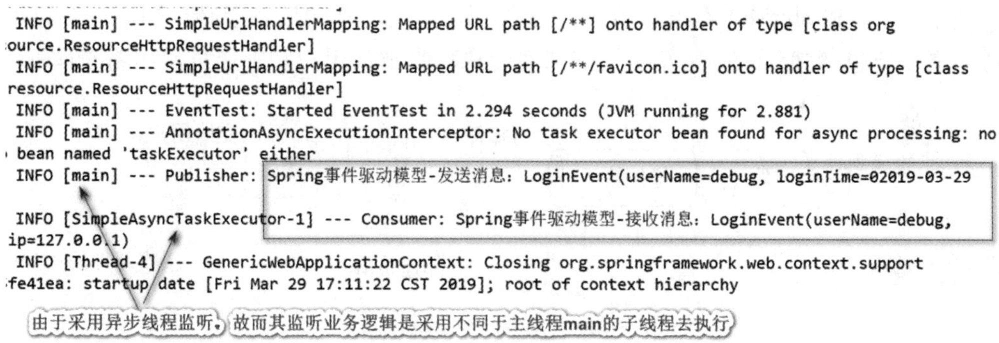

INFO [main] --- SimpleUrlHandlerMapping: Mapped URL path [/**] onto handler of type [class org
ource.ResourceHttpRequestHandler]
INFO [main] --- SimpleUrlHandlerMapping: Mapped URL path [/**/favicon.ico] onto handler of type [class
resource.ResourceHttpRequestHandler]
INFO [main] --- EventTest: Started EventTest in 2.294 seconds (JVM running for 2.881)
INFO [main] --- AnnotationAsyncExecutionInterceptor: No task executor bean found for async processing: no
bean named 'taskExecutor' either
INFO [main] --- Publisher: Spring事件驱动模型-发送消息：LoginEvent(userName=debug, loginTime=02019-03-29
INFO [SimpleAsyncTaskExecutor-1] --- Consumer: Spring事件驱动模型-接收消息：LoginEvent(userName=debug,
ip=127.0.0.1)
INFO [Thread-4] --- GenericWebApplicationContext: Closing org.springframework.web.context.support
fe41ea: startup date [Fri Mar 29 17:11:22 CST 2019]; root of context hierarchy
由于采用异步线程监听，故而其监听业务逻辑是采用不同于主线程main的子线程去执行

图 5.13　基于 Spring 的事件驱动模型代码运行结果

至此，基于 Spring 的事件驱动模型的代码已经完成了，由于我们是采用异步的方式接收消息，因而在控制台的输出结果中，可以看到接收处理消息的方式是采用不同于主线程 main 的子线程去执行的，这种方式可以达到异步通信和业务模块解耦的目的。

5.2　Spring Boot 项目整合 RabbitMQ

RabbitMQ 作为一款应用相当广泛的分布式消息中间件，目前在企业级应用、微服务应用中充当着重要的角色，特别是在一些典型的应用场景和业务模块中具有重要的作用，

而之所以其具有如此多的功能、特性和作用，主要还是得益于其内部的相关组件。

　　本节将主要介绍 RabbitMQ 的相关专有词汇，包括生产者、消费者、消息、队列、交换机和路由等基础组件；同时将介绍如何基于 Spring Boot 项目整合 RabbitMQ，包括其相关依赖和配置文件。除此之外，本节还会介绍如何在 Spring Boot 项目中自定义注入相关 Bean 组件，以及如何在 Spring Boot 项目中创建队列、交换机、路由及其绑定，在本节的最后，将介绍如何采用 RabbitTemplate 发送消息、@RabbitListener 接收消息等内容。

5.2.1　RabbitMQ 相关词汇介绍

　　RabbitMQ 是一款用于接收、存储和转发消息的开源中间件，在实际应用系统中可以实现消息分发、异步通信和业务模块解耦等功能；通过访问 RabbitMQ 的官方网站并阅读其相应的开发手册，可以得知 RabbitMQ 的核心要点其实在于消息、消息模型、生产者和消费者，而 RabbitMQ 的"消息模型"有许多种，包括基于 FanoutExchange 的消息模型、基于 DirectExchange 的消息模型和基于 TopicExchange 的消息模型等，这些消息模型都有一个共性，那就是它们几乎都包含交换机、路由和队列等基础组件。

　　举个例子，RabbitMQ 就跟　"邮局"很类似，寄过邮件的读者想必也知道一个邮局的核心要素主要包括邮件、邮寄箱子、寄邮件用户、收邮件用户和邮递员，如图 5.14 所示。

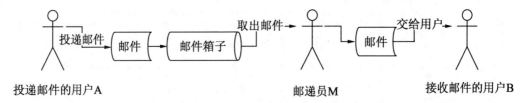

图 5.14　邮局的几大核心要素

　　其中，投递邮件的用户 A 相当于 RabbitMQ 产生消息的生产者，邮件相当于消息，接收邮件的用户 B 相当于 RabbitMQ 接收处理消息的消费者，而邮件箱子和邮递员可以分别看作是 RabbitMQ 消息模型中的交换机和队列。接下来便简要介绍一下 RabbitMQ 在实际应用开发中涉及的这些核心基础组件。

- 生产者：用于产生、发送消息的程序。
- 消费者：用于监听、接收、消费和处理消息的程序。
- 消息：可以看作是实际的数据，如一串文字、一张图片和一篇文章等。在 RabbitMQ 底层系统架构中，消息是通过二进制的数据流进行传输的。
- 队列：消息的暂存区或者存储区，可以看作是一个"中转站"。消息经过这个"中转站"后，便将消息传输到消费者手中。

- 交换机：同样也可以看作是消息的中转站点，用于首次接收和分发消息，其中包括 Headers、 Fanout、Direct 和 Topic 这 4 种。
- 路由：相当于密钥、地址或者"第三者"，一般不单独使用，而是与交换机绑定在一起，将消息路由到指定的队列。

以上介绍的便是 RabbitMQ 的几大核心基础组件。值得一提的是，RabbitMQ 的消息模型主要是由队列、交换机和路由三大基础组件组成，如图 5.15 所示。

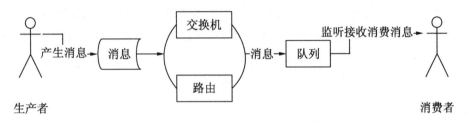

图 5.15　RabbitMQ 的基本消息模型图

5.2.2　Spring Boot 项目整合 RabbitMQ

前面介绍了许多关于 RabbitMQ 的相关概念、应用场景和相关专有词汇，本节将基于前面章节搭建好的 Spring Boot 项目整合 RabbitMQ，包括 RabbitMQ 的相关依赖和配置，最终以实际的代码实战 RabbitMQ 相关的消息模型和典型的应用场景。

（1）需要在 server 模块的 pom.xml 中加入 RabbitMQ 的起步依赖，代码如下：

```
<!--RabbitMQ 的起步依赖-->
<dependency>
    <groupId>org.springframework.boot</groupId>
    <artifactId>spring-boot-starter-amqp</artifactId>
    <version>1.3.3.RELEASE</version>
</dependency>
```

加入 RabbitMQ 的 Spring Boot 起步依赖 Jar 后，如果网络畅通的话，即可很快将该 jar 包下载下来，否则，则需要稍等片刻。

（2）需要加入 RabbitMQ 的相关配置，即在 application.properties 配置文件中需要加入 RabbitMQ 的配置，包括 RabbitMQ 服务器所在的 Host、端口号、用户名和密码等配置，代码如下：

```
#RabbitMQ 配置
spring.rabbitmq.virtual-host=/
#RabbitMQ 服务器所在的 host，在这里连接本地即可
spring.rabbitmq.host=127.0.0.1
#5672 为 RabbitMQ 提供服务时的端口
spring.rabbitmq.port=5672
#guest 和 guest 为连接到 RabbitMQ 服务器的账号名和密码
```

```
spring.rabbitmq.username=guest
spring.rabbitmq.password=guest
#这是自定义变量，表示本地开发环境
mq.env=local
```

至此，Spring Boot 项目整合 RabbitMQ 的准备工作已经完成了。可能读者会感到些许诧异和疑惑："不会吧？这么少的步骤？这么少的依赖？不需要加入相关 XML 配置文件吗？"等，而事实却正是如此，这也是前面章节介绍 Spring Boot 时提到的特性：起步依赖和自动装配，即 Spring Boot 本身会内置目前许多主流第三方框架的依赖 jar，同时也会提供许多相关的自定义变量配置，开发者只需要做很少的步骤即可轻松地构建一个完整的项目，就像 Spring Boot 整合 RabbitMQ、Redis 一样，开发者只需要在本地开发环境安装好相关的服务和配置，然后在项目中加入起步依赖，在配置文件中加入相关变量配置即可。

5.2.3　自定义注入配置 Bean 相关组件

在 Spring Boot 整合 RabbitMQ 的项目中，为了能方便地使用 RabbitMQ 的相关操作组件并跟踪消息在发送过程中的状态，可以在项目中自定义注入和配置 Bean 相关组件。下面我们将需要加入自定义配置的 Bean 组件放到 RabbitmqConfig 配置类中，该配置类的源代码如下：

```java
//类所在的包
package com.debug.middleware.server.config;
//导入依赖包
import org.slf4j.Logger;
import org.slf4j.LoggerFactory;
import org.springframework.amqp.core.*;
import org.springframework.amqp.rabbit.config.SimpleRabbitListenerContainer
Factory;
import org.springframework.amqp.rabbit.connection.CachingConnectionFactory;
import org.springframework.amqp.rabbit.core.RabbitTemplate;
import org.springframework.amqp.rabbit.support.CorrelationData;
import org.springframework.amqp.support.converter.Jackson2JsonMessage
Converter;
import org.springframework.beans.factory.annotation.Autowired;
import org.springframework.boot.autoconfigure.amqp.SimpleRabbitListener
ContainerFactoryConfigurer;
import org.springframework.context.annotation.Bean;
import org.springframework.context.annotation.Configuration;
import org.springframework.core.env.Environment;
import java.util.HashMap;
import java.util.Map;
/**
 * RabbitMQ 自定义注入配置 Bean 相关组件
 * Created by steadyjack on 2019/3/30.
 */
@Configuration
public class RabbitmqConfig {
```

```java
//定义日志
    private static final Logger log= LoggerFactory.getLogger(RabbitmqConfig.
class);
    //自动装配 RabbitMQ 的链接工厂实例
    @Autowired
    private CachingConnectionFactory connectionFactory;
    //自动装配消息监听器所在的容器工厂配置类实例
    @Autowired
    private SimpleRabbitListenerContainerFactoryConfigurer factoryConfigurer;
    /**
     * 下面为单一消费者实例的配置
     * @return
     */
    @Bean(name = "singleListenerContainer")
public SimpleRabbitListenerContainerFactory listenerContainer(){
    //定义消息监听器所在的容器工厂
        SimpleRabbitListenerContainerFactory factory = new SimpleRabbit
ListenerContainerFactory();
        //设置容器工厂所用的实例
        factory.setConnectionFactory(connectionFactory);
    //设置消息在传输中的格式，在这里采用 JSON 的格式进行传输
        factory.setMessageConverter(new Jackson2JsonMessageConverter());
    //设置并发消费者实例的初始数量。在这里为 1 个
        factory.setConcurrentConsumers(1);
    //设置并发消费者实例的最大数量。在这里为 1 个
        factory.setMaxConcurrentConsumers(1);
    //设置并发消费者实例中每个实例拉取的消息数量-在这里为 1 个
        factory.setPrefetchCount(1);
        return factory;
    }

    /**
     *下面为多个消费者实例的配置，主要是针对高并发业务场景的配置
     * @return
     */
    @Bean(name = "multiListenerContainer")
public SimpleRabbitListenerContainerFactory multiListenerContainer(){
    //定义消息监听器所在的容器工厂
        SimpleRabbitListenerContainerFactory factory = new SimpleRabbit
ListenerContainerFactory();
    //设置容器工厂所用的实例
        factoryConfigurer.configure(factory,connectionFactory);
        //设置消息在传输中的格式。在这里采用 JSON 的格式进行传输
        factory.setMessageConverter(new Jackson2JsonMessageConverter());
    //设置消息的确认消费模式。在这里为 NONE，表示不需要确认消费
        factory.setAcknowledgeMode(AcknowledgeMode.NONE);
    //设置并发消费者实例的初始数量。在这里为 10 个
        factory.setConcurrentConsumers(10);
    //设置并发消费者实例的最大数量。在这里为 15 个
        factory.setMaxConcurrentConsumers(15);
    //设置并发消费者实例中每个实例拉取的消息数量。在这里为 10 个
        factory.setPrefetchCount(10);
```

```
        return factory;
    }
    //自定义配置 RabbitMQ 发送消息的操作组件 RabbitTemplate
    @Bean
public RabbitTemplate rabbitTemplate(){
    //设置"发送消息后进行确认"
        connectionFactory.setPublisherConfirms(true);
    //设置"发送消息后返回确认信息"
        connectionFactory.setPublisherReturns(true);
    //构造发送消息组件实例对象
        RabbitTemplate rabbitTemplate = new RabbitTemplate(connection
Factory);
        rabbitTemplate.setMandatory(true);
    //发送消息后,如果发送成功,则输出"消息发送成功"的反馈信息
    rabbitTemplate.setConfirmCallback(new RabbitTemplate.ConfirmCallback() {
        public void confirm(CorrelationData correlationData, boolean
ack, String cause) {
            log.info("消息发送成功:correlationData({}),ack({}),cause({})",
correlationData,ack,cause);
            }
    });
    //发送消息后,如果发送失败,则输出"消息发送失败-消息丢失"的反馈信息
    rabbitTemplate.setReturnCallback(new RabbitTemplate.ReturnCallback() {
        public void returnedMessage(Message message, int replyCode,
String replyText, String exchange, String routingKey) {
            log.info("消息丢失:exchange({}),route({}),replyCode({}),
replyText({}),message:{}",exchange,routingKey,replyCode,replyText,message);
            }
    });
    //最终返回 RabbitMQ 的操作组件实例 RabbitTemplate
    return rabbitTemplate;
    }
}
```

从 RabbitmgConfig 自定义配置类的代码中可以得知,当 RabbitMQ 需要处理高并发的
业务场景时,可以通过配置"多消费者实例"的方式来实现;而在正常的情况下,对消息
不需要并发监听消费处理时,则只需要配置"单一消费者实例"的容器工厂即可。关于容
器工厂的使用,在后面内容中将进行介绍。

5.2.4　RabbitMQ 发送、接收消息实战

至此,一切准备工作都已经就绪。接下来进入代码实战环节,即在基于 Spring Boot
整合 RabbitMQ 的项目中创建队列、交换机、路由及其绑定,并采用多种方式实现消息的
发送和接收。

由图 5.15 可以知道,一个基本的消息模型是由队列、交换机和路由组成,并由生产
者生产消息并发送到该消息模型中,同时,消费者监听该消费模型中的队列,如果有消息
到来,则由消费者进行监听消费处理。下面以"生产者发送一串简单的字符串信息到基本

的消息模型中，并由消费者进行监听消费处理"为案例进行代码演练。

（1）在 RabbitmqConfig 类中创建队列、交换机、路由及其绑定，代码如下：

```
//定义读取配置文件的环境变量实例
@Autowired
private Environment env;

/**创建简单消息模型：队列、交换机和路由 **/
//创建队列
@Bean(name = "basicQueue")
public Queue basicQueue(){
    return new Queue(env.getProperty("mq.basic.info.queue.name"),true);
}
//创建交换机：在这里以 DirectExchange 为例，在后面章节中将继续详细介绍这种消息模型
@Bean
public DirectExchange basicExchange(){
    return new DirectExchange(env.getProperty("mq.basic.info.exchange.name"),
true,false);
}
//创建绑定
@Bean
public Binding basicBinding(){
    return BindingBuilder.bind(basicQueue()).to(basicExchange()).with
(env.getProperty("mq.basic.info.routing.key.name"));
}
```

其中，环境变量实例 env 读取的相关变量是配置在配置文件 application.properties 中的，相应的取值如下：

```
#定义基本消息模型中队列、交换机和路由的名称
mq.basic.info.queue.name=${mq.env}.middleware.mq.basic.info.queue
mq.basic.info.exchange.name=${mq.env}.middleware.mq.basic.info.exchange
mq.basic.info.routing.key.name=${mq.env}.middleware.mq.basic.info.routing.key
```

（2）开发发送消息的生产者 BasicPublisher，在这里指定待发送的消息为一串字符串值，代码如下：

```
//导入依赖包
import com.fasterxml.jackson.databind.ObjectMapper;
import org.assertj.core.util.Strings;
import org.slf4j.Logger;
import org.slf4j.LoggerFactory;
import org.springframework.amqp.core.Message;
import org.springframework.amqp.core.MessageBuilder;
import org.springframework.amqp.rabbit.core.RabbitTemplate;
import org.springframework.amqp.support.converter.Jackson2JsonMessageConverter;
import org.springframework.beans.factory.annotation.Autowired;
import org.springframework.core.env.Environment;
import org.springframework.stereotype.Component;
/**
 * 基本消息模型-生产者
 * @Author:debug (SteadyJack)
 **/
```

```
@Component
public class BasicPublisher {
    //定义日志
    private static final Logger log= LoggerFactory.getLogger(BasicPublisher.
class);
    //定义 JSON 序列化和反序列化实例
    @Autowired
    private ObjectMapper objectMapper;
    //定义 RabbitMQ 消息操作组件 RabbitTemplate
    @Autowired
    private RabbitTemplate rabbitTemplate;
    //定义环境变量读取实例
    @Autowired
    private Environment env;
    /**发送消息
     * @param message 待发送的消息，即一串字符串值
     */
public void sendMsg(String message){
    //判断字符串值是否为空
        if (!Strings.isNullOrEmpty(message)){
            try {
            //定义消息传输的格式为 JSON 字符串格式
                rabbitTemplate.setMessageConverter(new Jackson2JsonMessage
Converter());
            //指定消息模型中的交换机
                rabbitTemplate.setExchange(env.getProperty("mq.basic.info.
exchange.name"));
            //指定消息模型中的路由  rabbitTemplate.setRoutingKey(env.
getProperty("mq.basic.info.routing.key.name"));
            //将字符串值转化为待发送的消息，即一串二进制的数据流
                Message msg=MessageBuilder.withBody(message.getBytes("utf-8")).
build();  //转化并发送消息
                rabbitTemplate.convertAndSend(msg);
            //打印日志信息
                log.info("基本消息模型-生产者-发送消息：{} ",message);
            }catch (Exception e){
                log.error("基本消息模型-生产者-发送消息发生异常：{} ",message,e.
fillInStackTrace());
            }
        }
    }
}
```

（3）开发监听并接收消费处理消息的消费者实例 BasicConsumer，其源代码如下：

```
//导入依赖包
import com.fasterxml.jackson.databind.ObjectMapper;
import org.slf4j.Logger;
import org.slf4j.LoggerFactory;
import org.springframework.amqp.rabbit.annotation.RabbitListener;
import org.springframework.beans.factory.annotation.Autowired;
import org.springframework.messaging.handler.annotation.Payload;
```

```
import org.springframework.stereotype.Component;
/**
 * 基本消息模型-消费者
 * @Author:debug (SteadyJack)
**/
@Component
public class BasicConsumer {
    //定义日志
    private static final Logger log= LoggerFactory.getLogger(BasicConsumer.
class);
    //定义 Json 序列化和反序列化实例
    @Autowired
    public ObjectMapper objectMapper;
    /**
     * 监听并接收消费队列中的消息-在这里采用单一容器工厂实例即可
     */
@RabbitListener(queues = "${mq.basic.info.queue.name}",containerFactory =
"singleListenerContainer")
//由于消息本质上是一串二进制数据流，因而监听接收的消息采用字节数组接收
    public void consumeMsg(@Payload byte[] msg){
        try {
        //将字节数组的消息转化为字符串并打印
            String message=new String(msg,"utf-8");
            log.info("基本消息模型-消费者-监听消费到消息：{} ",message);
        }catch (Exception e){
            log.error("基本消息模型-消费者-发生异常：",e.fillInStackTrace());
        }
    }
}
```

上述生产者和消费者类文件所在的目录结构如图 5.16 所示。

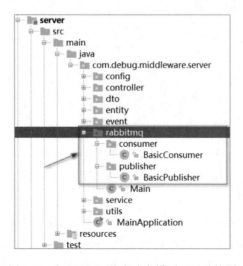

图 5.16 RabbitMQ 基本消息模型目录结构图

（4）写个 Java 单元测试类 RabbitmqTest，并在该类中开发用于触发上述基本消息模型

中生产者发送消息的方法，代码如下：

```
//导入依赖包
import com.debug.middleware.server.rabbitmq.publisher.BasicPublisher;
import com.fasterxml.jackson.databind.ObjectMapper;
import org.junit.Test;
import org.junit.runner.RunWith;
import org.slf4j.Logger;
import org.slf4j.LoggerFactory;
import org.springframework.beans.factory.annotation.Autowired;
import org.springframework.boot.test.context.SpringBootTest;
import org.springframework.test.context.junit4.SpringJUnit4ClassRunner;
/**RabbitMQ 的 Java 单元测试类
 * @Author:debug (SteadyJack)
**/
@RunWith(SpringJUnit4ClassRunner.class)
@SpringBootTest
public class RabbitmqTest {
    //定义日志
    private static final Logger log= LoggerFactory.getLogger(RabbitmqTest.
class);
    //定义 JSON 序列化和反序列化实例
    @Autowired
    private ObjectMapper objectMapper;
    //定义基本消息模型中发送消息的生产者实例
    @Autowired
    private BasicPublisher basicPublisher;
    //用于发送消息的测试方法
    @Test
public void test1() throws Exception{
    //定义字符串值
        String msg="~~~~这是一串字符串消息~~~~";
    //生产者实例发送消息
        basicPublisher.sendMsg(msg);
    }
}
```

　　单击运行该 Java 单元测试类中的方法，观察控制台的输出结果。可以看到消息已经成功发送，并进入基本消息模型中的交换机，最终由指定的路由"传输"至队列中，被消费者监听消费处理，如图 5.17 所示。

　　从输出结果中可以得知，基本消息模型已经成功创建，消息也能在 RabbitMQ 消息模型中进行传输和监听消费处理。通过访问链接 http://127.0.0.1:15672，输入账号密码进入 RabbitMQ 的后端控制台可以看到，在 RabbitMQ 的服务端也已经成功创建了队列、交换机和路由等相关组件，如图 5.18 所示。

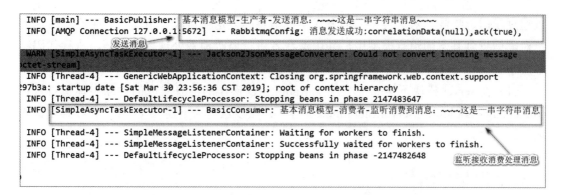

INFO [main] --- BasicPublisher: 基本消息模型-生产者-发送消息：~~~~这是一串字符串消息~~~~
INFO [AMQP Connection 127.0.0.1:5672] --- RabbitmqConfig: 消息发送成功:correlationData(null),ack(true),
发送消息
WARN [SimpleAsyncTaskExecutor-1] --- Jackson2JsonMessageConverter: Could not convert incoming message
octet-stream]
INFO [Thread-4] --- GenericWebApplicationContext: Closing org.springframework.web.context.support
297b3a: startup date [Sat Mar 30 23:56:36 CST 2019]; root of context hierarchy
INFO [Thread-4] --- DefaultLifecycleProcessor: Stopping beans in phase 2147483647
INFO [SimpleAsyncTaskExecutor-1] --- BasicConsumer: 基本消息模型-消费者-监听消费到消息：~~~~这是一串字符串消息
INFO [Thread-4] --- SimpleMessageListenerContainer: Waiting for workers to finish.
INFO [Thread-4] --- SimpleMessageListenerContainer: Successfully waited for workers to finish.
INFO [Thread-4] --- DefaultLifecycleProcessor: Stopping beans in phase -2147482648
监听接收消费处理消息

图 5.17　RabbitMQ 基本消息模型单元测试方法运行结果

RabbitMQ
3.7.7
Erlang 21.0.1
Overview
Connections
Channels
Exchanges
Queues
Admin
Queue local.middleware.mq.basic.info.queue
Overview
队列名称
Consumers
... no consumers ...
Bindings
From
Routing key
Arguments
(Default exchange binding)
local.middleware.mq.basic.info.exchange
local.middleware.mq.basic.info.routing.key
Unbind
This queue
Add binding to this queue
交换机、路由及其绑定
From exchange:
Routing key:
Arguments:
String
Bind
Publish message
Message will be published to the default exchange with routing key local.middleware.mq.basic.info.queue, routing it to this queue.
Delivery mode:
1 - Non-persistent
Headers:
String
Properties:
Payload:

图 5.18　在 RabbitMQ 后端控制台查看创建的基本消息模型

5.2.5　其他发送接收消息方式实战

RabbitMQ 在实际的应用系统中，除了可以采用上述所讲的发送字节型（通过 getBytes() 方法或者序列化方法）的消息和采用@RabbitListener 接收字节数组类型的消息之外，还可

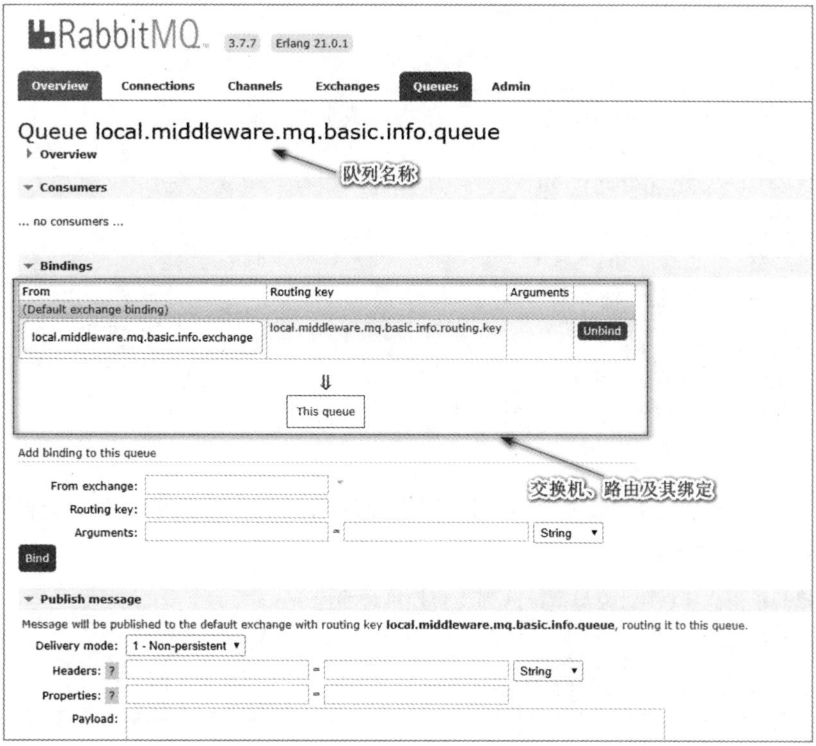

以通过发送、接收"对象类型"的方式实现消息的发送和接收。下面以"生产者发送人员对象信息到基本的消息模型中，并由消费者进行监听消费处理"为案例，进行代码实际演示。

（1）在 server 模块下建立一个用于 RabbitMQ 操作的消息对应的对象实体包目录：com.debug.middleware.server.rabbitmq.entity，并在该包目录下建立 Person 类，其源代码如下：

```
//导入依赖包
import lombok.Data;
import lombok.ToString;
import java.io.Serializable;
/**Person信息实体类
 * @Author:debug (SteadyJack)
**/
@Data
@ToString
public class Person implements Serializable{
    private Integer id;              //人员id
    private String name;             //人员姓名
    private String userName;         //用户名
    //默认构造方法
    public Person() {
    }
    //所有参数的构造方法
    public Person(Integer id, String name, String userName) {
        this.id = id;
        this.name = name;
        this.userName = userName;
    }
}
```

（2）在 RabbitmqConfig 配置类中创建用于发送对象类型消息的队列、交换机、路由及其绑定，其源代码如下：

```
/**创建简单消息模型-对象类型：队列、交换机和路由 **/
//创建队列
@Bean(name = "objectQueue")
public Queue objectQueue(){
    return new Queue(env.getProperty("mq.object.info.queue.name"),true);
}
//创建交换机：在这里以 DirectExchange 为例，在后面章节中将继续详细介绍这种消息模型
@Bean
public DirectExchange objectExchange(){
    return new DirectExchange(env.getProperty("mq.object.info.exchange.name"),true,false);
}
//创建绑定
@Bean
public Binding objectBinding(){
    return BindingBuilder.bind(objectQueue()).to(objectExchange()).with
```

```
(env.getProperty("mq.object.info.routing.key.name"));
}
```

其中，读取环境变量的实例 env 所读取的参数是配置在配置文件 application.properties 中的，代码如下：

```
#基本消息模型-对象消息
#下面 3 行分别表示队列名称、交换机名称和路由名称
mq.object.info.queue.name=${mq.env}.middleware.mq.object.info.queue
mq.object.info.exchange.name=${mq.env}.middleware.mq.object.info.exchange
mq.object.info.routing.key.name=${mq.env}.middleware.mq.object.info.routing.
key
```

（3）开发用于发送对象类型消息的功能（生产者），在这里将该功能放在 BasicPublisher 类中，其功能对应的方法的源代码如下：

```
/**
* 发送对象类型的消息
* @param p
*/
public void sendObjectMsg(Person p){
//判断对象是否为 Null
  if (p!=null){
    try {
        //设置消息在传输过程中的格式。在这里指定为 JSON 格式
        rabbitTemplate.setMessageConverter(new Jackson2JsonMessageConverter());
        //指定发送消息时对应的交换机
        rabbitTemplate.setExchange(env.getProperty("mq.object.info.
exchange.name"));
        //指定发送消息时对应的路由 rabbitTemplate.setRoutingKey
(env.getProperty("mq.object.info.routing.key.name"));
        //采用 convertAndSend 方法即可发送消息
        rabbitTemplate.convertAndSend(p, new MessagePostProcessor() {
            @Override
            public Message postProcessMessage(Message message) throws
AmqpException {
                //获取消息的属性
                MessageProperties messageProperties=message.getMessage
Properties();
                //设置消息的持久化模式 messageProperties.setDeliveryMode
(MessageDeliveryMode.PERSISTENT);
                //设置消息的类型（在这里指定消息类型为 Person 类型）message
Properties.setHeader(AbstractJavaTypeMapper.DEFAULT_CONTENT_CLASSID_
FIELD_NAME,Person.class);
                //返回消息实例
return message;
            }
        });
        //打印日志信息
        log.info("基本消息模型-生产者-发送对象类型的消息：{} ",p);
    }catch (Exception e){
        log.error("基本消息模型-生产者-发送对象类型的消息发生异常：{} ",p,e.
fillInStackTrace());
```

```
        }
    }
}
```

从上述代码中可以得知，如果需要发送对象类型的消息，则需要借助 RabbitTemplate 的 convertAndSend 方法，该方法通过 MessagePostProcessor 的实现类直接指定待发送消息的类型，如上述代码中指定消息为 Person 类型。

（4）开发用于监听消费处理消息的消费者功能，同样的道理，我们在 BasicConsumer 类中添加该功能对应的方法，源代码如下：

```
/**
* 监听并消费队列中的消息-监听消费处理对象信息。在这里采用单一容器工厂实例即可
*/
@RabbitListener(queues = "${mq.object.info.queue.name}",containerFactory
= "singleListenerContainer")
public void consumeObjectMsg(@Payload Person person){
  try {
      log.info("基本消息模型-监听消费处理对象信息-消费者-监听消费到消息：{} ",person);
  }catch (Exception e){
      log.error("基本消息模型-监听消费处理对象信息-消费者-发生异常：",e.
fillInStackTrace());
  }
}
```

从上述代码中可以得知，消费者监听消费消息的功能对应的方法也可以直接接受对象类型的参数。当然，前提是需要生产者在发送消息时指定消息的类型，即下面这段代码：

```
messageProperties.setHeader(AbstractJavaTypeMapper.DEFAULT_CONTENT_
CLASSID_FIELD_NAME,Person.class);
```

（5）写个 Java 单元测试方法用于触发生产者发送消息，我们将该测试方法对应的代码放在 RabbitmqTest 类中，代码如下：

```
@Test
public void test2() throws Exception{
    //构建人员实体对象信息
        Person p=new Person(1,"大圣","debug");
        basicPublisher.sendObjectMsg(p);
    }
```

运行该单元测试方法，可以看到控制台的输出结果，如图 5.19 所示。

```
[2019-03-31 16:54:50.770] boot -  INFO [main] --- BasicPublisher: 基本消息模型-生产者-发送对象类型的消息：Person(id=1, name=大圣,
 userName=debug)
[2019-03-31 16:54:50.775] boot -  INFO [AMQP Connection 127.0.0.1:5672] --- RabbitmqConfig: 消息发送成功:correlationData(null),ack(true),
 cause(null)
[2019-03-31 16:54:50.775] boot -  INFO [Thread-4] --- GenericWebApplicationContext: Closing org.springframework.web.context.support
 .GenericWebApplicationContext@2362f559: startup date [Sun Mar 31 16:54:47 CST 2019]; root of context hierarchy
[2019-03-31 16:54:50.777] boot -  INFO [Thread-4] --- DefaultLifecycleProcessor: Stopping beans in phase 2147483647
[2019-03-31 16:54:50.780] boot -  INFO [Thread-4] --- SimpleMessageListenerContainer: Waiting for workers to finish.
[2019-03-31 16:54:50.796] boot -  INFO [SimpleAsyncTaskExecutor-1] --- BasicConsumer: 基本消息模型-监听消费处理对象信息-消费者-监听消费到消息：
 Person(id=1, name=大圣, userName=debug)
[2019-03-31 16:54:51.640] boot -  INFO [Thread-4] --- SimpleMessageListenerContainer: Successfully waited for workers to finish.
[2019-03-31 16:54:51.642] boot -  INFO [Thread-4] --- SimpleMessageListenerContainer: Waiting for workers to finish.
[2019-03-31 16:54:51.798] boot -  INFO [Thread-4] --- SimpleMessageListenerContainer: Successfully waited for workers to finish.
[2019-03-31 16:54:51.798] boot -  INFO [Thread-4] --- DefaultLifecycleProcessor: Stopping beans in phase -2147482648
```

图 5.19　输出结果

同时，打开浏览器，输入 http://127.0.0.1:15672 并回车，再输入账号名和密码后进入 RabbitMQ 的后端控制台，可以查看新创建的队列信息，如图 5.20 所示。

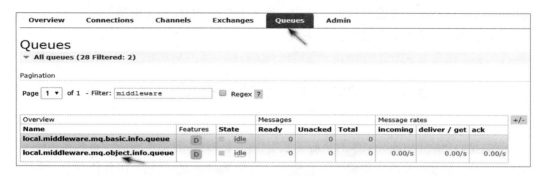

图 5.20　进入 RabbitMQ 后端控制台查看队列列表

单击新创建的队列 local.middleware.mq.object.info.queue，即可查看该队列的详细信息，如图 5.21 所示。

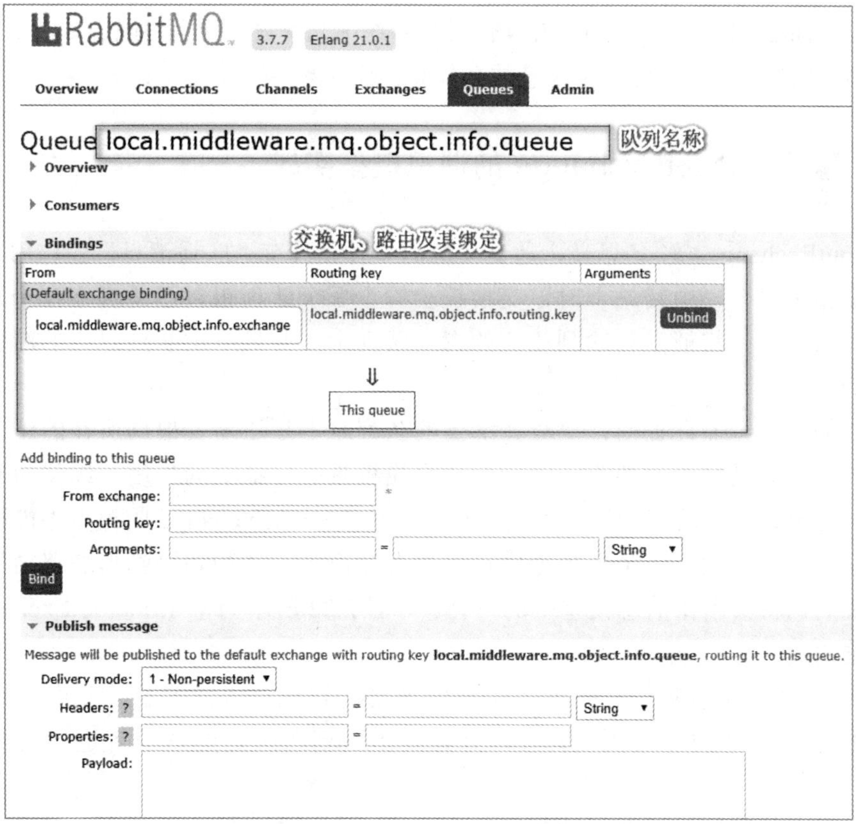

图 5.21　在 RabbitMQ 后端控制台查看队列详情

至此，关于 RabbitMQ 在应用系统中采用其他方式发送、接收消息的部分已经讲解完毕。其中值得一提的是，在构建队列、交换机、路由及其绑定的消息模型过程中，我们采用了基于 DirectExchange 交换机进行构建，这属于 RabbitMQ 消息模型中的一种，在后续内容中将会继续深入介绍并进行代码演练。

5.3　RabbitMQ 多种消息模型实战

前面我们介绍了 RabbitMQ 的核心基础组件，其中除了包括主要的专有名词之外，还包括由队列、交换机和路由构成的消息模型，而在 RabbitMQ 的核心组件体系中，主要有 4 种典型的消息模型，即基于 HeadersExchange 的消息模型、基于 FanoutExchange 的消息模型、基于 DirectExchange 的消息模型及基于 TopicExchange 的消息模型，在实际生产环境中，应用最广泛的莫过于后 3 种消息模型。

RabbitMQ 每种消息模型的内在构成、作用和使用场景各不相同，由于基于 HeadersExchange 的消息模型目前在实际应用系统中几乎很少使用，因而本节主要介绍后面 3 种消息模型，并以实际业务场景结合代码进行讲解。

5.3.1　基于 FanoutExchange 的消息模型实战

FanoutExchange，顾名思义，是交换机的一种，具有"广播消息"的作用，即当消息进入交换机这个"中转站"时，交换机会检查哪个队列跟自己是绑定在一起的，找到相应的队列后，将消息传输到相应的绑定队列中，并最终由队列对应的消费者进行监听消费。

细心的读者可能会提问："查找绑定的队列时不是还需要根据所在的路由进行判断吗？"，答案是"不需要"。因为此种交换机具有广播式的作用，纵然为其绑定了路由，也是不起作用的。所以，严格地讲，基于 FanoutExchange 的模型不能称为真正的"消息模型"，但是该消息模型中仍旧含有交换机、队列和"隐形的路由"，因而在这里我们也将其当作消息模型中的一种。如图 5.22 所示为基于 FanoutExchange 消息模型的结构图。

从图 5.22 中可以得知，生产者生产的消息将首先进入交换机，并由交换机中转至绑定的 N 条队列中，其中 $N \geqslant 1$，并最终由队列所绑定的消费者进行监听接收消费处理。

下面进入代码演示环节，业务场景为：将一个实体对象充当消息，并发送到基于 FanoutExchange 构成的消息模型中，最终由绑定的多条队列对应的消费者进行监听消费接收处理。如图 5.23 所示为实现基于 FanoutExchange 消息模型的代码所在的目录结构图。

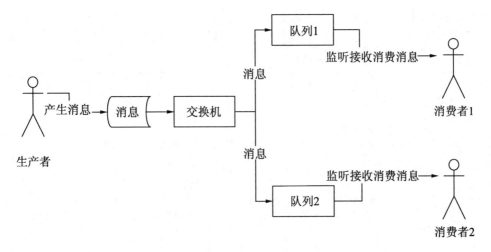

图 5.22　基于 FanoutExchange 消息模型结构图

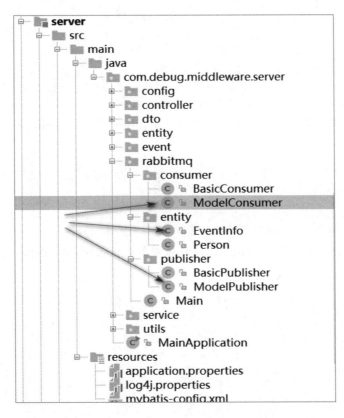

图 5.23　基于 FanoutExchange 消息模型的代码目录结构图

（1）在自定义注入配置类 RabbitmqConfig 中创建交换机、多条队列及其绑定，代码如下：

```
/**创建消息模型-fanoutExchange **/
//创建队列 1
@Bean(name = "fanoutQueueOne")
public Queue fanoutQueueOne(){
    return new Queue(env.getProperty("mq.fanout.queue.one.name"),true);
}
//创建队列 2
@Bean(name = "fanoutQueueTwo")
public Queue fanoutQueueTwo(){
    return new Queue(env.getProperty("mq.fanout.queue.two.name"),true);
}
//创建交换机-fanoutExchange
@Bean
public FanoutExchange fanoutExchange(){
    return new FanoutExchange(env.getProperty("mq.fanout.exchange.name"),
true,false);
}
//创建绑定 1
@Bean
public Binding fanoutBindingOne(){
    return BindingBuilder.bind(fanoutQueueOne()).to(fanoutExchange());
}
//创建绑定 2
@Bean
public Binding fanoutBindingTwo(){
    return BindingBuilder.bind(fanoutQueueTwo()).to(fanoutExchange());
}
```

其中，读取环境变量实例 env 读取的变量是配置在配置文件 application.properties 中的，其变量取值如下：

```
#消息模型-fanoutExchange
#创建队列 1、队列 2 和 fanoutExchange 交换机
mq.fanout.queue.one.name=${mq.env}.middleware.mq.fanout.one.queue
mq.fanout.queue.two.name=${mq.env}.middleware.mq.fanout.two.queue
mq.fanout.exchange.name=${mq.env}.middleware.mq.fanout.exchange
```

（2）创建对象实体信息 EventInfo，将其放置在 com.debug.middleware.server.rabbitmq.entity 包目录下，代码如下：

```
//导入依赖包
import lombok.Data;
import lombok.ToString;
import java.io.Serializable;
/**
 *实体对象信息
 * @Author:debug (SteadyJack)
**/
@Data
@ToString
```

```java
public class EventInfo implements Serializable{
    private Integer id;                    //id 标识
    private String module;                 //模块
    private String name;                   //名称
    private String desc;                   //描述
    //空的默认构造方法
    public EventInfo() {
    }
    //包含全部字段的构造方法
    public EventInfo(Integer id, String module, String name, String desc) {
        this.id = id;
        this.module = module;
        this.name = name;
        this.desc = desc;
    }
}
```

（3）开发生产消息的生产者 ModelPublisher 类，其源代码如下：

```java
//导入依赖包
import com.debug.middleware.server.rabbitmq.entity.EventInfo;
import com.fasterxml.jackson.databind.ObjectMapper;
import org.assertj.core.util.Strings;
import org.slf4j.Logger;
import org.slf4j.LoggerFactory;
import org.springframework.amqp.core.Message;
import org.springframework.amqp.core.MessageBuilder;
import org.springframework.amqp.rabbit.core.RabbitTemplate;
import org.springframework.amqp.support.converter.Jackson2JsonMessageConverter;
import org.springframework.beans.factory.annotation.Autowired;
import org.springframework.core.env.Environment;
import org.springframework.stereotype.Component;
/**消息模型-生产者
 * @Author:debug (SteadyJack)
**/
@Component
public class ModelPublisher {
    //定义日志
    private static final Logger log= LoggerFactory.getLogger
(ModelPublisher.class);
    //JSON 序列化和反序列化组件
    @Autowired
    private ObjectMapper objectMapper;
    //定义发送消息的操作组件 RabbitTemplate 实例
    @Autowired
    private RabbitTemplate rabbitTemplate;
    //定义读取环境变量的实例
    @Autowired
    private Environment env;
    /**
     * 发送消息
     * @param info
     */
public void sendMsg(EventInfo info){
```

```
        //判断是否为 Null
        if (info!=null){
            try {
            //定义消息的传输格式，在这里为 JSON
                rabbitTemplate.setMessageConverter(new Jackson2JsonMessage
Converter());
            //设置广播式交换机 FanoutExchange
                rabbitTemplate.setExchange(env.getProperty("mq.fanout.
exchange.name"));
            //创建消息实例
                Message msg= MessageBuilder.withBody(objectMapper.write
ValueAsBytes(info)).build();
            //发送消息
                rabbitTemplate.convertAndSend(msg);
            //打印日志
                log.info("消息模型 fanoutExchange-生产者-发送消息：{} ",info);
            }catch (Exception e){
                log.error("消息模型 fanoutExchange-生产者-发送消息发生异常：{} ",
info,e.fillInStackTrace());
            }
        }
    }
}
```

（4）开发用于监听接收消费处理消息的消费者 ModelConsumer，在该消费者类中，将开发两条队列分别对应的监听消费方法，代码如下：

```
//导入依赖包
import com.debug.middleware.server.rabbitmq.entity.EventInfo;
import com.fasterxml.jackson.databind.ObjectMapper;
import org.slf4j.Logger;
import org.slf4j.LoggerFactory;
import org.springframework.amqp.rabbit.annotation.RabbitListener;
import org.springframework.beans.factory.annotation.Autowired;
import org.springframework.messaging.handler.annotation.Payload;
import org.springframework.stereotype.Component;
/**
 * 消息模型-消费者
 * @Author:debug (SteadyJack)
**/
@Component
public class ModelConsumer {
    //定义日志
    private static final Logger log= LoggerFactory.getLogger(Model
Consumer.class);
    //JSON 序列化和反序列化组件
    @Autowired
    public ObjectMapper objectMapper;
    /**
     * 监听并消费队列中的消息-fanoutExchange-one-这是第一条队列对应的消费者
     */
    @RabbitListener(queues = "${mq.fanout.queue.one.name}",container
Factory = "singleListenerContainer")
```

```
public void consumeFanoutMsgOne(@Payload byte[] msg){
    try {
    //监听消费队列中的消息，并进行解析处理
        EventInfo info=objectMapper.readValue(msg, EventInfo.class);
        log.info("消息模型fanoutExchange-one-消费者-监听消费到消息：{} ",info);
    }catch (Exception e){
        log.error("消息模型-消费者-发生异常：",e.fillInStackTrace());
    }
}
/**
 * 监听并消费队列中的消息-fanoutExchange-two-这是第二条队列对应的消费者
 */
@RabbitListener(queues = "${mq.fanout.queue.two.name}",container
Factory = "singleListenerContainer")
public void consumeFanoutMsgTwo(@Payload byte[] msg){
    try {
    //监听消费队列中的消息，并进行解析处理
        EventInfo info=objectMapper.readValue(msg, EventInfo.class);
        log.info("消息模型fanoutExchange-two-消费者-监听消费到消息：{} ",info);
    }catch (Exception e){
        log.error("消息模型-消费者-发生异常：",e.fillInStackTrace());
    }
}
}
```

（5）至此，基于 FanoutExchange 消息模型的代码部分已经编写完毕，最后，在 Java
单元测试类 RabbitmqTest 中编写单元测试方法代码，用于触发生产者生产消息，源代码
如下：

```
@Test
public void test3() throws Exception{
    //创建对象实例
    EventInfo info=new EventInfo(1,"增删改查模块","基于 fanoutExchange 的消息
模型","这是基于 fanoutExchange 的消息模型");
    //触发生产者发送消息
    modelPublisher.sendMsg(info);
}
```

运行该单元测试类的方法 test3()，查看控制台的输出结果。可以看到，生产者已经成
功生产消息并由 RabbitTemplate 操作组件发送成功，如图 5.24 所示。

```
[2019-03-31 22:11:24.614] boot -  INFO [main] --- RabbitmqTest: Started RabbitmqTest in 2.674 seconds (JVM running for 3.408)
[2019-03-31 22:11:24.678] boot -  INFO [main] --- ModelPublisher: 消息模型fanoutExchange-生产者-发送消息: EventInfo(id=1, module=增删改查模块,
 name=基于fanoutExchange的消息模型, desc=这是基于fanoutExchange的消息模型)
[2019-03-31 22:11:24.682] boot -  INFO [Thread-4] --- GenericWebApplicationContext: Closing org.springframework.web.context.support
 .GenericWebApplicationContext@4c178a76: startup date [Sun Mar 31 22:11:22 CST 2019]; root of context hierarchy
[2019-03-31 22:11:24.683] boot -  INFO [Thread-4] --- DefaultLifecycleProcessor: Stopping beans in phase 2147483647
[2019-03-31 22:11:24.684] boot -  INFO [AMQP Connection 127.0.0.1:5672] --- RabbitmqConfig: 消息发送成功:correlationData(null),ack(true),
 cause(null)
```

图 5.24　基于 FanoutExchange 消息模型生产者输出结果

同时，由于该 FanoutExchange 绑定了两条队列，因而两条队列分别对应的消费者将监
听接收到相应的消息，如图 5.25 所示。

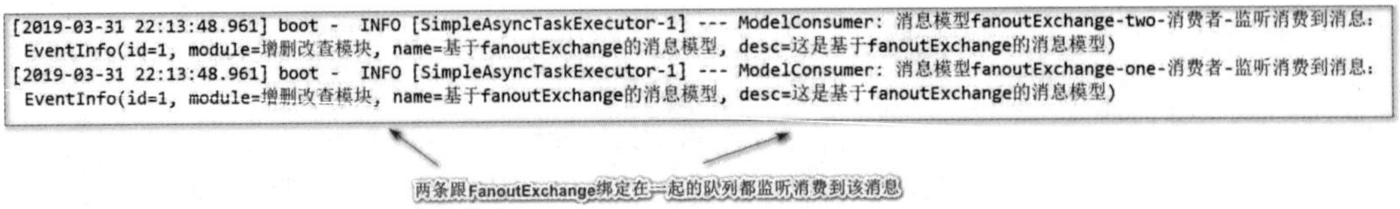

```
[2019-03-31 22:13:48.961] boot -  INFO [SimpleAsyncTaskExecutor-1] --- ModelConsumer: 消息模型fanoutExchange-two-消费者-监听消费到消息:
    EventInfo(id=1, module=增删改查模块, name=基于fanoutExchange的消息模型, desc=这是基于fanoutExchange的消息模型)
[2019-03-31 22:13:48.961] boot -  INFO [SimpleAsyncTaskExecutor-1] --- ModelConsumer: 消息模型fanoutExchange-one-消费者-监听消费到消息:
    EventInfo(id=1, module=增删改查模块, name=基于fanoutExchange的消息模型, desc=这是基于fanoutExchange的消息模型)
```

两条跟FanoutExchange绑定在一起的队列都监听消费到该消息

图 5.25　基于 FanoutExchange 消息模型消费者输出结果

打开浏览器，在地址栏输入 http://127.0.0.1:15672 并回车，再输入账号和密码（均为 guest）进入 RabbitMQ 的后端控制台，即可查看相应的队列和交换机列表。如图 5.26 所示为创建的交换机列表信息。

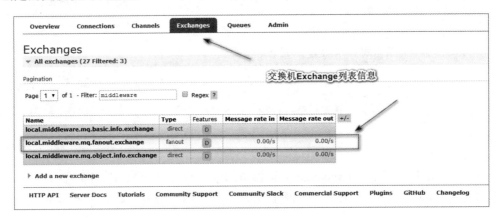

图 5.26　RabbitMQ 后端控制台交换机列表

单击图 5.26 中指定的交换机（该交换机即为本节所创建的），即可查看该交换机的详细信息，包括名称、组件绑定等，如图 5.27 所示。

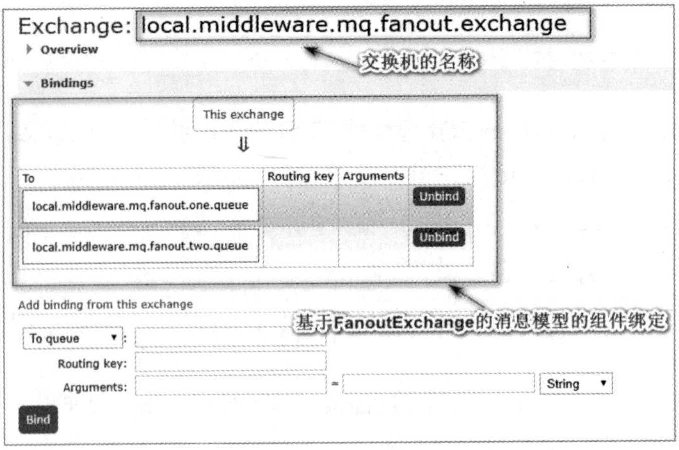

图 5.27　RabbitMQ 后端控制台交换机详情

从图 5.26 和图 5.27 中可以看出，基于 FanoutExchage 消息模型主要的核心组件是交换机和队列，一个交换机可以对应并绑定多个队列，从而对应多个消费者！

单击 RabbitMQ 后端控制台的 Queues 栏目，可以查看历史创建的队列列表，如图 5.28 所示。

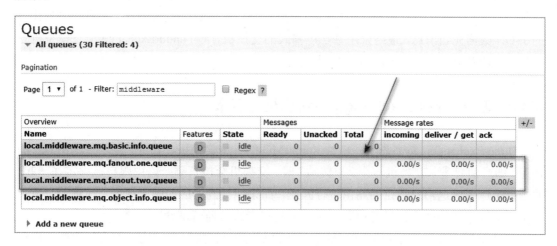

图 5.28　在 RabbitMQ 后端控制台查看队列列表信息

图 5.28 中包含了本节创建的跟 FanoutExchange 绑定的两个队列。单击任意一个队列，可以查看该队列的详情，包括其队列名称、组件绑定等信息，如图 5.29 所示。

图 5.29　在 RabbitMQ 后端控制台查看队列详情

至此，基于 FanoutExchange 消息模型的介绍和代码部分已经讲解完毕。此种消息模型适用于"业务数据需要广播式传输"的场景，比如"用户操作写日志"。

当用户在系统中做了某种操作之后，需要在本身业务系统中将用户的操作内容记入数据库，同时也需要单独将用户的操作内容传输到专门的日志系统进行存储（以便后续系统进行日志分析等），这个时候，可以将用户操作的日志封装成实体对象，并将其序列化后的 JSON 数据充当消息，最终采用基于广播式的交换机，即 FanoutExchange 消息模型进行发送、接收和处理，从而实现相应的业务功能。

5.3.2 基于 DirectExchange 的消息模型实战

DirectExchange，顾名思义，也是 RabbitMQ 的一种交换机，具有"直连传输消息"的作用，即当消息进入交换机这个"中转站"时，交换机会检查哪个路由跟自己绑定在一起，并根据生产者发送消息指定的路由进行匹配，如果能找到对应的绑定模型，则将消息直接路由传输到指定的队列，最终由队列对应的消费者进行监听消费。

此种模型在 RabbitMQ 诸多消息模型中可以说是"正规军"，这是因为它需要严格意义上的绑定，即需要且必须要指定特定的交换机和路由，并绑定到指定的队列中。或许是由于这种严格意义上的要求，基于 DirectExchange 消息模型在实际生产环境中具有很广泛的应用，如图 5.30 所示为这种消息模型的结构图。

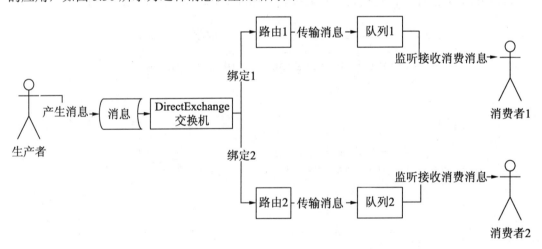

图 5.30 基于 DirectExchange 消息模型结构图

下面进入代码演示环节，业务场景为：将实体对象信息当作消息，并发送到基于 DirectExchange 构成的消息模型中，根据绑定的路由，将消息路由至对应绑定的队列中，最终由对应的消费者进行监听消费处理。

（1）在 RabbitmqConfig 配置文件中创建基于 DirectExchange 的消息模型，即创建队列、交换机和路由。这里为了展示该消息模型的特性，我们创建了一个交换机、两个路由和对应绑定的两条队列，如图 5.30 所示。下面为相应的源代码：

```
/**创建消息模型-directExchange **/
//创建交换机-directExchange
@Bean
public DirectExchange directExchange(){
    return new DirectExchange(env.getProperty("mq.direct.exchange.name"),
true,false);
}
//创建队列1
@Bean(name = "directQueueOne")
public Queue directQueueOne(){
    return new Queue(env.getProperty("mq.direct.queue.one.name"),true);
}
//创建队列2
@Bean(name = "directQueueTwo")
public Queue directQueueTwo(){
    return new Queue(env.getProperty("mq.direct.queue.two.name"),true);
}
//创建绑定1
@Bean
public Binding directBindingOne(){
    return BindingBuilder.bind(directQueueOne()).to(directExchange()).with
(env.getProperty("mq.direct.routing.key.one.name"));
}
//创建绑定2
@Bean
public Binding directBindingTwo(){
    return BindingBuilder.bind(directQueueTwo()).to(directExchange()).with
(env.getProperty("mq.direct.routing.key.two.name"));}
```

其中，读取环境变量实例env读取的变量是配置在配置文件application.properties中的，其变量取值如下：

```
#消息模型 directExchange
#创建交换机
mq.direct.exchange.name=${mq.env}.middleware.mq.direct.exchange
#创建两个路由
mq.direct.routing.key.one.name=${mq.env}.middleware.mq.direct.routing.key.one
mq.direct.routing.key.two.name=${mq.env}.middleware.mq.direct.routing.key.two
#创建两条队列
mq.direct.queue.one.name=${mq.env}.middleware.mq.direct.one.queue
mq.direct.queue.two.name=${mq.env}.middleware.mq.direct.two.queue
```

（2）开发用于发送消息的生产者，其对应的方法放在 ModelPublisher 类中。在这里由于我们创建了两个路由、队列的绑定，因而为了测试方便，我们需要开发两个用于发送消息的生产者方法，其源代码如下：

```
/**
 * 发送消息-基于 DirectExchange 消息模型-one
```

```
 * @param info
 */
public void sendMsgDirectOne(EventInfo info){
  //判断对象是否为 Null
  if (info!=null){
     try {
         //设置消息传输的格式-JSON
         rabbitTemplate.setMessageConverter(new Jackson2JsonMessage
Converter());
         //设置交换机
         rabbitTemplate.setExchange(env.getProperty("mq.direct.exchange.
name"));
         //设置路由1    rabbitTemplate.setRoutingKey(env.getProperty("mq.direct.
routing.key.one.name"));
         //创建消息
         Message msg= MessageBuilder.withBody(objectMapper.writeValueAsBytes
(info)).build();
         //发送消息
         rabbitTemplate.convertAndSend(msg);
         //打印日志
         log.info("消息模型 DirectExchange-one-生产者-发送消息：{} ",info);
     }catch (Exception e){
         log.error("消息模型 DirectExchange-one-生产者-发送消息发生异常：{} ",info,
e.fillInStackTrace());
     }
  }
}
/**
 * 发送消息-基于 DirectExchange 消息模型-two
 * @param info
 */
public void sendMsgDirectTwo(EventInfo info){
  //判断对象是否为 Null
  if (info!=null){
     try {
         //设置消息传输的 JSON 格式
         rabbitTemplate.setMessageConverter(new Jackson2JsonMessageConverter());
         //设置交换机
         rabbitTemplate.setExchange(env.getProperty("mq.direct.exchange.
name"));
         //设置路由2    rabbitTemplate.setRoutingKey(env.getProperty("mq.direct.
routing.key.two.name"));
         //创建消息
         Message msg= MessageBuilder.withBody(objectMapper.writeValueAs
Bytes(info)).build();
         //发送消息
         rabbitTemplate.convertAndSend(msg);
         //打印日志
         log.info("消息模型 DirectExchange-two-生产者-发送消息：{} ",info);
     }catch (Exception e){
         log.error("消息模型 DirectExchange-two-生产者-发送消息发生异常：{}",info,
e.fillInStackTrace());
```

```
        }
    }
}
```

（3）开发用于监听消费消息的消费者方法。由于我们创建了两个路由、队列及其绑定，因而需要开发两个消费者方法，用于监听不同队列中的消息。同时为了区分消息是由不同消费者方法监听消费的，我们需要在代码中加入不同的日志打印信息，其源代码如下：

```
/** 这是第一个路由绑定的对应队列的消费者方法
 * 监听并消费队列中的消息-directExchange-one
 */
@RabbitListener(queues = "${mq.direct.queue.one.name}",containerFactory =
"singleListenerContainer")
public void consumeDirectMsgOne(@Payload byte[] msg){
    try {
        //监听消费消息并进行 JSON 反序列化解析
        EventInfo info=objectMapper.readValue(msg, EventInfo.class);
        //打印日志消息
        log.info("消息模型 directExchange-one-消费者-监听消费到消息：{} ",info);
    }catch (Exception e){
        log.error("消息模型 directExchange-one-消费者-监听消费发生异常：",e.
fillInStackTrace());
    }
}
/** 这是第二个路由绑定的对应队列的消费者方法
 * 监听并消费队列中的消息-directExchange-two
 */
@RabbitListener(queues = "${mq.direct.queue.two.name}",containerFactory =
"singleListenerContainer")
public void consumeDirectMsgTwo(@Payload byte[] msg){
    try {
        //监听消费消息并进行 JSON 反序列化解析
        EventInfo info=objectMapper.readValue(msg, EventInfo.class);
        //打印日志消息
        log.info("消息模型 directExchange-two-消费者-监听消费到消息：{} ",info);
    }catch (Exception e){
        log.error("消息模型 directExchange-two-消费者-监听消费发生异常：",e.
fillInStackTrace());
    }
}
```

（4）在 Java 单元测试文件 RabbitmqTest 类中开发单元测试方法，用于触发生产者发送消息，其源代码如下：

```
@Test
public void test4() throws Exception{
    //构造第一个实体对象
    EventInfo info=new EventInfo(1,"增删改查模块-1","基于 directExchange 消息
模型-1","directExchange-1");
    //第一个生产者发送消息
    modelPublisher.sendMsgDirectOne(info);
    //构造第二个实体对象
```

```
        info=new EventInfo(2,"增删改查模块-2","基于 directExchange 消息模型-2",
    "directExchange-2");
        //第二个生产者发送消息
        modelPublisher.sendMsgDirectTwo(info);
    }
```

　　至此，基于 DirectExchange 消息模型的代码已经开发完毕。运行该单元测试方法，观察控制台的输出信息，可以看到两个生产者发送出了不同的消息，如图 5.31 所示。

```
rabbitConnectionFactory#b72e59e:0/SimpleConnection@1e8b41c4 [delegate=amqp://guest@127.0.0.1:5672/, localPort= 4509]
[2019-04-01 21:27:48.811] boot - INFO [main] --- RabbitmqTest: Started RabbitmqTest in 2.458 seconds (JVM running for 3.053)
[2019-04-01 21:27:48.874] boot - INFO [main] --- ModelPublisher: 消息模型DirectExchange-one-生产者-发送消息 EventInfo(id=1, module=增删改查模块
-1, name=基于directExchange消息模型-1, desc=directExchange-1)
[2019-04-01 21:27:48.875] boot - INFO [main] --- ModelPublisher: 消息模型DirectExchange-two-生产者-发送消息, EventInfo(id=2, module=增删改查模块
-2, name=基于directExchange消息模型-2, desc=directExchange-2)
[2019-04-01 21:27:48.876] boot - INFO [AMQP Connection 127.0.0.1:5672] --- RabbitmqConfig: 消息发送成功:correlationData(null),ack(true),cause
(null)
```

图 5.31　基于 DirectExchange 单元测试生产者发送消息

　　之后，便可以立即看到 RabbitTemplate 打印出"消息发送成功"的日志信息。与此同时，两个队列对应的消费者也监听消费到了各自的消息，如图 5.32 所示。

```
[2019-04-01 21:27:48.881] boot - INFO [Thread-4] --- DefaultLifecycleProcessor: Stopping beans in phase 2147483647
[2019-04-01 21:27:48.883] boot - INFO [Thread-4] --- SimpleMessageListenerContainer: Waiting for workers to finish.
[2019-04-01 21:27:48.900] boot - INFO [SimpleAsyncTaskExecutor-1] --- ModelConsumer: 消息模型directExchange-two-消费者-监听消费到消息:
EventInfo(id=2, module=增删改查模块-2, name=基于directExchange消息模型-2, desc=directExchange-2)
[2019-04-01 21:27:48.900] boot - INFO [SimpleAsyncTaskExecutor-1] --- ModelConsumer: 消息模型directExchange-one-消费者-监听消费到消息:
EventInfo(id=1, module=增删改查模块-1, name=基于directExchange消息模型-1, desc=directExchange-1)
[2019-04-01 21:27:49.794] boot - INFO [Thread-4] --- SimpleMessageListenerContainer: Successfully waited for workers to finish.
[2019-04-01 21:27:49.796] boot - INFO [Thread-4] --- SimpleMessageListenerContainer: Waiting for workers to finish.
[2019-04-01 21:27:49.798] boot - INFO [Thread-4] --- SimpleMessageListenerContainer: Successfully waited for workers to finish.
[2019-04-01 21:27:49.798] boot - INFO [Thread-4] --- SimpleMessageListenerContainer: Waiting for workers to finish.
```

图 5.32　基于 DirectExchange 单元测试消费者监听消费消息

　　打开浏览器，在地址栏输入 http://127.0.0.1:15672 并回车，再输入账号和密码（均为 guest）进入 RabbitMQ 的后端控制台，即可查看相应的队列和交换机列表。如图 5.33 所示为基于 DirectExchange 消息模型创建的两个队列。

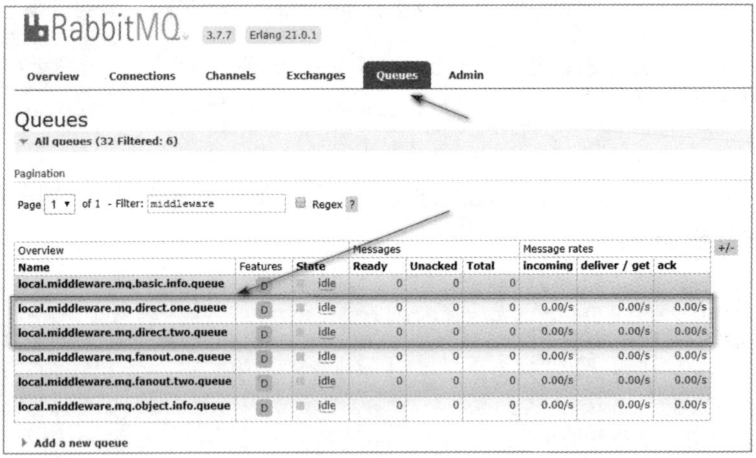

图 5.33　在 RabbitMQ 后端控制台查看队列列表信息

单击其中一条队列，即可查看其详细信息，包括队列名称、持久化策略和绑定信息，如图 5.34 所示。

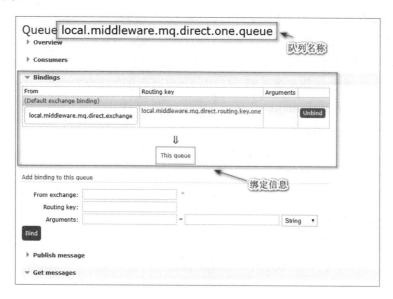

图 5.34 在 RabbitMQ 后端控制台查看队列详细信息

至此，基于 DirectExchange 消息模型的介绍和代码编写已经完成了，此种消息模型适用于业务数据需要直接传输并被消费的场景，比如业务服务模块之间的信息交互，一般业务服务模块之间的通信是直接、实时的，因而可以借助基于 DirectExchange 的消息模型进行通信。事实上，在实际应用系统中，几乎 90%的业务场景中，凡是需要 RabbitMQ 实现消息通信的，都可以采用 DirectExchange 消息模型实现，这或许是它被称之为"正规军"的缘由。

5.3.3　基于 TopicExchange 的消息模型实战

本节介绍 RabbitMQ 的另外一种消息模型，即基于 TopicExchange 的消息模型。TopicExchange 也是 RabbitMQ 交换机的一种，是一种"发布-主题-订阅"式的交换机，在实际生产环境中同样具有很广泛的应用。

TopicExchange 消息模型同样是由交换机、路由和队列严格绑定构成，与前面介绍的另外两种消息模型相比，最大的不同之处在于其支持"通配式"的路由，即可以通过为路由的名称指定特定的通配符"*"和"#"，从而绑定到不同的队列中。其中，通配符"*"表示一个特定的"单词"，而通配符"#"则可以表示任意的单词（可以是一个，也可以是多个，也可以没有）。某种程度上讲"#"通配符表示的路由范围大于等于"*"通配符表示的路由范围，即前者可以包含后者。

如果说基于 DirectExchange 的消息模型在 RabbitMQ 诸多消息模型中属于"正规军"，那么基于 TopicExchange 的消息模型则可以号称是"王牌军"，可以"统治正规军"。而事实上也正是如此，这主要是因为其通配符起到的功效：当这种消息模型的路由名称包含"*"时，由于"*"相当于一个单词，因而此时此种消息模型将降级为"基于 DirectExchange 的消息模型"；当路由名称包含"#"时，由于#相当于 0 个或者多个单词，因而此时此种消息模型将相当于"基于 FanoutExchange 的消息模型"，即此时绑定的路由将不起作用了，哪怕进行了绑定，也不再起作用！

在上一节介绍的基于 DirectExchange 的消息模型时指定了两个路由，以下为路由 1 的名称：

```
mq.direct.routing.key.one.name=local.middleware.mq.direct.routing.key.one
```

以下为路由 2 的名称：

```
mq.direct.routing.key.two.name=local.middleware.mq.direct.routing.key.two
```

而在 TopicExchange 消息模型中，这两种路由可以统一为一种，即路由 1 和路由 2 的命名最终可以统一为：

```
mq.direct.routing.key.name=local.middleware.mq.direct.routing.key.*
```

即采用通配符"*"即可进行匹配！如图 5.35 所示为基于 TopicExchange 消息模型的结构图。

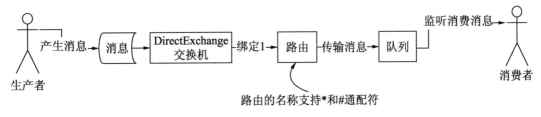

图 5.35　基于 TopicExchange 消息模型结构图

下面进入代码实现环节，业务场景为：将一串字符串信息当作消息，并发送到基于 TopicExchange 构成的消息模型中，根据绑定的路由将消息路由至绑定的队列中，最终由对应的消费者进行监听消费处理。其中，路由的命名将采用*和#进行创建（当然，实际应用生产环境中可以不需要指定）。

（1）在 RabbitmqConfig 配置文件中创建基于 TopicExchange 的消息模型，即创建队列、交换机和路由。在这里，为了展示该消息模型的特性，我们创建了一个交换机、两个分别包含通配符"*"和"#"的路由及其队列绑定，源代码如下：

```
/**创建消息模型-topicExchange **/
//创建交换机-topicExchange
```

```
@Bean
public TopicExchange topicExchange(){
    return new TopicExchange(env.getProperty("mq.topic.exchange.name"),
true,false);
}
//创建队列 1
@Bean(name = "topicQueueOne")
public Queue topicQueueOne(){
    return new Queue(env.getProperty("mq.topic.queue.one.name"),true);
}
//创建队列 2
@Bean(name = "topicQueueTwo")
public Queue topicQueueTwo(){
    return new Queue(env.getProperty("mq.topic.queue.two.name"),true);
}
//创建绑定-通配符为*的路由
@Bean
public Binding topicBindingOne(){
    return BindingBuilder.bind(topicQueueOne()).to(topicExchange()).with
(env.getProperty("mq.topic.routing.key.one.name"));
}
//创建绑定-通配符为#的路由
@Bean
public Binding topicBindingTwo(){
    return BindingBuilder.bind(topicQueueTwo()).to(topicExchange()).with
(env.getProperty("mq.topic.routing.key.two.name"));
}
```

其中,读取环境变量实例env读取的变量是配置在配置文件application.properties 中的,其变量取值如下:

```
#消息模型-topicExchange
#定义交换机
mq.topic.exchange.name=${mq.env}.middleware.mq.topic.exchange
#定义两个路由: 分别包含 * 和 # 通配符
mq.topic.routing.key.one.name=${mq.env}.middleware.mq.topic.routing.*.key
mq.topic.routing.key.two.name=${mq.env}.middleware.mq.topic.routing.#.key
#定义两条队列
mq.topic.queue.one.name=${mq.env}.middleware.mq.topic.one.queue
mq.topic.queue.two.name=${mq.env}.middleware.mq.topic.two.queue
```

(2) 开发用于发送消息的生产者,其对应的方法放在 ModelPublisher 类中。在这里我们将"路由"参数开放出来,供调用者调用时指定该参数值,目的是用于测试两个通配符所起的作用,其源代码如下:

```
/**
* 发送消息-基于 TopicExchange 消息模型
* @param msg
*/
public void sendMsgTopic(String msg,String routingKey){
    //判断是否为 null
    if (!Strings.isNullOrEmpty(msg) && !Strings.isNullOrEmpty(routingKey)){
        try {
```

```
        //设置消息的传输格式为 JSON
        rabbitTemplate.setMessageConverter(new Jackson2JsonMessageConverter());
        //指定交换机
        rabbitTemplate.setExchange(env.getProperty("mq.topic.exchange.
name"));
        //指定路由的实际取值,根据不同取值,RabbitMQ 将自行进行匹配通配符,从而路由
            到不同的队列中
        rabbitTemplate.setRoutingKey(routingKey);
        //创建消息
        Message message= MessageBuilder.withBody(msg.getBytes("utf-8")).
build();
        //发送消息
        rabbitTemplate.convertAndSend(message);
        //打印日志
        log.info("消息模型 TopicExchange-生产者-发送消息:{}  路由:{} ",msg,
routingKey);
    }catch (Exception e){
        log.error("消息模型 TopicExchange-生产者-发送消息发生异常:{}",msg,e.
fillInStackTrace());
    }
  }
}
```

（3）开发用于监听消费消息的消费者,在这里由于我们创建了两个路由、队列及其绑定,因而需要开发两个消费者方法,用于监听不同队列中的消息。同时为了区分消息是由不同消费者方法监听消费的,我们需要在代码中加入不同的日志打印信息,其源代码如下:

```
/**
* 监听并消费队列中的消息-topicExchange-*通配符
*/
@RabbitListener(queues = "${mq.topic.queue.one.name}",containerFactory =
"singleListenerContainer")
public void consumeTopicMsgOne(@Payload byte[] msg){
  try {
//监听消费消息并进行解析
     String message=new String(msg,"utf-8");
 log.info("消息模型 topicExchange-*-消费者-监听消费到消息:{} ",message);
 }catch (Exception e){
     log.error("消息模型 topicExchange-*-消费者-监听消费发生异常: ",e.fill
InStackTrace());
  }
}
/**
* 监听并消费队列中的消息-topicExchange-#通配符
*/
@RabbitListener(queues = "${mq.topic.queue.two.name}",containerFactory =
"singleListenerContainer")
public void consumeTopicMsgTwo(@Payload byte[] msg){
```

```
   try {
  //监听消费消息并进行解析
     String message=new String(msg,"utf-8");
     log.info("消息模型 topicExchange-#-消费者-监听消费到消息：{} ",message);
  }catch (Exception e){
     log.error("消息模型 topicExchange-#-消费者-监听消费发生异常：",e.fill
InStackTrace());
  }
}
```

（4）在 Java 单元测试文件 RabbitmqTest 类中开发相应的单元测试方法，用于触发生产者发送消息，其源代码如下：

```
@Test
public void test5() throws Exception{
    //定义待发送的消息，即一串字符串值
    String msg="这是 TopicExchange 消息模型的消息";
    //此时相当于*，即 java 替代了*的位置
    //当然由于#表示任意单词，因而也将路由到#表示的路由和对应的队列中
    String routingKeyOne="local.middleware.mq.topic.routing.java.key";
    //此时相当于#：即 php.python 替代了#的位置
    String routingKeyTwo="local.middleware.mq.topic.routing.php.python.key";
    //此时相当于#：即 0 个单词
    String routingKeyThree="local.middleware.mq.topic.routing.key";
    //下面分批进行测试，以便能看出运行效果
    modelPublisher.sendMsgTopic(msg,routingKeyOne);
    //modelPublisher.sendMsgTopic(msg,routingKeyTwo);
    //modelPublisher.sendMsgTopic(msg,routingKeyThree);
}
```

至此，基于 TopicExchange 的消息模型代码演示已经完成了。下面先测试第一种路由值的运行情况，即需要设置 Java 单元测试方法中发送消息的代码如下：

```
//此时相当于*，即 java 替代了*的位置
//当然由于#表示任意单词，因而也将路由到#表示的路由和对应的队列中
String routingKeyOne="local.middleware.mq.topic.routing.java.key";
modelPublisher.sendMsgTopic(msg,routingKeyOne);
```

运行该单元测试方法，在控制台即可看到相应的输出结果。首先是生产者成功发送出了消息，如图 5.36 所示。

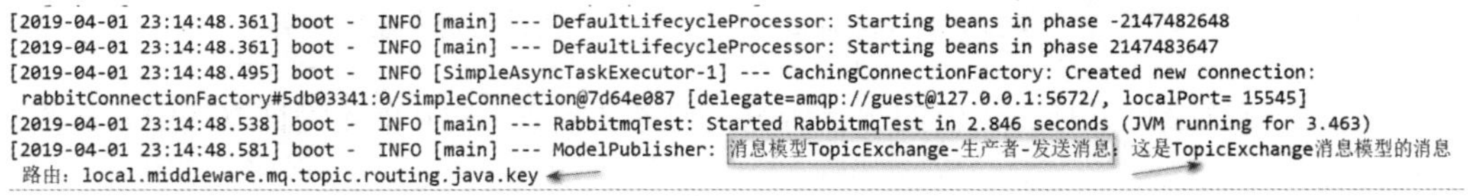

```
[2019-04-01 23:14:48.361] boot - INFO [main] --- DefaultLifecycleProcessor: Starting beans in phase -2147482648
[2019-04-01 23:14:48.361] boot - INFO [main] --- DefaultLifecycleProcessor: Starting beans in phase 2147483647
[2019-04-01 23:14:48.495] boot - INFO [SimpleAsyncTaskExecutor-1] --- CachingConnectionFactory: Created new connection:
rabbitConnectionFactory#5db03341:0/SimpleConnection@7d64e087 [delegate=amqp://guest@127.0.0.1:5672/, localPort= 15545]
[2019-04-01 23:14:48.538] boot - INFO [main] --- RabbitmqTest: Started RabbitmqTest in 2.846 seconds (JVM running for 3.463)
[2019-04-01 23:14:48.581] boot - INFO [main] --- ModelPublisher: 消息模型TopicExchange-生产者-发送消息 这是TopicExchange消息模型的消息
路由: local.middleware.mq.topic.routing.java.key
```

图 5.36　基于 TopicExchange 消息模型单元测试生产者输出结果

之后，可以看到两个路由所绑定的消费者都监听消费到了该消息，这是由于 # 通配符包含了 * 通配符所表示的范围，如图 5.37 所示。

```
[2019-04-01 23:17:40.996] boot -  INFO [SimpleAsyncTaskExecutor-1] --- ModelConsumer: 消息模型topicExchange-#-消费者-监听消费到消息：这是
TopicExchange消息模型的消息
[2019-04-01 23:17:40.996] boot -  INFO [SimpleAsyncTaskExecutor-1] --- ModelConsumer: 消息模型topicExchange-*-消费者-监听消费到消息：这是
TopicExchange消息模型的消息
[2019-04-01 23:17:41.000] boot -  INFO AMQP Connection 127.0.0.1:5672] --- RabbitmqConfig: 消息发送成功:correlationData(null),ack(true),
cause(null)
[2019-04-01 23:17:41.928] boot -  INFO [Thread-4] --- SimpleMessageListenerContainer: Successfully waited for workers to finish.
[2019-04-01 23:17:41.930] boot -  INFO [Thread-4] --- SimpleMessageListenerContainer: Waiting for workers to finish.
[2019-04-01 23:17:41.930] boot -  INFO [Thread-4] --- SimpleMessageListenerContainer: Successfully waited for workers to finish.
[2019-04-01 23:17:41.931] boot -  INFO [Thread-4] --- SimpleMessageListenerContainer: Waiting for workers to finish.
```

图 5.37　基于 TopicExchange 消息模型单元测试消费者输出结果

接着测试第二种路由值的运行情况，即需要设置 Java 单元测试方法中发送消息的代码为：

```
//此时相当于#，即 php.python 替代了#的位置
String routingKeyTwo="local.middleware.mq.topic.routing.php.python.key";
modelPublisher.sendMsgTopic(msg,routingKeyTwo);
```

运行该单元测试方法，在控制台即可看到相应的输出结果，首先是生产者成功发送出了消息，如图 5.38 所示。

```
[2019-04-01 23:21:15.143] boot -  INFO [SimpleAsyncTaskExecutor-1] --- CachingConnectionFactory: Created new connection:
rabbitConnectionFactory#343267fb:0/SimpleConnection@402349c6 [delegate=amqp://guest@127.0.0.1:5672/, localPort= 16190]
[2019-04-01 23:21:15.196] boot -  INFO [main] --- RabbitmqTest: Started RabbitmqTest in 2.892 seconds (JVM running for 3.494)
[2019-04-01 23:21:15.236] boot -  INFO [main] --- ModelPublisher: 消息模型TopicExchange-生产者-发送消息: 这是TopicExchange消息模型的消息
路由: local.middleware.mq.topic.routing.php.python.key
```

图 5.38　基于 TopicExchange 消息模型单元测试生产者输出结果

之后，可以看到只有 # 通配符表示的路由所绑定的消费者监听消费到了该消息，这是由于 # 通配符表示任意单词，而 * 通配符只能表示一个单词，消费者方法监听消费消息如图 5.39 所示。

```
[2019-04-01 23:21:15.240] boot -  INFO [Thread-4] --- GenericWebApplicationContext: Closing org.springframework.web.context.support
.GenericWebApplicationContext@3bd82cf5: startup date [Mon Apr 01 23:21:12 CST 2019]; root of context hierarchy
[2019-04-01 23:21:15.241] boot -  INFO [Thread-4] --- DefaultLifecycleProcessor: Stopping beans in phase 2147483647
[2019-04-01 23:21:15.243] boot -  INFO [SimpleAsyncTaskExecutor-1] --- ModelConsumer: 消息模型topicExchange-#-消费者-监听消费到消息: 这是
TopicExchange消息模型的消息
[2019-04-01 23:21:15.243] boot -  INFO [Thread-4] --- SimpleMessageListenerContainer: Waiting for workers to finish.
[2019-04-01 23:21:15.246] boot -  INFO AMQP Connection 127.0.0.1:5672] --- RabbitmqConfig: 消息发送成功:correlationData(null),ack(true),
cause(null)
[2019-04-01 23:21:16.175] boot -  INFO [Thread-4] --- SimpleMessageListenerContainer: Successfully waited for workers to finish.
[2019-04-01 23:21:16.176] boot -  INFO [Thread-4] --- SimpleMessageListenerContainer: Waiting for workers to finish.
[2019-04-01 23:21:16.178] boot -  INFO [Thread-4] --- SimpleMessageListenerContainer: Successfully waited for workers to finish.
[2019-04-01 23:21:16.178] boot -  INFO [Thread-4] --- SimpleMessageListenerContainer: Waiting for workers to finish.
```

图 5.39　基于 TopicExchange 消息模型单元测试消费者输出结果

最后，测试最后一种路由值的运行情况，即需要设置 Java 单元测试方法中发送消息的代码为：

```
//此时相当于#：即 0 个单词
String routingKeyThree="local.middleware.mq.topic.routing.key";
modelPublisher.sendMsgTopic(msg,routingKeyThree);
```

运行该单元测试方法，在控制台即可看到相应的输出结果，首先是生产者成功发出了消息，如图 5.40 所示。

```
[2019-04-01 23:26:14.075] boot -  INFO [main] --- SimpleUrlHandlerMapping: Mapped URL path [/**/favicon.ico] onto handler of type [cl
org.springframework.web.servlet.resource.ResourceHttpRequestHandler]
[2019-04-01 23:26:14.357] boot -  INFO [main] --- DefaultLifecycleProcessor: Starting beans in phase -2147482648
[2019-04-01 23:26:14.358] boot -  INFO [main] --- DefaultLifecycleProcessor: Starting beans in phase 2147483647
[2019-04-01 23:26:15.268] boot -  INFO [SimpleAsyncTaskExecutor-1] --- CachingConnectionFactory: Created new connection:
rabbitConnectionFactory#ef25a55:0/SimpleConnection@6d2efdb3 [delegate=amqp://guest@127.0.0.1:5672/, localPort= 16702]
[2019-04-01 23:26:15.311] boot -  INFO [main] --- RabbitmqTest: Started RabbitmqTest in 3.552 seconds (JVM running for 4.172)
[2019-04-01 23:26:15.347] boot -  INFO [main] --- ModelPublisher: 消息模型TopicExchange-生产者-发送消息:这是TopicExchange消息模型的消息
路由: local.middleware.mq.topic.routing.key
```

图 5.40　基于 TopicExchange 消息模型单元测试生产者输出结果

可以看到只有 # 通配符表示的路由所绑定的消费者监听消费到了该消息，这是由于 # 通配符表示任意单词（包括 0 个单词），消费者方法监听消费消息的结果如图 5.41 所示。

```
[2019-04-01 23:26:15.350] boot -  INFO [Thread-4] --- GenericWebApplicationContext: Closing org.springframework.web.context.support
.GenericWebApplicationContext@3bd82cf5: startup date [Mon Apr 01 23:26:12 CST 2019]; root of context hierarchy
[2019-04-01 23:26:15.351] boot -  INFO [Thread-4] --- DefaultLifecycleProcessor: Stopping beans in phase 2147483647
[2019-04-01 23:26:15.353] boot -  INFO [Thread-4] --- SimpleMessageListenerContainer: Waiting for workers to finish.
[2019-04-01 23:26:15.354] boot -  INFO [SimpleAsyncTaskExecutor-1] --- ModelConsumer: 消息模型topicExchange-#-消费者-监听消费到消息:这是
TopicExchange消息模型的消息
[2019-04-01 23:26:15.369]          INFO [AMQP Connection 127.0.0.1:5672] --- RabbitmqConfig: 消息发送成功:correlationData(null),ack(true)
cause(null)
[2019-04-01 23:26:16.296] boot -  INFO [Thread-4] --- SimpleMessageListenerContainer: Successfully waited for workers to finish.
[2019-04-01 23:26:16.298] boot -  INFO [Thread-4] --- SimpleMessageListenerContainer: Waiting for workers to finish.
[2019-04-01 23:26:17.296] boot -  INFO [Thread-4] --- SimpleMessageListenerContainer: Successfully waited for workers to finish.
[2019-04-01 23:26:17.296] boot -  INFO [Thread-4] --- SimpleMessageListenerContainer: Waiting for workers to finish.
```

图 5.41　基于 TopicExchange 消息模型单元测试消费者输出结果

至此，基于 TopicExchange 消息模型的介绍和代码演示已经完成了。TopicExchange 消息模型适用于"发布订阅主题式"的场景，在实际应用系统中，几乎所有的业务场景都适用，而且从上述代码实现中可以得知，TopicExchange 消息模型包含了 FanoutExchange 消息模型和 DirectExchange 消息模型的功能特性，即凡是这两种消息模型适用的业务场景，基于 TopicExchange 的消息模型也是适用的，从某种程度上讲，TopicExchange 模型是一种强有力的、具有普适性的消息模型。

5.4　RabbitMQ 确认消费机制

RabbitMQ 之所以被称为高性能、高可用的分布式消息中间件，不仅是因为它拥有消息异步通信、业务服务模块解耦、接口限流、消息延迟处理等多种功能特性，更多的是因为 RabbitMQ 在消息的发送、传输和接收的过程中，可以保证消息成功发送、不会丢失，以及被确认消费。

对于"消息成功发送"，主要是针对生产者的生产确认机制而言的（即 Publisher 的 Confirm 机制），而对于"消息不丢失"和"被确认消费"，则主要是面向消费者的确认消费而言的。本节主要介绍并实战 RabbitMQ 消息的高可用和几种确认消费机制。

5.4.1　消息高可用和确认消费

事物都并非十全十美，分布式消息中间件也不例外，使用过 RabbitMQ 的读者对此可能不会陌生，即 RabbitMQ 在实际项目的应用过程中，如果配置和使用不当，则会出现各种令人头疼的问题，下面列举几个：

（1）发送出去的消息不知道到底有没有发送成功？即采用 RabbitTemplate 操作组件发送消息时，开发者自认为消息已经发送出去了，然而在某些情况下（比如交换机、路由和队列绑定构成的消息模型不存在时）却很有可能是发送失败的。

（2）由于某些特殊的原因，RabbitMQ 服务出现了宕机和崩溃等问题，导致其需要执行重启操作。如果此时队列中仍然有大量的消息还未被消费，则很有可能在重启 RabbitMQ 服务的过程中发生消息丢失的现象。

（3）消费者在监听消费处理消息的时候，可能会出现监听失败或者直接崩溃等问题，导致消息所在的队列找不到对应的消费者而不断地重新入队列，最终出现消息被重复消费的现象。

针对这些常见的问题，RabbitMQ 给开发者提供了相应的策略，而这些策略在某种程度上就是为了保证消息的高可用和能被准确消费。

（1）针对第一种情况，RabbitMQ 会要求生产者在发送完消息之后进行 "发送确认"，当确认成功时即代表消息已经成功发送出去了！我们在之前的章节中开发的 RabbitmqConfig 配置类中其实就已经实现了这一策略，其中的代码如下：

```
/**
* RabbitMQ 发送消息的操作组件实例
* @return
*/
@Bean
public RabbitTemplate rabbitTemplate(){
  //设置消息发送确认机制-生产确认
  connectionFactory.setPublisherConfirms(true);
  //设置消息发送确认机制-发送成功时返回反馈信息
  connectionFactory.setPublisherReturns(true);
  //定义 RabbitMQ 消息操作组件实例
  RabbitTemplate rabbitTemplate = new RabbitTemplate(connectionFactory);
  rabbitTemplate.setMandatory(true);
  //设置消息发送确认机制：即发送成功时打印日志
  rabbitTemplate.setConfirmCallback(new RabbitTemplate.ConfirmCallback() {
      public void confirm(CorrelationData correlationData, boolean ack,
String cause) {
          log.info("消息发送成功:correlationData({}),ack({}),cause({})",
correlationData,ack,cause);
      }
  });
```

```
    //设置消息发送确认机制：即发送完消息后打印反馈信息，如消息是否丢失等
    rabbitTemplate.setReturnCallback(new RabbitTemplate.ReturnCallback() {
        public void returnedMessage(Message message, int replyCode, String
replyText, String exchange, String routingKey) {
            log.info("消息丢失:exchange({}),route({}),replyCode({}),replyText({}),
message:{}",exchange,routingKey,replyCode,replyText,message);
        }
    });
    //返回操作实例
    return rabbitTemplate;
}
```

（2）针对第二种情况，即如何保证 RabbitMQ 队列中的消息“不丢失”；RabbitMQ 则是强烈建议开发者在创建队列、交换机时设置其持久化参数为 true，即 durable 参数取值为 true。如图 5.42 所示为前面章节基本消息模型中所创建的队列、交换机和路由等相关组件。

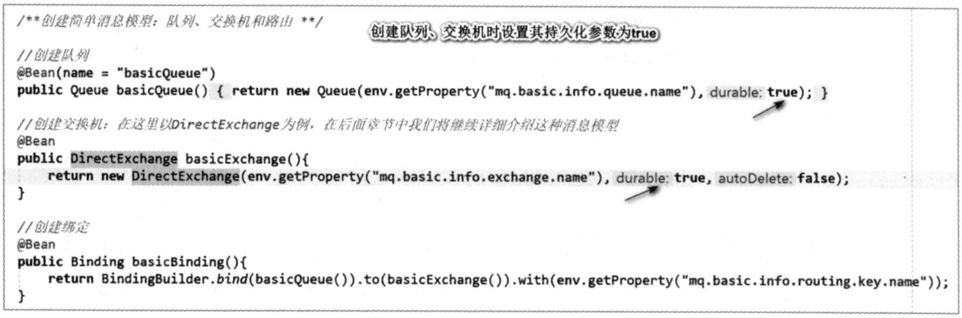


```
/**创建简单消息模型：队列、交换机和路由 **/

//创建队列
@Bean(name = "basicQueue")
public Queue basicQueue() { return new Queue(env.getProperty("mq.basic.info.queue.name"), durable: true); }

//创建交换机：在这里以DirectExchange为例，在后面章节中我们将继续详细介绍这种消息模型
@Bean
public DirectExchange basicExchange(){
    return new DirectExchange(env.getProperty("mq.basic.info.exchange.name"), durable: true, autoDelete: false);
}

//创建绑定
@Bean
public Binding basicBinding(){
    return BindingBuilder.bind(basicQueue()).to(basicExchange()).with(env.getProperty("mq.basic.info.routing.key.name"));
}
```

图 5.42　创建队列、交换机时设置持久化为 true

除此之外，在创建消息时，RabbitMQ 要求设置消息的持久化模式为“持久化”，从而保证 RabbitMQ 服务器出现崩溃并执行重启操作之后，队列、交换机仍旧存在而且消息不会丢失，如图 5.43 所示。

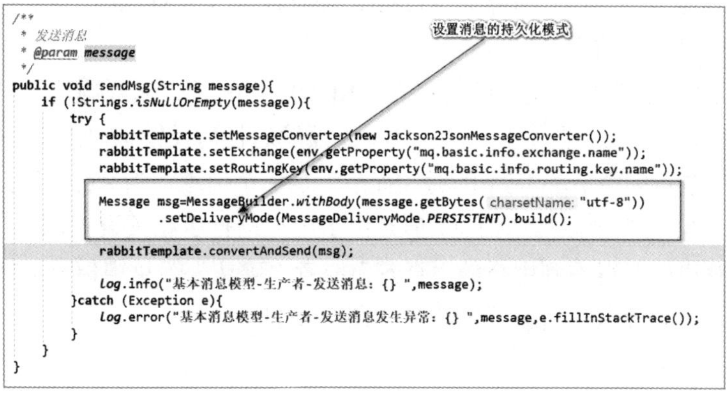


```
/**
 * 发送消息
 * @param message
 */
public void sendMsg(String message){
    if (!Strings.isNullOrEmpty(message)){
        try {
            rabbitTemplate.setMessageConverter(new Jackson2JsonMessageConverter());
            rabbitTemplate.setExchange(env.getProperty("mq.basic.info.exchange.name"));
            rabbitTemplate.setRoutingKey(env.getProperty("mq.basic.info.routing.key.name"));

            Message msg=MessageBuilder.withBody(message.getBytes( charsetName: "utf-8"))
                    .setDeliveryMode(MessageDeliveryMode.PERSISTENT).build();

            rabbitTemplate.convertAndSend(msg);

            log.info("基本消息模型-生产者-发送消息：{} ",message);
        }catch (Exception e){
            log.error("基本消息模型-生产者-发送消息发生异常：{} ",message,e.fillInStackTrace());
        }
    }
}
```

图 5.43　创建消息时设置持久化模式

（3）而针对第三种情况，即如何保证消息能够被准备消费、不重复消费，RabbitMQ 则是提供了"消息确认机制"，即 ACK 模式。RabbitMQ 的消息确认机制有 3 种，分别是 NONE（无须确认）、AUTO（自动确认）和 MANUAL（手动确认），不同的确认机制，其底层的执行逻辑和实际应用场景是不相同的。

在实际生产环境中，为了提高消息的高可用、防止消息重复消费，一般都会使用消息的确认机制，只有当消息被确认消费后，消息才会从队列中被移除，这也是避免消息被重复消费的实现方式。如图所示 5.44 为 RabbitMQ 提供的 3 种确认消费机制所在的枚举类。

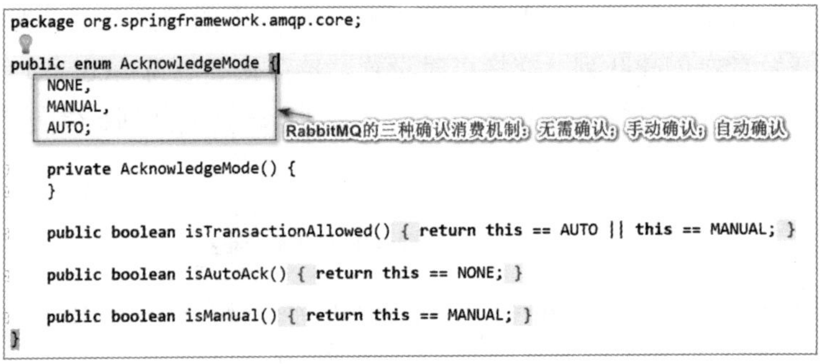

```
package org.springframework.amqp.core;

public enum AcknowledgeMode {
    NONE,
    MANUAL,
    AUTO;                    RabbitMQ的三种确认消费机制: 无需确认; 手动确认; 自动确认

    private AcknowledgeMode() {
    }

    public boolean isTransactionAllowed() { return this == AUTO || this == MANUAL; }

    public boolean isAutoAck() { return this == NONE; }

    public boolean isManual() { return this == MANUAL; }
}
```

图 5.44　RabbitMQ 的 3 种确认消费机制

由于"生产者生产确认"和"消息、队列、交换机的持久化"已经在前面章节中通过代码演示过了，因而在后面小节中将重点介绍 RabbitMQ 其中的两种消息确认消费机制，即基于自动的 ACK 模式和基于 MANUAL 的 ACK 模式。

5.4.2　常见的确认消费模式介绍

正如上一节所介绍的，RabbitMQ 的消息"确认消费"模式有 3 种，它们定义在 AcknowledgeMode 枚举类中，分别是 NONE、AUTO 和 MANUAL，这 3 种模式的含义、作用和应用场景是不同的。

首先介绍 NONE 消费模式。顾名思义，NONE 指的是"无须确认"机制，即生产者将消息发送至队列，消费者监听到该消息时，无须发送任何反馈信息给 RabbitMQ 服务器。这就好比"用户禁止某个 App 应用的通知提醒"是一个道理，当 App 有重大更新信息时，虽然 App 后端会给用户异步推送消息，但是由于用户进行了相关设置，因而虽然消息已经发送出去了，但却迟迟得不到用户的"查看"或者"确认"等反馈信息，好像消息"石沉大海了一般"。此种确认消费模式的流程如图 5.45 所示。

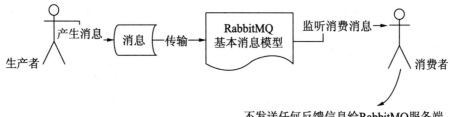

图 5.45　RabbitMQ 确认消费模式——NONE 无须确认消费

接着介绍 AUTO 消费模式。顾名思义，AUTO 指的是"自动确认"机制，即生产者将消息发送至队列，消费者监听到该消息时，需要发送一个 AUTO ACK 的反馈信息给 RabbitMQ 服务器，之后该消息将在 RabbitMQ 的队列中被移除。其中，这种发送反馈信息的行为是 RabbitMQ "自动触发"的，即其底层的实现逻辑是由 RabbitMQ 内置的相关组件实现自动发送确认反馈信息。此种消息确认模式的流程如图 5.46 所示。

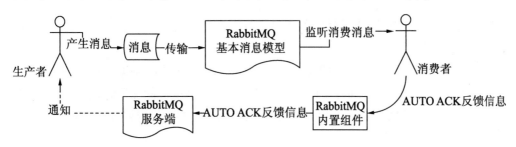

图 5.46　RabbitMQ 确认消费模式——AUTO 自动确认消费

最后介绍的是 MANUAL 消费模式。它是一种"人为手动确认消费"机制，即生产者将消息发送至队列，消费者监听到该消息时需要手动地 "以代码的形式"发送一个 ACK 的反馈信息给 RabbitMQ 服务器，之后该消息将在 RabbitMQ 的队列中被移除，同时告知生产者，消息已经成功发送并且已经成功被消费者监听消费了。MANUAL 消息确认模式的大概流程如图 5.47 所示。

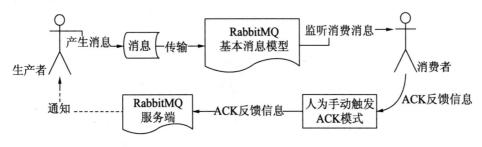

图 5.47　RabbitMQ 确认消费模式——MUNUAL 手动确认消费

以上 3 种确认消费模式在实际生产环境中有不同的应用场景。其中，比较典型常见的当属基于 AUTO 和基于 MANUAL 机制的消费模式。由于 NONE 消费模式类似于"泼出去的水就收不回来"一样，发送完了之后就不需要再去理会了，因而此种模式严格来讲是不够严谨的，因此在实际业务场景中比较少见，笔者也建议读者尽量少用。

而对于一些在消息、业务数据传输方面要求比较严格的场景，如手机话费充值业务中的话费数据、电商平台支付过程中的支付金额、游戏应用冲金币过程中的金币等，NONE 消费模式显得力不从心。毫无疑问，此时应当使用基于 AUTO 或者基于 MANUAL 机制的消费模式辅助实现，从而保证数据不丢失、核心业务处理逻辑只做一次等。想象一下，在手机话费充值过程中，如果在"充值"业务逻辑处理中出现消息丢失（比如话费数据获取不到等状况），那最终导致的后果将是难以想象的！

在后面小节中，我们将重点介绍如何基于 Spring Boot 项目，以实际的代码演示基于 AUTO 和 MANUAL 的确认消费模式。

5.4.3　基于自动确认消费模式实战

基于 AUTO 的自动确认消费机制其实是 RabbitMQ 提供的一种默认确认消费机制，由于其使用起来比较简单，因而在实际的生产环境中具有很广泛的应用。下面以简单的消息模型为例进行代码演练，其中，相关的实体类文件存放的目录结构如图 5.48 所示。

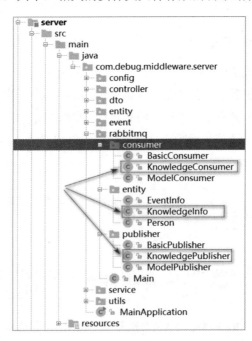

图 5.48　基于 AUTO 机制的自动确认消费模式类文件目录结构

（1）KnowledgeInfo 类的相关信息主要包括消息标识 id、采用的模式名称 mode 和对应的编码 code 等字段信息，主要用于充当"消息"进行传输，其源代码如下：

```
//导入包
import lombok.Data;
import lombok.ToString;
import java.io.Serializable;
/**
 * 确认消费实体对象信息
 * @Author:debug (SteadyJack)
 **/
@Data
@ToString
public class KnowledgeInfo implements Serializable{
    private Integer id;              //id 标识
    private String mode;            //模式名称
    private String code;            //对应编码
}
```

（2）在 RabbitmqConfig 配置类中创建相应的队列、交换机、路由及其绑定，同时，再创建一个基于自动确认消费模式的"监听器容器工厂实例"，目的是用于指定特定的队列对应的消费者采用"自动确认消费"的模式，其源代码如下：

```
/**单一消费者-确认模式为 AUTO */
@Bean(name = "singleListenerContainerAuto")
public SimpleRabbitListenerContainerFactory listenerContainerAuto(){
    //创建消息监听器所在的容器工厂实例
    SimpleRabbitListenerContainerFactory factory = new SimpleRabbit
ListenerContainerFactory();
    //容器工厂实例设置链接工厂
    factory.setConnectionFactory(connectionFactory);
//设置消息在传输中的格式
    factory.setMessageConverter(new Jackson2JsonMessageConverter());
    //设置消费者并发实例。在这里采用单一的模式
    factory.setConcurrentConsumers(1);
    //设置消费者并发最大数量的实例
    factory.setMaxConcurrentConsumers(1);
    //设置消费者每个并发的实例预拉取的消息数据量
    factory.setPrefetchCount(1);
    //设置确认消费模式为自动确认消费 AUTO
    factory.setAcknowledgeMode(AcknowledgeMode.AUTO);
    //返回监听器容器工厂实例
    return factory;
}
//创建队列
@Bean(name = "autoQueue")
public Queue autoQueue(){
//创建并返回队列实例
    return new Queue(env.getProperty("mq.auto.knowledge.queue.name"),true);
}

//创建交换机
```

```
@Bean
public DirectExchange autoExchange(){
    //创建并返回交换机实例
    return new DirectExchange(env.getProperty("mq.auto.knowledge.exchange.
name"),true,false);
}
//创建绑定
@Bean
public Binding autoBinding(){
    //创建并返回队列交换机和路由的绑定实例
    return BindingBuilder.bind(autoQueue()).to(autoExchange()).with(env.
getProperty("mq.auto.knowledge.routing.key.name"));
}
```

其中，读取环境变量实例 env 读取的变量是配置在配置文件 application.properties 中的，其变量取值如下：

```
#确认消费模式为自动确认机制
#定义队列名称
mq.auto.knowledge.queue.name=${mq.env}.middleware.auto.knowledge.queue
#定义交换机名称
mq.auto.knowledge.exchange.name=${mq.env}.middleware.auto.knowledge.exchange
#定义路由名称
mq.auto.knowledge.routing.key.name=${mq.env}.middleware.auto.knowledge.
routing.key
```

（3）开发用于生产消息的生产者 KnowledgePublisher 相关功能，其源代码如下：

```
//导入依赖包
import com.debug.middleware.server.rabbitmq.entity.KnowledgeInfo;
import com.fasterxml.jackson.databind.ObjectMapper;
import org.slf4j.Logger;
import org.slf4j.LoggerFactory;
import org.springframework.amqp.core.Message;
import org.springframework.amqp.core.MessageBuilder;
import org.springframework.amqp.core.MessageDeliveryMode;
import org.springframework.amqp.rabbit.core.RabbitTemplate;
import org.springframework.amqp.support.converter.Jackson2JsonMessageConverter;
import org.springframework.beans.factory.annotation.Autowired;
import org.springframework.core.env.Environment;
import org.springframework.stereotype.Component;
/**
 * 确认消费模式-生产者
 * @Author:debug (SteadyJack)
 **/
@Component
public class KnowledgePublisher {
    //定义日志
    private static final Logger log= LoggerFactory.getLogger(Knowledge
Publisher.class);
    //定义 JSON 序列化和反序列化组件实例
    @Autowired
    private ObjectMapper objectMapper;
    //定义读取环境变量的实例
```

```
    @Autowired
    private Environment env;
    //定义 RabbitMQ 操作组件实例
    @Autowired
    private RabbitTemplate rabbitTemplate;
    /**
     * 基于 AUTO 机制-生产者发送消息
     * @param info
     */
    public void sendAutoMsg(KnowledgeInfo info){
        try {
        //判断对象是否为 NULL
            if (info!=null){
            //设置消息的传输格式
                rabbitTemplate.setMessageConverter(new Jackson2JsonMessage
Converter());
                //设置交换机 rabbitTemplate.setExchange(env.getProperty("mq.
auto.knowledge.exchange.name"));
                //设置路由 rabbitTemplate.setRoutingKey(env.getProperty
("mq.auto.knowledge.routing.key.name"));
                //创建消息。其中,对消息设置了持久化策略
                Message message= MessageBuilder.withBody(objectMapper.
writeValueAsBytes(info))
                        .setDeliveryMode(MessageDeliveryMode.PERSISTENT)
                        .build();
                //发送消息
                rabbitTemplate.convertAndSend(message);
                log.info("基于 AUTO 机制-生产者发送消息-内容为: {} ",info);
            }
        }catch (Exception e){
            log.error("基于 AUTO 机制-生产者发送消息-发生异常: {} ",info,e.
fillInStackTrace());
        }
    }}
```

（4）开发用于监听消费消息的消费者 KnowledgeConsumer 的相关功能,其源代码如下:

```
//导入依赖包
import com.debug.middleware.server.rabbitmq.entity.KnowledgeInfo;
import com.fasterxml.jackson.databind.ObjectMapper;
import org.slf4j.Logger;
import org.slf4j.LoggerFactory;
import org.springframework.amqp.rabbit.annotation.RabbitListener;
import org.springframework.beans.factory.annotation.Autowired;
import org.springframework.messaging.handler.annotation.Payload;
import org.springframework.stereotype.Component;
/**
 * 确认消费模式-消费者
 * @Author:debug (SteadyJack)
 **/
@Component
public class KnowledgeConsumer {
    //定义日志
    private static final Logger log= LoggerFactory.getLogger(Knowledge
```

```
Consumer.class);
    //定义 JSON 序列化和反序列化组件
    @Autowired
    private ObjectMapper objectMapper;
    /**
     * 基于 AUTO 的确认消费模式-消费者-其中:
     * queues 指的是监听的队列
     * containerFactory 指的是监听器所在的容器工厂-这在 RabbitmqConfig 中已经进行
了 AUTO 消费模式的配置
     * @param msg
     */
    @RabbitListener(queues = "${mq.auto.knowledge.queue.name}",
containerFactory = "singleListenerContainerAuto")
    public void consumeAutoMsg(@Payload byte[] msg){
        try {
        //监听消费解析消息体
            KnowledgeInfo info=objectMapper.readValue(msg, KnowledgeInfo.class);
        //打印日志
            log.info("基于 AUTO 的确认消费模式-消费者监听消费消息-内容为: {} ",info);
        }catch (Exception e){
            log.error("基于 AUTO 的确认消费模式-消费者监听消费消息-发生异常: ",e.
fillInStackTrace());
        }
    }
}
```

其中，在监听消费消息方法 consumeAutoMsg()的@RabbitListener 注解中，我们配置了当前消费者所采用的容器工厂实例，即 singleListenerContainerAuto，这个实例是在步骤（2）中 RabbitmqConfig 配置类中创建的，如图 5.49 所示。

```
/**
 * 单一消费者-确认模式为AUTO
 * @return
 */
@Bean(name = "singleListenerContainerAuto")
public SimpleRabbitListenerContainerFactory listenerContainerAuto(){
    SimpleRabbitListenerContainerFactory factory = new SimpleRabbitListenerContainerFactory();
    factory.setConnectionFactory(connectionFactory);
    factory.setMessageConverter(new Jackson2JsonMessageConverter());
    factory.setConcurrentConsumers(1);
    factory.setMaxConcurrentConsumers(1);
    factory.setPrefetchCount(1);
    //设置确认消费模式为自动确认消费-AUTO
    factory.setAcknowledgeMode(AcknowledgeMode.AUTO);
    return factory;
}
```

图 5.49　基于 AUTO 机制的自动确认消费模式——消费者容器工厂实例配置

（5）在 Java 单元测试类 RabbitmqTest 中开发 Java 单元测试方法 test6，用于触发生产者发送消息，其源代码如下:

```
@Test
public void test6() throws Exception{
    //定义实体类对象实例，用于充当即将发送的消息
```

```
    KnowledgeInfo info=new KnowledgeInfo();
    info.setId(10010);
    info.setCode("auto");
    info.setMode("基于 AUTO 的消息确认消费模式");
    //调用生产者发送消息的方法
    knowledgePublisher.sendAutoMsg(info);
}
```

运行 Java 单元测试方法，观察控制台的输出信息，可以看到，生产者已经成功发送消息，消费者已经成功监听消费该消息，如图 5.50 所示。

```
INFO [main] --- KnowledgePublisher: 基于AUTO机制-生产者发送消息-内容为: KnowledgeInfo(id=10010, mode=基于

WARN [SimpleAsyncTaskExecutor-1] --- Jackson2JsonMessageConverter: Could not convert incoming message
ctet-stream]
INFO [Thread-4] --- GenericWebApplicationContext: Closing org.springframework.web.context.support
7bddad: startup date [Sun Apr 07 10:40:54 CST 2019]; root of context hierarchy
INFO [AMQP Connection 127.0.0.1:5672] --- RabbitmqConfig: 消息发送成功:correlationData(null),ack(true),

INFO [Thread-4] --- DefaultLifecycleProcessor: Stopping beans in phase 2147483647
INFO [Thread-4] --- SimpleMessageListenerContainer: Waiting for workers to finish.
INFO [SimpleAsyncTaskExecutor-1] --- KnowledgeConsumer: 基于AUTO的确认消费模式-消费者监听消费消息-内容为:
AUTO的消息确认消费模式, code=auto)
INFO [Thread-4] --- SimpleMessageListenerContainer: Successfully waited for workers to finish.
INFO [Thread-4] --- SimpleMessageListenerContainer: Waiting for workers to finish.
```

图 5.50　基于 AUTO 的确认消费模式——控制台输出结果

打开浏览器，在地址栏输入 http://127.0.0.1:15672 并回车，输入账号和密码（均为 guest）进入 RabbitMQ 的后端控制台，即可查看相应的队列列表。单击并查看我们在上述代码中创建的队列的详情，即可看到该队列的详细信息，如图 5.51 所示。

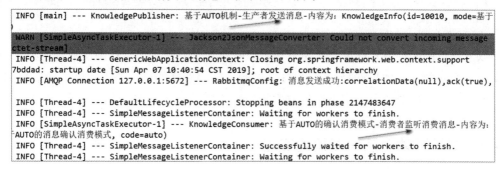

图 5.51　基于 AUTO 的确认消费模式——队列详情

至此，基于 AUTO 的确认消费机制的代码已经演示完毕。细心的读者可能已发现，

此种消息模式其实只需要在 RabbitmqConfig 配置类中创建监听器容器工厂实例，并在该实例中指定消息的确认消费模式为 AUTO 即可，而其他的如发送消息、监听消费消息的流程则没有太大的变化。

在 Spring Boot 整合 RabbitMQ 的项目中，除了采用这种方式指定消费者的确认消费模式之外，还可以通过在配置文件 application.properties 中配置全局的消息确认消费模式，其配置如下：

```
#全局设置队列的确认消费模式。如果队列对应的消费者没有指定消费确认模式
#则将默认指定全局配置的 AUTO 模式
spring.rabbitmq.listener.simple.acknowledge-mode=auto
```

以上提供的两种方式都可以实现消费者监听消费消息时采用自动确认消费的模式。而在实际开发环境中，如果选择基于 AUTO 机制实现消费者的确认消费模式，一般采用配置文件进行全局配置即可，因为这种方式很便捷，只需一行配置代码即可。

5.4.4　基于手动确认消费模式实战

基于 MANUAL 的"手动"确认消费机制相对于 AUTO 的"自动"确认消费机制而言则比较复杂，因为其需要在"消费者处理完消息的逻辑"之后，手动编写代码进行确认消费，最终将该消息从队列中移除，从而避免消息被重复投入队列而被重复消费。

下面仍然以简单的消息模型为例，进行代码演练，其中相关的实体类文件存放的目录结构如图 5.52 所示。

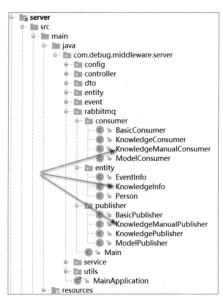

图 5.52　基于 MANUAL 的手动确认消费模式——代码目录结构

（1）需要在 RabbitmqConfig 配置类中创建队列、交换机和路由等相关组件，同时需要创建"基于 MANUAL 手动确认消费模式"对应的消费者所在的监听器容器工厂实例，目的是用于设置消息的确认消费模式为 MANUAL，其源代码如下：

```
/**
* 单一消费者-确认模式为 MANUAL
* @return
*/
//创建队列
@Bean(name = "manualQueue")
public Queue manualQueue(){
  //创建并返回队列实例
  return new Queue(env.getProperty("mq.manual.knowledge.queue.name"),true);
}
//创建交换机
@Bean
public TopicExchange manualExchange(){
  //创建并返回交换机实例
  return new TopicExchange(env.getProperty("mq.manual.knowledge.exchange.
name"),true,false);
}
//创建绑定
@Bean
public Binding manualBinding(){
  //创建并返回队列交换机和路由的绑定实例
  return BindingBuilder.bind(manualQueue()).to(manualExchange()).with
(env.getProperty("mq.manual.knowledge.routing.key.name"));
}
//定义手动确认消费模式对应的消费者监听器实例
@Autowired
private KnowledgeManualConsumer knowledgeManualConsumer;
/**
* 创建消费者监听器容器工厂实例-确认模式为 MANUAL，并指定监听的队列和消费者
* @param manualQueue
* @return
*/
@Bean(name = "simpleContainerManual")
public SimpleMessageListenerContainer simpleContainer(@Qualifier("manualQueue")
Queue manualQueue){
  //创建消息监听器容器实例
  SimpleMessageListenerContainer container=new SimpleMessageListenerContainer();
 //设置链接工厂
  container.setConnectionFactory(connectionFactory);
  //设置消息的传输格式-JSON 格式
  container.setMessageConverter(new Jackson2JsonMessageConverter());
```

```
    //单一消费者实例配置
    container.setConcurrentConsumers(1);
    container.setMaxConcurrentConsumers(1);
    container.setPrefetchCount(1);

    //TODO：设置消息的确认模式，采用手动确认消费机制
    container.setAcknowledgeMode(AcknowledgeMode.MANUAL);
    //指定该容器中监听的队列
    container.setQueues(manualQueue);
    //指定该容器中消息监听器，即消费者
    container.setMessageListener(knowledgeManualConsumer);
    //返回容器工厂实例
    return container;
}
```

（2）进行消息监听器（即消费者）KnowledgeManualConsumer 相关功能的开发。由于其采用手动确认消费的模式，因而该监听器需要实现"RabbitMQ 通道确认消息监听器"，即 ChannelAwareMessageListener 接口，并实现 onMessage()方法。在该方法体中实现相应的业务逻辑，并在执行完业务逻辑之后，手动调用 channel.basicAck() 和 channel.basicReject()等方法确认消费队列中的消息，最终将该消息从队列中移除，其源代码如下：

```
//导入依赖包
import com.debug.middleware.server.rabbitmq.entity.KnowledgeInfo;
import com.fasterxml.jackson.databind.ObjectMapper;
import com.rabbitmq.client.Channel;
import org.slf4j.Logger;
import org.slf4j.LoggerFactory;
import org.springframework.amqp.core.Message;
import org.springframework.amqp.core.MessageProperties;
import org.springframework.amqp.rabbit.core.ChannelAwareMessageListener;
import org.springframework.beans.factory.annotation.Autowired;
import org.springframework.stereotype.Component;
/**
 * 确认消费模式-人为手动确认消费-监听器
 * @Author:debug (SteadyJack)
**/
@Component("knowledgeManualConsumer")
public class KnowledgeManualConsumer implements ChannelAwareMessageListener{
    //定义日志
    private static final Logger log= LoggerFactory.getLogger(Knowledge
ManualConsumer.class);
    //定义 JSON 序列化和反序列化组件实例
    @Autowired
```

```
private ObjectMapper objectMapper;
/**
 * 监听消费消息
 * @param message 消息实体
 * @param channel 通道实例
 * @throws Exception
 */
@Override
public void onMessage(Message message, Channel channel) throws Exception {
    //获取消息属性
    MessageProperties messageProperties=message.getMessageProperties();
    //获取消息分发时的全局唯一标识
    long deliveryTag=messageProperties.getDeliveryTag();
    //捕获异常
    try {
    //获得消息体
        byte[] msg=message.getBody();
    //解析消息体
        KnowledgeInfo info=objectMapper.readValue(msg, KnowledgeInfo.class);
        //打印日志信息
        log.info("确认消费模式-人为手动确认消费-监听器监听消费消息-内容为: {} ",info);

        //执行完业务逻辑后，手动进行确认消费，其中第一个参数为：消息的分发标识
(全局唯一);第二个参数：是否允许批量确认消费(在这里设置为true)
        channel.basicAck(deliveryTag,true);
    }catch (Exception e){
        log.info("确认消费模式-人为手动确认消费-监听器监听消费消息-发生异常：",
e.fillInStackTrace());

        //如果在处理消息的过程中发生了异常，则依旧需要人为手动确认消费掉该消息
        //否则该消息将一直留在队列中，从而导致消息的重复消费
        channel.basicReject(deliveryTag,false);
}
}}
```

从上述代码中可以看到，"基于 MANUAL 确认消费模式"需要在执行完实际的业务逻辑之后，手动调用相关的方法进行确认消费，哪怕是在处理的过程中发生了异常，也需要执行"确认消费"，避免消息一直留在队列从而出现重复消费的现象！

（3）开发用于发送消息的生产者 KnowledgeManualPublisher，其源代码如下：

```
//导入依赖包
import com.debug.middleware.server.rabbitmq.entity.KnowledgeInfo;
import com.fasterxml.jackson.databind.ObjectMapper;
import org.slf4j.Logger;
import org.slf4j.LoggerFactory;
```

```java
import org.springframework.amqp.core.Message;
import org.springframework.amqp.core.MessageBuilder;
import org.springframework.amqp.core.MessageDeliveryMode;
import org.springframework.amqp.rabbit.core.RabbitTemplate;
import org.springframework.amqp.support.converter.Jackson2JsonMessageConverter;
import org.springframework.beans.factory.annotation.Autowired;
import org.springframework.core.env.Environment;
import org.springframework.stereotype.Component;
/**
 * 确认消费模式-手动确认消费-生产者
 * @Author:debug (SteadyJack)
 **/
@Component
public class KnowledgeManualPublisher {
    //定义日志
    private static final Logger log= LoggerFactory.getLogger(Knowledge
ManualPublisher.class);
    //定义 Json 序列化和反序列化组件实例
    @Autowired
    private ObjectMapper objectMapper;
    //定义读取环境变量实例
    @Autowired
    private Environment env;
    //定义 RabbitMQ 操作组件实例
    @Autowired
    private RabbitTemplate rabbitTemplate;
    /**
     * 基于 MANUAL 机制-生产者发送消息
     * @param info
     */
    public void sendAutoMsg(KnowledgeInfo info){
        //捕获异常
        try {
            //判断对象是否 NULL
            if (info!=null){
                //设置消息传输的格式为 JSON
                rabbitTemplate.setMessageConverter(new Jackson2JsonMessage
Converter());
                //设置交换机 rabbitTemplate.setExchange(env.getProperty
("mq.manual.knowledge.exchange.name"));
                //设置路由 rabbitTemplate.setRoutingKey(env.getProperty
("mq.manual.knowledge.routing.key.name"));
                //创建消息
                Message message=MessageBuilder.withBody(objectMapper.write
ValueAsBytes(info))
                        .setDeliveryMode(MessageDeliveryMode.PERSISTENT)
                        .build();
```

```
        //发送消息
        rabbitTemplate.convertAndSend(message);
        //打印日志
        log.info("基于 MANUAL 机制-生产者发送消息-内容为：{} ",info);
    }
    }catch (Exception e){
        log.error("基于 MANUAL 机制-生产者发送消息-发生异常：{} ",info,
e.fillInStackTrace());
    }
    }
}
```

（4）在 Java 单元测试类 RabbitmqTest 中开发单元测试方法，用于触发生产者发送消息，其源代码如下：

```
@Test
public void test7() throws Exception{
    //定义实体对象
    KnowledgeInfo info=new KnowledgeInfo();
    //设置字段 id 取值
    info.setId(10011);
    //设置字段 code 取值
    info.setCode("manual");
    //设置字段 mode 取值
    info.setMode("基于 MANUAL 的消息确认消费模式");
    //调用生产者发送消息
    knowledgeManualPublisher.sendAutoMsg(info);
}
```

运行该单元测试方法，观察控制台的输出信息，可以看到，生产者已经成功发送消息，消费者也已经成功监听消费了该消息，如图 5.53 所示。

```
rabbitConnectionFactory#5f2cc4b3:0/SimpleConnection@45c6220b [delegate=amqp://guest@127.0.0.1:5672/, localPort= 21366]
[2019-04-07 14:20:31.184] boot -  INFO [main] --- RabbitmqTest: Started RabbitmqTest in 4.099 seconds (JVM running for 5.153)
[2019-04-07 14:20:31.254] boot -  INFO [main] --- KnowledgeManualPublisher: 基于MANUAL机制-生产者发送消息-内容为: KnowledgeInfo(id=10011,
mode=基于MANUAL的消息确认消费模式, code=manual)
[2019-04-07 14:20:31.258] boot -  INFO [Thread-4] --- GenericWebApplicationContext: Closing org.springframework.web.context.support
.GenericWebApplicationContext@7770f470: startup date [Sun Apr 07 14:20:27 CST 2019]; root of context hierarchy
[2019-04-07 14:20:31.260] boot -  INFO [Thread-4] --- DefaultLifecycleProcessor: Stopping beans in phase 2147483647
[2019-04-07 14:20:31.260] boot -  INFO [AMQP Connection 127.0.0.1:5672] --- RabbitmqConfig: 消息发送成功:correlationData(null),ack(true),
cause(null)
[2019-04-07 14:20:31.264] boot -  INFO [Thread-4] --- SimpleMessageListenerContainer: Waiting for workers to finish.
[2019-04-07 14:20:31.285] boot -  INFO [simpleContainerManual-1] --- KnowledgeManualConsumer: 确认消费模式-人为手动确认消费-监听器监听消费消息
-内容为: KnowledgeInfo(id=10011, mode=基于MANUAL的消息确认消费模式, code=manual)
[2019-04-07 14:20:31.286] boot -  INFO [Thread-4] --- SimpleMessageListenerContainer: Successfully waited for workers to finish.
[2019-04-07 14:20:31.288] boot -  INFO [Thread-4] --- SimpleMessageListenerContainer: Waiting for workers to finish.
```

图 5.53　基于 MANUAL 的手动确认消费模式——控制台输出结果

打开浏览器，在地址栏输入 http://127.0.0.1:15672 并回车，输入账号密码 guest、guest 进入 RabbitMQ 的后端控制台，即可查看相应的队列列表，单击并查看我们在上述代码中创建的队列的详情，即可看到该队列的详细信息，如图 5.54 所示。

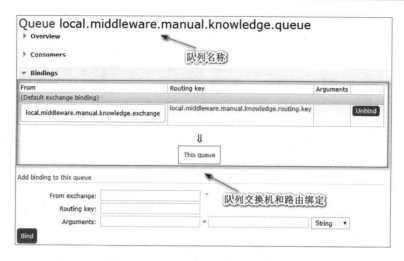

图 5.54　基于 MANUAL 的手动确认消费模式——队列详情

至此，基于 MANUAL 手动确认消费模式已经讲解完毕。虽然这种确认消费机制相对于其他几种机制而言比较复杂，但是在实际生产环境中，特别是在一些对消息、业务数据的传输有严格要求的业务场景里，此种确认消费模式能起到很大的作用。

比如它可避免消息被重复消费等状况，最终保证数据能成功到达消费端（即处理业务数据的某个地方）。

5.5　典型应用场景实战之用户登录成功写日志

RabbitMQ 作为一款具有高性能存储分发消息的分布式消息中间件，具有接口限流、服务解耦、异步通信、业务延迟处理等功能特性，在实际生产环境中具有广泛的应用。本节将基于前面搭建好的 Spring Boot 整合 RabbitMQ 的项目为奠基，以"用户登录成功写日志"为业务场景进行代码演练。

同时，借此业务场景为案例，巩固理解并掌握前面几节介绍的 RabbitMQ 的专有名词、消息模型、消息高可用设置，以及消息的发送、接收方式等知识要点。

5.5.1　整体业务流程介绍与分析

"用户登录"操作，相信各位读者并不陌生，用户只需要在界面上的相关位置输入用户名、密码等信息，并单击登录按钮，即可完成一次"用户登录"业务流程的执行。有时候有些应用为了跟踪用户的登录、操作轨迹，需要将每次用户登录成功之后的登录信息记入数据库，以便用于相关的日志分析。登录成功后的信息包括用户登录所在的 ip、登录时间、登录用户名及登录密码等信息。

而在整个业务流程中，"用户登录"A 是主流程，"记录用户登录轨迹"B 是辅助流程，因而在实际业务开发过程中，B 业务流程的处理不应当影响 A 业务流程的执行，即"记录用户登录轨迹"业务应当独立出来并采用异步线程进行处理。整体的业务流程如图 5.55 所示。

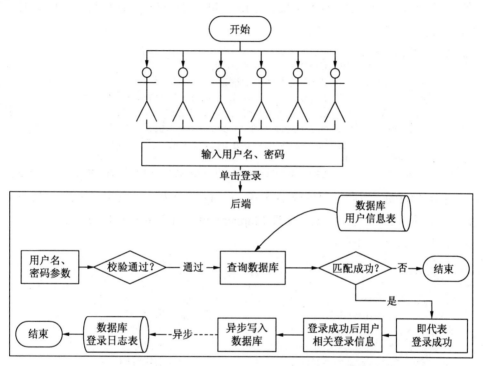

图 5.55　"用户登录成功记录日志"——整体业务流程

从图 5.55 中可以看出，整体的业务流程包含两大模块，即"登录模块"和"日志记录模块"，两大模块相互独立、互不干扰，而且为了不影响主模块的执行效率，"日志记录"模块应当异步于"登录"主模块执行。

5.5.2　数据库表设计

从前面对整个业务流程的分析可以得知，整体业务流程主要由两大模块构成，即"用户登录"和"日志记录"模块。基于这两个模块，我们进行相应数据库表的设计。

（1）进行用户信息表的设计，主要包含用户 id、用户名和登录密码等字段，其创建数据库表语句如下：

```
CREATE TABLE `user` (
  `id` int(11) NOT NULL AUTO_INCREMENT COMMENT '用户 id',
  `user_name` varchar(255) NOT NULL COMMENT '用户名',
  `password` varchar(255) NOT NULL COMMENT '密码',
  `create_time` datetime DEFAULT NULL COMMENT '创建时间',
  PRIMARY KEY (`id`),
  UNIQUE KEY `idx_user_name` (`user_name`) USING BTREE
) ENGINE=InnoDB AUTO_INCREMENT=4 DEFAULT CHARSET=utf8 COMMENT='用户信息表';
```

（2）进行日志记录表的设计，主要包含用户 id、用户操作所属模块、操作数据和备注等字段，其创建数据库表语句如下：

```
CREATE TABLE `sys_log` (
  `id` int(11) NOT NULL AUTO_INCREMENT,
  `user_id` int(11) DEFAULT '0' COMMENT '用户 id',
  `module` varchar(255) DEFAULT NULL COMMENT '所属操作模块',
  `data` varchar(5000) CHARACTER SET utf8mb4 DEFAULT NULL COMMENT '操作数据',
  `memo` varchar(500) CHARACTER SET utf8mb4 DEFAULT NULL COMMENT '备注',
  `create_time` datetime DEFAULT NULL COMMENT '创建时间',
  PRIMARY KEY (`id`)
) ENGINE=InnoDB AUTO_INCREMENT=3 DEFAULT CHARSET=utf8 COMMENT='日志记录表';
```

（3）采用 MyBatis 逆向工程生成 user 和 sys-log 这两个表对应的实体类、Mapper 操作接口和对应的动态 SQL 所在的配置文件 Mapper.xml。用户实体类 User 源代码如下：

```
import java.util.Date;
/**
**用户实体信息
**/
public class User {
    private Integer id;                     //用户 id
    private String userName;                //用户名
    private String password;                //密码
    private Date createTime;                //创建时间

    //此处省略所有字段的 getter、setter 方法
    ......
}
```

系统日志记录类 SysLog 源代码如下：

```
import java.util.Date;
/**
**操作日志实体信息
**/
public class SysLog {
    private Integer id;                     //主键 id
    private Integer userId;                 //用户 id
    private String module;                  //用户操作所属模块
    private String data;                    //操作数据
    private String memo;                    //备注
    private Date createTime;                //操作时间
```

```
//此处省略所有字段的getter、setter方法
……
}
```

紧接着是用户实体类 User 对应的 **Mapper** 操作接口，在这里开发一个查询功能，即根据用户名和密码进行查询的方法，其源代码如下：

```
//导入依赖包
import com.debug.middleware.model.entity.User;
import org.apache.ibatis.annotations.Param;
/**
**用户实体对象对应的Mapper操作接口
**/
public interface UserMapper {
    //根据用户id删除
    int deleteByPrimaryKey(Integer id);
    //插入用户信息
    int insert(User record);
    //插入用户实体信息
    int insertSelective(User record);
    //根据用户id查询
    User selectByPrimaryKey(Integer id);
    //更新用户实体信息
    int updateByPrimaryKeySelective(User record);
    //更新用户实体信息
    int updateByPrimaryKey(User record);
    //根据用户名和密码查询
    User selectByUserNamePassword(@Param("userName") String userName,
@Param("password") String password);
}
```

该 UserMapper 对应的 SQL 配置文件 UserMapper.xml 的源代码如下：

```
<!--XML文件头部定义-->
<?xml version="1.0" encoding="UTF-8" ?>
<!DOCTYPE mapper PUBLIC "-//mybatis.org//DTD Mapper 3.0//EN" "http:/
/mybatis.org/dtd/mybatis-3-mapper.dtd" >
<!--userMapper操作类所在的命名空间定义-->
<mapper namespace="com.debug.middleware.model.mapper.UserMapper" >
  <!--查询得到的结果集映射配置-->
  <resultMap id="BaseResultMap" type="com.debug.middleware.model.entity.
User" >
    <id column="id" property="id" jdbcType="INTEGER" />
    <result column="user_name" property="userName" jdbcType="VARCHAR" />
    <result column="password" property="password" jdbcType="VARCHAR" />
    <result column="create_time" property="createTime" jdbcType="TIMESTAMP" />
  </resultMap>
  <!--用于查询的SQL片段-->
  <sql id="Base_Column_List" >
    id, user_name, password, create_time
  </sql>
  <!--根据用户id查询用户实体信息-->
```

```xml
  <select id="selectByPrimaryKey" resultMap="BaseResultMap" parameterType
="java.lang.Integer" >
    select
    <include refid="Base_Column_List" />
    from user
    where id = #{id,jdbcType=INTEGER}
  </select>
  <!--根据用户id删除用户实体信息记录-->
  <delete id="deleteByPrimaryKey" parameterType="java.lang.Integer" >
    delete from user
    where id = #{id,jdbcType=INTEGER}
  </delete>
  <!--插入用户实体信息-->
  <insert id="insert" parameterType="com.debug.middleware.model.entity.
User" >
    insert into user (id, user_name, password,
      create_time)
    values (#{id,jdbcType=INTEGER}, #{userName,jdbcType=VARCHAR}, #{password,
jdbcType=VARCHAR},
      #{createTime,jdbcType=TIMESTAMP})
  </insert>
  <!--插入用户实体信息-->
  <insert id="insertSelective" parameterType="com.debug.middleware.model.
entity.User" >
    insert into user
    <trim prefix="(" suffix=")" suffixOverrides="," >
      <if test="id != null" >
        id,
      </if>
      <if test="userName != null" >
        user_name,
      </if>
      <if test="password != null" >
        password,
      </if>
      <if test="createTime != null" >
        create_time,
      </if>
    </trim>
    <trim prefix="values (" suffix=")" suffixOverrides="," >
      <if test="id != null" >
        #{id,jdbcType=INTEGER},
      </if>
      <if test="userName != null" >
        #{userName,jdbcType=VARCHAR},
      </if>
      <if test="password != null" >
        #{password,jdbcType=VARCHAR},
      </if>
      <if test="createTime != null" >
        #{createTime,jdbcType=TIMESTAMP},
      </if>
    </trim>
  </insert>
```

```xml
<!--更新用户实体信息-->
<update id="updateByPrimaryKeySelective" parameterType="com.debug.middleware.
model.entity.User" >
   update user
   <set >
     <if test="userName != null" >
       user_name = #{userName,jdbcType=VARCHAR},
     </if>
     <if test="password != null" >
       password = #{password,jdbcType=VARCHAR},
     </if>
     <if test="createTime != null" >
       create_time = #{createTime,jdbcType=TIMESTAMP},
     </if>
   </set>
   where id = #{id,jdbcType=INTEGER}
</update>
<!--更新用户实体信息-->
<update id="updateByPrimaryKey" parameterType="com.debug.middleware.
model.entity.User" >
   update user
   set user_name = #{userName,jdbcType=VARCHAR},
     password = #{password,jdbcType=VARCHAR},
     create_time = #{createTime,jdbcType=TIMESTAMP}
   where id = #{id,jdbcType=INTEGER}
</update>

<!--根据用户名、密码，查询用户实体信息-->
<select id="selectByUserNamePassword" resultType="com.debug.middleware.
model.entity.User">
   SELECT <include refid="Base_Column_List"/>
   FROM user WHERE user_name=#{userName} AND password=#{password}
</select>
</mapper>
```

最后是系统日志实体类 SysLog 对应的 Mapper 操作接口，其源代码如下：

```java
//导入依赖包
import com.debug.middleware.model.entity.SysLog;
/**
**日志记录实体对象对应的 Mapper 操作接口
**/
public interface SysLogMapper {
    //根据用户 id 删除用户记录
    int deleteByPrimaryKey(Integer id);
    //插入用户实体信息
    int insert(SysLog record);
    //插入用户实体信息
    int insertSelective(SysLog record);
    //根据用户 id 查询用户实体信息
    SysLog selectByPrimaryKey(Integer id);
    //更新用户实体信息
    int updateByPrimaryKeySelective(SysLog record);
    //更新用户实体信息
```

```
   int updateByPrimaryKey(SysLog record);
}
```

该 SysLogMapper 对应的 SQL 配置文件 SysLogMapper.xml 的源代码如下：

```xml
<?XML version="1.0" encoding="UTF-8" ?>
<!--XML 头部定义-->
<!DOCTYPE mapper PUBLIC "-//mybatis.org//DTD Mapper 3.0//EN" "http://
mybatis.org/dtd/mybatis-3-mapper.dtd" >
<!--SysLogMapper 操作接口所在的命名空间-->
<mapper namespace="com.debug.middleware.model.mapper.SysLogMapper" >
  <!--查询得到的结果集映射配置-->
  <resultMap id="BaseResultMap" type="com.debug.middleware.model.entity.
SysLog" >
    <id column="id" property="id" jdbcType="INTEGER" />
    <result column="user_id" property="userId" jdbcType="INTEGER" />
    <result column="module" property="module" jdbcType="VARCHAR" />
    <result column="data" property="data" jdbcType="VARCHAR" />
    <result column="memo" property="memo" jdbcType="VARCHAR" />
    <result column="create_time" property="createTime" jdbcType="TIMESTAMP" />
  </resultMap>
  <!--定义查询的 SQL 片段-->
  <sql id="Base_Column_List" >
   id, user_id, module, data, memo, create_time
  </sql>
  <!--根据主键 id 查询日志记录-->
  <select id="selectByPrimaryKey" resultMap="BaseResultMap" parameterType
="java.lang.Integer" >
    select
    <include refid="Base_Column_List" />
    from sys_log
    where id = #{id,jdbcType=INTEGER}
  </select>
  <!--根据主键 id 删除日志记录-->
  <delete id="deleteByPrimaryKey" parameterType="java.lang.Integer" >
    delete from sys_log
    where id = #{id,jdbcType=INTEGER}
  </delete>
  <!--插入日志记录-->
  <insert id="insert" parameterType="com.debug.middleware.model.entity.
SysLog" >
    insert into sys_log (id, user_id, module,
      data, memo, create_time
      )
    values (#{id,jdbcType=INTEGER}, #{userId,jdbcType=INTEGER}, #{module,
jdbcType=VARCHAR},
      #{data,jdbcType=VARCHAR}, #{memo,jdbcType=VARCHAR}, #{createTime,
jdbcType=TIMESTAMP}
      )
  </insert>
  <!--插入日志记录-->
  <insert id="insertSelective" parameterType="com.debug.middleware.model.
entity.SysLog" >
    insert into sys_log
```

```xml
        <trim prefix="(" suffix=")" suffixOverrides="," >
          <if test="id != null" >
            id,
          </if>
          <if test="userId != null" >
            user_id,
          </if>
          <if test="module != null" >
            module,
          </if>
          <if test="data != null" >
            data,
          </if>
          <if test="memo != null" >
            memo,
          </if>
          <if test="createTime != null" >
            create_time,
          </if>
        </trim>
        <trim prefix="values (" suffix=")" suffixOverrides="," >
          <if test="id != null" >
            #{id,jdbcType=INTEGER},
          </if>
          <if test="userId != null" >
            #{userId,jdbcType=INTEGER},
          </if>
          <if test="module != null" >
            #{module,jdbcType=VARCHAR},
          </if>
          <if test="data != null" >
            #{data,jdbcType=VARCHAR},
          </if>
          <if test="memo != null" >
            #{memo,jdbcType=VARCHAR},
          </if>
          <if test="createTime != null" >
            #{createTime,jdbcType=TIMESTAMP},
          </if>
        </trim>
      </insert>
      <!--更新日志记录-->
      <update id="updateByPrimaryKeySelective" parameterType="com.debug.
  middleware.model.entity.SysLog" >
        update sys_log
        <set >
          <if test="userId != null" >
            user_id = #{userId,jdbcType=INTEGER},
          </if>
          <if test="module != null" >
            module = #{module,jdbcType=VARCHAR},
          </if>
          <if test="data != null" >
            data = #{data,jdbcType=VARCHAR},
          </if>
```

```
      <if test="memo != null" >
        memo = #{memo,jdbcType=VARCHAR},
      </if>
      <if test="createTime != null" >
        create_time = #{createTime,jdbcType=TIMESTAMP},
      </if>
    </set>
    where id = #{id,jdbcType=INTEGER}
  </update>
  <!--更新日志记录-->
  <update id="updateByPrimaryKey" parameterType="com.debug.middleware.
model.entity.SysLog" >
    update sys_log
    set user_id = #{userId,jdbcType=INTEGER},
      module = #{module,jdbcType=VARCHAR},
      data = #{data,jdbcType=VARCHAR},
      memo = #{memo,jdbcType=VARCHAR},
      create_time = #{createTime,jdbcType=TIMESTAMP}
    where id = #{id,jdbcType=INTEGER}
  </update>
</mapper>
```

（4）其中 MyBatis 逆向工程生成的实体类、Mapper 操作接口和对应的 SQL 配置文件
Mapper.xml 所在的目录结构如图 5.56 所示。

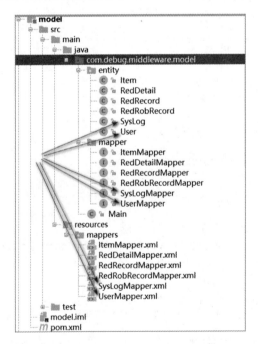

图 5.56　"用户登录成功记录日志"——MyBatis 逆向工程生成的文件所在目录

至此，相关数据库表和对应的实体类、DAO（数据库访问层）层已经开发完成，下面
进入代码实战环节。

5.5.3　开发环境搭建

下面我们采用 MVC（MoDel View Controller，模型—视图—控制器）的开发模式，搭建整体业务流程对应的开发环境，以实际代码实现"用户登录写日志"业务功能，相关代码文件所在的目录结构如图 5.57 和图 5.58 所示。

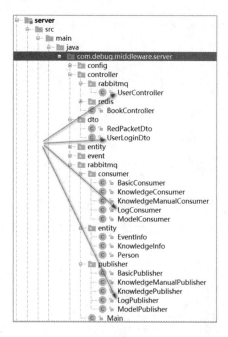

图 5.57　"用户登录成功记录日志"实战代码文件目录结构 1

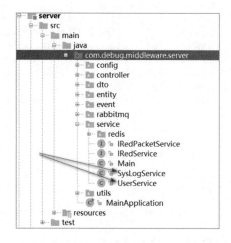

图 5.58　"用户登录成功记录日志"实战代码文件目录结构图 2

（1）定义用户单击登录按钮时，后端需要接收的用户登录信息，主要包括用户名和密码，在这里将其封装成实体类 UserLoginDto 进行接收，其源代码如下：

```java
//导入依赖包
import lombok.Data;
import lombok.ToString;
import org.hibernate.validator.constraints:NotBlank;
import java.io.Serializable;
/**
 * 用户登录实体信息
 * @Author:debug (SteadyJack)
**/
@Data
@ToString
public class UserLoginDto implements Serializable{
    @NotBlank
    private String userName;              //用户名-必填
    @NotBlank
    private String password;              //登录密码-必填

    private Integer userId;               //用户id
}
```

（2）开发"接收并处理用户登录实体信息"的控制器 UserController，主要用于校验前端用户提交的相关登录信息，并将校验通过后的数据传递给 Service 层进行处理，其源代码如下：

```java
//导入依赖包
import com.debug.middleware.api.enums.StatusCode;
import com.debug.middleware.api.response.BaseResponse;
import com.debug.middleware.server.dto.UserLoginDto;
import com.debug.middleware.server.service.UserService;
import org.slf4j.Logger;
import org.slf4j.LoggerFactory;
import org.springframework.beans.factory.annotation.Autowired;
import org.springframework.http.MediaType;
import org.springframework.validation.BindingResult;
import org.springframework.validation.annotation.Validated;
import org.springframework.web.bind.annotation.RequestBody;
import org.springframework.web.bind.annotation.RequestMapping;
import org.springframework.web.bind.annotation.RequestMethod;
import org.springframework.web.bind.annotation.RestController;
/**
 * 用户登录 controller
 * @Author:debug (SteadyJack)
**/
@RestController
public class UserController {
    //定义日志
    private static final Logger log= LoggerFactory.getLogger(UserController.class);
    //前端请求前缀
    private static final String prefix="user";
```

```
    //注入用户操作 Service 层实例
    @Autowired
    private UserService userService;
    /**
     * 用户登录
     * @return
     */
    @RequestMapping(value = prefix+"/login",method = RequestMethod.POST,
consumes = MediaType.APPLICATION_JSON_UTF8_VALUE)
    public BaseResponse login(@RequestBody @Validated UserLoginDto dto,
BindingResult result){
        //校验前端用户提交的用户登录信息的合法性
        if (result.hasErrors()){
            return new BaseResponse(StatusCode.InvalidParams);
        }
        //定义返回结果实例
        BaseResponse response=new BaseResponse(StatusCode.Success);
        try {
            //调用 Service 层方法真正处理用户登录逻辑
            Boolean res=userService.login(dto);
            if (res){
                //表示 res=true，即用户登录成功
                response=new BaseResponse(StatusCode.Success.getCode(),
"登录成功");
            }else{
                //表示 res=false，即用户登录失败
                response=new BaseResponse(StatusCode.Fail.getCode(),"登录失
败-账户名密码不匹配");
            }
        }catch (Exception e){
        //表示处理过程发生异常
            response=new BaseResponse(StatusCode.Fail.getCode(),e.getMessage());
        }
        //返回最终处理的结果
        return response;
    }
}
```

（3）开发用户登录服务 UserService 类相关功能。

```
//导入依赖包
import com.debug.middleware.model.entity.User;
import com.debug.middleware.model.mapper.UserMapper;
import com.debug.middleware.server.dto.UserLoginDto;
import com.debug.middleware.server.rabbitmq.publisher.LogPublisher;
import org.slf4j.Logger;
import org.slf4j.LoggerFactory;
import org.springframework.beans.factory.annotation.Autowired;
import org.springframework.stereotype.Service;
/**
 * 用户服务
 * @Author:debug (SteadyJack)
 **/
@Service
```

```java
public class UserService {
    //定义日志
    private static final Logger log= LoggerFactory.getLogger(UserService.class);
    //注入用户实体类对应的 Mapper 操作接口
    @Autowired
    private UserMapper userMapper;
    //日志生产者-用于发送登录成功后相关用户消息
    @Autowired
    private LogPublisher logPublisher;
    /**
     * 用户登录服务
     * @param dto
     * @return
     * @throws Exception
     */
    public Boolean login(UserLoginDto dto) throws Exception{
        //根据用户名和密码查询用户实体记录
        User user=userMapper.selectByUserNamePassword(dto.getUserName(),
dto.getPassword());
        //表示数据库表中存在该用户，并且密码是匹配的
        if (user!=null){
            //此时表示当前用户已经登录成功，需要对相应的字段进行赋值
            dto.setUserId(user.getId());
            //发送登录成功日志信息
            logPublisher.sendLogMsg(dto);
            //返回登录成功
            return true;
        }else{
            //返回登录失败
            return false;
        }
    }
}
```

其中，LogPublisher 表示用于生产日志信息的生产者，它主要由 RabbitMQ 的相关操作组件来实现，在后面几节中将会具体介绍。

5.5.4　基于 TopicExchange 构建日志消息模型

在前面介绍的 UserService 类的相关方法中，用户登录成功之后需要将相关的用户登录信息通过 RabbitMQ 的消息队列异步写入数据库中，因而我们需要在 RabbitmqConfig 配置类中创建相应的队列、交换机和路由等相关组件，即构建"日志消息模型"，其源代码如下：

```java
/**用户登录成功写日志消息模型创建**/
    //创建队列
    @Bean(name = "loginQueue")
    public Queue loginQueue(){
        return new Queue(env.getProperty("mq.login.queue.name"),true);
```

```
    }
    //创建交换机
    @Bean
    public TopicExchange loginExchange(){
        return new TopicExchange(env.getProperty("mq.login.exchange.name"),
true,false);
    }
    //创建绑定
    @Bean
    public Binding loginBinding(){
        return BindingBuilder.bind(loginQueue()).to(loginExchange()).with
(env.getProperty("mq.login.routing.key.name"));      }
```

其中, 读取环境变量实例 env 读取的变量是配置在配置文件 application.properties 中的, 其变量取值如下:

```
#用户登录成功写日志消息模型
#定义队列名称
mq.login.queue.name=${mq.env}.middleware.login.queue
#定义交换机名称
mq.login.exchange.name=${mq.env}.login.exchange
#定义路由名称
mq.login.routing.key.name=${mq.env}.login.routing.key
```

在这里, 我们是基于 TopicExchange 构建 "用户登录成功写日志" 的消息模型, 这主要是为了方便后续进行扩展。比如当有多个地方需要监听写日志记录的队列时, 则可以将该消息模型的路由名称设置为具有通配符 "#" 或者 "*" 的格式。

5.5.5 异步发送接收登录日志消息实战

至此已经创建好了 "用户登录成功写日志" 的消息模型, 接下来开发 "用户登录成功后将相关登录信息异步写入数据库" 的功能, 即在 LogPublisher 类中开发相应的方法, 用于将相关消息发送给 RabbitMQ 的队列, 并被相应的消费者监听消费。其源代码如下:

```
//导入依赖包
import com.debug.middleware.server.dto.UserLoginDto;
import com.fasterxml.jackson.databind.ObjectMapper;
import org.slf4j.Logger;
import org.slf4j.LoggerFactory;
import org.springframework.amqp.AmqpException;
import org.springframework.amqp.core.Message;
import org.springframework.amqp.core.MessageDeliveryMode;
import org.springframework.amqp.core.MessagePostProcessor;
import org.springframework.amqp.core.MessageProperties;
import org.springframework.amqp.rabbit.core.RabbitTemplate;
import org.springframework.amqp.support.converter.AbstractJavaTypeMapper;
import org.springframework.amqp.support.converter.Jackson2JsonMessage
Converter;
import org.springframework.beans.factory.annotation.Autowired;
```

```java
import org.springframework.core.env.Environment;
import org.springframework.stereotype.Component;
/**
 * 系统日志记录-生产者
 * @Author:debug (SteadyJack)
**/
@Component
public class LogPublisher {
    //定义日志
    private static final Logger log= LoggerFactory.getLogger(LogPublisher.
class);
    //定义 RabbitMQ 操作组件
    @Autowired
    private RabbitTemplate rabbitTemplate;
    //定义环境变量读取实例 env
    @Autowired
    private Environment env;
    //定义 JSON 序列化和反序列化组件
    @Autowired
    private ObjectMapper objectMapper;
    /**
     * 将登录成功后的用户相关信息发送给队列
     * @param loginDto
     */
    public void sendLogMsg(UserLoginDto loginDto){
        try {
            //设置消息传输格式-JSON
            rabbitTemplate.setMessageConverter(new Jackson2JsonMessageConverter());
            //设置交换机
            rabbitTemplate.setExchange(env.getProperty("mq.login.exchange.
name"));
            //设置路由
            rabbitTemplate.setRoutingKey(env.getProperty("mq.login.routing.
key.name"));
            //发送消息
            rabbitTemplate.convertAndSend(loginDto, new MessagePostProcessor() {
                @Override
                public Message postProcessMessage(Message message) throws
AmqpException {
                    //获取消息属性
                    MessageProperties messageProperties=message.getMessage
Properties();
                    //设置消息的持久化模式为持久化 messageProperties.setDelivery
Mode(MessageDeliveryMode.PERSISTENT);
                    //设置消息头，表示传的消息直接指定为某个类实例，消费者在监听消费时
可以直接定义该类对象参数进行接收即可 messageProperties.
setHeader(AbstractJavaTypeMapper.DEFAULT_CONTENT_CLASSID_FIELD_NAME,
UserLoginDto.class);
                    //返回消息实例
                    return message;
                }
            });
            //打印日志信息
```

```
        log.info("系统日志记录-生产者-将登录成功后的用户相关信息发送给队列-内容: {}",
loginDto);
        }catch (Exception e){
            log.error("系统日志记录-生产者-将登录成功后的用户相关信息发送给队列-发生异常: {} ",
loginDto,e.fillInStackTrace());
        }
    }
}
```

最后是开发"用户登录成功写日志"队列对应的消费者的相关功能，即 LogConsumer
类的相关方法，其源代码如下：

```
//导入依赖包
import com.debug.middleware.server.dto.UserLoginDto;
import com.debug.middleware.server.service.SysLogService;
import org.slf4j.Logger;
import org.slf4j.LoggerFactory;
import org.springframework.amqp.rabbit.annotation.RabbitListener;
import org.springframework.beans.factory.annotation.Autowired;
import org.springframework.messaging.handler.annotation.Payload;
import org.springframework.stereotype.Component;
/**
 * 系统日志记录-消费者
 * @Author:debug (SteadyJack)
**/
@Component
public class LogConsumer {
    //定义日志
    private static final Logger log= LoggerFactory.getLogger(LogConsumer.
class);
    //定义系统日志服务实例
    @Autowired
    private SysLogService sysLogService;
    /**
     * 监听消费并处理用户登录成功后的消息
     * @param loginDto
     */
    @RabbitListener(queues = "${mq.login.queue.name}",containerFactory =
"singleListenerContainer")
    public void consumeMsg(@Payload UserLoginDto loginDto){
        try {
            log.info("系统日志记录-消费者-监听消费用户登录成功后的消息-内容: {}",
loginDto);

            //调用日志记录服务-用于记录用户登录成后将相关登录信息记入数据库
            sysLogService.recordLog(loginDto);
        }catch (Exception e){
            log.error("系统日志记录-消费者-监听消费用户登录成功后的消息-发生异常: {} ",
loginDto,e.fillInStackTrace());
        }
    }
}
```

其中，SysLogService 类为记录系统日志服务，其内部方法主要用于将相关日志信息记入数据库，其源代码如下：

```
//导入依赖包
import com.debug.middleware.model.entity.SysLog;
import com.debug.middleware.model.mapper.SysLogMapper;
import com.debug.middleware.server.dto.UserLoginDto;
import com.fasterxml.jackson.databind.ObjectMapper;
import org.slf4j.Logger;
import org.slf4j.LoggerFactory;
import org.springframework.beans.factory.annotation.Autowired;
import org.springframework.scheduling.annotation.Async;
import org.springframework.scheduling.annotation.EnableAsync;
import org.springframework.stereotype.Service;
import java.util.Date;
/**
 * 系统日志服务
 * @Author:debug (SteadyJack)
**/
@Service
@EnableAsync
public class SysLogService {
    //定义日志
    private static final Logger log= LoggerFactory.getLogger(SysLogService.
class);
    //定义系统日志操作接口 Mapper
    @Autowired
    private SysLogMapper sysLogMapper;
    //定义 JSON 序列化和反序列化组件
    @Autowired
    private ObjectMapper objectMapper;
    /**
     * 将用户登录成功的信息记入数据库
     * @param dto
     */
    @Async
    public void recordLog(UserLoginDto dto){
        try {
            //定义系统日志对象，并设置相应字段的取值
            SysLog entity=new SysLog();
            entity.setUserId(dto.getUserId());
            entity.setModule("用户登录模块");
            entity.setData(objectMapper.writeValueAsString(dto));
            entity.setMemo("用户登录成功记录相关登录信息");
            entity.setCreateTime(new Date());

            //插入数据库
            sysLogMapper.insertSelective(entity);
        }catch (Exception e){
            log.error("系统日志服务-记录用户登录成功的信息入数据库-发生异常：{} ",
dto,e.fillInStackTrace());
        }
    }
}
```

至此，"用户登录成功异步写日志"整体业务的代码开发已经完成了。接下来将整个项目运行起来，观察控制台的输出信息，如果没有报错，则表示整体的代码开发没有什么错误。下面我们进行自测。

5.5.6　整体业务模块自测实战

将整个项目运行起来之后，如果控制台没有报错，则代表整体业务的代码部分没有语法级别的问题。下面我们对整体业务模块进行自测。

（1）打开 Postman，在地址栏输入 http://127.0.0.1:8087/middleware/user/login ，选择请求方法为 POST，选择 Body 为 JSON（application/json），并在请求体中输入相应的参数取值，表示用户单击登录按钮时提交的相应参数。其整体的请求信息如图 5.59 所示。

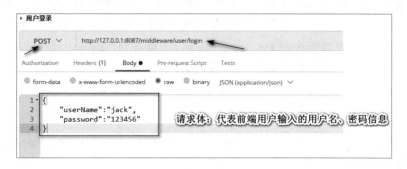

图 5.59　"用户登录成功记录日志"——Postman 请求图

（2）在上面发起的请求中，相应的参数表示当前用户名为 jack，登录密码为 123456，其参数取值信息如下：

```
{
"userName":"jack",
"password":"123456"
}
```

而这些用户名和登录密码的信息需要提前在数据库表 user 中输入，用于充当"测试数据"，如图 5.60 所示。

id	user_name	password	create_time
1 1	debug	123456	2019-04-07 19:03:41
2 2	jack	123456	2019-04-07 19:03:48
3 3	heart	123456	2019-04-07 19:03:56

图 5.60　"用户登录成功记录日志"——数据库表测试数据

（3）在 Postman 请求界面上，单击 Send 按钮，即可提交相关请求信息（这个操作相当于用户单击登录按钮）到后端相应的接口。此时观察控制台的输出信息，会发现当前用户名确实是存在于数据库中，而且其登录密码也是匹配的，输出信息如图 5.61 所示。

```
[2019-04-07 22:59:19.907] boot -  INFO [http-nio-8087-exec-2] --- DispatcherServlet: FrameworkServlet 'dispatcherServlet': initialization
 completed in 17 ms
[2019-04-07 22:59:20.198] boot -  INFO [http-nio-8087-exec-2] --- LogPublisher: 系统日志记录-生产者-发送登录成功后的用户相关信息入队列-内容:
UserLoginDto(userName=jack, password=123456, userId=2)
[2019-04-07 22:59:20.203] boot -  INFO [AMQP Connection 127.0.0.1:5672] --- RabbitmqConfig: 消息发送成功:correlationData(null),ack(true),cause
(null)
[2019-04-07 22:59:20.207] boot -  INFO [SimpleAsyncTaskExecutor-1] --- LogConsumer: 系统日志记录-消费者-监听消费用户登录成功后的消息-内容:
UserLoginDto(userName=jack, password=123456, userId=2)
[2019-04-07 22:59:20.208] boot -  INFO [SimpleAsyncTaskExecutor-1] --- AnnotationAsyncExecutionInterceptor: No task executor bean found for
 async processing: no bean of type TaskExecutor and no bean named 'taskExecutor' either
```

图 5.61　"用户登录成功记录日志"——控制台输出结果

从控制台输出结果中可以看出，用户登录成功后，会将相应的信息写入 RabbitMQ 的队列中，并采用不同于"主线程"的子线程异步去执行"写入数据库"的业务逻辑。

（4）此时，再观察数据库表 sys_log 的记录，即可看到数据库中已经成功插入了一条记录，该记录表示当前用户名为 jack 的登录日志，如图 5.62 所示。

图 5.62　"用户登录成功记录日志"——数据表记录结果

（5）观察 Postman 得到的响应结果，可以发现其返回了"登录成功"的响应信息，如图 5.63 所示。

图 5.63　"用户登录成功记录日志"——Postman 响应结果

（6）如果在 Postman 中输入数据库不存在的用户名或者错误的登录密码，则会得到"登录失败"的响应结果，此时是不会将相应的用户登录信息写入数据库和 RabbitMQ 的队列中的，如图 5.64 所示。

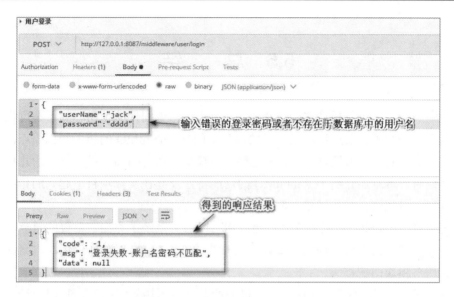

图 5.64　"用户登录成功记录日志"——Postman 响应结果

（7）打开浏览器，在地址栏输入 http://127.0.0.1:15672 并回车，输入账号和密码（均为 guest）进入 RabbitMQ 的后端控制台，即可查看相应的队列表。如图 5.65 所示为"用户登录成功异步写日志"对应的队列详情。

图 5.65　"用户登录成功记录日志"——RabbitMQ 队列详情

至此，完成"用户登录成功异步写日志"整体业务模块的代码实战和自测！

5.6　总　　结

在企业级应用系统架构演进的过程中，分布式消息中间件的使用起到了不可代替的作用。本章主要介绍了目前应用相当广泛的消息中间件 RabbitMQ 的相关知识要点，包括其相关专有名词、典型应用场景、常见的几种消息模型、消息的高可用和常见的几种确认消费机制。同时，本章还介绍了 RabbitMQ 的功能特性及其在实际项目中起到的作用，主要包括高并发接口限流、异步通信、服务解耦和业务延迟处理等。

总的来说，RabbitMQ 目前在企业级应用、微服务系统中充当着重要的角色，它可以通过异步通信等方式降低应用系统接口层面整体的响应时间，对传统应用高内聚的多服务模块进行服务模块的解耦等。

在本章的最后，我们还以实际生产环境中的典型应用场景"用户登录成功异步写日志"为案例，对该场景进行了整体业务流程的分析和模块划分，并基于此进行数据库表的设计和开发环境的搭建，从而帮助读者理解并掌握 RabbitMQ 相关专有名词、消息模型、消息的高可用，以及消息的发送、接收方式等知识要点，达到学以致用的目的。

第 6 章　死信队列/延迟队列实战

延时、延迟处理指定的业务逻辑，在实际生产环境中还是很常见的。比如，商城平台订单超过 30 分钟未支付将自动关闭；商城订单完成后，如果用户一直未评价，5 天后将自动好评；会员到期前 15 天和到期前 3 天分别发送短信提醒；延迟 1 小时发送邮件；延迟 30 分钟提交报表等。针对这些业务场景，分布式消息中间件 RabbitMQ 提供了"死信队列/延迟队列"，用以实现相应的业务逻辑。

本章主要内容有：

- 死信队列/延迟队列简介、作用及典型应用场景。
- 理解并掌握 RabbitMQ 死信队列的相关专有词汇和消息模型，并基于 Spring Boot 项目搭建死信队列消息模型，编写代码实现消息的发送和接收。
- 以实际应用场景"商城平台订单支付超时"为案例，掌握如何用代码实现实际业务场景中死信队列模型的构建，以及消息的延迟发送和接收。

6.1　死信队列概述

在前面章节中我们介绍了分布式消息中间件 RabbitMQ 的相关知识要点，其中就包括 RabbitMQ 的核心基础组件和各种基本的消息模型。比较典型的消息模型包括基于 TopicExchange 的消息模型、基于 DirectExchange 的消息模型和基于 FanoutExchange 的消息模型。

这些消息模型都有一个共同的特点，那就是消息一旦进入队列，将立即被对应的消费者监听消费。然而在某些业务场景中，有些业务数据对应的消息在进入队列后不希望立即被处理，而是要求该消息可以"延迟"一定的时间，再被消费者监听消费处理，这便是"死信队列/延迟队列"出现的初衷。

6.1.1　死信队列简介与作用

死信队列又称之为延迟队列、延时队列，也是 RabbitMQ 队列中的一种，指进入该队列中的消息会被延迟消费的队列。这种队列跟普通的队列相比，最大的差异在于消息一旦进入普通队列将会立即被消费处理，而延迟队列则是会过一定的时间再进行消费。

在传统企业级应用系统中，实现消息、业务数据的延迟处理一般是通过开启定时器的方式，轮询扫描并获取数据库表中满足条件的业务数据记录，然后比较数据记录的业务时间和当前时间。如果当前时间大于记录中的业务时间，则说明该数据记录已经超过了指定的时间而未被处理，此时需要执行相应的业务逻辑，比如失效该数据记录、发送通知信息给指定的用户等。对于这种处理方式，定时器是每隔一定的时间频率不间断地去扫描数据库表，并不断地获取满足业务条件的数据，直到手动关闭该定时器（如果不关闭的话，定时器开启的线程将一直运行下去）。

下面以"春运期间 12306 抢票"为例，介绍 RabbitMQ 死信队列的作用。春运期间抢票，相信读者并不陌生，当我们用 12306 抢票软件抢到火车票时，12306 官方会提醒用户"请在 30 分钟内付款"，正常情况下用户会立即付款，然后输入相应的支付密码支付车票的价格，扣款成功后，12306 官方会以邮件或者短信方式通知用户抢票和付款成功。

然而，实际中却存在着一些特殊情况。比如用户抢到火车票后，由于各种原因而迟迟没有付款（比如抢到的车票出行时间不是自己想要的），过了 30 分钟后仍然没有支付车票的价格，导致系统自动取消该笔订单。

类似这种"需要延迟一定的时间后再进行处理"的业务在实际生产环境中并不少见。传统企业级应用对于这种业务的处理是采用一个定时器定时去获取没有付款的订单，并判断用户的下单时间距离当前的时间是否已经超过 30 分钟。如果是，则表示用户在 30 分钟内仍然没有付款，系统将自动失效该笔订单并回收该车票。整个业务流程如图 6.1 所示。

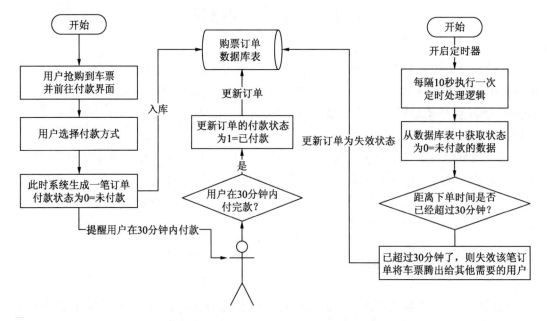

图 6.1　春运期间 12306 抢票——传统企业级应用系统处理流程

众所周知，春运抢票完全可以看作是一个大数据量、高并发请求的场景（全国几乎上千万、上亿的人都在抢），在某一时刻车票开抢之后，正常情况下将陆续会有用户抢到车票，但是距离车票付款成功是有一定的时间间隔的。在这段时间内，如果定时器频繁地从数据库中获取"未付款"状态的订单，其数据量之大将难以想象，而且如果大批量的用户在 30 分钟内迟迟不付款，那从数据库中获取的数据量将一直在增长，当达到一定程度时，将给数据库服务器和应用服务器带来巨大的压力，甚至会直接"压垮"服务器，导致抢票等业务全线崩溃，带来的后果将不堪设想！

早期的很多抢票软件每当赶上春运高峰期时，经常会出现网站崩溃、单击购买车票却一直没响应等状况，这在某种程度上可能是因为在某一时刻产生的高并发，或者定时频繁拉取数据库得到的数据量过大等状况而导致内存、CPU、网络和数据库服务等负载过高所引起的。

而消息中间件 RabbitMQ 的引入，不管是从业务层面还是从应用的性能层面，都得到了很大的改善。如图 6.2 所示为引入 RabbitMQ 消息中间件后"抢票成功后 30 分钟内对未付款的处理流程"的优化。

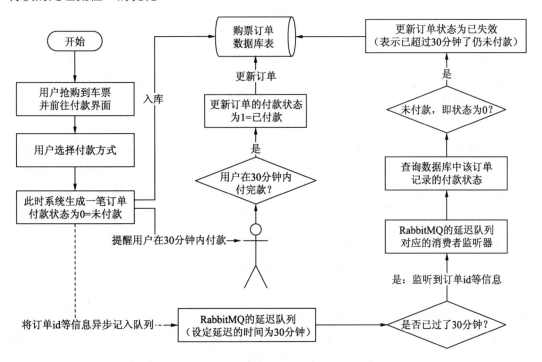

图 6.2　春运期间 12306 抢票——引入死信队列后系统的处理流程

从该优化后的处理流程中可以看出，RabbitMQ 的引入主要是替代了传统处理流程的"定时器"处理逻辑，取而代之的是采用 RabbitMQ 的死信队列/延迟队列进行处理。

死信队列/延迟队列指的是可以延迟一定的时间再处理相应的业务逻辑，而这也可以看作是死信队列的作用，即死信队列/延迟队列可以实现特定的消息或业务数据等待一定的时间 TTL 后，再被消费者监听消费处理。

6.1.2　典型应用场景介绍

值得一提的是，RabbitMQ 提供的"死信队列"这一功能特性在实际生产环境中确实能起到很好的作用，比如上面讲的"成功抢到票后 30 分钟内未付款的处理流程"就是比较典型的一种。除此之外，商城购物时"单击去付款而迟迟没有在规定的时间内支付"流程的处理；App 点外卖时"下单成功后迟迟没有在规定的时间内付款"流程的处理；用户提交会员注册信息后"30 分钟内没有进行邮箱或短信验证时发送提醒"等，这些都是实际生产环境中比较典型的场景。

下面以"商城用户选购商品后去支付时订单超时未付款"的场景为案例，介绍 RabbitMQ 死信队列在实际生产环境中的应用。

当用户在商城平台看到满意的商品时，单击"加入购物车"按钮，即可将商品加入自己的购物车内。选购完毕，单击去付款按钮后，将会跳转到支付页面，此时系统会为用户生成一笔对应购物车中商品的订单，并将该订单的状态设置为 0，即代表"未付款"，同时将该订单的 id 或者订单编号塞入 RabbitMQ 的延迟队列中，并设置延迟时间为 30 分钟。

如果用户在 30 分钟内选择了某种付款方式并进行了付款，则系统将更新该订单 id 对应的订单支付状态为 1，即已付款，同时更新订单中所包含的商品对应的库存；如果用户在 30 分钟内迟迟未付款，则 RabbitMQ 的延迟队列对应的消费者将会在 30 分钟后监听到该订单的 id，根据该订单的 id 查询数据库的订单数据表，如果该订单的付款状态仍然为 0（即未付款），则表示用户已经超过 30 分钟而仍然未付款，此时则需要使这笔订单失效，同时更新回退商品库存。这一业务场景的整体流程如图 6.3 所示。

从图 6.3 中可以看出，RabbitMQ 死信队列的引入主要是用于"延迟"一定的时间再处理特定的业务逻辑，而这种"延迟"在 RabbitMQ 看来是"自动化"的，无须人为进行干预，即只需要指定延迟队列中交换机所绑定的处理业务逻辑的"真正队列"，并开发这个"真正队列"对应的消费者的监听消费功能即可。有些读者对于这些词汇可能会有点陌生，不急，在下一节中我们将进行重点介绍。

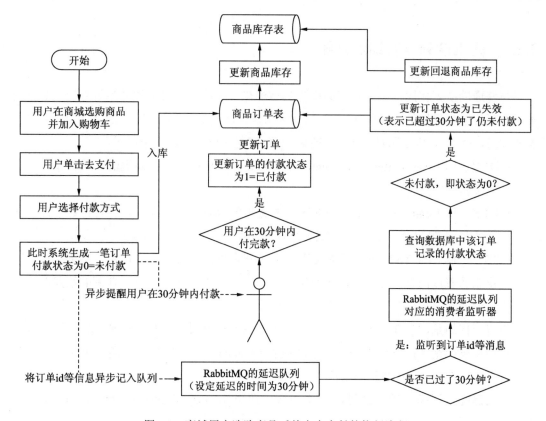

图 6.3　商城用户选购商品后单击去支付的执行流程

6.2　RabbitMQ 死信队列实战

　　盛名之下自然无虚士。RabbitMQ 的死信队列也是如此。相对于传统定时器的轮询处理方式，死信队列具有占用系统资源少（比如不需要再轮询数据库获取数据，减少 DB 层面资源的消耗）、人为干预很少（只需要搭建好死信队列消息模型，就可以不需要再去干预了），以及自动消费处理（当指定的延迟时间一到，消息将自动被路由到实际的队列进行处理）等优势。不夸张地讲，在实际项目中，"任何需要延迟、延时处理的业务"都可以用上"死信队列"这个强大的组件。在学习完本章内容之后，读者将会发现死信队列的高效性和便捷性。

　　本节将带领各位读者一步一个脚印地深入了解死信队列的方方面面，并以实际的代码实现死信队列的消息模型创建，以及延迟发送、接收消息的功能。

6.2.1　死信队列专有词汇介绍

与普通的队列相比，死信队列同样也具有消息、交换机、路由和队列等专有名词，只不过在死信队列里增加了另外 3 个成员，即 DLX、DLK 和 TTL。其中 DLX 跟 DLK 是必需的成员，而 TTL 则是可选、非必需的。下面着重介绍一下这 3 个成员：

- DLX，即 Dead Letter Exchange，中文为死信交换机，是交换机的一种类型，只是属于特殊的类型。
- DLK，即 Dead Letter Routing-Key，中文为死信路由，同样也是一种特殊的路由，主要是跟 DLX 组合在一起构成死信队列。
- TTL，即 Time To Live，指进入死信队列中的消息可以存活的时间。当 TTL 一到，将意味着该消息"死了"，从而进入下一个"中转站"，等待被真正的消息队列监听消费。

值得一提的是，当消息在一个队列中发生以下几种情况时，才会出现"死信"的情况：

- 消息被拒绝（比如调用 basic.reject 或者 basic.nack 方法时即可实现）并且不再重新投递，即 requeue 参数的取值为 false。
- 消息超过了指定的存活时间（比如通过调用 messageProperties.setExpiration()设置 TTL 时间即可实现)。
- 队列达到最大长度了。

当发生上述情况时，将出现"死信"的情况，而之后消息将被重新投递（publish）到另一个 Exchange，即交换机，此时该交换机就是 DLX，即死信交换机。由于该死信交换机与死信路由，即 DLK 绑定在一起对应到真正的队列，导致消息将被分发到真正的队列上，最终被该队列对应的消费者所监听消费。简单地说就是没有被死信队列消费的消息将换个"地方"重新被消费，从而实现消息"延迟、延时"消费的功能，而这个"地方"就是消息的下一个中转站，即"死信交换机"。

在第 5 章介绍 RabbitMQ 消息模型的相关内容时，我们已经知道基本的消息模型是由基本交换机、基本路由和队列及其绑定所组成。生产者生产消息后，将消息发送到消息模型的交换机中，由于交换机与指定的路由组件绑定在一起，并对应到指定的队列，因而消息最终将被队列所对应的消费者监听消费，这一流程如图 6.4 所示。

当消息进入此种消息模型时，将立即被路由到绑定的队列中，最终被队列对应的消费者监听消费。

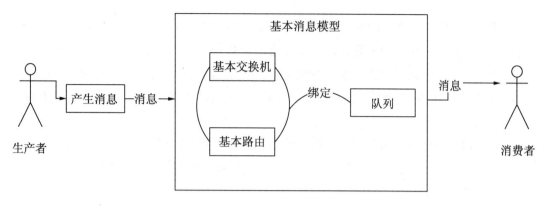

图 6.4　消息在基本消息模型中的传输流程

6.2.2　死信队列消息模型实战

死信队列也是队列的一种，同样也是由基本的交换机和基本的路由"**绑定**"而成。只不过跟传统的普通队列相比，它拥有"延迟、延时处理消息"的功效。之所以死信队列具有此种功能，还是得归结于它的"**组成成分**"。死信队列主要由 3 个成员组成：DLX（死信交换机）、DLK（死信路由）和 TTL（存活时间），其中，死信交换机和死信路由是必需的组成成分，而 TTL 即存活时间是非必需的组成成分。如图 6.5 所示为消息在死信队列所构成的消息模型中整体的传输流程。

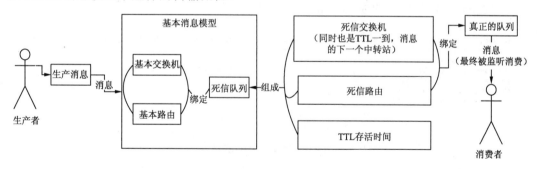

图 6.5　消息在死信队列构成的消息模型中整体的传输流程

从图 6.5 中可以看出，生产者生产的消息在死信队列构成的消息模型中整体的传输流程是这样的：首先消息将到达第一个**中转站**（即"基本消息模型"中的"基本交换机"），由于基本交换机和基本路由绑定，并对应到指定的"死信队列"，因而消息将进入第一个**暂存区**，即"死信队列"中，而死信队列不同于一般的普通队列。它由三大部分组成（死信交换机、死信路由和 TTL 存活时间）当消息进入死信队列时，TTL

（即存活时间）便开始进入倒计时，当存活时间一到，消息将进入第二个**中转站**，即"真正的消息模型"中的死信交换机。由于死信交换机和死信路由绑定，并对应到指定的"真正的队列"，因而此时消息将不做停留，而是直接被路由到第二个**暂存区**，即"真正的队列"中，最终该消息被"真正的队列"对应的消费者监听消费。至此"消息"才完成了漫长的旅程。

对于 RabbitMQ 的死信队列，简单理解就是消息一旦进入死信队列，将会等待 TTL 时间，而 TTL 一到，消息将会进入死信交换机，然后被路由到绑定的真正队列中，最终被真正的队列对应的消费者监听消费。

值得一提的是，TTL 既可以设置成为死信队列的一部分，也可以在消息中单独进行设置，当队列跟消息同时都设置了存活时间 TTL 时，则消息的"最大生存时间"或者"存活时间"将取两者中较短的时间。

在采用代码实战之前，笔者强烈建议读者再认真地理解图 6.5，即消息在死信队列构成的消息模型中传输的整体流程。其中，值得重点提醒的是几个"动词"的含义：

- 绑定：所谓绑定，其实就是采用 BindingBuilder 的 bind()方法，将交换机和路由绑定在一起，对应到指定的队列，从而构成消息模型；
- 组成：顾名思义，是某个组件的一部分，比如死信队列的创建，它由三大部分组成，包括 DLX、DLK 和 TTL（当然也可以是两大部分，因为是 TTL 非必需部分）。在后面的代码实例中，读者会发现其实它就是采用 new Queue()方法中的最后一个参数 map 来添加指定的成员，如图 6.6 所示。

```
public Queue(String name, boolean durable, boolean exclusive, boolean autoDelete, Map<String, Object> arguments) {
    Assert.notNull(name,  message: "\'name\' cannot be null");
    this.name = name;
    this.durable = durable;
    this.exclusive = exclusive;              死信队列的成员将被添加到这里
    this.autoDelete = autoDelete;
    this.arguments = arguments;
}
```

图 6.6　死信队列的创建

组成跟绑定是两个完全不同的概念，在后续死信队列消息模型的代码实例中，读者将会慢慢体会这其中的"奥妙"。

接下来以前面章节中搭建好的 Spring Boot 整合 RabbitMQ 的项目作为奠基，搭建 RabbitMQ 死信队列的消息模型，并在下一节以实现的代码实现死信队列延迟发送消息的功能，相关的代码文件所在的目录结构如图 6.7 所示。

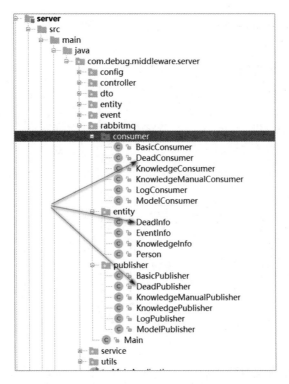

图 6.7　死信队列消息模型实例代码文件所在的目录结构

（1）其中，DeadInfo 实体类将充当"消息"，在这里，我们只给实体类创建两个字段，分别是 id 和描述信息（在这里并没有太多的含义），其源代码如下：

```
//导入依赖包
import lombok.Data;
import lombok.ToString;
import java.io.Serializable;
/**死信队列实体对象信息
 * @Author:debug (SteadyJack)
**/
@Data
@ToString
public class DeadInfo implements Serializable{
    private Integer id;            //标识id
    private String msg;            //描述信息
    //空的构造方法
    public DeadInfo() {
    }
    //包含所有参数的构造方法
    public DeadInfo(Integer id, String msg) {
        this.id = id;
        this.msg = msg;
    }
}
```

（2）在 RabbitmqConfig 配置类中创建包含死信队列的基本消息模型和包含真正队列的真正消息模型，其源代码如下：

```
/**死信队列消息模型构建**/
//创建死信队列
@Bean
public Queue basicDeadQueue() {
    //创建死信队列的组成成分 map，用于存放组成成分的相关成员
    Map<String, Object> args = new HashMap();
    //创建死信交换机
    args.put("x-dead-letter-exchange", env.getProperty("mq.dead.exchange.
name"));
    //创建死信路由
    args.put("x-dead-letter-routing-key", env.getProperty("mq.dead.routing.
key.name"));
    //设定 TTL，单位为 ms，在这里指的是 10s
    args.put("x-message-ttl", 10000);
    //创建并返回死信队列实例
    return new Queue(env.getProperty("mq.dead.queue.name"), true, false,
false, args);
}
//创建"基本消息模型"的基本交换机 - 面向生产者
@Bean
public TopicExchange basicProducerExchange() {
    //创建并返回基本交换机实例
    return new TopicExchange(env.getProperty("mq.producer.basic.exchange.
name"), true, false);
}

//创建"基本消息模型"的基本绑定-基本交换机+基本路由 - 面向生产者
@Bean
public Binding basicProducerBinding() {
    //创建并返回基本消息模型中的基本绑定
    return BindingBuilder.bind(basicDeadQueue()).to(basicProducerExchange()).
with(env.getProperty("mq.producer.basic.routing.key.name"));
}
//创建真正的队列 - 面向消费者
@Bean
public Queue realConsumerQueue() {
    //创建并返回面向消费者的真正队列实例
    return new Queue(env.getProperty("mq.consumer.real.queue.name"), true);
}
//创建死信交换机
@Bean
public TopicExchange basicDeadExchange() {
    //创建并返回死信交换机实例
    return new TopicExchange(env.getProperty("mq.dead.exchange.name"), true,
false);
}
//创建死信路由及其绑定
@Bean
public Binding basicDeadBinding() {
```

```
//创建死信路由及其绑定实例
return BindingBuilder.bind(realConsumerQueue()).to(basicDeadExchange()).
with(env.getProperty("mq.dead.routing.key.name"));
}
```

（3）其中，读取环境变量实例 env 所读取的变量是配置在配置文件 application.properties 中的，其变量取值如下：

```
#死信队列消息模型
#定义死信队列的名称
mq.dead.queue.name=${mq.env}.middleware.dead.queue
#定义死信交换机的名称
mq.dead.exchange.name=${mq.env}.middleware.dead.exchange
#定义死信路由的名称
mq.dead.routing.key.name=${mq.env}.middleware.dead.routing.key
#定义"基本消息模型"中的基本交换机的名称
mq.producer.basic.exchange.name=${mq.env}.middleware.producer.basic.exchange
#定义"基本消息模型"中的基本路由名称
mq.producer.basic.routing.key.name=${mq.env}.middleware.producer.basic.
routing.key
#定义面向消费者的真正队列的名称
mq.consumer.real.queue.name=${mq.env}.middleware.consumer.real.queue
```

（4）运行整个项目，运行成功之后，打开浏览器，在地址栏中输入 http://127.0.0.1:15672 并回车，输入账号和密码（均为 guest）进入 RabbitMQ 的后端控制台，即可看到成功创建 的死信队列和真正的队列。其中，可以看到"死信队列"跟面向消费者的真正队列（即"普 通队列"）相比，其特性（即 Features 那一列）有很大的不同之处，即死信队列相对于普 通队列而言多了 3 个组成成分：TTL（存活时间）、DLX（死信交换机）和 DLK（死信路 由），如图 6.8 所示。

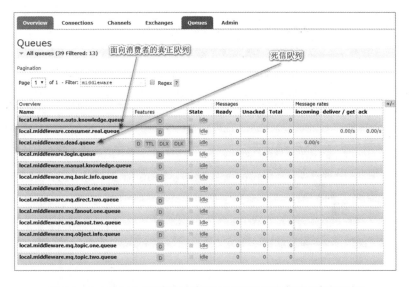

图 6.8　RabbitMQ 后端控制台查看创建的死信队列和真正队列

单击图 6.8 中的死信队列，即可查看其详细信息，包括死信队列的名称、组成成员（死信交换机、死信路由和存活时间）、绑定详情、持久化策略等，如图 6.9 所示。

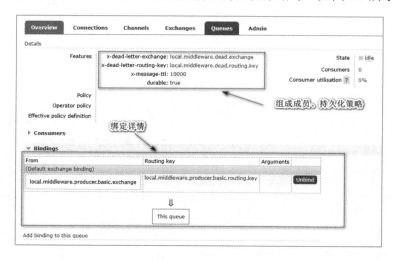

图 6.9　RabbitMQ 后端控制台查看死信队列详情

从中可以看出死信队列的创建"排场"还是很大的，因为它既有由基本交换机和基本路由的"绑定"，也有由死信交换机 x-dead-letter-exchange、死信路由 x-dead-letter-routing-key 和存活时间 x-message-ttl 的"组成"。

最后再单击查看面向消费者的真正队列，即可查看该队列的名称、持久化策略和绑定信息。可以看出，该队列是由组成"死信队列"的"死信交换机"和"死信路由"绑定而成，如图 6.10 所示。

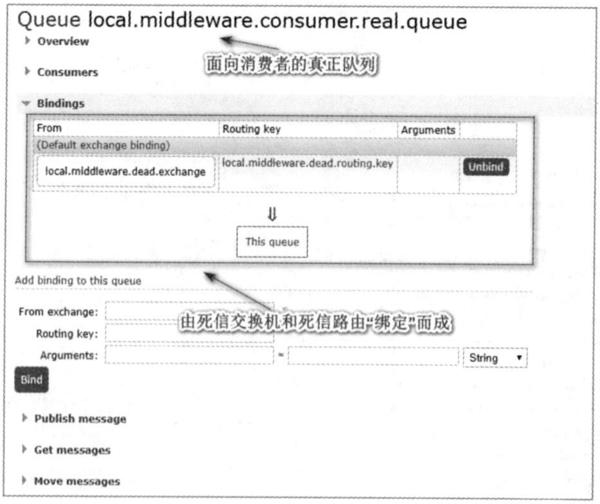

图 6.10　RabbitMQ 后端控制台查看真正的队列详情

至此，RabbitMQ 死信队列的消息模型已经创建成功，下一节，我们将采用 RabbitMQ 相关操作组件实现消息的延迟发送与接收！

6.2.3　死信队列延迟发送消息实战

以上一节创建好的 DeadInfo 实体类充当消息，接下来采用实际的代码实现消息如何在死信队列中延迟发送与接收。

（1）开发用于生产、发送消息的生产者 DeadPublisher 类，主要是将实体对象充当消息发送到"基本消息模型"中。源代码如下：

```
//导入依赖包
import com.debug.middleware.server.rabbitmq.entity.DeadInfo;
import com.fasterxml.jackson.databind.ObjectMapper;
import org.slf4j.Logger;
import org.slf4j.LoggerFactory;
import org.springframework.amqp.AmqpException;
import org.springframework.amqp.core.Message;
import org.springframework.amqp.core.MessageDeliveryMode;
import org.springframework.amqp.core.MessagePostProcessor;
import org.springframework.amqp.core.MessageProperties;
import org.springframework.amqp.rabbit.core.RabbitTemplate;
import org.springframework.amqp.support.converter.AbstractJavaTypeMapper;
import org.springframework.amqp.support.converter.Jackson2JsonMessage
Converter;
import org.springframework.beans.factory.annotation.Autowired;
import org.springframework.core.env.Environment;
import org.springframework.stereotype.Component;
/**
 * 死信队列-生产者
 * @Author:debug (SteadyJack)
**/
@Component
public class DeadPublisher {
    //定义日志
    private static final Logger log= LoggerFactory.getLogger(DeadPublisher.
class);
    //定义读取环境变量实例
    @Autowired
    private Environment env;
    //定义 RabbitMQ 操作组件
    @Autowired
    private RabbitTemplate rabbitTemplate;
    //定义 JSON 序列化和反序列化组件实例
    @Autowired
    private ObjectMapper objectMapper;
```

```
    /**
     * 发送对象类型的消息给死信队列
     * @param info
     */
    public void sendMsg(DeadInfo info){
        try {
            //设置消息的传输格式为 JSON 格式
            rabbitTemplate.setMessageConverter(new Jackson2JsonMessageConverter());
            //设置基本的交换机
            rabbitTemplate.setExchange(env.getProperty("mq.producer.basic.
exchange.name"));
            //设置基本路由
            rabbitTemplate.setRoutingKey(env.getProperty("mq.producer.
basic.routing.key.name"));
            //发送对象类型的消息
            rabbitTemplate.convertAndSend(info, new MessagePostProcessor() {
                @Override
                public Message postProcessMessage(Message message) throws
AmqpException {
                    //获取消息属性对象
                    MessageProperties messageProperties=message.getMessage
Properties();
                    //设置消息的持久化策略
                    messageProperties.setDeliveryMode(MessageDeliveryMode.
PERSISTENT);
                    //设置消息头，即直接指定发送的消息所属的对象类型
                    messageProperties.setHeader(AbstractJavaTypeMapper.
DEFAULT_CONTENT_CLASSID_FIELD_NAME,DeadInfo.class);
                    //设置消息的 TTL。当消息和队列同时都设置了 TTL 时，则取较短时间的值
                    //messageProperties.setExpiration(String.valueOf(10000));
                    //返回消息实例
                    return message;
                }
            });
            //打印日志
            log.info("死信队列实战-发送对象类型的消息入死信队列-内容为：{} ",info);
        }catch (Exception e){
            log.error("死信队列实战-发送对象类型的消息入死信队列-发生异常：{} ",
info,e.fillInStackTrace());
        }
    }}
```

阅读该源代码可以发现，其实死信队列消息模型发送消息的方式与前面章节基本消息
模型中发送消息的方式区别不大。只不过对于死信队列消息模型的生产者而言，可以在发
送消息的方法里面设置消息的 TTL，即如下这段代码：

```
//设置消息的 TTL。当消息和队列同时都设置了 TTL 时，则取较短时间的值
//单位为 ms，在这里设置 10s
messageProperties.setExpiration(String.valueOf(10000));
```

（2）有了生产者，自然少不了监听消费处理消息的消费者。死信队列消息模型中消费者监听消费的方法与基本消息模型监听消费的方法类似，只不过此时死信队列消息模型中消费者监听消费的队列是"真正的队列"。其源代码如下：

```
//导入依赖包
import com.debug.middleware.server.rabbitmq.entity.DeadInfo;
import com.fasterxml.jackson.databind.ObjectMapper;
import org.slf4j.Logger;
import org.slf4j.LoggerFactory;
import org.springframework.amqp.rabbit.annotation.RabbitListener;
import org.springframework.beans.factory.annotation.Autowired;
import org.springframework.messaging.handler.annotation.Payload;
import org.springframework.stereotype.Component;
/**
 * 死信队列-真正的队列消费者
 * @Author:debug (SteadyJack)
**/
@Component
public class DeadConsumer {
    //定义日志
    private static final Logger log= LoggerFactory.getLogger(DeadConsumer.
class);
    //定义JSON序列化和反序列化组件
    @Autowired
    private ObjectMapper objectMapper;
    /**
     * 监听真正的队列-消费队列中的消息 - 面向消费者
     * @param info
     */
    @RabbitListener(queues = "${mq.consumer.real.queue.name}",containerFactory =
"singleListenerContainer")
    public void consumeMsg(@Payload DeadInfo info){
        try {
            log.info("死信队列实战-监听真正的队列-消费队列中的消息，监听到消息内容为：
{}",info);
            //TODO:用于执行后续的相关业务逻辑

        }catch (Exception e){
            log.error("死信队列实战-监听真正的队列-消费队列中的消息 - 面向消费者-
发生异常：{} ",info,e.fillInStackTrace());
        }
    }
}
```

在这里，消费者监听消费消息的方法体只是打印监听到的实体类信息，如果需要执行实际的业务逻辑，则在其中进行编写即可。

（3）在 Java 单元测试类 RabbitmqTest 中编写单元测试方法 test8()，用于触发生产者发送消息。在 test8()方法体中，我们先后创建两个实体类对象充当消息发送至死信队列中，其源代码如下：

```java
//定义死信队列消息模型生产者实例
@Autowired
private DeadPublisher deadPublisher;
@Test
public void test8() throws Exception{
    //定义实体对象1
    DeadInfo info=new DeadInfo(1,"~~~~我是第一则消息~~~");
    //发送实体对象1消息入死信队列
    deadPublisher.sendMsg(info);
    //定义实体对象2
    info=new DeadInfo(2,"~~~~我是第二则消息~~~");
    //发送实体对象2消息入死信队列
    deadPublisher.sendMsg(info);

    //等待30秒再结束，目的是为了能看到消费者监听真正队列中的消息
    Thread.sleep(30000);
}
```

当消息发送出去之后，由于"死信队列"的延迟、延时作用，消息将在 10 秒（这是因为组成死信队列的成员 TTL 取值为 10 秒）后才被路由分发到真正的队列，从而被消费者监听消费。因而为了能看到测试的效果，我们在这里加入了 Thread.Sleep(30000)的代码，即等待 30 秒才结束程序。

（4）运行该单元测试方法，观察控制台的输出结果，可以看到消息已经发送成功。并等待 10 秒后，再次观察控制台的输出结果，可以看到，死信队列消息模型中真正队列对应的消费者成功监听消费到了相应的消息，如图 6.11 所示。

```
[2019-04-10 21:57:47.500] boot - INFO [simpleContainerManual-1] --- CachingConnectionFactory: Created new connection:
rabbitConnectionFactory#5f64c2c1:0/SimpleConnection@6260e1ed [delegate=amqp://guest@127.0.0.1:5672/, localPort= 28156]
[2019-04-10 21:57:47.555] boot - INFO [main] --- RabbitmqTest: Started RabbitmqTest in 2.854 seconds (JVM running for 3.507)
[2019-04-10 21:57:47.615] boot - INFO [main] --- DeadPublisher: 死信队列实战-发送对象类型的消息入死信队列-内容为: DeadInfo(id=1, msg=~~~~我是第
一则消息~~~)
[2019-04-10 21:57:47.617] boot - INFO [main] --- DeadPublisher: 死信队列实战-发送对象类型的消息入死信队列-内容为: DeadInfo(id=2, msg=~~~~我是第
二则消息~~~)
[2019-04-10 21:57:47.618] boot - INFO [AMQP Connection 127.0.0.1:5672] --- RabbitmqConfig: 消息发送成功:correlationData(null),ack(true),
cause(null)
                          成功发送消息的时间21:57:47 而成功监听到消息的时间为21:57:57 刚好延迟10s
[2019-04-10 21:57:47.620] boot - INFO [AMQP Connection 127.0.0.1:5672] --- RabbitmqConfig: 消息发送成功:correlationData(null),ack(true),
cause(null)
[2019-04-10 21:57:57.650] boot - INFO [SimpleAsyncTaskExecutor-1] --- DeadConsumer: 死信队列实战-监听真正队列-消费队列中的消息,监听到消息内容为
: DeadInfo(id=1, msg=~~~~我是第一则消息~~~)
[2019-04-10 21:57:57.651] boot - INFO [SimpleAsyncTaskExecutor-1] --- DeadConsumer: 死信队列实战-监听真正队列-消费队列中的消息,监听到消息内容为
: DeadInfo(id=2, msg=~~~~我是第二则消息~~~)
[2019-04-10 21:58:17.621] boot - INFO [Thread-4] --- GenericWebApplicationContext: Closing org.springframework.web.context.support
.GenericWebApplicationContext@24313fcc: startup date [Wed Apr 10 21:57:44 CST 2019]; root of context hierarchy
[2019-04-10 21:58:17.622] boot - INFO [Thread-4] --- DefaultLifecycleProcessor: Stopping beans in phase 2147483647
[2019-04-10 21:58:17.623] boot - INFO [Thread-4] --- SimpleMessageListenerContainer: Waiting for workers to finish.
[2019-04-10 21:58:18.544] boot - INFO [Thread-4] --- SimpleMessageListenerContainer: Successfully waited for workers to finish.
```

图 6.11　运行死信队列单元测试方法并观察控制台的输出结果

从运行结果中可以看出，当消息发送至死信队列后，由于死信队列设置了存活时间 TTL 为 10 秒，因而消息在 10 秒后将自动"死掉"，路由分发到下一个中转站，即"死信

交换机"。由于死信交换机与死信路由绑定对应到了真正的队列，因而消息最终被真正的
队列对应的消费者所监听消费。

为了观察消息在"死信队列"与"真正的队列"之间的传输，我们再次进行测试，并
观察 RabbitMQ 后端控制台死信队列和真正队列的消息存活情况。

再次运行该单元测试方法，观察控制台的输出结果，可以看到消息已经发送成功，如
图 6.12 所示。

```
boot -   INFO [main] --- DefaultLifecycleProcessor: Starting beans in phase -2147482648
boot -   INFO [main] --- DefaultLifecycleProcessor: Starting beans in phase 2147483647
boot -   INFO [simpleContainerManual-1] --- CachingConnectionFactory: Created new connection:
5b8625b3:0/SimpleConnection@2035684f [delegate=amqp://guest@127.0.0.1:5672/, localPort= 34680]
boot -   INFO [main] --- RabbitmqTest: Started RabbitmqTest in 2.731 seconds (JVM running for 3.308)
boot -   INFO [main] --- DeadPublisher: 死信队列实战-发送对象类型的消息入死信队列-内容为: DeadInfo(id=1, msg=~~~~我是第

boot -   INFO [main] --- DeadPublisher: 死信队列实战-发送对象类型的消息入死信队列-内容为: DeadInfo(id=2, msg=~~~~我是第

boot -   INFO [AMQP Connection 127.0.0.1:5672] --- RabbitmqConfig: 消息发送成功:correlationData(null),ack(true),

boot -   INFO [AMQP Connection 127.0.0.1:5672] --- RabbitmqConfig: 消息发送成功:correlationData(null),ack(true),
```

图 6.12　运行死信队列单元测试方法并观察控制台的输出结果

此时立即打开浏览器，在地址栏中输入 http://127.0.0.1:15672 并回车，输入账号和密
码（均为 guest）进入 RabbitMQ 的后端控制台，查看死信队列与真正的队列中消息的存在
情况，如图 6.13 所示。

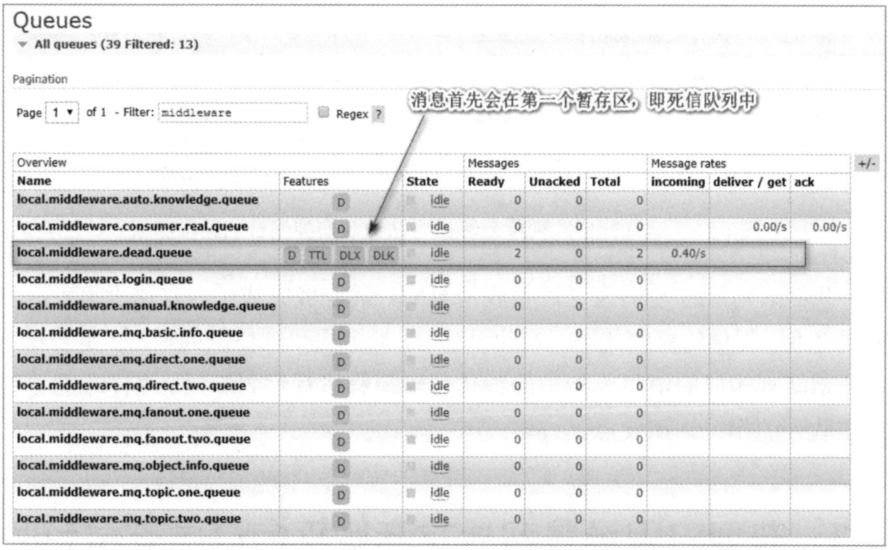

图 6.13　RabbitMQ 后端控制台查看消息在死信队列中的传输情况

稍微等待 10 秒，会发现死信队列中的消息会"突然消失不见"，进入"死信交换机"
对应的"真正的队列"中，如图 6.14 所示。

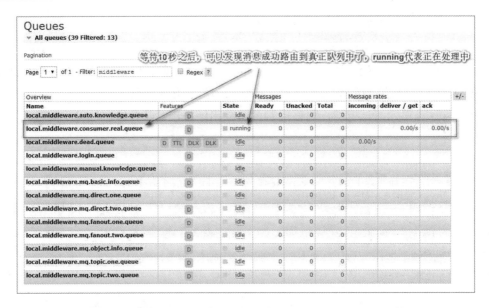

图 6.14　在 RabbitMQ 后端控制台查看消息在真正队列中的传输情况

最后，再次观察控制台的输出结果，可以发现真正的队列对应的消费者确实也监听消费到了消息，如图 6.15 所示。

```
] boot -   INFO [SimpleAsyncTaskExecutor-1] --- DeadConsumer: 死信队列实战-监听真正队列-消费队列中的消息,监听到消息内容为
↳我是第一则消息~~~)
] boot -   INFO [SimpleAsyncTaskExecutor-1] --- DeadConsumer: 死信队列实战-监听真正队列-消费队列中的消息,监听到消息内容为
↳我是第二则消息~~~)
] boot -   INFO [Thread-4] --- GenericWebApplicationContext: Closing org.springframework.web.context.support
ontext@24313fcc: startup date [Wed Apr 10 22:54:46 CST 2019]; root of context hierarchy
] boot -   INFO [Thread-4] --- DefaultLifecycleProcessor: Stopping beans in phase 2147483647
] boot -   INFO [Thread-4] --- SimpleMessageListenerContainer: Waiting for workers to finish.
] boot -   INFO [Thread-4] --- SimpleMessageListenerContainer: Successfully waited for workers to finish.
] boot -   INFO [Thread-4] --- SimpleMessageListenerContainer: Waiting for workers to finish.
```

图 6.15　运行死信队列单元测试方法并观察控制台的输出结果

至此，死信队列延迟/延时发送、接收消息的代码已经完成了，在这里笔者强烈建议读者一定要照着本书提供的样例代码，多动手练习，特别是"死信队列"，一定要结合图 6.5，即消息在死信队列构成的消息模型中的整体传输流程进行代码编写，这样才能更好地理解并掌握死信队列的相关知识要点。

6.3　典型应用场景实战之商城平台订单支付超时

RabbitMQ 死信队列/延迟队列在当前互联网项目中的应用很广泛。像前面介绍的"春运期间 12306 抢票"就是一种很典型的应用场景，它不仅具有"延时、延迟处理指定业务

逻辑"的功能，还具有占据系统资源更少、人为很少干预，以及自动实现监听消费处理逻辑的功能特性。

正所谓"实践是检验真理的唯一标准"，本节我们将"趁热打铁"，以实际的应用场景"商城平台订单支付超时"为案例，通过代码实现"订单支付超时"死信队列的消息模型构建，以及采用 RabbitMQ 的相关操作组件实现消息的延迟发送和接收。

6.3.1　整体业务场景介绍

对于电商平台购物，相信读者并不陌生。当我们在商城上挑选完喜欢的商品并加入购物车后，正常情况下会单击"立即付款"或者"去结算"按钮，此时商城平台会引导消费者前往付款页面，同时系统后端会生成一笔付款状态为"待支付"的用户下单记录，并且系统会给用户发出"请在 30 分钟内付款，超时将关闭订单！"的提醒信息。

如果用户在 30 分钟内成功支付该笔订单，则系统后端会将该笔订单对应下单记录的支付状态更新为"已付款"；如果用户在 30 分钟后仍然没有支付该笔订单，则系统后端会自动将该笔订单对应的下单记录更新为失效状态。这一场景的整体业务流程如图 6.16 所示。

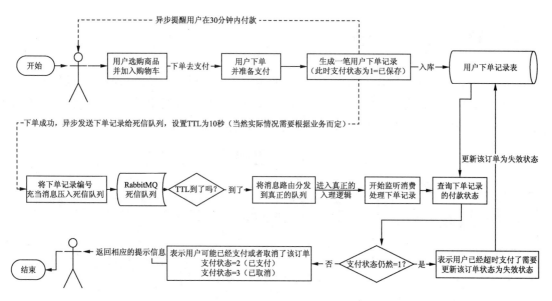

图 6.16　"商城平台订单支付超时"整体业务流程

从上述整体业务流程中可以看出，此种业务场景的核心处理流程关键在于，如何"自动检测用户下单记录已经超过了支付时间"。对于传统的企业级应用系统而言，主要是采用"定时查询"的方式来实现。然而，此种"定时器"的处理方式，在前面章节中我们已经深度剖析了其弊端。

最终我们得出结论：在高并发产生的大数据量的场景下，定时器的方式将显得"捉襟见肘"，因为它很有可能导致 DB（数据库）服务器在某一时间段内压力负载过高，从而导致 CPU、内存占用资源飙升，甚至，可能会压垮数据库服务器，从而导致商城一线业务全线崩溃，造成企业资金流失等情况。

因此，为了能更好地实现"自动检测用户下单记录是否已经超过了支付时间"这个功能，分布式消息中间件 RabbitMQ 提供了死信队列，即它可以实现"延迟一定的时间处理业务数据"的功能。

由于"用户下单"这种业务场景具有时效性，因而可以在处理用户下单的业务逻辑中，将"超时时间"即 TTL 设置为死信队列的组成成分，将"下单记录 id"充当消息发送至死信队列中。然后只需要在"真正队列"对应的消费者中监听消费该消息，当消费者能监听到消息时，即代表着该下单记录已经超过了 30 分钟。

此时可以根据获取到的消息，即"下单记录 id"，作为查询条件前往数据库表中查询相应的记录。如果该下单记录的支付状态为"未付款"或者"已保存"，则代表该用户下单记录已经支付超时了，此时需要将该记录更新为失效状态；如果该下单记录的支付状态为"已付款"，则代表该用户已经在 30 分钟内成功支付了该笔订单。

6.3.2　整体业务流程分析

通过上述对"用户下单支付超时"整体业务场景的分析，可以得知该业务场景主要由三大核心业务流程组成，即用户下单、死信队列发送和延迟监听下单记录、更新用户下单记录状态，每个业务流程职责明确、清晰且单一，如图 6.17 所示。

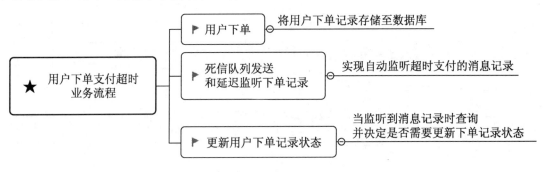

图 6.17　"商城平台订单支付超时"整体业务分析

- 用户下单：顾名思义，该业务流程主要用于实现用户单击"去结算"或者"去支付"按钮时，在数据库相关数据表中插入一笔用户下单记录，并设置支付状态为"已保存"。

- 死信队列发送和延迟监听下单记录：这一业务流程指的是用户下单成功之后，将下单记录 id 充当消息异步发送至死信队列中，最终在真正的队列对应的消费者中实现自动监听消费超时支付的消息，即 "下单记录 id"。

- 更新用户下单记录状态：该业务流程主要的职责在于消费者监听到 "下单记录 id" 消息之后，前往数据库查询相应的记录，并判断该下单记录的支付状态是否仍为 "已保存"。如果该支付状态仍然为 "已保存" 状态，则表示该用户经过了指定的时间依旧没有付款，此时系统需要在数据库中将该笔订单的状态更新为 "已失效"。

6.3.3　数据库设计

基于前面对业务场景整体业务流程的分析不难发现，"用户下单支付超时" 的核心模块在于 "用户下单" 流程，而 "延时、延迟处理过时的下单记录" 与 "更新下单记录的状态" 都是基于 "用户下单" 模块所产生的 "下单记录 id"，因此，在数据库设计这一环节中需要设计一张 "用户下单记录表" 来记录用户的下单历史记录。该数据库表的 DDL（Data Definition Language，数据库表数据结构的定义）语句如下：

```
CREATE TABLE `user_order` (
  `id` int(11) NOT NULL AUTO_INCREMENT,
  `order_no` varchar(255) NOT NULL COMMENT '订单编号',
  `user_id` int(11) NOT NULL COMMENT '用户id',
  `status` int(11) DEFAULT NULL COMMENT '状态(1=已保存；2=已付款；3=已取消)',
  `is_active` int(255) DEFAULT '1' COMMENT '是否有效（1=有效；0=失效）',
  `create_time` datetime DEFAULT NULL COMMENT '下单时间',
  `update_time` datetime DEFAULT NULL,
  PRIMARY KEY (`id`)
) ENGINE=InnoDB DEFAULT CHARSET=utf8 COMMENT='用户下单记录表';
```

除此之外，在实际生产场景中，为了记录 RabbitMQ 死信队列 "失效用户下单记录" 的历史情况，需要额外设计一张数据库表，即 "RabbitMQ 失效下单记录的历史记录表"，其数据库表的数据结构定义语句如下：

```
CREATE TABLE `mq_order` (
  `id` int(11) NOT NULL AUTO_INCREMENT,
  `order_id` int(11) NOT NULL COMMENT '下单记录id',
  `business_time` datetime DEFAULT NULL COMMENT '失效下单记录的时间',
  `memo` varchar(255) DEFAULT NULL COMMENT '备注信息',
  PRIMARY KEY (`id`)
) ENGINE=InnoDB DEFAULT CHARSET=utf8 COMMENT='RabbitMQ 失效下单记录的历史记录表';
```

接下来，采用 MyBatis 的逆向工程生成这两张表对应的 Entity 实体类、数据库操作接口 Mapper 及动态 SQL 配置 Mapper.xml。相应文件所在的目录结构如图 6.18 所示。

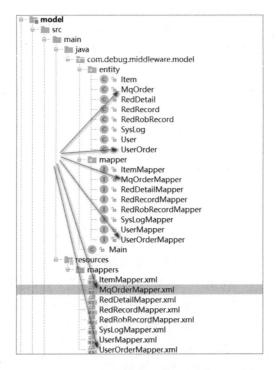

图 6.18　MyBatis 逆向工程生成的文件目录结构

（1）先介绍生成的两大 Entity 实体类，即 UserOrder 和 MqOrder。首先是"用户下单实体类"，其源代码如下：

```java
//导入依赖包
import java.util.Date;
//用户下单实体
public class UserOrder {
    private Integer id;              //主键 id-用户下单记录 id
    private String orderNo;         //订单号
    private Integer userId;         //用户 id
    private Integer status;         //支付状态(1=已保存；2=已付款；3=已取消)
    private Integer isActive;       //是否有效
    private Date createTime;        //创建时间-下单时间
    private Date updateTime;        //更新时间
    //以下为每个字段的 getter、setter 方法
    public Integer getId() {
        return id;
    }
    public void setId(Integer id) {
        this.id = id;
    }
    public String getOrderNo() {
        return orderNo;
    }
    public void setOrderNo(String orderNo) {
```

```
        this.orderNo = orderNo == null ? null : orderNo.trim();
    }
    //此处省略剩余字段的 getter、setter 方法
    ......
}
```

接着介绍"RabbitMQ 死信队列更新失效订单的状态实体"，即 MqOrder 类，其源代码如下：

```
//导入依赖包
import java.util.Date;
//RabbitMQ 死信队列更新失效订单的状态实体
public class MqOrder {
    private Integer id;                    //主键 id
    private Integer orderId;               //下单记录 id
    private Date businessTime;             //订单变为"已失效"状态的时间
    private String memo;                   //备注信息
    //以下为每个字段的 getter、setter 方法
    public Integer getId() {
        return id;
    }
    public void setId(Integer id) {
        this.id = id;
    }
    public Integer getOrderId() {
        return orderId;
    }
    public void setOrderId(Integer orderId) {
        this.orderId = orderId;
    }
    public Date getBusinessTime() {
        return businessTime;
    }
    public void setBusinessTime(Date businessTime) {
        this.businessTime = businessTime;
    }
    public String getMemo() {
        return memo;
    }
    public void setMemo(String memo) {
        this.memo = memo == null ? null : memo.trim();
    }
}
```

（2）然后介绍开发 MyBatis 逆向工程生成的 Mapper 操作接口及其对应的动态 SQL 配置文件 Mapper.xml。其中，MqOrderMapper 完整的源代码如下：

```
//导入依赖包
import com.debug.middleware.model.entity.MqOrder;
//失效订单的状态实体对应的 Mapper 操作接口
public interface MqOrderMapper {
    //根据主键 id 删除记录
    int deleteByPrimaryKey(Integer id);
```

```
   //插入记录
   int insert(MqOrder record);
   //插入记录
   int insertSelective(MqOrder record);
   //根据主键id查询记录
   MqOrder selectByPrimaryKey(Integer id);
   //更新记录
   int updateByPrimaryKeySelective(MqOrder record);
   //更新记录
   int updateByPrimaryKey(MqOrder record);
}
```

其对应的 MqOrderMapper.xml 源代码如下：

```xml
<?xml version="1.0" encoding="UTF-8" ?>
<!--xml 文档类型定义-->
<!DOCTYPE mapper PUBLIC "-//mybatis.org//DTD Mapper 3.0//EN" "http://
mybatis.org/dtd/mybatis-3-mapper.dtd" >
<!--Mapper 操作接口命名空间定义-->
<mapper namespace="com.debug.middleware.model.mapper.MqOrderMapper" >
  <!--Mapper 查询结果集映射-->
  <resultMap id="BaseResultMap" type="com.debug.middleware.model.entity.
MqOrder" >
    <id column="id" property="id" jdbcType="INTEGER" />
    <result column="order_id" property="orderId" jdbcType="INTEGER" />
    <result column="business_time" property="businessTime" jdbcType=
"TIMESTAMP" />
    <result column="memo" property="memo" jdbcType="VARCHAR" />
  </resultMap>
  <!--Mapper 查询 SQL 片段定义-->
  <sql id="Base_Column_List" >
   id, order_id, business_time, memo
  </sql>
  <!--根据主键id查询-->
  <select id="selectByPrimaryKey" resultMap="BaseResultMap" parameterType=
"java.lang.Integer" >
    select
    <include refid="Base_Column_List" />
    from mq_order
    where id = #{id,jdbcType=INTEGER}
  </select>
  <!--根据主键id删除-->
  <delete id="deleteByPrimaryKey" parameterType="java.lang.Integer" >
    delete from mq_order
    where id = #{id,jdbcType=INTEGER}
  </delete>
  <!--插入记录-->
  <insert id="insert" parameterType="com.debug.middleware.model.entity.
MqOrder" >
    insert into mq_order (id, order_id, business_time,
      memo)
    values (#{id,jdbcType=INTEGER}, #{orderId,jdbcType=INTEGER}, #{businessTime,
jdbcType=TIMESTAMP},
      #{memo,jdbcType=VARCHAR})
```

```xml
    </insert>
    <!--插入记录-->
    <insert id="insertSelective" parameterType="com.debug.middleware.
model.entity.MqOrder" >
      insert into mq_order
      <trim prefix="(" suffix=")" suffixOverrides="," >
        <if test="id != null" >
          id,
        </if>
        <if test="orderId != null" >
          order_id,
        </if>
        <if test="businessTime != null" >
          business_time,
        </if>
        <if test="memo != null" >
          memo,
        </if>
      </trim>
      <trim prefix="values (" suffix=")" suffixOverrides="," >
        <if test="id != null" >
          #{id,jdbcType=INTEGER},
        </if>
        <if test="orderId != null" >
          #{orderId,jdbcType=INTEGER},
        </if>
        <if test="businessTime != null" >
          #{businessTime,jdbcType=TIMESTAMP},
        </if>
        <if test="memo != null" >
          #{memo,jdbcType=VARCHAR},
        </if>
      </trim>
    </insert>
    <!--更新记录-->
    <update id="updateByPrimaryKeySelective" parameterType="com.debug.
middleware.model.entity.MqOrder" >
      update mq_order
      <set >
        <if test="orderId != null" >
          order_id = #{orderId,jdbcType=INTEGER},
        </if>
        <if test="businessTime != null" >
          business_time = #{businessTime,jdbcType=TIMESTAMP},
        </if>
        <if test="memo != null" >
          memo = #{memo,jdbcType=VARCHAR},
        </if>
      </set>
      where id = #{id,jdbcType=INTEGER}
    </update>
    <!--更新记录-->
    <update id="updateByPrimaryKey" parameterType="com.debug.middleware.
model.entity.MqOrder" >
      update mq_order
```

```
          set order_id = #{orderId,jdbcType=INTEGER},
            business_time = #{businessTime,jdbcType=TIMESTAMP},
            memo = #{memo,jdbcType=VARCHAR}
          where id = #{id,jdbcType=INTEGER}
      </update>
  </mapper>
```

（3）开发 MyBatis 逆向工程生成的用户下单记录实体操作接口及其对应的 SQL 配置
文件，即 UserOrderMapper 操作接口和 UserOrderMapper.xml 配置文件。其中，我们在
UserOrderMapper 操作接口中开发了"根据下单记录 id 和支付状态查询下单记录"的功能，
其完整的源代码如下：

```
//导入依赖包
import com.debug.middleware.model.entity.UserOrder;
import org.apache.ibatis.annotations.Param;
//用户下单实体操作 Mapper 接口
public interface UserOrderMapper {
    //插入记录
    int insertSelective(UserOrder record);
    //根据主键 id 查询记录
    UserOrder selectByPrimaryKey(Integer id);
    //更新记录
    int updateByPrimaryKeySelective(UserOrder record);
    //根据下单记录 id 和支付状态查询
    UserOrder selectByIdAndStatus(@Param("id") Integer id,@Param("status")
Integer status);
}
```

其对应的 UserOrderMapper.xml 部分核心源代码如下：

```
<!--UserOrderMapper 操作接口所在的命名空间定义-->
<mapper namespace="com.debug.middleware.model.mapper.UserOrderMapper" >
  <!--查询得到的结果集映射-->
  <resultMap id="BaseResultMap" type="com.debug.middleware.model.entity.
UserOrder" >
    <id column="id" property="id" jdbcType="INTEGER" />
    <result column="order_no" property="orderNo" jdbcType="VARCHAR" />
    <result column="user_id" property="userId" jdbcType="INTEGER" />
    <result column="status" property="status" jdbcType="INTEGER" />
    <result column="is_active" property="isActive" jdbcType="INTEGER" />
    <result column="create_time" property="createTime" jdbcType="TIMESTAMP" />
  </resultMap>
  <!--查询的 SQL 片段-->
  <sql id="Base_Column_List" >
    id, order_no, user_id, status, is_active, create_time, update_time
  </sql>
  <!--根据下单记录 id 查询记录-->
  <select id="selectByPrimaryKey" resultMap="BaseResultMap" parameterType=
"java.lang.Integer" >
    select
    <include refid="Base_Column_List" />
```

```
    from user_order
    where id = #{id,jdbcType=INTEGER}
  </select>
<!--插入用户下单记录-->
<insert id="insertSelective" useGeneratedKeys="true" keyProperty="id"
parameterType="com.debug.middleware.model.entity.UserOrder" >
    insert into user_order
    <trim prefix="(" suffix=")" suffixOverrides="," >
      <if test="id != null" >
        id,
      </if>
      <if test="orderNo != null" >
        order_no,
      </if>
      <if test="userId != null" >
        user_id,
      </if>
      <if test="status != null" >
        status,
      </if>
      <if test="isActive != null" >
        is_active,
      </if>
      <if test="createTime != null" >
        create_time,
      </if>
      <if test="updateTime != null" >
        update_time,
      </if>
    </trim>
    <trim prefix="values (" suffix=")" suffixOverrides="," >
      <if test="id != null" >
        #{id,jdbcType=INTEGER},
      </if>
      <if test="orderNo != null" >
        #{orderNo,jdbcType=VARCHAR},
      </if>
      <if test="userId != null" >
        #{userId,jdbcType=INTEGER},
      </if>
      <if test="status != null" >
        #{status,jdbcType=INTEGER},
      </if>
      <if test="isActive != null" >
        #{isActive,jdbcType=INTEGER},
      </if>
      <if test="createTime != null" >
        #{createTime,jdbcType=TIMESTAMP},
      </if>
```

```
      <if test="updateTime != null" >
        #{updateTime,jdbcType=TIMESTAMP},
      </if>
    </trim>
  </insert>
  <!--根据下单记录 id 更新记录-->
  <update id="updateByPrimaryKey" parameterType="com.debug.middleware.
model.entity.UserOrder" >
    update user_order
    set order_no = #{orderNo,jdbcType=VARCHAR},
      user_id = #{userId,jdbcType=INTEGER},
      status = #{status,jdbcType=INTEGER},
      is_active = #{isActive,jdbcType=INTEGER},
      create_time = #{createTime,jdbcType=TIMESTAMP},
      update_time = #{updateTime,jdbcType=TIMESTAMP}
    where id = #{id,jdbcType=INTEGER}
  </update>
  <!--根据下单记录 Id 和支付状态查询-->
  <select id="selectByIdAndStatus" resultType="com.debug.middleware.
model.entity.UserOrder">
    SELECT
      <include refid="Base_Column_List"/>
    FROM
      user_order
    WHERE
      is_active
    AND `status` = #{status}
    AND id = #{id}
  </select>
</mapper>
```

至此，"用户下单支付超时"这一业务场景的 Dao 层（即数据库操作层）已经开发完毕。接下来，可以开始着手设计和构建这一业务场景对应的死信队列消息模型。

6.3.4　构建 RabbitMQ 死信队列消息模型

其实，在 6.2 节中已经采用实际的代码构建并实现了 RabbitMQ 死信队列的消息模型，因此可以参考之前的思路，构建"用户下单支付超时"业务场景专属的死信队列消息模型。值得一提的是，在这里为了整体功能测试的方便性，我们假设用户下单之后超时支付的时间为"10 秒"（当然，在实际生产环境中肯定不止 10 秒，具体的取值需要根据实际业务需要进行设置）。

（1）在 RabbitmqConfig 配置类中构建"用户下单支付超时"对应的死信队列消息模型，其完整源代码如下：

```
/**用户下单支付超时-RabbitMQ 死信队列消息模型构建**/
//创建死信队列
@Bean
public Queue orderDeadQueue() {
    //创建映射 Map，用于添加死信队列的组成成分，并最终作为创建死信队列的最后一个参数
    Map<String, Object> args = new HashMap();
    //添加 "死信交换机"
    args.put("x-dead-letter-exchange", env.getProperty("mq.order.dead.
exchange.name"));
    //添加 "死信路由"
    args.put("x-dead-letter-routing-key", env.getProperty("mq.order.dead.
routing.key.name"));
//设定 TTL，单位为 ms，在这里为了测试方便，设置为 10s，当然实际业务场景可能为 1 小时或
者更长
    args.put("x-message-ttl", 10000);
    //创建并返回死信队列实例
    return new Queue(env.getProperty("mq.order.dead.queue.name"), true,
false, false, args);
}


//创建 "基本消息模型" 的基本交换机 - 面向生产者
@Bean
public TopicExchange orderProducerExchange() {
    //创建并返回基本交换机实例
    return new TopicExchange(env.getProperty("mq.producer.order.exchange.
name"), true, false);
}
//创建 "基本消息模型" 的基本绑定-基本交换机+基本路由 - 面向生产者
@Bean
public Binding orderProducerBinding() {
    //创建并返回基本交换机和基本路由构成的基本绑定实例
    return BindingBuilder.bind(orderDeadQueue()).to(orderProducerExchange()).
with(env.getProperty("mq.producer.order.routing.key.name"));
}
//创建真正队列 - 面向消费者
@Bean
public Queue realOrderConsumerQueue() {
    //创建并返回真正的队列实例
    return new Queue(env.getProperty("mq.consumer.order.real.queue.name"),
true);
}


//创建死信交换机
@Bean
public TopicExchange basicOrderDeadExchange() {
    //创建并返回死信交换机
    return new TopicExchange(env.getProperty("mq.order.dead.exchange.
name"), true, false);
}
//创建死信路由及其绑定
@Bean
public Binding basicOrderDeadBinding() {
```

```
    //创建并返回死信交换机和死信路由构成的绑定实例
    return BindingBuilder.bind(realOrderConsumerQueue()).to(basicOrder
DeadExchange()).with(env.getProperty("mq.order.dead.routing.key.name"));
    }
```

其中，读取环境变量实例env读取的变量是配置在配置文件application.properties 中的，其变量取值如下：

```
#用户下单支付超时-死信队列消息模型
#定义死信队列名称
mq.order.dead.queue.name=${mq.env}.middleware.order.dead.queue
#定义交换机名称
mq.order.dead.exchange.name=${mq.env}.middleware.order.dead.exchange
#定义死信路由名称
mq.order.dead.routing.key.name=${mq.env}.middleware.order.dead.routing.key
#定义基本交换机名称
mq.producer.order.exchange.name=${mq.env}.middleware.order.basic.exchange
#定义基本路由名称
mq.producer.order.routing.key.name=${mq.env}.middleware.order.basic.
routing.key
#定义真正队列名称
mq.consumer.order.real.queue.name=${mq.env}.middleware.consumer.order.
real.queue
```

（2）运行项目并观察控制台的输出结果，如果没有报错信息，则代表"用户下单支付超时"构建的死信队列没有问题。打开浏览器，在地址栏中输入 http://127.0.0.1:15672 并回车，输入账号和密码（均为 guest）进入 RabbitMQ 的后端控制台，即可看到该消息模型对应的"死信队列"和"真正的队列"信息，如图 6.19 所示。

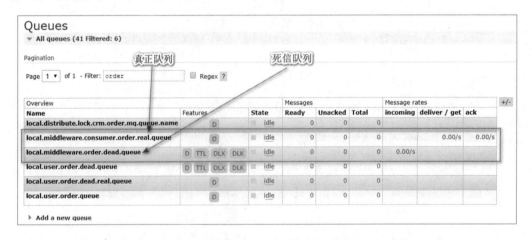

图 6.19　"用户下单支付超时"消息模型创建的队列列表

单击"死信队列"的名称，即可查看其详情，包括名称、组成成员、持久化策略和绑定信息，如图 6.20 所示。

最后单击"真正的队列"的名称，即可查看其详情，包括名称、持久化策略和绑定信息，如图 6.21 所示。

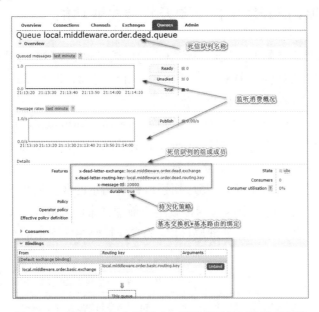

图 6.20　"用户下单支付超时"消息模型的死信队列详情

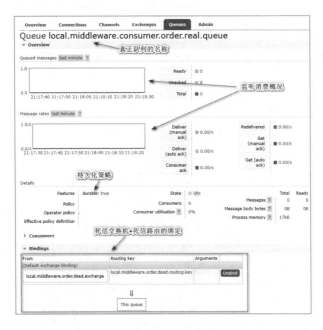

图 6.21　"用户下单支付超时"消息模型的真正队列详情

　　至此，"用户下单支付超时"业务场景的死信队列消息模型已经构建成功，接下来便进入"核心业务处理逻辑"的代码实现环节。

6.3.5　Controller 层开发用户下单及订单失效功能

对于核心业务处理逻辑的开发，在这里我们仍然采用 MVCM 的模式进行代码实现。所谓的 MVCM，其实就是在 MVC 的基础上再增加一层 M，即 Middleware 中间件层，主要用于辅助实现应用系统中相关核心业务逻辑。

对于"用户下单支付超时"这一业务场景而言，模型层 Model 即为前面小节中 MyBatis 逆向工程生成的 Entity、Mapper 和 Mapper.xml 等相关文件，这里由于我们不开发页面，因而视图层 View 将不进行代码层次的开发。

而对于控制处理层 Controller，指应用系统针对指定的业务模块开发相关的业务逻辑处理代码。从广义上讲，这一层次包括接收用户前端请求的控制层、处理核心业务逻辑的服务层及提供额外服务的中间件处理层（相应的实现代码在接下来的小节中将逐一给出），如图 6.22 所示。

图 6.22　广义上的 Controller 层包含的服务

接下来进入 Controller 层业务代码的开发环节。如图 6.23 所示为相关代码文件所在的目录结构。

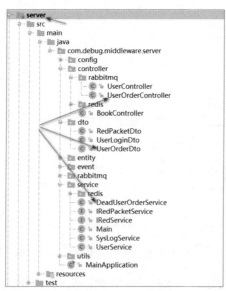

图 6.23　"用户下单支付超时"Controller 层代码文件目录结构

（1）开发用于接收并处理用户前端请求的控制层 UserOrderController，主要用于接收前端用户下单时的相关信息，其完整源代码如下：

```
//导入依赖包
import com.debug.middleware.api.enums.StatusCode;
import com.debug.middleware.api.response.BaseResponse;
import com.debug.middleware.server.dto.UserOrderDto;
import com.debug.middleware.server.service.DeadUserOrderService;
import org.slf4j.Logger;
import org.slf4j.LoggerFactory;
import org.springframework.beans.factory.annotation.Autowired;
import org.springframework.http.MediaType;
import org.springframework.validation.BindingResult;
import org.springframework.validation.annotation.Validated;
import org.springframework.web.bind.annotation.RequestBody;
import org.springframework.web.bind.annotation.RequestMapping;
import org.springframework.web.bind.annotation.RequestMethod;
import org.springframework.web.bind.annotation.RestController;
/**
 * 用户下单记录 controller
 * @Author:debug (SteadyJack)
**/
@RestController
public class UserOrderController {
    //定义日志
    private static final Logger log= LoggerFactory.getLogger(UserOrder
Controller.class);
    //定义请求前缀
    private static final String prefix="user/order";
    //用户下单处理服务实例
    @Autowired
    private DeadUserOrderService deadUserOrderService;
    /**
     * 用户下单请求的接收与处理
     * @return
     */
    @RequestMapping(value = prefix+"/push",method = RequestMethod.POST,
consumes = MediaType.APPLICATION_JSON_UTF8_VALUE)
    public BaseResponse login(@RequestBody @Validated UserOrderDto dto,
BindingResult result){
        //判断请求参数的合法性
        if (result.hasErrors()){
            //如果参数不合法，则直接返回参数不规范等结果
            return new BaseResponse(StatusCode.InvalidParams);
        }
        //定义响应结果实例
        BaseResponse response=new BaseResponse(StatusCode.Success);
        try {
            //调用 Service 层真正处理用户下单的业务逻辑
            deadUserOrderService.pushUserOrder(dto);
        }catch (Exception e){
            //Service 层在处理的过程中如果发生异常，则抛出异常并被 Controller 层捕获
返回给前端用户
```

```
                   response=new BaseResponse(StatusCode.Fail.getCode(),e.getMessage());
        }
        //返回响应结果
        return response;
    }
}
```

（2）其中，UserOrderDto 实体类用于接收前端用户下单时提交的信息，其源代码如下：

```
//导入依赖包
import lombok.Data;
import lombok.ToString;
import org.hibernate.validator.constraints.NotBlank;
import javax.validation.constraints.NotNull;
import java.io.Serializable;
/**
 * 用户下单实体信息
 * @Author:debug (SteadyJack)
**/
@Data
@ToString
public class UserOrderDto implements Serializable{
    @NotBlank
    private String orderNo;                //订单编号-必填
    @NotNull
    private Integer userId;                //用户 id-必填
}
```

（3）开发用于处理核心业务逻辑的服务层 Service，即 DeadUserOrderService 类，其主要包含两大核心功能，即"用户下单"功能与"更新用户下单记录的状态"功能。两大核心功能对应的完整源代码如下：

```
//导入依赖包
import com.debug.middleware.model.entity.MqOrder;
import com.debug.middleware.model.entity.UserOrder;
import com.debug.middleware.model.mapper.MqOrderMapper;
import com.debug.middleware.model.mapper.UserOrderMapper;
import com.debug.middleware.server.dto.UserOrderDto;
import com.debug.middleware.server.rabbitmq.publisher.DeadOrderPublisher;
import org.slf4j.Logger;
import org.slf4j.LoggerFactory;
import org.springframework.beans.BeanUtils;
import org.springframework.beans.factory.annotation.Autowired;
import org.springframework.stereotype.Service;
import java.util.Date;
/**
 * 用户下单支付超时-服务处理
 * @Author:debug (SteadyJack)
**/
```

```
@Service
public class DeadUserOrderService {
    //定义日志
    private static final Logger log= LoggerFactory.getLogger(DeadUser
OrderService.class);
    //定义用户下单操作 Mapper
    @Autowired
    private UserOrderMapper userOrderMapper;
    //定义更新失效用户下单记录状态 Mapper
    @Autowired
    private MqOrderMapper mqOrderMapper;
    //死信队列-生产者实例-将在下一节进行开发，在此处可以暂时注释掉
    //@Autowired
    //private DeadOrderPublisher deadOrderPublisher;
    /**
     * 用户下单-将生成的下单记录 id 压入死信队列中等待延迟处理
     * @param userOrderDto
     * @throws Exception
     */
    public void pushUserOrder(UserOrderDto userOrderDto) throws Exception{
        //创建用户下单实例
        UserOrder userOrder=new UserOrder();
        //复制 userOrderDto 对应的字段取值到新的实例对象 userOrder 中
        BeanUtils.copyProperties(userOrderDto,userOrder);
        //设置支付状态为已保存
        userOrder.setStatus(1);
        //设置下单时间
        userOrder.setCreateTime(new Date());
        //插入用户下单记录
        userOrderMapper.insertSelective(userOrder);
        log.info("用户成功下单，下单信息为：{}",userOrder);

        //以下代码是将用户下单产生的下单记录 id 压入死信队列中，相应的功能代码将在下一
节开发，在这里可以暂时注释起来
        //生成用户下单记录 id
        //Integer orderId=userOrder.getId();
        //将生成的用户下单记录 id 压入死信队列中等待延迟处理
        //deadOrderPublisher.sendMsg(orderId);
    }
    /**
     * 更新用户下单记录的状态
     * @param userOrder
     */
public void updateUserOrderRecord(UserOrder userOrder){
        //捕获异常
        try {
            //判断用户下单记录实体是否为 null
```

```
        if (userOrder!=null){
            //更新失效用户下单记录
            userOrder.setIsActive(0);
            //设置失效时进行更新的时间
            userOrder.setUpdateTime(new Date());
            //更新下单记录实体信息
            userOrderMapper.updateByPrimaryKeySelective(userOrder);

            //记录"失效用户下单记录"的历史
            //定义 Rabbitmq 死信队列历史失效记录实例
            MqOrder mqOrder=new MqOrder();
            //设置失效时间
            mqOrder.setBusinessTime(new Date());
            //设置备注信息
            mqOrder.setMemo("更新失效当前用户下单记录 Id,orderId="+userOrder.
getId());
            //设置下单记录 id
            mqOrder.setOrderId(userOrder.getId());
            //插入失效记录
            mqOrderMapper.insertSelective(mqOrder);
        }
    }catch (Exception e){
        log.error("用户下单支付超时-处理服务-更新用户下单记录的状态发生异常：",
e.fillInStackTrace());
    }
    }
}
```

以上代码中，在处理"用户下单"方法中调用了"将下单记录 id 压入死信队列"的方法，该方法属于"提供额外服务的中间件处理层 Middleware"层面提供的功能，在下一节中将进行开发实现。

（4）至此，"用户下单支付超时"业务场景对应的 Controller 层已基本开发完毕。运行项目，观察控制台的输出情况，如果没有报错信息，则代表 Controller 层开发的代码没有语法级别的问题。打开浏览器模拟工具 Postman，在地址栏中输入"访问用户下单"的请求链接 http://127.0.0.1:8087/middleware/user/order/push，选择 HTTP 请求方法为 Post，并选择请求体的数据格式为 JSON（application/json），其中请求体的数据如下：

```
{
    "orderNo":"20190411001",
    "userId":10010
}
```

以上代码表示当前用户 id 为 10010,购物车对应的订单编号为 20190411001。单击 Send 按钮，即可将相应的请求信息提交至系统后端的相关接口，可以看到 Postman 得到了"成功"的响应结果，即代表用户已经成功下单，如图 6.24 所示。

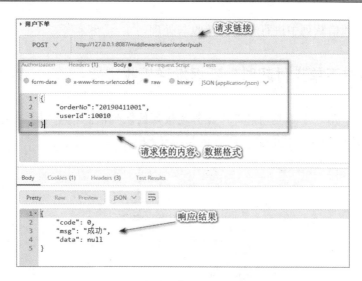

图 6.24　访问"用户下单"接口得到的响应结果

然后可以观察控制台的输出信息，可以看到系统后端接口已经成功接收并处理了用户的下单请求，如图 6.25 所示。

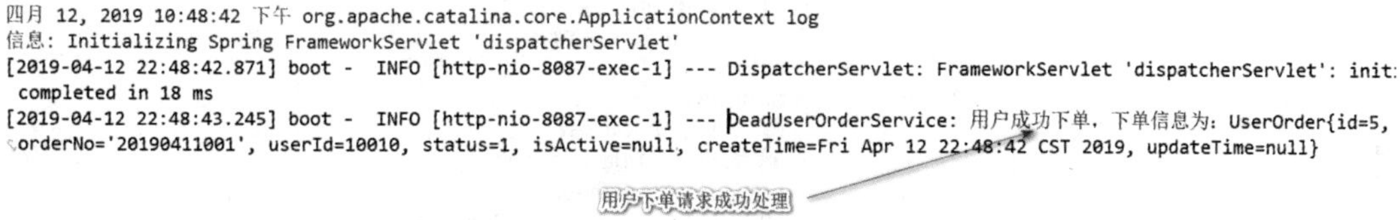

```
四月 12, 2019 10:48:42 下午 org.apache.catalina.core.ApplicationContext log
信息: Initializing Spring FrameworkServlet 'dispatcherServlet'
[2019-04-12 22:48:42.871] boot - INFO [http-nio-8087-exec-1] --- DispatcherServlet: FrameworkServlet 'dispatcherServlet': init
 completed in 18 ms
[2019-04-12 22:48:43.245] boot - INFO [http-nio-8087-exec-1] --- DeadUserOrderService: 用户成功下单,下单信息为: UserOrder{id=5,
 orderNo='20190411001', userId=10010, status=1, isActive=null, createTime=Fri Apr 12 22:48:42 CST 2019, updateTime=null}
```

图 6.25　系统后端接口成功处理用户下单请求

打开用户下单数据表 user_order，查看相关的数据记录，可以看到用户下单记录已经成功存储至数据表中，如图 6.26 所示。

图 6.26　查看用户下单请求数据所在的数据表记录

至此，该业务场景 Controller 层的核心代码已经开发完毕，并且已经成功地将用户下单数据存储至数据库中，也成功生成了用户下单记录 id。这个 id，将在下一节中充当消息并在 RabbitMQ 死信队列中进行传输、接收与处理。

6.3.6　"用户下单支付超时"延迟发送接收实战

接下来开发"用户下单支付超时"业务场景死信队列消息模型中生产者和消费者的功能。如图 6.27 所示为相应代码文件所在的目录结构。

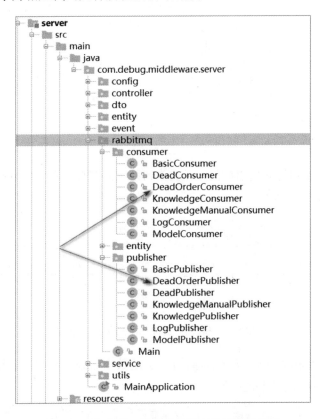

图 6.27　生产者、消费者代码文件的目录结构

（1）开发用于发送消息的生产者 DeadOrderPublisher 类的相关功能，其完整源代码如下：

```
//导入依赖包
import com.fasterxml.jackson.databind.ObjectMapper;
import org.slf4j.Logger;
import org.slf4j.LoggerFactory;
import org.springframework.amqp.AmqpException;
import org.springframework.amqp.core.Message;
import org.springframework.amqp.core.MessageDeliveryMode;
import org.springframework.amqp.core.MessagePostProcessor;
import org.springframework.amqp.core.MessageProperties;
```

```
import org.springframework.amqp.rabbit.core.RabbitTemplate;
import org.springframework.amqp.support.converter.AbstractJavaTypeMapper;
import org.springframework.amqp.support.converter.Jackson2JsonMessage
Converter;
import org.springframework.beans.factory.annotation.Autowired;
import org.springframework.core.env.Environment;
import org.springframework.stereotype.Component;
/**
 * 死信队列-生产者-用户下单支付超时消息模型
 * @Author:debug (SteadyJack)
 **/
@Component
public class DeadOrderPublisher {
    //定义日志
    private static final Logger log= LoggerFactory.getLogger(DeadOrder
Publisher.class);
    //定义读取环境变量实例
    @Autowired
    private Environment env;
    //定义 RabbitMQ 操作组件
    @Autowired
    private RabbitTemplate rabbitTemplate;
    //定义 JSON 序列化和反序列化组件实例
    @Autowired
    private ObjectMapper objectMapper;
    /**
     *将用户下单记录id充当消息发送给死信队列
     * @param orderId
     */
    public void sendMsg(Integer orderId){
        try {
            //设置消息的传输格式-JSON 格式
            rabbitTemplate.setMessageConverter(new Jackson2JsonMessage
Converter());
            //设置基本交换机
            rabbitTemplate.setExchange(env.getProperty("mq.producer.
order.exchange.name"));
            //设置基本路由
            rabbitTemplate.setRoutingKey(env.getProperty("mq.producer.
order.routing.key.name"));
            //发送对象类型的消息
            rabbitTemplate.convertAndSend(orderId, new MessagePostProcessor() {
                @Override
                public Message postProcessMessage(Message message) throws
AmqpException {
                    //获取消息属性对象
                    MessageProperties messageProperties=message.getMessage
Properties();
                    //设置消息的持久化策略
                    messageProperties.setDeliveryMode(MessageDeliveryMode.
PERSISTENT);
                    //设置消息头,即直接指定发送的消息所属的对象类型
                    messageProperties.setHeader(AbstractJavaTypeMapper.
```

```
DEFAULT_CONTENT_CLASSID_FIELD_NAME,Integer.class);
                    //返回消息实例
                    return message;
                }
            });
            //打印日志
            log.info("用户下单支付超时-发送用户下单记录 id 的消息入死信队列-内容为：
orderId={} ",orderId);
        }catch (Exception e){
            //处理过程如果发生异常，则进行打印
            log.error("用户下单支付超时-发送用户下单记录 id 的消息入死信队列-发生异
常：orderId={} ",orderId,e.fillInStackTrace());
        }
    }
}
```

（2）开发用于监听消费消息，即"订单记录 id"的消费者的功能，并根据该 id 信息前往数据库查询相应的记录，判断该下单记录的支付状态是否仍然为"已保存"，如果是，则代表用户已经超过了指定时间而没有支付该笔订单。完整源代码如下：

```
//导入依赖包
import com.debug.middleware.model.entity.UserOrder;
import com.debug.middleware.model.mapper.UserOrderMapper;
import com.debug.middleware.server.service.DeadUserOrderService;
import com.fasterxml.jackson.databind.ObjectMapper;
import org.slf4j.Logger;
import org.slf4j.LoggerFactory;
import org.springframework.amqp.rabbit.annotation.RabbitListener;
import org.springframework.beans.factory.annotation.Autowired;
import org.springframework.messaging.handler.annotation.Payload;
import org.springframework.stereotype.Component;
/**
 * 死信队列-真正的队列消费者-用户下单支付超时消息模型
 * @Author:debug (SteadyJack)
 * @Date: 2019/4/9 20:42
 **/
@Component
public class DeadOrderConsumer {
    //定义日志
    private static final Logger log= LoggerFactory.getLogger(DeadOrder
Consumer.class);
    //定义 JSON 序列化和反序列化组件
    @Autowired
    private ObjectMapper objectMapper;
    //定义用户下单操作 Mapper
    @Autowired
    private UserOrderMapper userOrderMapper;
    //用户下单支付超时-处理服务实例
    @Autowired
    private DeadUserOrderService deadUserOrderService;
    /**
     * 用户下单支付超时消息模型-监听真正的队列
```

```
    * @param orderId
    */
  @RabbitListener(queues = "${mq.consumer.order.real.queue.name}",
containerFactory = "singleListenerContainer")
  public void consumeMsg(@Payload Integer orderId){
      try {
          log.info("用户下单支付超时消息模型-监听真正的队列-监听到消息内容为:
orderId={}",orderId);

          //TODO:接下来是执行核心的业务逻辑
          //查询该用户下单记录 id 对应的支付状态是否为"已保存"
          UserOrder userOrder=userOrderMapper.selectByIdAndStatus
(orderId,1);
          if (userOrder!=null){
              //不等于 null,则代表该用户下单记录仍然为"已保存"状态,即该用户已经超时,
              没支付该笔订单,因而需要失效该笔下单记录
              deadUserOrderService.updateUserOrderRecord(userOrder);
          }
      }catch (Exception e){
          log.error("用户下单支付超时消息模型-监听真正队列-发生异常: orderId={} ",
orderId,e.fillInStackTrace());
      }
  }
}
```

（3）在用户下单服务 DeadUserOrderService 类的 pushUserOrder 方法中，加入死信队列生产者"发送订单记录 id"的方法调用，其源代码如下：

```
/**
* 用户下单,并将生成的下单记录 id 压入死信队列中等待延迟处理
* @param userOrderDto
* @throws Exception
*/
public void pushUserOrder(UserOrderDto userOrderDto) throws Exception{
  //创建用户下单实例
  UserOrder userOrder=new UserOrder();
  //复制 userOrderDto 对应的字段取值到新的实例对象 userOrder 中
  BeanUtils.copyProperties(userOrderDto,userOrder);
  //设置支付状态为已保存
  userOrder.setStatus(1);
  //设置下单时间
  userOrder.setCreateTime(new Date());
  //插入用户下单记录
  userOrderMapper.insertSelective(userOrder);
  log.info("用户成功下单,下单信息为: {}",userOrder);

  //生成用户下单记录 id
  Integer orderId=userOrder.getId();
  //将生成的用户下单记录 id 压入死信队列中等待延迟处理
  deadOrderPublisher.sendMsg(orderId);
}
```

至此，"用户下单支付"业务场景对应的 RabbitMQ 死信队列发送、延迟处理消息的

功能已经开发完毕。运行项目，观察控制台的输出，如果没有报错信息，则代表整体功能对应的代码没有语法级别的错误。

6.3.7 "用户下单支付超时"整体功能自测

至此，对于"用户下单支付超时"的业务场景实现，已经到了最后一个环节，即整体功能的自测。

（1）打开浏览器模拟工具 Postman，在地址栏中输入"访问用户下单"的请求链接 http://127.0.0.1:8087/middleware/user/order/push，选择 HTTP 请求方法为 Post，并选择请求体的数据格式为 JSON（application/json）。其中请求体的数据如下：

```
{
    "orderNo":"20190412001",
    "userId": 10011
}
```

以上代码表示当前用户 id 为 10011，购物车对应的订单编号为 20190412001。单击 Send 按钮，即可将相应的请求信息提交至系统后端的相关接口，可以看到 Postman 得到了"成功"的响应结果，即代表用户已经成功下单，如图 6.28 所示。

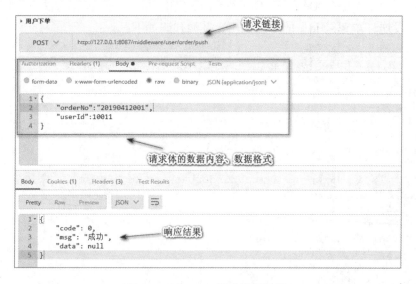

图 6.28　Postman 请求访问结果

（2）观察控制台的输出结果，可以看到用户已经成功下单，并生成了订单记录 id，同时该 id 也已经被充当消息成功发送至 RabbitMQ 的死信队列中。稍微等待 10 秒（因为在创建死信队列中，组成成分 TTL 的取值为 10 秒），即可看到消费者已经成功监听到该消息，并执行了相应的超时失效下单记录的逻辑，如图 6.29 所示。

```
[2019-04-12 23:47:53.861] boot - INFO [http-nio-8087-exec-1] --- DispatcherServlet: FrameworkServlet 'dispatcherServlet': initialization
completed in 21 ms
[2019-04-12 23:47:54.199] boot - INFO [http-nio-8087-exec-1] --- DeadUserOrderService: 用户成功下单,下单信息为: UserOrder{id=6,
orderNo='20190412001', userId=10011, status=1, isActive=null, createTime=Fri Apr 12 23:47:53 CST 2019, updateTime=null}
[2019-04-12 23:47:54.210] boot - INFO [http-nio-8087-exec-1] --- DeadOrderPublisher: 用户下单支付超时-发送用户下单记录id的消息入死信队列-内容为:
orderId=6
[2019-04-12 23:47:54.221] boot - INFO [AMQP Connection 127.0.0.1:5672] --- RabbitmqConfig: 消息发送成功:correlationData(null),ack(true),cause
(null)
[2019-04-12 23:48:04.227] boot - INFO [SimpleAsyncTaskExecutor-1] --- DeadOrderConsumer: 用户下单支付超时消息模型-监听真正队列-监听到消息内容为:
orderId=6
```

图 6.29　控制台输出结果

（3）观察数据库表 user_order 的数据记录，可以发现用户下单的数据已经成功存储至数据库中。由于该用户在指定的时间内没有进行付款，因而该下单记录也已被更新为"失效"状态。同时在数据库表 mq_order 中记录了失效下单记录的历史数据，分别如图 6.30 和图 6.31 所示。

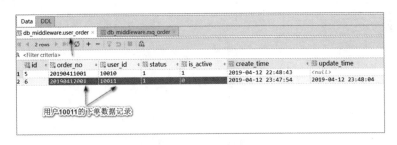

图 6.30　查看用户下单记录

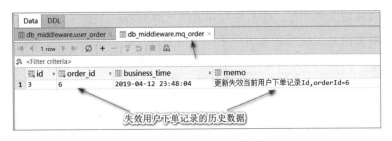

图 6.31　查看失效的历史下单记录

（4）为了能形象地观察消息在 RabbitMQ 死信队列的发送、传输和接收过程，我们需要进入 RabbitMQ 后端控制台查看消息在"死信队列"与"真正队列"之间的传输过程。

再次打开浏览器模拟工具 Postman，在地址栏中输入"访问用户下单"的请求链接 http://127.0.0.1:8087/middleware/user/order/push，选择 HTTP 请求方法为 Post，并选择请求体的数据格式为 JSON（application/json），请求体的数据如下：

```
{
    "orderNo":"20190412002",
    "userId":10012
}
```

该请求体的数据表示当前用户 id 为 10012，购物车下单的订单编号为 20190412002。

单击 Send 按钮，即可将请求数据提交到系统后端接口，稍等片刻即可得到后端返回的"成功下单"的响应信息，如图 6.32 所示。

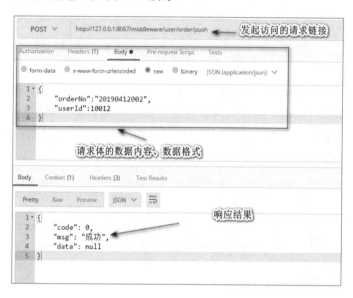

图 6.32   Postman 发起请求得到的响应结果

当 Postman 得到后端接口返回的响应结果后，立即打开浏览器，在地址栏中输入链接：http://127.0.0.1:15672   并回车，输入账号和密码（均为 guest）进入 RabbitMQ 的后端控制台，此时可以看到消息已经成功发送至第一个暂存区"死信队列"中，如图 6.33 所示。

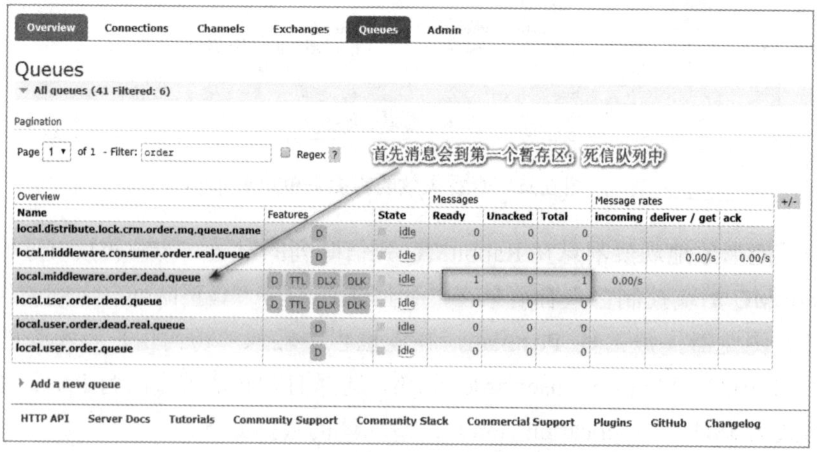

图 6.33   查看消息在死信队列消息模型中的传输过程

然后等待 10 秒，即可看到消息会被路由分发到第二个暂存区，即"真正队列"中，最后被"真正队列"对应的消费者所监听消费掉，如图 6.34 所示。

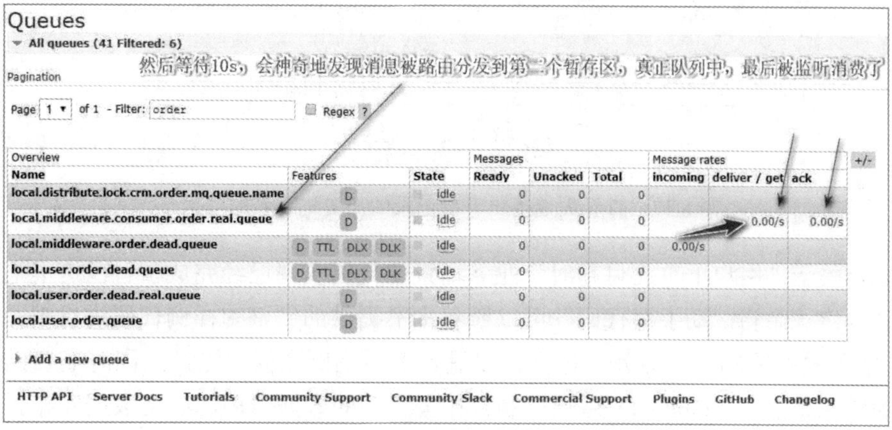

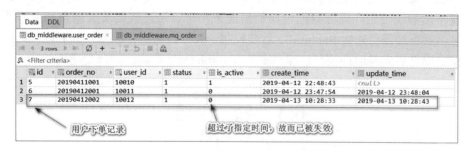

图 6.34　查看消息在死信队列消息模型中的传输过程

（5）再观察 IDEA 控制台的输出结果，可以看到用户已经成功下单，并生成了订单记录 id，同时该 id 也已经被充当消息成功发送至 RabbitMQ 的死信队列中。稍微等待 10 秒（因为在创建死信队列中，组成成分 TTL 的取值为 10 秒），即可看到消费者已经成功监听到该消息，并执行了相应的超时失效下单记录逻辑，如图 6.35 所示。

```
信息: Initializing Spring FrameworkServlet 'dispatcherServlet'
[2019-04-13 10:28:33.003] boot - INFO [http-nio-8087-exec-1] --- DispatcherServlet: FrameworkServlet 'dispatcherServlet': initialization
 completed in 17 ms
[2019-04-13 10:28:33.365] boot - INFO [http-nio-8087-exec-1] --- DeadUserOrderService: 用户下单,下单信息为: UserOrder{id=7,
 orderNo='20190412002', userId=10012, status=1, isActive=null, createTime=Sat Apr 13 10:28:33 CST 2019, updateTime=null}
[2019-04-13 10:28:33.375] boot - INFO [http-nio-8087-exec-1] --- DeadOrderPublisher: 用户下单支付超时-发送用户下单记录id的消息入死信队列-内容为:
 orderId=7
[2019-04-13 10:28:33.386] boot - INFO [AMQP Connection 127.0.0.1:5672] --- RabbitmqConfig: 消息发送成功:correlationData(null),ack(true),cause
 (null)
[2019-04-13 10:28:43.398] boot - INFO [SimpleAsyncTaskExecutor-1] --- DeadOrderConsumer: 用户下单支付超时消息模型-监听真正队列-监听到消息内容为:
 orderId=7
```

图 6.35　查看控制台的输出结果

最后再前往数据库查看用户下单数据表 user_order 和历史失效下单记录表 mq_order，分别如图 6.36 和图 6.37 所示。

图 6.36　查看用户下单记录表的数据

图 6.37　查看失效用户下单记录的历史记录表的数据

　　至此，关于"用户下单支付超时"业务场景的代码实现已经完成了。在这里笔者强烈建议读者一定"亲自"动手写代码，可以照着本书提供的完整的样例代码进行编写，切忌"复制、粘贴式的编码"。另外，也一定要进行多番案例数据的测试，同时需要结合观察控制台的输出信息、RabbitMQ 后端控制台相关队列的数据传输，以及数据库相关数据表的记录，才能确保相应的业务逻辑及对应的代码没有错误。

　　在创建 RabbitMQ 的队列（包括普通队列、死信队列）、交换机和路由及其绑定的过程中，一经创建成功，RabbitMQ 将严格要求其不再允许被修改，比如修改交换机、队列的持久化策略等属性都是不允许的（IDEA 控制台将会在项目运行之后输出报错信息）。就像本章所介绍的 RabbitMQ 死信队列，如果已经指定了 TTL，即存活时间的取值，并且已经被成功创建了，那么之后如果调整了 TTL 的取值（比如想将 TTL 的取值从 10 秒修改成 20 秒），在项目运行期间 IDEA 控制台将会输出相应的报错信息。

　　这种严格的限制方式其实是 RabbitMQ 出于安全性方面的考虑。想象一下，RabbitMQ 线上生产环境中已经成功创建了队列、交换机和路由，并且已经在运行中了，此时如果贸然调整相应组件的属性，将很有可能影响正在传输中的数据，比如导致数据丢失、数据重复发送等。所以 RabbitMQ 建议开发者在创建队列、交换机和路由及其绑定等相关组件时，相应属性的设置需要再三斟酌。如果真的是调整相应组件的特性，可以通过以下两种方式进行调整：

- 在不影响线上生产环境数据传输的情况下，直接在 RabbitMQ 后端控制台调整相应的组件属性，比如交换机和路由的绑定等；
- 在不影响线上生产环境数据传输的情况下，可以通过代码层面调整相应组件的属性，只不过需要先将 RabbitMQ 后端控制台要修改的组件删除，然后在代码层面调整完毕之后立即运行项目，即可重新在 RabbitMQ 后端控制台创建新的队列。

6.4　总　　结

　　"延时、延迟处理指定业务逻辑"的需求在实际项目中还是很常见的，为了实现这种功能需求，分布式消息中间件 RabbitMQ 提供了"死信队列"这一组件进行实现。"死信队列"，顾名思义，指的是消息进入队列之后将不会立即被消费，而是等待一定的时间再被消费者监听消费的队列。本章开篇首先介绍了死信队列的概念、作用、典型的应用场景、组成成分以及死信队列消息模型的构建，之后以实际的典型应用场景"商城平台订单支付超时"为案例，配备实际的代码进行实战，最终可以让读者更好地理解并掌握 RabbitMQ 死信队列的相关知识要点。

在目前市面上流行的中间件列表中，除了可以采用 RabbitMQ 的死信队列实现"延时、延迟处理指定业务逻辑"的功能之外，基于 Redis 的驻内存网格综合中间件 Redisson 同样也可以实现该业务功能。而对于 Redisson 的介绍，在这里就暂时不详述了，我们将在后面的章节中进行详细介绍。

第7章　分布式锁实战

在互联网和移动互联网时代，企业级应用系统大多数是采用集群和分布式的方式进行部署，将"业务高度集中"的传统企业级应用按照业务拆分成多个子系统，并进行独立部署。而为了应对某些业务场景下产生的高并发请求，通常一个子系统会部署多份实例，并采用某种均衡机制"分摊"处理前端用户的请求，此种方式俗称"集群"。事实证明，此种分布式、集群部署的方式确实能给企业级应用系统带来性能和效率上的提升，从而给企业业务规模带来可扩展的收益。

然而，任何事情都并非十全十美的，正如服务集群、分布式系统架构一样，虽然可以给企业应用系统带来性能、质量和效率上的提升，但由此也带来了一些棘手的问题，其中比较典型的问题是高并发场景下多个线程并发访问、操作共享资源时，出现数据不一致的现象。针对这类问题，业界普遍采取的方式是采用"分布式锁"加以解决，而本章将会介绍分布式锁的相关知识要点。

本章的主要内容有：

- 分布式锁概述，包括分布式锁的概念、出现背景、典型应用场景及常见的几种实现方式。
- 介绍分布式锁常见的 3 种实现方式，并配以实际的代码进行实现，使读者理解并掌握分布式锁相关的知识要点和技术应用。
- 以典型的应用场景"书籍抢购系统"为案例，配备实际的代码实现分布式锁，进一步帮助读者掌握分布式锁在实际生产环境中的应用。

7.1　分布式锁概述

在传统单体应用时代，"并发访问、操作共享资源"的场景并不少见。由于那时还没有"分布式"的概念，因而当多个线程并发访问、操作共享资源时，往往是通过加同步互斥锁的机制进行控制，这种方式在很长一段时间内确实能起到一定的作用。

随着用户、数据量的增长，企业应用为了适应各种变化，不得不对传统单一的应用系统进行拆分并作分布式部署，而此种分布式系统架构部署方案的落地在带来性能和效率上提升的同时也带来了一些问题，即传统采取加锁的方式将不再起作用。这是因为集群、分布式部署的服务实例一般是部署在不同机器上的，在分布式系统架构下，此种资源共享将不再是传统的线程共享，而是跨 JVM 进程之间资源的共享了。因此，为了解决这种问题，我们将引入"分布式锁"的方式进行控制。

7.1.1　锁机制

在单体应用时代，传统企业级 Java 应用为了解决"高并发下多线程访问共享资源时出现数据不一致"的问题，通常是借助 JDK 自身提供的关键字或者并发工具类 Synchronized、Lock 和 RetreenLock 等加以实现，这种访问控制机制业界普遍亲切地称之为"锁"。不可否认的是，此种方式在很长一段时间内确实能起到一定的作用，在如今一些轻量级、比较小型的单体应用中依然可以见到其踪影。下面以现实生活中典型的应用场景"银行 ATM 存钱、取钱"为案例，介绍单体应用时代 JDK 提供的"锁"出现的背景和作用。

在介绍该业务场景之前，有必要重点介绍一下"共享资源"的含义。顾名思义，它指的是可以被多个线程、进程同时访问并进行操作的数据或者代码块，比如春运期间抢票时的"车票"、电商平台抢购时的"商品"，以及超市举办商品促销活动时的"商品"等都是典型的、可供诸多用户同时获取、操作甚至共享的"东西"，这些"东西"即为共享资源。

再说回"银行 ATM 存钱、取钱"的例子。对于 ATM 存钱、取钱，相信各位读者并不陌生，假设一个银行账户初始时余额为 500 元，用户 A 与用户 B 分别在不同的 ATM 机器上进行 10 次甚至多次不同的对该银行账户的操作，其中，用户 A 的操作是向该银行账户中存入 100 元，而用户 B 的操作是从该银行账户中取出 100 元。从理论上讲，这个银行账号不管经过多少次"相同次数"的"存 100、取 100"的操作，最终该账户的余额始终应该是 500 元，这个业务流程如图 7.1 所示。

从该业务流程中可以得知，"共享资源"即为"银行账户的余额"，而不同线程发起的共享访问操作包括"存钱进该银行账户"和"从该银行账户取钱"。

从业务角度看，理论上该流程不管进行多少次"存、取相同金额"的操作，该银行账户的余额最终仍然应该为 500 元，这样的结果对于银行、客户而言是皆大欢喜的。然而，"理想很美好、现实却很骨感"，该业务流程如果直接投入生产环境中使用，对于用户、银行来说将很有可能造成"灾难性"的后果，比如银行资金流失、客户总账不对等问题。

为了让各位读者更清晰地理解这一流程，下面基于之前搭建的 Spring Boot 项目作为奠基，模拟开发"ATM 存钱、取钱"的流程，相关代码文件所在的目录结构如图 7.2 所示。

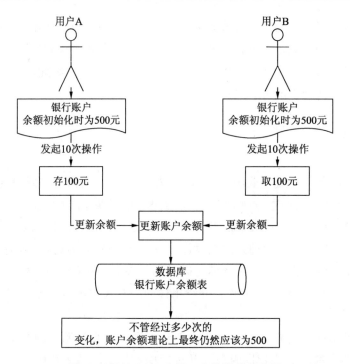

图 7.1　银行 ATM 存钱、取钱的业务流程

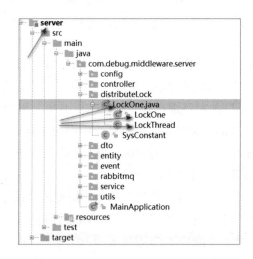

图 7.2　"银行 ATM 存钱、取钱"开发流程的相关代码文件

其中，线程类 LockThread 在这里简单设置为 LockOne 类的内部类。完整的源代码如下：

```
//导入依赖包
import org.slf4j.Logger;
import org.slf4j.LoggerFactory;
```

```
/**
 * 锁机制
 * @Author:debug (SteadyJack)
**/
public class LockOne{
    //定义日志
    private static final Logger log= LoggerFactory.getLogger(LockOne.
class);
    //启动类
    public static void main(String args[]){
        //创建存钱线程实例
        Thread tAdd=new Thread(new LockThread(100));
        //创建取钱线程实例
        Thread tSub = new Thread(new LockThread(-100));
        //开启存钱线程的操作
        tAdd.start();
        //开启取钱线程的操作
        tSub.start();
    }
}
//模拟锁机制的线程类
class LockThread implements Runnable {
    //定义日志
    private static final Logger log = LoggerFactory.getLogger(LockThread.
class);
    //定义成员变量-用于接收线程初始化时提供的金额-代表取/存的金额
    private int count;
    //构造方法
    public LockThread(int count) {
        this.count = count;
    }
    /**
     * 线程操作共享资源的方法体-不加同步锁
     */
    @Override
    public void run() {
        try {
            //执行 10 次访问共享的操作
            for (int i = 0; i < 10; i++) {
                //通过传进来的金额(可正、可负)执行叠加操作
                SysConstant.amount = SysConstant.amount + count;
                //打印每次操作完账户的余额
                log.info("此时账户余额为：{}", SysConstant.amount);
            }
        } catch (Exception e) {
            //有异常情况时直接进行打印
            e.printStackTrace();
        }
    }
}
```

其中，SysConstant 为存放共享变量的系统常量类，其源代码如下：

```java
/**
 * 系统常量类
 * @Author:debug (SteadyJack)
**/
public class SysConstant {
    //共享变量-指的是银行账户的初始余额为 500 元
    public static Integer amount=500;
}
```

运行 main()方法，观察控制台的输出信息，可以看到有趣的输出结果，如图 7.3 所示。

```
[2019-04-14 20:58:21.834] boot - INFO [Thread-0] --- LockThread: 此时账户余额为: 400
[2019-04-14 20:58:21.834] boot - INFO [Thread-1] --- LockThread: 此时账户余额为: 400
[2019-04-14 20:58:21.835] boot - INFO [Thread-0] --- LockThread: 此时账户余额为: 500
[2019-04-14 20:58:21.836] boot - INFO [Thread-0] --- LockThread: 此时账户余额为: 500
[2019-04-14 20:58:21.836] boot - INFO [Thread-1] --- LockThread: 此时账户余额为: 400
[2019-04-14 20:58:21.836] boot - INFO [Thread-0] --- LockThread: 此时账户余额为: 600
[2019-04-14 20:58:21.836] boot - INFO [Thread-1] --- LockThread: 此时账户余额为: 500
[2019-04-14 20:58:21.836] boot - INFO [Thread-0] --- LockThread: 此时账户余额为: 600
[2019-04-14 20:58:21.836] boot - INFO [Thread-1] --- LockThread: 此时账户余额为: 500
[2019-04-14 20:58:21.836] boot - INFO [Thread-0] --- LockThread: 此时账户余额为: 600
[2019-04-14 20:58:21.836] boot - INFO [Thread-1] --- LockThread: 此时账户余额为: 500
[2019-04-14 20:58:21.837] boot - INFO [Thread-0] --- LockThread: 此时账户余额为: 600
[2019-04-14 20:58:21.837] boot - INFO [Thread-1] --- LockThread: 此时账户余额为: 500
[2019-04-14 20:58:21.837] boot - INFO [Thread-0] --- LockThread: 此时账户余额为: 600
[2019-04-14 20:58:21.837] boot - INFO [Thread-1] --- LockThread: 此时账户余额为: 500
[2019-04-14 20:58:21.837] boot - INFO [Thread-0] --- LockThread: 此时账户余额为: 600
[2019-04-14 20:58:21.837] boot - INFO [Thread-1] --- LockThread: 此时账户余额为: 500
[2019-04-14 20:58:21.837] boot - INFO [Thread-0] --- LockThread: 此时账户余额为: 600
[2019-04-14 20:58:21.837] boot - INFO [Thread-1] --- LockThread: 此时账户余额为: 500
[2019-04-14 20:58:21.838] boot - INFO [Thread-1] --- LockThread: 此时账户余额为: 400
```

图 7.3　“银行 ATM 存钱、取钱”代码运行结果

从图 7.3 控制台的输出结果中可以得知，10 个“存钱线程”和 10 个“取钱线程”交替运行，访问操作共享的“账户余额”。由于此时还没有加“同步访问”控制机制，导致“账户余额”这一共享资源最终出现了数据不一致的结果。

在这里需要注意的是，每次运行 main()方法时，控制台输出的结果几乎是不一样的。如图 7.4 所示为再次运行后得到的结果。

```
[2019-04-14 22:07:42.496] boot - INFO [Thread-0] --- LockThread: 此时账户余额为: 500
[2019-04-14 22:07:42.496] boot - INFO [Thread-1] --- LockThread: 此时账户余额为: 500
[2019-04-14 22:07:42.497] boot - INFO [Thread-0] --- LockThread: 此时账户余额为: 600
[2019-04-14 22:07:42.498] boot - INFO [Thread-1] --- LockThread: 此时账户余额为: 500
[2019-04-14 22:07:42.498] boot - INFO [Thread-1] --- LockThread: 此时账户余额为: 500
[2019-04-14 22:07:42.498] boot - INFO [Thread-0] --- LockThread: 此时账户余额为: 600
[2019-04-14 22:07:42.498] boot - INFO [Thread-1] --- LockThread: 此时账户余额为: 400
[2019-04-14 22:07:42.498] boot - INFO [Thread-0] --- LockThread: 此时账户余额为: 500
[2019-04-14 22:07:42.498] boot - INFO [Thread-1] --- LockThread: 此时账户余额为: 400
[2019-04-14 22:07:42.498] boot - INFO [Thread-0] --- LockThread: 此时账户余额为: 500
[2019-04-14 22:07:42.499] boot - INFO [Thread-1] --- LockThread: 此时账户余额为: 400
[2019-04-14 22:07:42.499] boot - INFO [Thread-0] --- LockThread: 此时账户余额为: 500
[2019-04-14 22:07:42.499] boot - INFO [Thread-0] --- LockThread: 此时账户余额为: 500
[2019-04-14 22:07:42.499] boot - INFO [Thread-1] --- LockThread: 此时账户余额为: 400
[2019-04-14 22:07:42.499] boot - INFO [Thread-1] --- LockThread: 此时账户余额为: 500
[2019-04-14 22:07:42.499] boot - INFO [Thread-0] --- LockThread: 此时账户余额为: 600
[2019-04-14 22:07:42.499] boot - INFO [Thread-0] --- LockThread: 此时账户余额为: 500
[2019-04-14 22:07:42.499] boot - INFO [Thread-1] --- LockThread: 此时账户余额为: 400
[2019-04-14 22:07:42.500] boot - INFO [Thread-1] --- LockThread: 此时账户余额为: 500
[2019-04-14 22:07:42.500] boot - INFO [Thread-0] --- LockThread: 此时账户余额为: 600
```

图 7.4　“银行 ATM 存钱、取钱”代码再次运行的结果

在传统单体应用时代，针对并发访问共享资源出现“数据不一致”，即并发安全的问

题，一般是通过 Synchronized 关键字或者 Lock 等并发操作工具类进行解决。下面是采用
Synchronized 关键字解决并发安全问题的代码。

```
//导入依赖包
import org.slf4j.Logger;
import org.slf4j.LoggerFactory;
/**
 * 锁机制
 * @Author:debug (SteadyJack)
**/
public class LockOne{
    //定义日志
    private static final Logger log= LoggerFactory.getLogger(LockOne.class);
    //启动类
    public static void main(String args[]){
        //创建存钱线程实例
        Thread tAdd=new Thread(new LockThread(100));
        //创建取钱线程实例
        Thread tSub = new Thread(new LockThread(-100));
        //开启存钱线程的操作
        tAdd.start();
        //开启取钱线程的操作
        tSub.start();
    }
}
//模拟锁机制的线程类
class LockThread implements Runnable {
    //定义日志
    private static final Logger log = LoggerFactory.getLogger(LockThread.
class);
    //定义成员变量-用于接收线程初始化时提供的金额-代表取/存的金额
    private int count;
    //构造方法
    public LockThread(int count) {
        this.count = count;
    }
    /**
     * 线程操作共享资源的方法体-加同步锁
     */
    @Override
    public void run() {
        //执行 10 次访问共享的操作
        for (int i = 0; i < 10; i++) {
            //加入 synchronized 关键字，控制并发线程对共享资源的访问
            synchronized (SysConstant.amount) {
                //通过传进来的金额(可正、可负)进行叠加
                SysConstant.amount = SysConstant.amount + count;
                //打印每次操作完账户的余额
                log.info("此时账户余额为: {}", SysConstant.amount);
            }
        }
    }
}
```

以上代码主要是通过对共享资源“账户余额”直接加锁，其原理是这样的：每次并发产生的线程需要对共享资源执行操作之前，比如“存钱”或者“取钱”操作，会要求当前线程获取该共享资源的同步锁，如果能获取成功，则执行相应的操作，如果获取失败，该线程将进入堵塞、等待的状态，直到其他线程释放了对该共享资源的同步锁，才能执行相应的操作，否则将一直进入等待状态。

运行 main()方法，观察控制台的输出信息，可以看到整个并发访问的过程。虽然账户余额一直在变化，但是最终账户余额却始终不变，如图 7.5 所示为第一次运行的结果。

```
[2019-04-14 22:12:28.785] boot -  INFO [Thread-1] --- LockThread: 此时账户余额为: 400
[2019-04-14 22:12:28.786] boot -  INFO [Thread-1] --- LockThread: 此时账户余额为: 300
[2019-04-14 22:12:28.786] boot -  INFO [Thread-0] --- LockThread: 此时账户余额为: 400
[2019-04-14 22:12:28.786] boot -  INFO [Thread-1] --- LockThread: 此时账户余额为: 300
[2019-04-14 22:12:28.786] boot -  INFO [Thread-0] --- LockThread: 此时账户余额为: 400
[2019-04-14 22:12:28.786] boot -  INFO [Thread-1] --- LockThread: 此时账户余额为: 300
[2019-04-14 22:12:28.787] boot -  INFO [Thread-0] --- LockThread: 此时账户余额为: 400
[2019-04-14 22:12:28.787] boot -  INFO [Thread-1] --- LockThread: 此时账户余额为: 300
[2019-04-14 22:12:28.787] boot -  INFO [Thread-0] --- LockThread: 此时账户余额为: 400
[2019-04-14 22:12:28.787] boot -  INFO [Thread-1] --- LockThread: 此时账户余额为: 300
[2019-04-14 22:12:28.787] boot -  INFO [Thread-0] --- LockThread: 此时账户余额为: 400
[2019-04-14 22:12:28.787] boot -  INFO [Thread-1] --- LockThread: 此时账户余额为: 300
[2019-04-14 22:12:28.787] boot -  INFO [Thread-0] --- LockThread: 此时账户余额为: 400
[2019-04-14 22:12:28.788] boot -  INFO [Thread-1] --- LockThread: 此时账户余额为: 300
[2019-04-14 22:12:28.788] boot -  INFO [Thread-0] --- LockThread: 此时账户余额为: 400
[2019-04-14 22:12:28.788] boot -  INFO [Thread-1] --- LockThread: 此时账户余额为: 300
[2019-04-14 22:12:28.788] boot -  INFO [Thread-0] --- LockThread: 此时账户余额为: 400
[2019-04-14 22:12:28.788] boot -  INFO [Thread-1] --- LockThread: 此时账户余额为: 300
[2019-04-14 22:12:28.788] boot -  INFO [Thread-0] --- LockThread: 此时账户余额为: 400
[2019-04-14 22:12:28.788] boot -  INFO [Thread-0] --- LockThread: 此时账户余额为: 500
```

图 7.5　“银行 ATM 存钱、取钱”加锁后代码的运行结果

可以多次运行 main()方法，会发现最终账户的余额仍然保持不变，感兴趣的读者可以将访问共享资源的操作从 10 调为 100 甚至 1000，然后再运行 main()方法，观察控制台的信息。如图 7.6 所示为执行 100 次“存钱”“取钱”操作时得到的结果。

```
@Override
public void run() {
    //执行10次访问共享的操作
    for (int i = 0; i < 100; i++) {
        //加入 synchronized 关键字,控制并发线程对共享资源的访问
ockOne   LockOne   LockOne
[2019-04-15 21:02:15.292] boot -  INFO [Thread-0] --- LockThread: 此时账户余额为: 1500
[2019-04-15 21:02:15.292] boot -  INFO [Thread-1] --- LockThread: 此时账户余额为: 1400
[2019-04-15 21:02:15.293] boot -  INFO [Thread-0] --- LockThread: 此时账户余额为: 1500
[2019-04-15 21:02:15.293] boot -  INFO [Thread-1] --- LockThread: 此时账户余额为: 1400
[2019-04-15 21:02:15.293] boot -  INFO [Thread-0] --- LockThread: 此时账户余额为: 1500
[2019-04-15 21:02:15.293] boot -  INFO [Thread-1] --- LockThread: 此时账户余额为: 1400
[2019-04-15 21:02:15.293] boot -  INFO [Thread-0] --- LockThread: 此时账户余额为: 1500
[2019-04-15 21:02:15.293] boot -  INFO [Thread-1] --- LockThread: 此时账户余额为: 1400
[2019-04-15 21:02:15.293] boot -  INFO [Thread-0] --- LockThread: 此时账户余额为: 1500
[2019-04-15 21:02:15.293] boot -  INFO [Thread-1] --- LockThread: 此时账户余额为: 1400
[2019-04-15 21:02:15.293] boot -  INFO [Thread-0] --- LockThread: 此时账户余额为: 1500
[2019-04-15 21:02:15.293] boot -  INFO [Thread-1] --- LockThread: 此时账户余额为: 1400
[2019-04-15 21:02:15.293] boot -  INFO [Thread-1] --- LockThread: 此时账户余额为: 1300
[2019-04-15 21:02:15.294] boot -  INFO [Thread-1] --- LockThread: 此时账户余额为: 1200
[2019-04-15 21:02:15.294] boot -  INFO [Thread-1] --- LockThread: 此时账户余额为: 1100
[2019-04-15 21:02:15.294] boot -  INFO [Thread-1] --- LockThread: 此时账户余额为: 1000
[2019-04-15 21:02:15.294] boot -  INFO [Thread-1] --- LockThread: 此时账户余额为: 900
[2019-04-15 21:02:15.294] boot -  INFO [Thread-1] --- LockThread: 此时账户余额为: 800
[2019-04-15 21:02:15.294] boot -  INFO [Thread-1] --- LockThread: 此时账户余额为: 700
[2019-04-15 21:02:15.294] boot -  INFO [Thread-1] --- LockThread: 此时账户余额为: 600
[2019-04-15 21:02:15.294] boot -  INFO [Thread-1] --- LockThread: 此时账户余额为: 500
```

图 7.6　“银行 ATM 存钱、取钱”调整操作次数为 100 时的运行结果

当然，对于 Synchronized 这种实现同步锁的方式，在实际生产环境中仍然是有一些缺陷的，感兴趣的读者可以在网上搜索相关资料了解 Synchronized 的性能，以及其他实现锁机制的并发操作类 Lock 等工具。

7.1.2 分布式锁登场

然而，不管是采用 Synchronized 关键字还是并发操作类 Lock 等工具的方式，控制并发线程对"共享资源"的访问，它终归只适用于单体应用或者是单一部署的服务实例，而对于分布式部署的系统或者集群部署的服务实例，此种方式将显得力不从心。这是因为这种方式的"锁"很大程度上需要依赖应用系统所在的 JDK，像 Synchronized、并发操作工具类 Lock 等都是 Java 提供给开发者的关键字或者工具。

而在分布式系统时代，许多服务实例或者系统是分开部署的，它们将拥有自己独立的 Host（主机），独立的 JDK，导致应用系统在分布式部署的情况下，这种控制"并发线程访问共享资源"的机制将不再起作用。此时的"并发访问共享资源"将演变为"跨 JVM 进程之间的访问共享资源"，因而为了解决这种问题，"分布式锁"诞生了！

分布式锁，也是一种锁机制，只不过是专门应对"分布式"的环境而出现的，它并不是一种全新的中间件或者组件，而只是一种机制，一种实现方式，甚至可以说是一种解决方案。它指的是在分布式部署的环境下，通过锁机制让多个客户端或者多个服务进程互斥地对共享资源进行访问，从而避免出现并发安全、数据不一致等问题。

在实际生产环境中，"分布式锁"的应用在很大程度上着实给企业级应用系统、分布式系统架构带来了整体性能和效率上的提升。然而，在真正将"分布式锁"落地实施的过程中还是有一定难度的，特别是在分布式部署的环境下，由于服务与服务之间、系统与系统之间底层大部分是采用网络进行通信，而众所周知，凡是通过网络传输、通信、交互的实体，总会网络信号延迟、不稳定甚至中断的情况，此时，如果分布式锁使用得不恰当，将很有可能会出现"死锁""获取不到锁"等状况。因而对于分布式锁的设计与使用，业界普遍有几点要求，如图 7.7 所示。

- 排他性：这一点跟单体应用时代加的"锁"是一个道理，即需要保证分布式部署、服务集群部署的环境下，被共享的资源如数据或者代码块在同一时间内只能被一台机器上的一个线程执行。
- 避免死锁：指的是当前线程获取到锁之后，经过一段有限的时间（该时间一般用于执行实际的业务逻辑），一定要被释放（正常情况或者异常情况下释放）。
- 高可用：指的是获取或释放锁的机制必须高可用而且性能极佳。
- 可重入：指的是该分布式锁最好是一把可重入锁，即当前机器的当前线程在彼时如果没有获取到锁，那么在等待一定的时间后一定要保证可以再被获取到。

- 公平锁（可选）：这并非硬性的要求，指的是不同机器的不同线程在获取锁时最好保证几率是一样的，即应当保证来自不同机器的并发线程可以公平获取到锁。

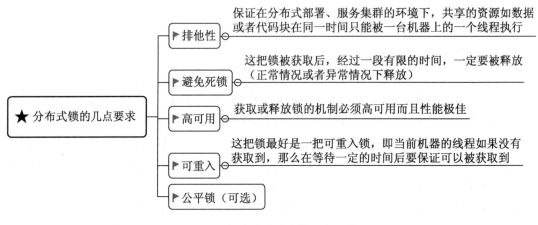

图 7.7　分布式锁设计的几点要求

　　鉴于这几点要求，目前业界也提供了多种可靠的方式实现分布式锁，其中就包括基于数据库级别的乐观锁、悲观锁、基于 Redis 的原子操作、基于 ZooKeeper 的互斥排他锁，以及基于开源框架 Redisson 的分布式锁，总体上可以概括为图 7.8 所示。

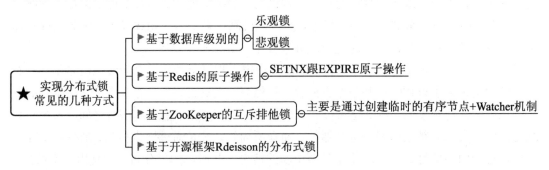

图 7.8　分布式锁常见的几种实现方式

- 基于数据库级别的乐观锁：主要是通过在查询、操作共享数据记录时带上一个标识字段 version，通过 version 来控制每次对数据记录执行的更新操作。
- 基于数据库级别的悲观锁：在这里以 MySQL 的 InnoDB 引擎为例，它主要是通过在查询共享的数据记录时加上 For Update 字眼，表示该共享的数据记录已经被当前线程锁住了（行级别锁、表级别锁），只有当该线程操作完成并提交事务之后，才会释放该锁，从而其他线程才能获取到该数据记录。
- 基于 Redis 的原子操作：主要是通过 Redis 提供的原子操作 SETNX 与 EXPIRE 来实现。SETNX 表示只有当 Key 在 Redis 不存在时才能设置成功，通常这个 Key 需要设计为与共享的资源有联系，用于间接地当作"锁"，并采用 EXPIRE 操作释放获取的锁。

- 基于 ZooKeeper 的互斥排它锁：这种机制主要是通过 ZooKeeper 在指定的标识字符串（通常这个标识字符串需要设计为跟共享资源有联系，即可以间接地当作"锁"）下维护一个临时有序的节点列表 Node List，并保证同一时刻并发线程访问共享资源时只能有一个最小序号的节点（即代表获取到锁的线程），该节点对应的线程即可执行访问共享资源的操作。

以上几种实现分布式锁的方式在后面几节中还会着重进行原理性的介绍及代码实现；对于其他的采用开源框架实现分布式锁的方式，则主要是通过其内置的、开源的 API 方法加以实现，特别是开源框架 Redisson，由于其性能极佳，因而本书将专门在后续章节中着重介绍。

7.1.3　典型应用场景介绍

分布式锁作为一种可以控制"并发线程访问共享资源"的机制，在实际生产环境中具有很广泛的应用，特别是在微服务、分布式系统等应用架构中更能见到其踪影。它主要是通过对共享的资源加锁（就像现实生活中每家每户大门上的锁一样，锁住了大门，家就进不去了），达到并发的线程对共享资源进行互斥访问的目的，即当某个线程需要访问操作共享资源之前，需要立即对该资源进行加锁，当使用完该资源之后再进行解锁。下面重点介绍分布式锁在实际生产环境中两种典型的应用场景，即"重复提交"和"商城高并发抢单"。

1. 重复提交

重复提交场景在现实生活中是很常见的，这里以"前端用户注册"为案例进行讲解，大概的业务流程如图 7.9 所示。

此种业务场景总体的流程是这样的：用户在前端界面输入相关信息（比如用户名、密码等）之后，"疯狂"地单击注册按钮，此时前端虽然做了一些控制操作（比如"置灰"），却仍然不可避免地存在一些不可控制的因素，导致前端提交了多次重复的、相同的用户信息到系统后端，系统后端相关接口在执行"查询用户名是否存在"和"插入用户信息进数据库"等操作时，由于"来不及"处理线程并发的情况，导致最终出现"用户数据表"中存在两条甚至多条相同的用户信息记录。

仔细分析该业务流程其实不难发现，问题出现的根本原因在于"查询用户名是否存在"的操作，当多个线程比如 A、B、C 同时到达后端接口时，很有可能同时执行"查询用户名是否存在"的操作，而由于用户是首次注册，用户数据表此时还没有该数据记录，因而 A、B、C 3 个线程很有可能同时得到"用户名不存在"的结果，导致 3 个线程同时执行了

"插入用户信息进数据库"的操作，最终出现数据重复的现象。

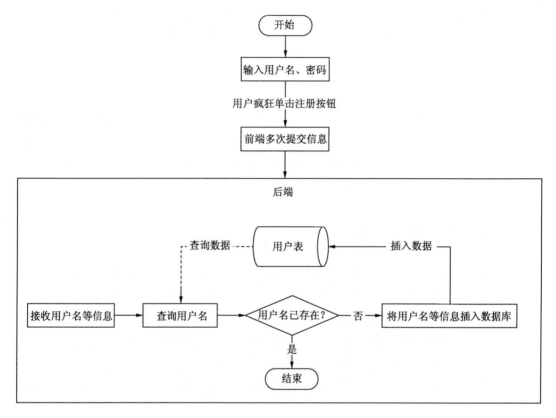

图 7.9　"重复提交"业务流程图

由此可以得出结论，"查询用户名是否存在"与"插入用户信息进数据库"这两个操作应当是一个"完整性"的综合操作，对于并发的多线程而言，这个综合操作就是被共享的资源，因而为了控制线程的并发访问，我们需要在综合操作之前加入"分布式锁"，确保高并发下同一时刻只能有一个线程获取到分布式锁。获取成功之后，即可执行综合操作，并在执行完成之后释放该锁！

2. 商城高并发抢单

对于"商城高并发抢单"的业务场景，相信各位读者并不陌生，因为在前面章节介绍 RabbitMQ 时就已经有所提及了，当时是为了讲解 RabbitMQ 的"接口限流"和"异步解耦通信"，实现抢单时"高并发限流""流量削峰"的作用。然而商城高并发抢单终究是一块难啃的"蛋糕"，远远不止存在"流量削峰"的问题，比较典型的还有"库存超卖"的情况，此种场景大概的业务流程如图 7.10 所示。

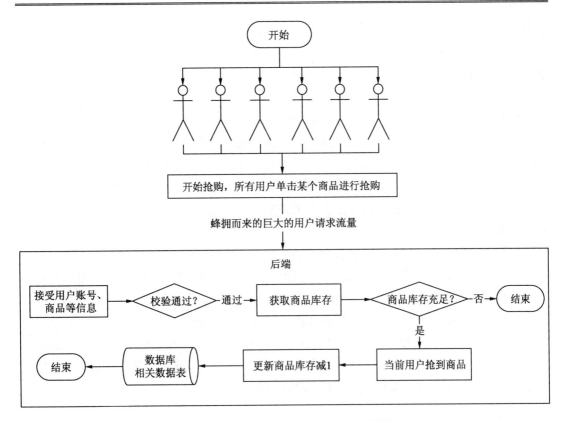

图 7.10　"商城高并发抢单"业务流程图

当抢购活动开始时，正常情况下，在某一时刻前端会产生巨大的用户流量，当蜂拥而来的用户抢购请求同一时刻到达系统后端时（在这里我们暂且假设接口不会瞬间被压垮），后端接口首先会"查询商品当前的库存"，如果充足，则代表用户可以抢购该商品，同时"商品的库存需要减 1"，并最终更新数据库的商品库存表。

这一业务流程并没有太大的问题（而事实也正是如此，其核心逻辑是没有问题的！），即"首先查库存，然后判断库存是否充足，最终减 1 更新库存"。理想虽是如此，但是现实却很"骨感"。在高并发产生多个线程如 A、B、C 的情况下，假设此时商品库存还有1 个，但是由于并发的原因，导致查询商品库存时，3 个线程同时获取到的库存为 1，都认为库存是充足的，导致 3 个线程都执行了减 1 更新的操作，最终库存变为"负数"，即传说中"库存超卖"的情况！

由此可以得出结论，"查库存""判断库存是否充足"及"库存减 1 更新"这 3 个操作应该合在一起，是整个"高并发抢单"的核心业务逻辑，也是多个并发线程访问的"共享资源"。因而为了控制线程的并发访问，避免最终出现库存超卖的现象，我们需要在该组合操作之前加入"分布式锁"，确保高并发下同一时刻只能有一个线程获取到分布式锁，并执行核心的业务逻辑。

7.1.4　小结

"高并发下并发访问共享资源"在实际生产环境中是很常见的，此种业务场景在某种程度上虽然可以给企业带来收益，但同时也给应用系统带来了诸多问题，"数据不一致"便是其中典型的一种。本节开篇主要介绍了传统单体应用时代在遇到此种情况时的处理方式，即"锁"机制，它指的是一种可以用于控制并发线程访问、操作共享资源的方法或者解决方案，主要是借助 JDK 自身提供的相关工具加以实现，这种方式在很长一段时间内确实起到了一定的作用。

然而，在服务集群、系统分布式部署的环境下，传统单体应用的"锁"机制却显得捉襟见肘，力不从心，为此，"分布式锁"出现了。分布式锁，顾名思义，主要是一种在分布式系统架构下控制并发线程访问共享资源的方式（当然也适用于单体应用的情况）。除此之外，本节还着重介绍了分布式锁的几点设计要求及分布式锁的多种实现方式，从中可以得知分布式锁在很大程度上需要借助一些开源的框架、组件来实现。最后，本节还介绍了分布式锁在实际生产环境中几种典型的应用场景，值得一提的是，这些应用场景在后续章节中会再次进行介绍，并配以实际的代码进行实现。

7.2　基于数据库实现分布式锁

正如前面所讲，目前业界推崇的比较流行的分布式锁的实现方式有 3 种，包括基于数据库级别的乐观锁和悲观锁，基于 Redis 的原子操作实现的分布式锁，以及基于 ZooKeeper 实现的分布式锁。

本节将首先介绍基于 DB（DataBase），即数据库级别的乐观锁、悲观锁实战实现分布式锁，主要内容包括这两种级别锁的含义、原理和执行流程。同时本节将以典型的应用场景为案例，配以实际的代码进行实战，从而巩固基于数据库级别的乐观锁、悲观锁的相关知识要点及实现方式。

7.2.1　乐观锁简介

乐观锁是一种很"佛系"的实现方式，它总是认为不会产生并发的问题，因而每次从数据库中获取数据时总认为不会有其他线程对该数据进行修改，因此不会上锁，但是在更新时其会判断其他线程在这之前有没有对该数据进行修改，通常是采用"版本号 version"

机制进行实现。

"版本号 version"机制的执行流程是这样的：当前线程取出数据记录时，会顺带把版本号字段 version 的值取出来，最后在更新该数据记录时，将该 version 的取值作为更新的条件。当更新成功之后，同时将版本号 version 的值加 1，而其他同时获取到该数据记录的线程在更新时由于 version 已经不是当初获取的那个数据记录，因而将更新失败，从而避免并发多线程访问共享数据时出现数据不一致的现象。这种实现方式对应的核心 SQL 的伪代码写法如下：

```
update table set key=value, version=version+1 where id=#{id} and version=
#{version};
```

采用 version 版本号机制实现乐观锁的整体流程如图 7.11 所示。

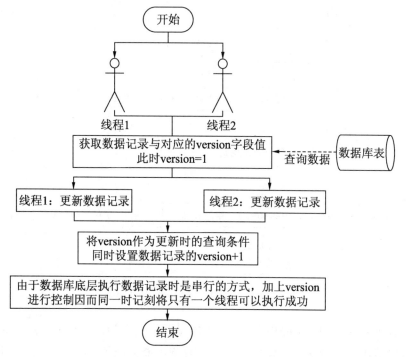

图 7.11　version 版本号机制实现"乐观锁"的流程

从图 7.11 中可以得知采用 version 版本号机制实现"乐观锁"的流程，核心步骤在于"获取数据记录需要把 version 获取出来，在更新数据记录时需要将 version 作为匹对条件，并同时将 version 加 1，最终实现 version 趋势递增的行为"。

7.2.2　乐观锁实战

接下来以实际生产环境中典型的应用场景"用户提现金额"为案例，采用 version 版本号机制的"乐观锁"实现分布式锁。

对于"余额提现",相信各位读者并不陌生。"网易支付"PC 端应用便是其中一种典型的例子,当用户账户有余额时,单击"提现申请"按钮,即可进入提现余额的申请界面,输入提现金额跟提现账户(比如某银行卡等)后,单击"提现",即可将申请的余额提现到指定的用户账号内,这一场景的整体业务流程如图 7.12 所示。

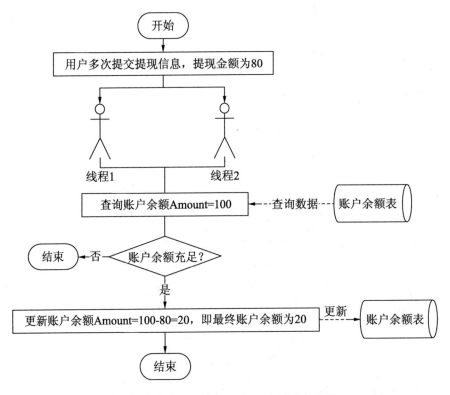

图 7.12　"用户账户余额提现"的业务流程

当用户在前端多次单击"提现"按钮(可能是恶意的行为,亦或是黑客恶意进行攻击)时,将很有可能出现典型的并发现象,即同一时刻可能会产生多个"提现余额"的并发请求线程。当这些请求到达后端相关接口时,正常情况下,接口会查询账户的余额,并判断当前剩余的金额是否足够被提取,如果足够,则更新当前账户的余额,最终账户余额的值为"账户剩下的金额"减去"申请提现的金额"。

理想情况下,这种处理逻辑是没问题的,然而理想终归是理想。实际中,当用户明知自己的账户余额不够提取时(即账户余额小于提现金额),却多次单击"提现"操作,导致同一时刻产生了并发线程。由于后端接口在处理每一个请求时需要先取出当前账户的剩余金额,再去判断是否足够金额被提取,如果金额足够被提取,则在当前账户余额的基础上减去提现金额,最终将剩余的金额更新回"账户余额"字段中。这种处理逻辑在前面已经详细进行剖析了，属于典型的"并发安全"，会出现"数据不一致"的现象，最终出现的结果是：账户余额字段的值变成了负数。

下面基于前面章节搭建的 Spring Boot 项目作为奠基，以实际的代码实现上述的业务场景。最终建立的相关代码文件所在的目录结构如图 7.13 所示。

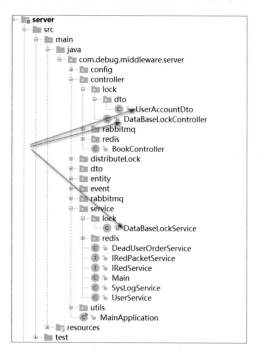

图 7.13　"用户账户余额提现"业务场景整体代码文件目录机构

（1）进入数据库设计环节，在"用户账户余额提现"这一业务场景中，很显然需要有一个"用户账户余额记录表"跟每次成功申请提现后的"申请提现记录表"，两个数据表的 DDL（数据结构定义）语句如下，首先是"用户账户余额记录表"的 DDL，代码如下：

```
CREATE TABLE `user_account` (
  `id` int(11) NOT NULL AUTO_INCREMENT COMMENT '主键',
  `user_id` int(11) NOT NULL COMMENT '用户账户id',
  `amount` decimal(10,4) NOT NULL COMMENT '账户余额',
  `version` int(11) DEFAULT '1' COMMENT '版本号字段',
  `is_active` tinyint(11) DEFAULT '1' COMMENT '是否有效(1=是;0=否)',
  PRIMARY KEY (`id`),
  UNIQUE KEY `idx_user_id` (`user_id`) USING BTREE
) ENGINE=InnoDB AUTO_INCREMENT=4 DEFAULT CHARSET=utf8 COMMENT='用户账户余
额记录表';
```

然后是用户每次成功提现时的"历史记录表"的 DDL，代码如下：

```
CREATE TABLE `user_account_record` (
  `id` int(11) NOT NULL AUTO_INCREMENT COMMENT '主键',
```

```
`account_id` int(11) NOT NULL COMMENT '账户表主键 id',
`money` decimal(10,4) DEFAULT NULL COMMENT '提现成功时记录的金额',
`create_time` datetime DEFAULT NULL,
PRIMARY KEY (`id`)
) ENGINE=InnoDB AUTO_INCREMENT=360 DEFAULT CHARSET=utf8 COMMENT='用户每次
成功提现时的金额记录表';
```

（2）采用 MyBatis 逆向工程生成两个数据表对应的 Entity 实体类、Mapper 操作接口
以及对应的 Mapper.xml。首先是"用户账户实体类"，其源代码如下：

```
/**
 * 用户账户实体
 */
@Data
@ToString
public class UserAccount {
    private Integer id;                    //主键 id
    private Integer userId;                //用户账户 id
    private BigDecimal amount;             //账户余额
    private Integer version;               //版本号
    private Byte isActive;                 //是否有效账户
}
```

对应的 Mapper 操作接口 UserAccountMapper 类的完整源代码如下。其中，在该 Mapper
操作接口中开发了"没有加锁的情况"与"加了锁的情况"下的更新账户余额的功能，代
码如下：

```
//导入依赖包
import com.debug.middleware.model.entity.UserAccount;
import org.apache.ibatis.annotations.Param;
//用户账户余额实体操作 Mapper 接口
public interface UserAccountMapper {
    //根据主键 id 查询
    UserAccount selectByPrimaryKey(Integer id);
    //根据用户账户 Id 查询
    UserAccount selectByUserId(@Param("userId") Integer userId);

    //更新账户金额
    int updateAmount(@Param("money") Double money,@Param("id") Integer id);
    //根据主键 id 跟 version 进行更新
    int updateByPKVersion(@Param("money") Double money,@Param("id")
Integer id,@Param("version") Integer version);
}
```

对应的 UserAccountMapper.xml 配置文件核心源代码如下：

```
<?xml version="1.0" encoding="UTF-8" ?>
<!--XML 版本与命名空间定义-->
<!DOCTYPE mapper PUBLIC "-//mybatis.org//DTD Mapper 3.0//EN" "http://
mybatis.org/dtd/mybatis-3-mapper.dtd" >
<!--定义所在的命名空间-->
<mapper namespace="com.debug.middleware.model.mapper.UserAccountMapper" >
```

```
<!--查询结果集映射-->
<resultMap id="BaseResultMap" type="com.debug.middleware.model.entity.
UserAccount" >
    <id column="id" property="id" jdbcType="INTEGER" />
    <result column="user_id" property="userId" jdbcType="INTEGER" />
    <result column="amount" property="amount" jdbcType="DECIMAL" />
    <result column="version" property="version" jdbcType="INTEGER" />
    <result column="is_active" property="isActive" jdbcType="TINYINT" />
</resultMap>
<!--查询的 SQL 片段-->
<sql id="Base_Column_List" >
    id, user_id, amount, version, is_active
</sql>
<!--根据主键 id 查询-->
<select id="selectByPrimaryKey" resultMap="BaseResultMap" parameterType=
"java.lang.Integer" >
    select
    <include refid="Base_Column_List" />
    from user_account
    where id = #{id,jdbcType=INTEGER}
</select>
<!--根据用户账户 id 查询记录-->
<select id="selectByUserId" resultType="com.debug.middleware.model.
entity.UserAccount">
    SELECT <include refid="Base_Column_List"/>
    FROM user_account
    WHERE is_active=1 AND user_id=#{userId}
</select>
<!--根据主键 id 更新账户余额-->
<update id="updateAmount">
    UPDATE user_account SET amount = amount - #{money}
    WHERE is_active=1 AND id=#{id}
</update>
<!--根据主键 id 跟 version 更新记录 -version 版本号机制的乐观锁 -->
<update id="updateByPKVersion">
    update user_account set amount = amount - #{money},version=version+1
    where id = #{id} and version=#{version} and amount >0 and (amount -
#{money})>=0
</update>
</mapper>
```

（3）开发用户每次成功提现时的"金额记录实体"UserAccountRecord 类，其完整源代码如下：

```
//导入依赖包
import lombok.Data;
import lombok.ToString;
import java.math.BigDecimal;
import java.util.Date;
/**
 * 用户每次提现时金额记录实体
 */
@Data
@ToString
```

```
public class UserAccountRecord {
    private Integer id;                    //主键 id
    private Integer accountId;             //账户记录主键 id
    private BigDecimal money;              //提现金额
    private Date createTime;              //提现成功时间
}
```

然后是 UserAccountRecord 实体类对应的 Mapper 操作接口，其完整的源代码如下：

```
//导入依赖包
import com.debug.middleware.model.entity.UserAccountRecord;
//UserAccountRecord 实体类对应的 Mapper 操作接口
public interface UserAccountRecordMapper {
    //插入记录
    int insert(UserAccountRecord record);
    //根据主键 id 查询
    UserAccountRecord selectByPrimaryKey(Integer id);
}
```

最后是 UserAccountRecord 操作接口对应的 UserAccountRecordMapper.xml 配置文件，其核心源代码如下：

```
<!--定义 Mapper 所在的命名空间-->
<mapper namespace="com.debug.middleware.model.mapper.UserAccountRecord
Mapper" >
  <!--查询结果集映射-->
  <resultMap id="BaseResultMap" type="com.debug.middleware.model.entity.
UserAccountRecord" >
    <id column="id" property="id" jdbcType="INTEGER" />
    <result column="account_id" property="accountId" jdbcType="INTEGER" />
    <result column="money" property="money" jdbcType="DECIMAL" />
    <result column="create_time" property="createTime" jdbcType="TIMESTAMP" />
  </resultMap>
  <!--查询的 SQL 片段-->
  <sql id="Base_Column_List" >
    id, account_id, money, create_time
  </sql>
  <!--根据主键 id 查询-->
  <select id="selectByPrimaryKey" resultMap="BaseResultMap" parameterType=
"java.lang.Integer" >
    select
    <include refid="Base_Column_List" />
    from user_account_record
    where id = #{id,jdbcType=INTEGER}
  </select>
  <!--插入记录-->
  <insert id="insert" parameterType="com.debug.middleware.model.entity.
UserAccountRecord" >
    insert into user_account_record (id, account_id, money,
      create_time)
    values (#{id,jdbcType=INTEGER}, #{accountId,jdbcType=INTEGER}, #{money,
```

```
jdbcType=DECIMAL},
    #{createTime,jdbcType=TIMESTAMP})
  </insert>
</mapper>
```

（4）至此，该业务场景的代码实战对应的 DAO 层（数据库访问层）已经搭建完毕。
接下来，我们采用 MVC 的开发模式开始开发该业务场景的整体核心流程。首先开发用于
接收前端用户发起"账户余额提现"的请求 Controller，即 DataBaseLockController 类，其
完整源代码如下：

```
//导入依赖包
import com.debug.middleware.api.enums.StatusCode;
import com.debug.middleware.api.response.BaseResponse;
import com.debug.middleware.server.controller.lock.dto.UserAccountDto;
import com.debug.middleware.server.service.lock.DataBaseLockService;
import org.slf4j.Logger;
import org.slf4j.LoggerFactory;
import org.springframework.beans.factory.annotation.Autowired;
import org.springframework.http.MediaType;
import org.springframework.validation.BindingResult;
import org.springframework.validation.annotation.Validated;
import org.springframework.web.bind.annotation.RequestBody;
import org.springframework.web.bind.annotation.RequestMapping;
import org.springframework.web.bind.annotation.RequestMethod;
import org.springframework.web.bind.annotation.RestController;
/**
 * 基于数据库的乐观悲观锁
 * @Author:debug (SteadyJack)
**/
@RestController
public class DataBaseLockController {
    //定义日志
    private static final Logger log= LoggerFactory.getLogger(DataBase
LockController.class);
    //定义请求前缀
    private static final String prefix="db";
    //定义核心逻辑处理服务类
    @Autowired
    private DataBaseLockService dataBaseLockService;
    /**
     * 用户账户余额提现申请
     * @param dto
     * @return
     */
    @RequestMapping(value = prefix+"/money/take",method = RequestMethod.
GET)
public BaseResponse takeMoney(UserAccountDto dto){
    //判断参数的合法性
        if (dto.getAmount()==null || dto.getUserId()==null){
            return new BaseResponse(StatusCode.InvalidParams);
        }
    //定义响应接口实例
```

```
        BaseResponse response=new BaseResponse(StatusCode.Success);
        try {
            //开始调用核心业务逻辑处理方法-不加锁
            dataBaseLockService.takeMoney(dto);

            //开始调用核心业务逻辑处理方法-加锁
            //dataBaseLockService.takeMoneyWithLock(dto);
        }catch (Exception e){
            response=new BaseResponse(StatusCode.Fail.getCode(),e.getMessage());
        }
    //返回响应结果
        return response;
    }}
```

其中，Controller 接收前端用户请求的信息，是采用实体类 UserAccountDto 进行封装接收的，源代码如下：

```
//导入依赖包
import lombok.Data;
import lombok.ToString;
import java.io.Serializable;
/**
 * 用户账户提现申请 dto
 * @Author:debug (SteadyJack)
**/
@Data
@ToString
public class UserAccountDto implements Serializable{
    private Integer userId;              //用户账户 id
    private Double amount;               //提现金额
}
```

（5）开发用于处理核心业务逻辑的服务类 DataBaseLockService，在这里我们开发了两个功能，一个是不加锁的情况下（即非 version 机制）的处理，另一个是加了锁（即包含 version 机制）的处理，其完整源代码如下：

```
//导入依赖包
import com.debug.middleware.model.entity.UserAccount;
import com.debug.middleware.model.entity.UserAccountRecord;
import com.debug.middleware.model.mapper.UserAccountMapper;
import com.debug.middleware.model.mapper.UserAccountRecordMapper;
import com.debug.middleware.server.controller.lock.dto.UserAccountDto;
import org.slf4j.Logger;
import org.slf4j.LoggerFactory;
import org.springframework.beans.factory.annotation.Autowired;
import org.springframework.stereotype.Service;
import java.math.BigDecimal;
import java.util.Date;
/**
 * 基于数据库级别的乐观、悲观锁服务
 * @Author:debug (SteadyJack)
**/
@Service
```

```java
public class DataBaseLockService {
    //定义日志
    private static final Logger log= LoggerFactory.getLogger(DataBase
LockService.class);
    //定义"用户账户余额实体"Mapper 操作接口
    @Autowired
    private UserAccountMapper userAccountMapper;
    //定义"用户成功申请提现时金额记录"Mapper 操作接口
    @Autowired
    private UserAccountRecordMapper userAccountRecordMapper;
    /**
     * 用户账户提取金额处理
     * @param dto
     * @throws Exception
     */
    public void takeMoney(UserAccountDto dto) throws Exception{
        //查询用户账户实体记录
        UserAccount userAccount=userAccountMapper.selectByUserId(dto.
getUserId());
        //判断实体记录是否存在，以及账户余额是否足够被提现
        if (userAccount!=null && userAccount.getAmount().doubleValue()-
dto.getAmount()>0){
            //如果足够被提现，则更新现有的账户余额
            userAccountMapper.updateAmount(dto.getAmount(),userAccount.getId());
            //同时记录提现成功时的记录
            UserAccountRecord record=new UserAccountRecord();
            //设置提现成功时的时间
            record.setCreateTime(new Date());
            //设置账户记录主键 id
            record.setAccountId(userAccount.getId());
            //设置成功申请提现时的金额
            record.setMoney(BigDecimal.valueOf(dto.getAmount()));
            //插入申请提现金额历史记录
            userAccountRecordMapper.insert(record);
            //打印日志
            log.info("当前待提现的金额为：{} 用户账户余额为：{}",dto.getAmount(),
userAccount.getAmount());
        }else {
            throw new Exception("账户不存在或账户余额不足!");
        }
    }
    /**
     *用户账户提取金额处理-乐观锁处理方式
     * @param dto
     * @throws Exception
     */
    public void takeMoneyWithLock(UserAccountDto dto) throws Exception{
        //查询用户账户实体记录
        UserAccount userAccount=userAccountMapper.selectByUserId
(dto.getUserId());
        //判断实体记录是否存在，以及账户余额是否足够被提现
        if (userAccount!=null && userAccount.getAmount().doubleValue()-
```

```
dto.getAmount()>0){
        //如果足够被提现，则更新现有的账户余额 - 采用version版本号机制
        int res=userAccountMapper.updateByPKVersion(dto.getAmount(),
userAccount.getId(),userAccount.getVersion());
        //只有当更新成功时(此时 res=1,即数据库执行更细语句之后数据库受影响的记录
行数)
        if (res>0){
            //同时记录提现成功时的记录
            UserAccountRecord record=new UserAccountRecord();
            //设置提现成功时的时间
            record.setCreateTime(new Date());
            //设置账户记录主键 id
            record.setAccountId(userAccount.getId());
            //设置成功申请提现时的金额
            record.setMoney(BigDecimal.valueOf(dto.getAmount()));
            //插入申请提现金额历史记录
            userAccountRecordMapper.insert(record);
            //打印日志
            log.info("当前待提现的金额为：{} 用户账户余额为：{}",dto.getAmount(),
userAccount.getAmount());
        }
    }else {
        throw new Exception("账户不存在或账户余额不足!");
    }
    }
}
```

至此，基于 version 机制的"乐观锁"实现"用户账户余额提现"业务场景的实现代码已经开发完毕。在进行简单测试与并发压力测试之前，需要在数据库表"用户账户余额记录表"中添加几条数据用例，如图 7.14 所示，即代表用户账户 id 为 10010 的余额有 100 元。

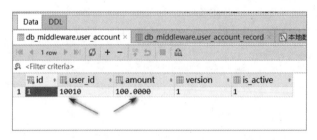

图 7.14　添加数据用例

将项目运行起来，观察控制台的输出，如果没有相关的报错信息，则代表整体的实现代码没有语法方面的问题。

接下来采用 Postman 工具对接口进行简单的业务逻辑测试。打开 Postman 工具，在地址栏输入链接 http://127.0.0.1:8087/middleware/db/money/take?userId=10010&amount=80，即代表当前用户账户 id 为 10010，发起了提现 80 元的申请。单击 Send 操作，即成功提交

了余额提现申请的请求，稍等一会，即可得到后端接口的响应信息，如图 7.15 所示。

图 7.15　Postman 响应结果

从中可以看到用户已经成功申请了 80 元的提现。接着可以查看控制台的输出信息，可以看到，由于当前用户账户余额为 100 元，因而可以允许 80 元的提现，控制台输出信息如图 7.16 所示。

rkServlet 'dispatcherServlet'
INFO [http-nio-8087-exec-1] --- DispatcherServlet: FrameworkServlet 'dispatcherServlet': initialization

INFO [http-nio-8087-exec-1] --- DataBaseLockService: 当前待提现的金额为：80.0 用户账户余额为：100.0000

控制台输出结果

图 7.16　控制台输出结果

最后查看数据库中的两个数据表，即"用户账户余额记录表"和"用户每次成功申请提现时的金额记录表"的记录情况，如图 7.17 所示。

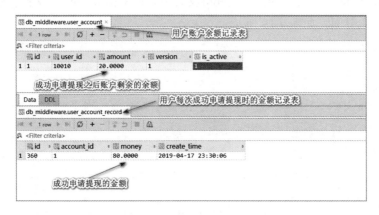

图 7.17　数据库表的记录结果

从记录结果中可以看出，成功提现了 80 元。以上是"用户账户余额提现"业务场景在理想的情况下的执行流程与测试结果。当采用 Postman 工具再次对上述同样的请求链接单击 Send 操作时，即再次提交"账户余额提现"的申请，此时由于账户余额为 20 元，不足以提现 80 元，因而前端将得到"账户余额不足"的提醒信息，如图 7.18 所示。

图 7.18　账户余额不足的提醒

　　然而，正如前文所述，该处理流程是存在着并发安全的隐患的，即数据不一致的状况。下面借助 Jmeter 压力测试工具复现上述"理想"情况下并发出现的问题。

7.2.3　Jmeter 高并发测试乐观锁

　　关于 Jmeter 的使用，在本书前面的章节中已经有所介绍，如果有读者仍然不知道 Jmeter 为何物，不知道该如何使用的话，建议重新阅读前面的章节！

　　接下来，我们采用 Jmeter 压力测试工具测试"用户账户余额提现"的场景，让读者真正地了解高并发情况下并发线程访问共享资源时出现并发安全的问题。

　　（1）打开 Jmeter 的安装目录，单击 bin 文件夹，再双击 jmeter.sh 文件，稍等片刻即可进入 Jmeter 的主界面，如图 7.19 所示。

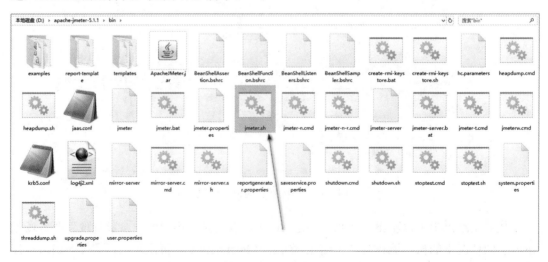

图 7.19　双击 jmeter.sh 文件进入 Jmeter 主界面

（2）在 Jmeter 主界面中新建一个测试计划，命名为"高并发测试-乐观锁"，然后右击该测试计划，选择"新建"命令，新建一个线程组。在这里可以暂时指定并发的"线程数"参数为 100，后续在测试的过程中可以不断地调整该参数，如图 7.20 所示。

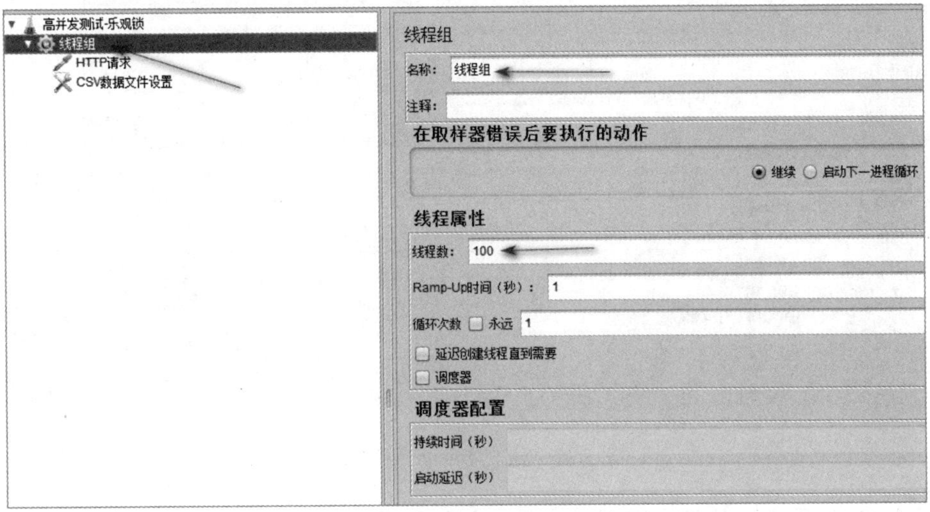

图 7.20　建立 Jmeter 测试计划

在"线程组"选项区域下分别建立"HTTP 请求"与"CSV 数据文件设置"两个子选项，并设置"HTTP 请求"选项中的相关参数取值，这些参数的取值都可以从上一节采用 Postman 工具测试时填写的请求信息中复制过来。其中，"Web 服务器"一栏的"协议"参数填写 http，"服务器名称或者 IP"参数填写"127.0.0.1"，"端口号"参数填写"8087"；"HTTP 请求"一栏的"方法"填写 GET，"路径"参数填写"/middleware/db/money/take"，详情如图 7.21 所示。

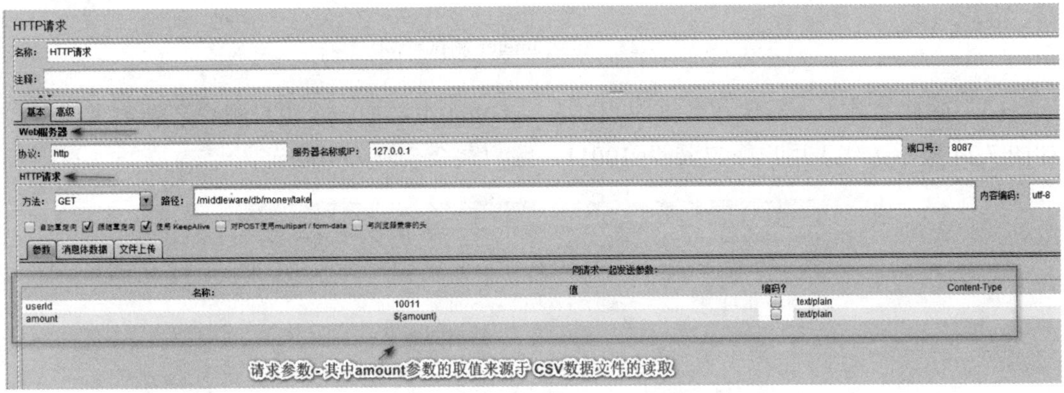

图 7.21　建立 Jmeter 测试计划

对于"CSV 数据文件设置"选项，则只需要指定读取的 CSV 文件所在的目录即可，如图 7.22 所示。

图 7.22　建立 Jmeter 测试计划

而该 CSV 数据文件的内容则很简单，主要是用于存储每次前端发起申请提现请求时的金额参数 amount，在这里暂且指定为 40 元即可，如图 7.23 所示。

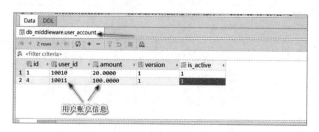

图 7.23　建立 Jmeter 测试计划

（3）除此之外，还需要在数据库表 user_account 中添加一个用户账户余额记录信息，如图 7.24 所示，代表用户账户 id 为 10011，账户剩余余额为 100 元。

图 7.24　在数据库表中创建记录

（4）在 Jmeter 主界面单击"启动"按钮，即可发起 1 秒内并发 100 个线程的请求，其中，每个请求携带的参数数据都是"用户账户 id 为 10011，申请提现金额为 40"。仔细观察控制台的输出信息，可以看到令人不可思议的场景，如图 7.25 所示。

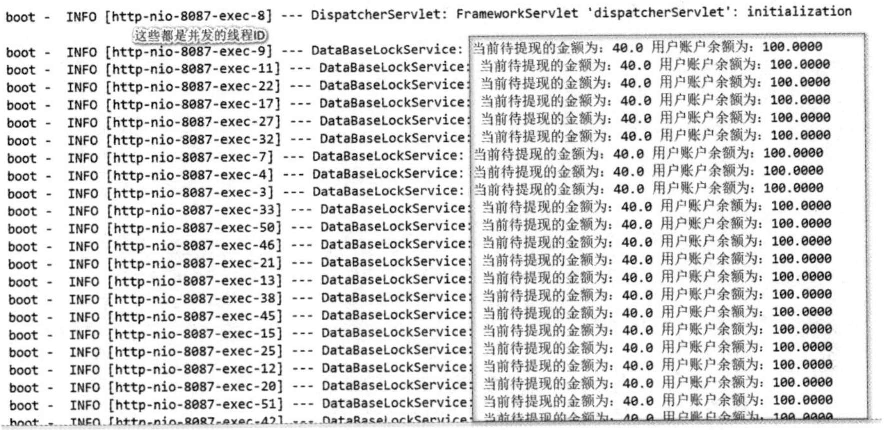

图 7.25 发起高并发请求后观察控制台的输出信息

可以看到，原本账户余额只有 100 元的账户，竟然可以成功申请这么多次相同金额的提现，此种场景若是发生在现实生活中，将足以令银行"抓狂"！除此之外，可以查看一下数据库表的相关记录，如图 7.26 所示。

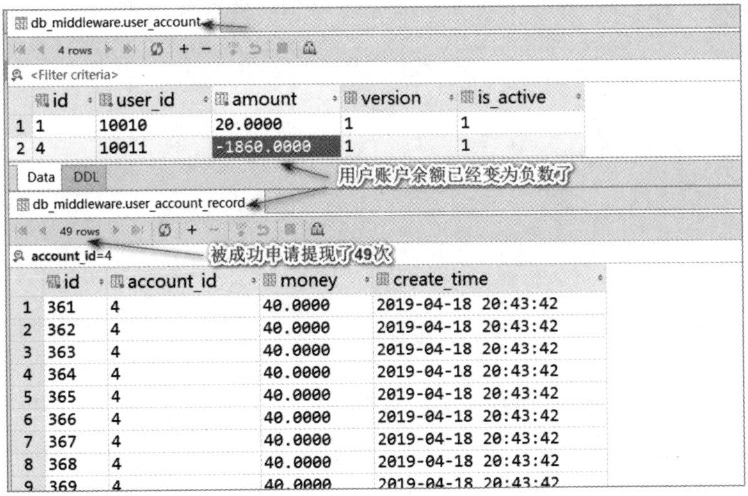

图 7.26 发起高并发请求后数据库表的记录信息

从中可以看到在不加锁的情况下，并发产生的数据不一致问题是多么可怕！而产生这些问题的原因主要在于后端接口相关的处理逻辑并没有考虑高并发的情况，导致核心代码逻辑"来不及"判断处理，从而出现并发安全的问题（比如上述数据库表中用户的账户余额都成了负数）！

（5）打开已经写好的用于处理并发问题的 Controller 相关代码的注释，并采用 Jmeter 再次进行压力测试，去掉注释之后的 Controller 的源代码如下：

```
/**
 * 用户账户余额提现申请
 * @param dto
 * @return
 */
@RequestMapping(value = prefix+"/money/take",method = RequestMethod.GET)
public BaseResponse takeMoney(UserAccountDto dto){
    if (dto.getAmount()==null || dto.getUserId()==null){
        return new BaseResponse(StatusCode.InvalidParams);
    }
    BaseResponse response=new BaseResponse(StatusCode.Success);
    try {
        //dataBaseLockService.takeMoney(dto);
        //加了锁的处理逻辑 -其他相关业务代码保持不变
        dataBaseLockService.takeMoneyWithLock(dto);
    }catch (Exception e){
        response=new BaseResponse(StatusCode.Fail.getCode(),e.getMessage());
    }
    return response;
}
```

（6）再次采用 Jmeter 工具测试"加了锁"的代码逻辑，在测试之前，需要在数据库用户账户余额记录表 user_account 中添加新的测试数据，如图 7.27 所示。

图 7.27　在数据库中建立测试用例

然后调整一下 Jmeter 界面中 userId 参数的取值为 10012，代表当前用户账户 id 为 10012，最后是在 Jmeter 主界面单击"启动"按钮，即可发起 1 秒内并发 100 个线程的请求。其中，每个请求携带的参数数据为"用户账户 id 为 10012，申请提现金额为 40"。

理论情况下，由于该用户账户余额只有 100 元，每次申请提现时金额为 40 元，因而最多提现的次数为 2 次，账户余额最终剩下的金额应当为 20 元，而不是负数！

Jmeter 并发产生多线程之后，此时可以观察控制台的输出信息，可以看到只有线程 id 为 "http-nio-8087-exec-16"与"http-nio-8087-exec-25"的请求能成功提现金额，如图 7.28 所示。

图 7.28　并发压力测试"加了锁"的情况的控制台输出

还可以打开数据库并观察两个数据库表的数据记录，如图 7.29 所示。

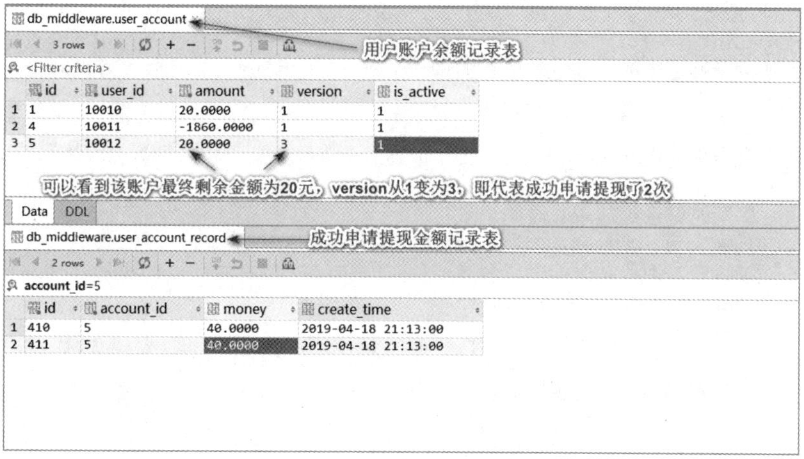

图 7.29　并发压力测试"加了锁"的情况数据库表的记录

可以看到"加锁"跟"不加锁"的情况下，最终出现的结果是截然不同的。在这里"加锁"的情况是采用 version 版本号机制，即乐观锁的方式实现的，当同一时刻并发产生多线程时，每个线程都查询到当前账户的余额为 100 元，version 都等于 1，在更新减少账户余额时，由于每个线程都会带上 version 进行匹配并将 version 的取值加 1，从而最终有效地控制了"账户余额出现负数"等数据不一致的状况。

在这里不得不提的是，在更新减少账户余额时，对应的 SQL 还加上了"账户余额需要大于 0"的判断，代码如下：

```
<!--根据主键 id 跟 version 更新记录-->
<update id="updateByPKVersion">
  update user_account set amount = amount - #{money},version=version+1
  where id = #{id} and version=#{version} and amount >0 and (amount -
#{money})>=0
</update>
```

并且，只有当 updateByPKVersion()方法"成功执行更新操作"后，才可以允许当前线程提现成功！而所谓的"成功执行更新操作"，指的是在执行完上述 update 语句之后，如果成功更新了数据，则数据库将返回 1，否则将返回 0。只有当返回 1 的情况下，才能成功申请提现，其对应的代码如下：

```
/**
 * 乐观锁处理方式
 * @param dto
 * @throws Exception
 */
public void takeMoneyWithLock(UserAccountDto dto) throws Exception{
    //查询用户账户实体记录
    UserAccount userAccount=userAccountMapper.selectByUserId(dto.
getUserId());
    //判断实体记录是否存在，以及账户余额是否足够被提现
    if (userAccount!=null && userAccount.getAmount().doubleValue()-
dto.getAmount()>0){
        //如果足够被提现，则更新现有的账户余额 - 采用 version 版本号机制
        int res=userAccountMapper.updateByPKVersion(dto.getAmount(),
userAccount.getId(),userAccount.getVersion());
        //只有当更新成功时(此时 res=1，即数据库执行更新语句之后数据库受影响的记录行数)
        if (res>0){
            //同时记录提现成功时的记录
            UserAccountRecord record=new UserAccountRecord();
            //设置提现成功时的时间
            record.setCreateTime(new Date());
            //设置账户记录主键 id
            record.setAccountId(userAccount.getId());
            //设置成功申请提现时的金额
            record.setMoney(BigDecimal.valueOf(dto.getAmount()));
            //插入申请提现金额历史记录
            userAccountRecordMapper.insert(record);
            //打印日志
            log.info("当前待提现的金额为：{} 用户账户余额为：{}",dto.getAmount(),
userAccount.getAmount());
        }
    }else {
        throw new Exception("账户不存在或账户余额不足!");
    }
}
```

至此，基于数据库级别的乐观锁的简介与代码实现已经介绍完毕，在这里强烈建议读者一定要多动手写代码、多构造数据用例进行测试，特别是压力测试，这样才能从中感受高并发产生多线程时所带来的诸多问题。

7.2.4　悲观锁简介

悲观锁是一种"消极、悲观"的处理方式，它总是假设事情的发生是在最坏的情况，即每次并发线程在获取数据的时候认为其他线程会对数据进行修改，因而每次在获取数据时都会上锁，而其他线程访问该数据的时候就会发生阻塞的现象，最终只有当前线程释放了该共享资源的锁，其他线程才能获取到锁，并对共享资源进行操作。

在传统的关系型数据库中就用到了很多类似悲观锁的机制，比如行锁、表锁、读锁和写锁等，都是在进行操作之前先上锁。除此之外，Java 中的 Synchronized 关键字和 ReentrantLock 工具类等底层的实现也是参照了"悲观锁"的思想。对于数据库级别悲观锁的实现，目前 Oracle、MySQL 数据库是采用如下的伪 SQL 来实现的：

```
select 字段列表 from 数据库表 for update
```

当高并发产生多个线程如 A、B、C 时，3 个线程同时前往数据库中采用上述的 SQL 查询共享的数据记录时，由于数据库引擎的作用，同一时刻将只有一个线程如 A 线程获取到该数据记录的锁（在 MySQL InnoDB 引擎中属于"行"记录级别的锁），其他两个线程 B 和 C 将处于一直等待的状态，直到 A 线程对该数据库记录操作完毕，并提交事务之后才会释放锁，之后 B 和 C 的其中一个线程才能成功获取到锁，并执行相应的操作。数据库级别悲观锁的实现流程，如图 7.30 所示。

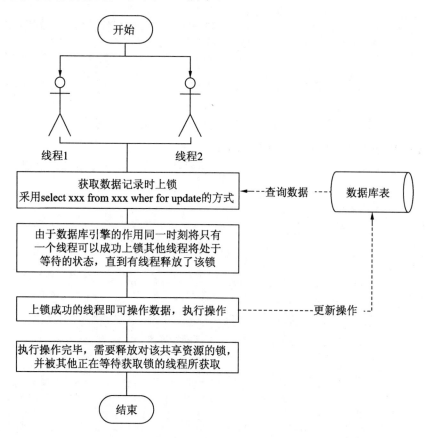

图 7.30　数据库级别的悲观锁的实现流程

从图 7.30 中可以看出，当并发请求量比较大的时候，由于产生的每个线程在查询数据的时候都需要上锁，而同一时刻只会有一个线程上锁成功，因此只有当该线程对该共享资源操作完毕并释放锁之后，其他正在等待中的线程才能获取到锁。这种方式将会造成大量的线程发生堵塞的现象，在某种程度上会对 DB（数据库）服务器造成一定的压力，从这一角度看，基于数据库级别的悲观锁适用于并发量不大的情况，特别是"读"请求数据量不大的情况。

7.2.5　悲观锁实战

接下来仍然以上一节乐观锁实现时的业务场景"用户账户余额提现"为例，实现悲观锁，让读者亲身体会基于数据库级别的悲观锁在实际项目中的使用与实现方式。

（1）在 UserAccountMapper 操作接口中添加与"悲观锁"相关的功能方法，完整的源代码如下：

```
public interface UserAccountMapper {
    //此处省略了其他的功能方法 - 在前面章节中已经开发完毕了，详情可以参见前面的小节
    //根据用户 id 查询记录-for update 方式-悲观锁的方式
    UserAccount selectByUserIdLock(@Param("userId") Integer userId);
    //更新账户金额-悲观锁的方式
    int updateAmountLock(@Param("money") Double money,@Param("id") Integer id);
}
```

该 Mapper 操作接口主要包括了两个功能方法，一个是在查询数据记录时加锁的方法，另一个是用户成功提现时更新账户余额的方法。

（2）在 DataBaseLockService 类中采用"悲观锁"的方式开发余额申请提现的核心处理功能，其完整源代码如下：

```
/**
* 悲观锁处理方式
* @param dto
* @throws Exception
*/
public void takeMoneyWithLockNegative(UserAccountDto dto) throws Exception{
  //查询用户账户实体记录 - for update 的方式
  UserAccount userAccount=userAccountMapper.selectByUserIdLock
(dto.getUserId());
  //判断实体记录是否存在，以及账户余额是否足够被提现
  if (userAccount!=null && userAccount.getAmount().doubleValue()-dto.
getAmount()>0){
      //如果足够被提现，则更新现有的账户余额 - 采用 version 版本号机制
      int res=userAccountMapper.updateAmountLock(dto.getAmount(),
userAccount.getId());
      //只有当更新成功时(此时 res=1，即数据库执行更细语句之后数据库受影响的记录行数)
      if (res>0){
        //同时记录提现成功时的记录
        UserAccountRecord record=new UserAccountRecord();
        //设置提现成功时的时间
        record.setCreateTime(new Date());
```

```
        //设置账户记录主键 id
        record.setAccountId(userAccount.getId());
        //设置成功申请提现时的金额
        record.setMoney(BigDecimal.valueOf(dto.getAmount()));
        //插入申请提现金额历史记录
        userAccountRecordMapper.insert(record);
        //打印日志
        log.info("悲观锁处理方式-当前待提现的金额为：{} 用户账户余额为：{}",dto.
getAmount(),userAccount.getAmount());
        }
    }else {
        throw new Exception("悲观锁处理方式-账户不存在或账户余额不足！");
    }
}
```

从代码中可以看出，悲观锁相对于乐观锁的处理方式主要是调整了两处地方，一处是在"查询用户账户余额记录"时采用"select ….. for update"的方式，这种方式一方面可以实现查询数据记录的功能，另一方面则可以对该数据记录上锁；另一处则是在"用户成功申请提现"时更新账户余额的处理。

（3）调整 DataBaseLockController 调用"处理用户账户余额提现申请"的方法，其调整后的源代码如下：

```
/**
* 用户账户余额提现申请
* @param dto
* @return
*/
@RequestMapping(value = prefix+"/money/take",method = RequestMethod.GET)
public BaseResponse takeMoney(UserAccountDto dto){
    if (dto.getAmount()==null || dto.getUserId()==null){
        return new BaseResponse(StatusCode.InvalidParams);
    }
    BaseResponse response=new BaseResponse(StatusCode.Success);
    try {
        //不加锁的情况
        //dataBaseLockService.takeMoney(dto);
        //加乐观锁的情况
        //dataBaseLockService.takeMoneyWithLock(dto);

        //加悲观锁的情况
        dataBaseLockService.takeMoneyWithLockNegative(dto);
    }catch (Exception e){
        response=new BaseResponse(StatusCode.Fail.getCode(),e.getMessage());
    }
    //返回响应信息
    return response;
}
```

至此，采用悲观锁实现"用户账户余额提现申请"的实现代码已经开发完毕，接下来，采用 Jmeter 工具对这种处理方式进行压力测试。

7.2.6 Jmeter 高并发测试悲观锁

在 IDEA 中单击运行按钮，将整个项目运行起来，观察控制台的输出结果，如果没有相应的报错信息，则代表上述实现代码没有语法方面的错误。接下来，采用 Jmeter 测试工具对"悲观锁"实现的逻辑进行压力测试。

（1）在压力测试之前，首先需要在数据库表 user_account 中添加一条测试数据，如图 7.31 所示，该记录表示当前账户 id 为 10013，余额为 100 的用户数据。

图 7.31 "悲观锁"压力测试的数据用例

（2）在 Jmeter 主界面中单击"HTTP 请求"选项栏，并将请求参数的 userId 的取值调整为 10013，然后单击"启动"按钮，即可发起 1 秒内并发 100 个线程的请求，每个请求携带的请求参数均为 userId 与 amount，取值分别为 10013 与 40。

Jmeter 启动运行完毕之后，观察控制台的输出信息，可以看到控制台已经打印出用户成功申请提现的历史请求，如图 7.32 所示。

```
[2019-04-19 21:55:54.600] boot - INFO [http-nio-8087-exec-146] --- DispatcherServlet: FrameworkServlet 'dispatcherServlet': initialization
  started
[2019-04-19 21:55:54.655] boot - INFO [http-nio-8087-exec-146] --- DispatcherServlet: FrameworkServlet 'dispatcherServlet': initialization
  completed in 55 ms
[2019-04-19 21:55:55.764] boot - INFO [http-nio-8087-exec-89] --- DataBaseLockService: 悲观锁处理方式-当前待提现的金额为: 40.0 用户账户余额为:
  100.0000
[2019-04-19 21:55:55.765] boot - INFO [http-nio-8087-exec-149] --- DataBaseLockService: 悲观锁处理方式-当前待提现的金额为: 40.0 用户账户余额为:
  100.0000
```

图 7.32 "悲观锁"压力测试后控制台输出结果

从控制台的输出结果中可以看到，100 次并发请求中只有两次请求是成功的，相信看到这个输出结果的读者心情应当是舒畅的！因为用户账户余额只有 100，每次发起申请时为 40 元，因而最多将只有两次请求能够成功！

打开数据库的两个数据表，即"用户账户余额记录表"user_account 和"用户成功申请提现时的历史记录表"user_account_record，可以看到，结果果然是我们所预料的那样，如图 7.33 所示。

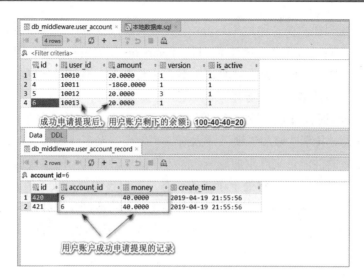

图 7.33　"悲观锁"压力测试后数据库的记录结果

至此，采用 Jmeter 压力测试工具测试"悲观锁"实现的"用户账户余额提现"业务场景可以告一段落了。

从控制台的输出结果和数据库表的记录结果中可以看出，"悲观锁"确实可以实现"控制并发线程访问操作共享资源"的功能，只是这种方式在请求数据量巨大的情况下，需要付出很高的代价（即数据库服务器的压力负载将变高，导致应用系统的其他业务可能受到影响）。

7.2.7　小结

本节主要介绍了如何基于数据库实现分布式锁，包括基于数据库的乐观锁和基于数据库的悲观锁，重点介绍了这两种方式的相关知识要点，包括其基本概念、执行流程和性能分析，并以实际生产环境中典型的应用场景"用户账户余额提现"为案例，配以实际的代码进行实现，同时采用 Jmeter 测试工具对这两种实现方式的性能进行了压力测试，最终我们"如愿所偿"，即这两种方式确实可以实现控制"并发线程访问共享资源"的功能。

除此之外，读者还可以对比分析"悲观锁"和"乐观锁"这两种方式的实现过程，可以发现，除了代码层面上的不同，这两种方式在应用性能与数据库性能层面也是迥然不同的，总体来说，在高并发产生多线程请求时：

（1）对于乐观锁而言，由于采用 version 版本号的机制实现，因而在高并发产生多线程时，同一时刻将只有一个线程能获取到"锁"并成功操作共享资源，而其他的线程将获取失败，而且是永久性地失败下去，即 fail over！从这种角度看，这种方式虽然可以控制并发线程对共享资源的访问，但是却牺牲了系统的吞吐性能。

另外，由于乐观锁主要是通过 version 字段对共享数据进行跟踪和控制，其最终的一个实现步骤是带上 version 进行匹配、同时执行 version+1 的更新操作，因而当并发的多线程需要频繁"写"数据库时，是会严重影响数据库性能的。从这种角度看，"乐观锁"其实比较适合于"写少读多"的业务场景。

（2）对于悲观锁而言，由于是建立在数据库底层搜索引擎的基础之上，并采用 select … for update 的方式对共享资源加"锁"，因而当产生高并发多线程请求，特别是"读"请求时，将对数据库的性能带来严重的影响，因为在同一时刻产生的多线程中将只有一个线程能获取到锁，而其他的线程将处于堵塞的状态，直到该线程释放了锁。

值得一提的是，"悲观锁"的方式如果使用不当，将会产生"死锁"的现象（即两个或者多个线程同时处于等待获取对方的资源锁的状态），因而"悲观锁"其实更适用于"读少写多"的业务场景。

7.3　基于 Redis 实现分布式锁

分布式锁的实现方式除了可以采用基于数据库级别的"乐观锁"和"悲观锁"实现之外，目前业界普遍使用的其他方式还包括基于 Redis 的原子操作实现分布式锁，以及基于 ZooKeeper 的临时节点和 Watcher 机制实现分布式锁。

本节将首先介绍如何基于 Redis 的原子操作实现分布式锁，包括其实现流程与底层的执行原理，并以实际生产环境中典型的应用场景作为案例，配以实际的代码进行实现。

7.3.1　Redis 温故而知新

在本书的第 3、4 章中我们已经介绍了目前在分布式领域相当流行的缓存中间件 Redis，从中可以得知 Redis 是一款高性能的、基于 Key-Value 存储结构的内存数据库，具有丰富的数据结构及人性化的开发辅助工具。其中典型的数据结构包括字符串 String、列表 List、集合 Set、散列存储 Map 及有序集合 SortedSet 等，读者可以自行前往本书第 3、4 章进行回顾。

除此之外，Redis 还可以实现诸如热点数据存储、并发访问控制、排行榜及队列等典型的应用场景，如图 7.34 所示。

其中，并发访问控制指的正是本章所介绍的如何控制并发多线程对共享资源的访问，即如何采用 Redis 实现分布式锁，控制并发多线程对共享资源的操作，最终实现高并发场景下"数据的最终一致性"。

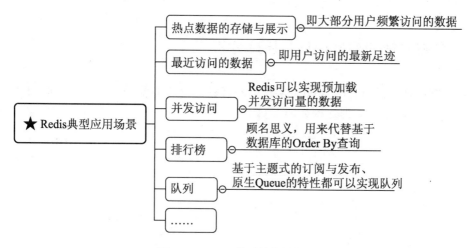

图 7.34　Redis 典型的应用场景

在 Redis 的知识体系与底层基础架构中，其实并没有直接提供所谓的"分布式锁"组件，而是间接地借助其原子操作加以实现。之所以其原子操作可以实现分布式锁的功能，主要是得益于 Redis 的单线程机制，即不管外层应用系统并发了 N 多个线程，当每个线程都需要使用 Redis 的某个原子操作时，是需要进行"排队等待"的，即在其底层系统架构中，同一时刻、同一个部署节点中只有一个线程执行某种原子操作。

而在 Redis 中，可以实现"分布式锁"功能的原子操作主要是 SET 和 EXPIRE 操作，从 Redis 的 2.6.x 版本开始，其提供的 SET 命令已经变成了如下格式：

```
SET Key Value [EX seconds] [PX milliseconds] [NX|XX]
```

在 SET 命令中，对于 Key 跟 Value，相信读者并不陌生，即所谓的键与值，EX 指的是 Key 的存活时间，而 NX 表示只有当 Key **不存在**时才会设置其值，XX 则表示当 Key **存在**时才会设置 Key 的值。

从该操作命令中不难看出，NX 机制其实就是用于实现分布式锁的核心，即所谓的 SETNX 操作。值得一提的是，在使用 SETNX 操作实现分布式锁功能时，需要注意以下几点事项：

- 使用 SETNX 命令获取"锁"时，如果操作结果返回 0（表示 Key 及对应的"锁"已经存在，即已经被其他线程所获取了），则获取"锁"失败，反之则获取成功。
- 为了防止并发线程在获取"锁"之后，程序出现异常情况，从而导致其他线程在调用 SETNX 命令时总是返回 0 而进入死锁状态时，需要为 Key 设置一个"合理"的过期时间。
- 当成功获取到"锁"并执行完成相应的操作之后，需要释放该"锁"。可以通过执行 DEL 命令将"锁"删除，而在删除的时候还需要保证所删除的"锁"是当时线程所获取的，从而避免出现误删除的情况！

7.3.2　分布式锁的实现流程与原理分析

从上述分析中可以得知，Redis 实现分布式锁的核心主要是基于 SETNX 跟 EXPIRE 操作实现的，其完整的实现流程如图 7.35 所示。

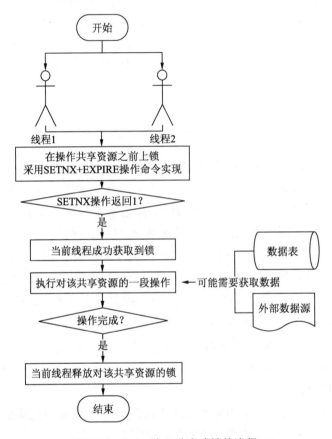

图 7.35　Redis 实现分布式锁的流程

从图 7.35 中可以看出，基于 Redis 的原子操作实现分布式锁的流程主要由 3 个核心操作构成，第一个核心操作是需要精心设计构造一个跟共享资源或核心业务相关的 Key，用于充当调用 SETNX 操作时的 Key；第二个核心操作是采用 Redis 的操作组件调用 SETNX 跟 EXPIRE 操作，用于获取对共享资源的"锁"；最后一个核心操作是在执行完成相应的业务逻辑之后释放该"锁"。

而之所以 Redis 的操作命令可以实现分布式锁的功能，主要是得益于 Redis 的单线程机制。对于 Redis 而言，不管其外层应用系统并发了 N 多个线程，当每个线程需要使用 Redis 的原子操作或命令时，是需要进行"排队等待"的，即在 Redis 的底层基础架构中，同一时刻、同一个部署节点只允许一个线程执行某种操作。

正因为如此，Redis 提供的所有操作和命令均是"原子性"的，所谓的"原子性"指的是一个操作要么全部完成，要么全部不完成，类似于一个整体而不可进行"分割"。

7.3.3　基于 Redis 实战实现分布式锁

在前面章节中，我们已经完成了如何基于 Spring Boot 项目整合 Redis 中间件，包括 Redis 的核心依赖和相关的配置文件。接下来便以此项目作为奠基，以实际生产环境中典型的应用场景"用户重复提交注册信息"为案例，配以实际的代码讲解如何基于 Redis 实现分布式锁。

对于"用户注册"的业务场景，相信读者并不陌生，当我们需要使用某个 App 应用或者 PC 端网站应用时，一般平台都会要求用户提供相关信息，并引导用户前往注册界面进行注册。当用户将注册的相关信息提交到系统后台时，正常情况下，后端相应的接口将首先查询该用户名是否被注册，如果没被注册，则将用户提交的信息插入到用户注册表中，并返回成功注册的提醒；如果该用户名已被注册，则返回"注册失败，该用户名已存在"的提醒信息，整体的业务流程如图 7.36 所示。

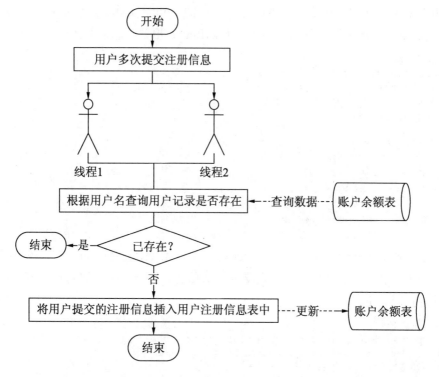

图 7.36　"用户提交注册信息"场景的整体业务流程

从图 7.36 中可以看出，系统后端相应接口在处理用户注册请求时，核心的处理逻辑应该是"根据用户名查询用户记录，并判断该记录是否存在，最终将用户提交的注册信息插入数据库表中"。从实际的业务角度分析，这应该是一个不可分割的整体，即"共享资源"，当高并发产生多线程时，如果不加以控制，将很有可能出现并发安全的问题，即"数据不一致"的状况。

而对于"用户重复提交注册信息"这一业务场景而言，如果不对高并发产生的多线程加以控制的话，将很有可能出现数据库表重复注册相同的用户信息。下面采用实际的代码实现此种业务场景并复现其产生的相关问题！

（1）进入数据库设计环节，对于"用户提交注册信息"这一业务场景而言，在实际生产环境中需要提交比较多的信息，而在这里为了测试方便，笔者抽取出了核心的两个字段，即用户名和密码，该数据库表的数据结构定义如下：

```
CREATE TABLE `user_reg` (
  `id` int(11) NOT NULL AUTO_INCREMENT,
  `user_name` varchar(255) NOT NULL COMMENT '用户名',
  `password` varchar(255) NOT NULL COMMENT '密码',
  `create_time` datetime DEFAULT NULL COMMENT '创建时间',
  PRIMARY KEY (`id`)
) ENGINE=InnoDB DEFAULT CHARSET=utf8 COMMENT='用户注册信息表';
```

采用 MyBatis 逆向工程生成该数据库表对应的 Entity 实体类、Mapper 操作接口及对应的 Mapper.xml 配置文件。首先是实体类 UserReg 的相关信息，其源代码如下：

```
//导入依赖包
import lombok.Data;
import lombok.ToString;
import java.util.Date;
//用户注册实体信息
@Data
@ToString
public class UserReg {
    private Integer id;             //用户 id
    private String userName;        //用户名
    private String password;        //密码
    private Date createTime;        //创建时间
}
```

然后是实体类 UserReg 对应的 Mapper 操作接口 UserRegMapper，在该操作接口中主要定义了两个方法，一个是插入用户提交的注册信息，另一个是根据用户名查询用户实体信息，其源代码如下：

```
//导入依赖包
import com.debug.middleware.model.entity.UserReg;
import org.apache.ibatis.annotations.Param;
//用户注册实体 Mapper 操作接口
public interface UserRegMapper {
```

```
    //插入用户注册信息
    int insertSelective(UserReg record);
    //根据用户名查询用户实体
    UserReg selectByUserName(@Param("userName") String userName);
}
```

最后是 Mapper 操作接口 UserRegMapper 对应的 SQL 配置文件 UserRegMapper.xml，其完整的源代码如下：

```
<!--Mapper 操作接口所在的命名空间定义-->
<mapper namespace="com.debug.middleware.model.mapper.UserRegMapper" >
  <!--查询结果集映射-->
  <resultMap id="BaseResultMap" type="com.debug.middleware.model.entity.
UserReg" >
    <id column="id" property="id" jdbcType="INTEGER" />
    <result column="user_name" property="userName" jdbcType="VARCHAR" />
    <result column="password" property="password" jdbcType="VARCHAR" />
    <result column="create_time" property="createTime" jdbcType="TIMESTAMP" />
  </resultMap>
  <!--查询用的 SQL 片段-->
  <sql id="Base_Column_List" >
    id, user_name, password, create_time
  </sql>
  <!--插入用户实体信息-->
  <insert id="insertSelective" parameterType="com.debug.middleware.model.
entity.UserReg" >
    insert into user_reg
    <trim prefix="(" suffix=")" suffixOverrides="," >
      <if test="id != null" >
        id,
      </if>
      <if test="userName != null" >
        user_name,
      </if>
      <if test="password != null" >
        password,
      </if>
      <if test="createTime != null" >
        create_time,
      </if>
    </trim>
    <trim prefix="values (" suffix=")" suffixOverrides="," >
      <if test="id != null" >
        #{id,jdbcType=INTEGER},
      </if>
      <if test="userName != null" >
        #{userName,jdbcType=VARCHAR},
      </if>
      <if test="password != null" >
        #{password,jdbcType=VARCHAR},
      </if>
      <if test="createTime != null" >
        #{createTime,jdbcType=TIMESTAMP},
      </if>
```

```
        </trim>
    </insert>
    <!--根据用户名查询用户信息-->
    <select id="selectByUserName" resultType="com.debug.middleware.model.
entity.UserReg">
        SELECT <include refid="Base_Column_List"/>
        FROM user_reg WHERE user_name=#{userName}
    </select>
</mapper>
```

至此，"用户重复提交注册信息"业务场景的 DAO 层（即数据库访问操作层）代码已经开发完毕。

（2）开发用于接收并处理前端请求信息的控制器 UserRegController 与服务处理类 UserRegService，相应的代码文件所存放的目录结构如图 7.37 所示。

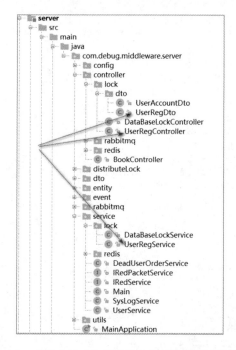

图 7.37　"用户提交注册信息"场景的整体业务流程

其中，控制器 UserRegController 的完整源代码如下：

```
//导入依赖包
import com.debug.middleware.api.enums.StatusCode;
import com.debug.middleware.api.response.BaseResponse;
import com.debug.middleware.server.controller.lock.dto.UserRegDto;
import com.debug.middleware.server.service.lock.UserRegService;
import org.assertj.core.util.Strings;
import org.slf4j.Logger;
import org.slf4j.LoggerFactory;
import org.springframework.beans.factory.annotation.Autowired;
```

```
import org.springframework.web.bind.annotation.RequestMapping;
import org.springframework.web.bind.annotation.RequestMethod;
import org.springframework.web.bind.annotation.RestController;
/**
 * 用户注册请求 Controller
 * @Author:debug (SteadyJack)
**/
@RestController
public class UserRegController {
    //定义日志实例
    private static final Logger log= LoggerFactory.getLogger(UserReg
Controller.class);
    //定义请求的前缀
    private static final String prefix="user/reg";
    //定义处理用户注册请求的服务实例
    @Autowired
    private UserRegService userRegService;
    /**
     * 提交用户注册信息
     * @param dto
     * @return
     */
    @RequestMapping(value = prefix+"/submit",method = RequestMethod.GET)
    public BaseResponse reg(UserRegDto dto){
        //校验提交的用户名、密码等信息
        if (Strings.isNullOrEmpty(dto.getUserName()) || Strings.isNullOrEmpty
(dto.getPassword())){
            return new BaseResponse(StatusCode.InvalidParams);
        }
        //定义返回信息实例
        BaseResponse response=new BaseResponse(StatusCode.Success);
        try {
            //处理用户提交请求-不加分布式锁
            userRegService.userRegNoLock(dto);

            //处理用户提交请求-加分布式锁
            //userRegService.userRegWithLock(dto);
        }catch (Exception e){
            //发生异常情况的处理
            response=new BaseResponse(StatusCode.Fail.getCode(),e.getMessage());
        }
        //返回响应信息
        return response;
    }
}
```

其中，实体类 UserRegDto 封装了前端用户提交的相关信息，主要包括了用户名和密码两个参数，其完整的源代码如下：

```
//导入依赖包
import lombok.Data;
import lombok.ToString;
import java.io.Serializable;
```

```
/**
 * 用户注册请求接收的信息封装的实体
 * @Author:debug (SteadyJack)
**/
@Data
@ToString
public class UserRegDto implements Serializable{
    private String userName;                //用户名
    private String password;                //密码}
```

（3）开发用于处理前端请求信息的服务类 UserRegService，其中主要包括了两大核心方法，一个是没加分布式锁的处理方法，另一个是加了分布式锁的处理方法，其完整的源代码如下：

```
//导入依赖包
import com.debug.middleware.model.entity.UserReg;
import com.debug.middleware.model.mapper.UserRegMapper;
import com.debug.middleware.server.controller.lock.dto.UserRegDto;
import org.slf4j.Logger;
import org.slf4j.LoggerFactory;
import org.springframework.beans.BeanUtils;
import org.springframework.beans.factory.annotation.Autowired;
import org.springframework.data.redis.core.RedisTemplate;
import org.springframework.data.redis.core.StringRedisTemplate;
import org.springframework.data.redis.core.ValueOperations;
import org.springframework.stereotype.Service;
import java.util.Date;
import java.util.UUID;
import java.util.concurrent.TimeUnit;
/**
 * 处理用户注册信息提交服务 Service
 * @Author:debug (SteadyJack)
**/
@Service
public class UserRegService {
    //定义日志实例
    private static final Logger log= LoggerFactory.getLogger(UserReg
Service.class);
    //定义用户注册 Mapper 操作接口实例
    @Autowired
    private UserRegMapper userRegMapper;
    //定义 Redis 的操作组件实例
    @Autowired
    private StringRedisTemplate stringRedisTemplate;
    /**
     * 处理用户提交注册的请求-不加分布式锁
     * @param dto
     * @throws Exception
     */
```

```java
public void userRegNoLock(UserRegDto dto) throws Exception{
    //根据用户名查询用户实体信息
    UserReg reg=userRegMapper.selectByUserName(dto.getUserName());
    //如果当前用户名还未被注册，则将当前用户信息注册入数据库中
    if (reg==null){
        log.info("---不加分布式锁---,当前用户名为:{}",dto.getUserName());
        //创建用户注册实体信息
        UserReg entity=new UserReg();
        //将提交的用户注册请求实体信息中对应的字段取值
        //复制到新创建的用户注册实体的相应字段中
        BeanUtils.copyProperties(dto,entity);
        //设置注册时间
        entity.setCreateTime(new Date());
        //插入用户注册信息
        userRegMapper.insertSelective(entity);
    }else {
        //如果用户名已被注册，则抛出异常
        throw new Exception("用户信息已经存在!");
    }
}
/**
 * 处理用户提交注册的请求-加分布式锁
 * @param dto
 * @throws Exception
 */
public void userRegWithLock(UserRegDto dto) throws Exception{
    //精心设计并构造 SETNX 操作中的 Key，一定要跟实际的业务或共享资源挂钩
    final String key=dto.getUserName()+"-lock";
    //设计 Key 对应的 Value，为了具有随机性
    //在这里采用系统提供的纳秒级别的时间戳 + UUID 生成的随机数作为 Value
    final String value=System.nanoTime()+""+UUID.randomUUID();
    //获取操作 Key 的 ValueOperations 实例
    ValueOperations valueOperations=stringRedisTemplate.opsForValue();
    //调用 SETNX 操作获取锁，如果返回 true，则获取锁成功
    //代表当前的共享资源还没被其他线程所占用
    Boolean res=valueOperations.setIfAbsent(key,value);
    //返回 true，即代表获取到分布式锁
    if (res){
        //为了防止出现死锁的状况，加上 EXPIRE 操作，即 Key 的过期时间，在这里设置
          为 20s
        //具体应根据实际情况而定
        stringRedisTemplate.expire(key,20L, TimeUnit.SECONDS);
        try {
            //根据用户名查询用户实体信息
            UserReg reg=userRegMapper.selectByUserName(dto.getUserName());
            //如果当前用户名还未被注册，则将当前的用户信息注册入数据库中
            if (reg==null){
                log.info("---加了分布式锁---,当前用户名为:{}",dto.getUserName());
```

```
                //创建用户注册实体信息
                UserReg entity=new UserReg();
                //将提交的用户注册请求实体信息中对应的字段取值
                //复制到新创建的用户注册实体的相应字段中
                BeanUtils.copyProperties(dto,entity);
                //设置注册时间
                entity.setCreateTime(new Date());
                //插入用户注册信息
                userRegMapper.insertSelective(entity);

            }else {
                //如果用户名已被注册，则抛出异常
                throw new Exception("用户信息已经存在!");
            }
        }catch (Exception e){
            throw e;
        }finally {
            //不管发生任何情况，都需要在redis加锁成功并访问操作完共享资源后释放锁
            if (value.equals(valueOperations.get(key).toString())){
                stringRedisTemplate.delete(key);
            }
        }
    }
}
```

（4）至此，"用户提交注册信息"业务场景的实战代码已经开发完毕，单击 IDEA 的运行按钮，即可将整个项目运行起来，观察控制台的输出结果，如果没有相应的报错信息，则代表整体的代码实战没有语法级别的错误。

下面可以先采用 Postman 工具对整体业务流程进行测试。其中，访问该请求的链接为 http://127.0.0.1:8087/middleware/user/reg/submit?userName=linsen&password=123456 ，表示提交的用户名为 linsen，密码为 123456；选择请求方法为 Get。单击 Send 按钮发送请求信息到系统后端相应的接口，如图 7.38 所示。

图 7.38　"用户提交注册信息" Postman 请求与响应

由于该用户名是首次注册，因而将返回"注册成功"的提醒信息。打开数据库，查看

数据库表 user_reg 的数据记录，可以看到该用户信息已经成功插入到数据库表中了，如图 7.39 所示。

图 7.39　"用户提交注册信息"数据库记录结果

最后再观察 IDEA 控制台的输出结果，可以看到该用户信息已经成功注册了，如图 7.40 所示。

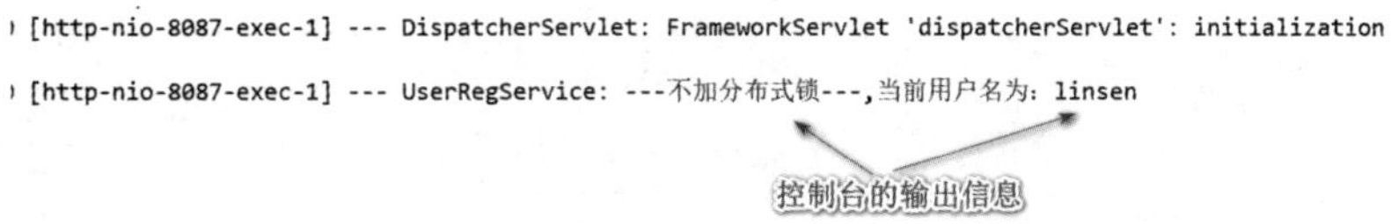

> [http-nio-8087-exec-1] --- DispatcherServlet: FrameworkServlet 'dispatcherServlet': initialization

> [http-nio-8087-exec-1] --- UserRegService: ---不加分布式锁---,当前用户名为: linsen

控制台的输出信息

图 7.40　"用户提交注册信息"控制台输出结果

当在 Postman 中再次单击 Send 操作时，由于此时该用户名已经存在，后端将会返回"用户信息已经存在!"的提示信息。至此，该业务场景整体业务流程的实现代码与初步自测已经完成了。从相应的输出与记录结果中可以得出，相应的代码实现逻辑初步来看是没有问题的! 接下来采用 Jmeter 工具进行高并发压力测试。

7.3.4　Jmeter 高并发测试

打开 Jmeter 安装文件夹下的 bin 目录，并双击 jmeter.sh 文件，稍等片刻，即可进入 Jmeter 的主界面。在 Jmeter 主界面中建立一个新的测试计划"高并发测试-基于 Redis"，并在该测试计划下建立一个线程组，指定 1 秒内并发的线程个数为 1000 个，如图 7.41 所示。

在"线程组"选项区域下分别建立"HTTP 请求"与"CSV 数据文件设置"两个子选项，并设置"HTTP 请求"选项中的相关参数取值，这些参数的取值都可以从上一节采用 Postman 测试时填写的请求信息中复制过来。其中，"Web 服务器"一栏的"协议"参数填写 http，"服务器名称或者 IP"参数填写"127.0.0.1"，"端口号"参数填写"8087"；"HTTP 请求一栏的"方法"填写 GET，"路径"参数填写"/middleware/user/reg/submit"，详情如图 7.42 所示。

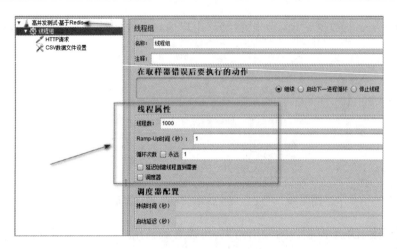

图 7.41　Jmeter 建立测试计划

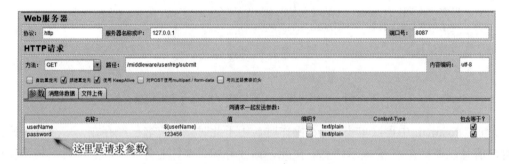

图 7.42　Jmeter 建立 HTTP 请求选项

最后是为高并发产生的多线程请求提供随机读取的数据，即参数 userName 将从 CSV 数据文件中读取，其相应的参数设置如图 7.43 所示。

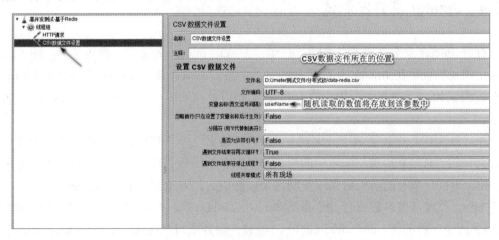

图 7.43　Jmeter 建立 CSV 数据文件设置选项

其中，该 CSV 数据文件存储的内容如图 7.44 所示。

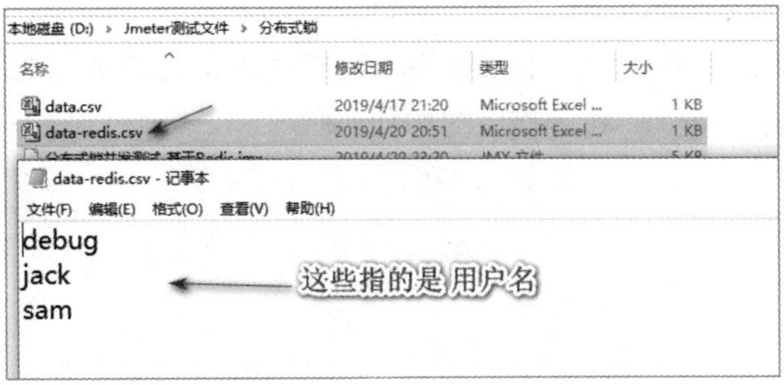

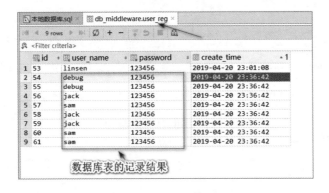

图 7.44　CSV 数据文件的内容

单击 Jmeter 主界面的启动按钮，即可开启 1 秒内并发 1000 个线程的请求。每个请求将携带 userName 和 password 两个参数， password 参数的取值将统一为 123456（当然这只是为了测试），而 userName 参数的取值将从 debug、jack 和 sam 这几个固定的字符串中随机获取。

此时观察 IDEA 控制台的输出信息，读者将会看到不可思议的一幕，即同一个用户名竟然可以成功被注册多次！如图 7.45 所示。

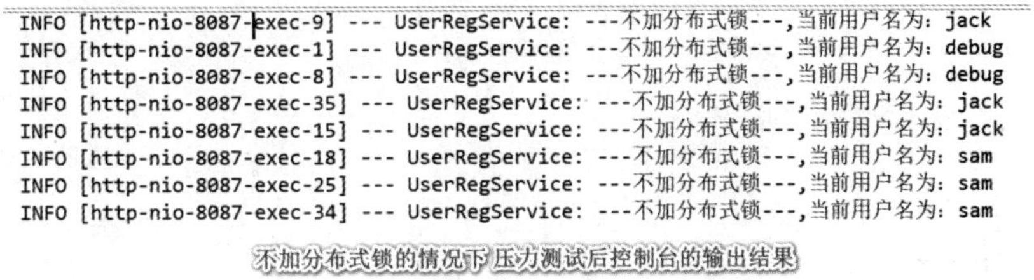

```
INFO [http-nio-8087-exec-9] --- UserRegService: ---不加分布式锁---,当前用户名为: jack
INFO [http-nio-8087-exec-1] --- UserRegService: ---不加分布式锁---,当前用户名为: debug
INFO [http-nio-8087-exec-8] --- UserRegService: ---不加分布式锁---,当前用户名为: debug
INFO [http-nio-8087-exec-35] --- UserRegService: ---不加分布式锁---,当前用户名为: jack
INFO [http-nio-8087-exec-15] --- UserRegService: ---不加分布式锁---,当前用户名为: jack
INFO [http-nio-8087-exec-18] --- UserRegService: ---不加分布式锁---,当前用户名为: sam
INFO [http-nio-8087-exec-25] --- UserRegService: ---不加分布式锁---,当前用户名为: sam
INFO [http-nio-8087-exec-34] --- UserRegService: ---不加分布式锁---,当前用户名为: sam
```

不加分布式锁的情况下压力测试后控制台的输出结果

图 7.45　并发压力测试下 IDEA 控制台的输出结果

除此之外，还可以打开数据库表 user_reg 观察相应的数据记录，可以看到确实出现了"同一个用户名重复注册了多次"，即所谓的"重复提交"，如图 7.46 所示。

图 7.46　并发压力测试下数据库表的记录结果

出现这样的结果，其实在前面我们已经分析过了，即没有对多线程访问操作的共享资源进行并发控制，导致最终出现"数据不一致"的问题。

接下来，将 UserRegController 中接收用于前端请求信息的处理逻辑调整为"加分布式锁"的处理并重新运行项目，其调整后的源代码如下：

```
/**
* 提交用户注册信息
* @param dto
* @return
*/
@RequestMapping(value = prefix+"/submit",method = RequestMethod.GET)
public BaseResponse reg(UserRegDto dto){
  //校验提交的用户名、密码等信息
  if (Strings.isNullOrEmpty(dto.getUserName()) || Strings.isNullOrEmpty
(dto.getPassword())){
     return new BaseResponse(StatusCode.InvalidParams);
  }
  //定义返回信息实例
  BaseResponse response=new BaseResponse(StatusCode.Success);
  try {
     //处理用户提交请求-不加分布式锁
     //userRegService.userRegNoLock(dto);

     //处理用户提交请求-加分布式锁
     userRegService.userRegWithLock(dto);
  }catch (Exception e){
     //发生异常情况的处理
     response=new BaseResponse(StatusCode.Fail.getCode(),e.getMessage());
  }
  //返回响应信息
  return response;
}
```

与此同时，将 CSV 数据文件的内容更换为新的一批，如图 7.47 所示。

图 7.47　更换 CSV 数据文件的内容

最后，单击 Jmeter 主界面的启动按钮，即可开启 1 秒内并发 1000 个线程的请求。每个请求将携带 userName 和 password 两个参数，userName 参数的取值将从图 7.47 所示的 CSV 数据文件存储的内容中随机获取。

观察 IDEA 控制台的输出结果，可以惊喜地看到"加了分布式锁"之后，同一个用户名只能成功被注册一次，如图 7.48 所示。

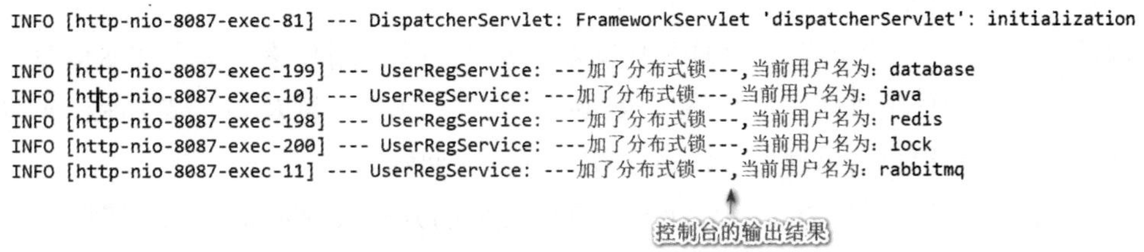

```
INFO [http-nio-8087-exec-81] --- DispatcherServlet: FrameworkServlet 'dispatcherServlet': initialization

INFO [http-nio-8087-exec-199] --- UserRegService: ---加了分布式锁---,当前用户名为: database
INFO [http-nio-8087-exec-10] --- UserRegService: ---加了分布式锁---,当前用户名为: java
INFO [http-nio-8087-exec-198] --- UserRegService: ---加了分布式锁---,当前用户名为: redis
INFO [http-nio-8087-exec-200] --- UserRegService: ---加了分布式锁---,当前用户名为: lock
INFO [http-nio-8087-exec-11] --- UserRegService: ---加了分布式锁---,当前用户名为: rabbitmq
```

控制台的输出结果

图 7.48　"加了分布式锁"后 Jmeter 压力测试下控制台的输出结果

除此之外，还可以打开数据库表 user_reg 观察相应的数据记录，可以看到"同一个用户名确实只能成功被注册一次"，即达到了控制对共享资源操作的目的，如图 7.49 所示。

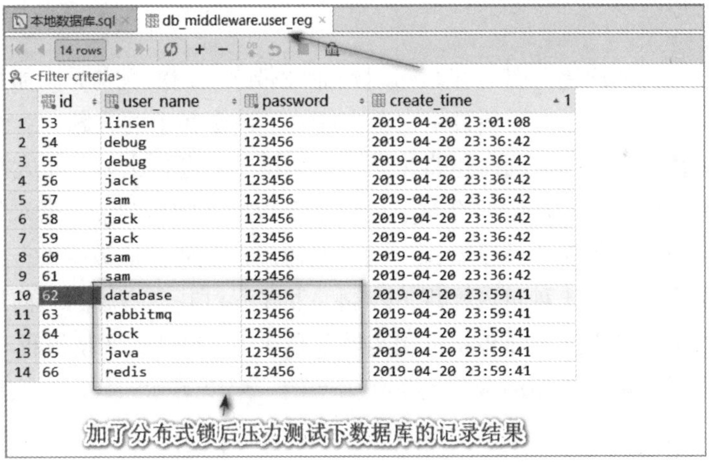

加了分布式锁后压力测试下数据库的记录结果

图 7.49　"加了分布式锁"后 Jmeter 压力测试下数据库的记录结果

至此"用户重复提交注册信息"业务场景的完整代码与压力测试已经完成了，在这里强烈建议读者一定要多动手写代码、多构造数据用例反复进行压力测试，这样才能更好、更深入地理解并掌握如何基于 Redis 实现分布式锁。

7.3.5　小结

本节主要介绍了如何基于 Redis 的原子操作 SETNX 和 EXPIRE 实现分布式锁，其实现流程主要由 3 个核心操作构成，第一个是构造一个与共享资源或核心业务相关的 Key；第二个是采用 Redis 的操作组件调用 SETNX 与 EXPIRE 操作，获取对共享资源的"锁"；最后一个核心操作是在执行完相应的业务逻辑之后释放该"锁"。

之所以 Redis 的操作命令可以实现分布式锁的功能，主要是得益于 Redis 的单线程机制。即在 Redis 的底层基础架构中，同一时刻、同一个部署节点只允许一个线程执行某种操作，这种操作也称之为"原子性"操作。

除此之外，本节还以实际生产环境中典型的应用场景"用户重复提交注册信息"为案例，配备以实际的代码讲解了如何基于 Redis 实现分布式锁，以及如何基于 Redis 的原子操作解决"同一个用户名可以重复注册多次"的并发问题。

"用户重复提交注册信息"这一业务场景中使用的分布式锁是属于"一次性锁"，即同一时刻并发的线程所携带的"相同数据"（在该业务场景中指的是用户名参数）只能允许一个线程通过，而其他线程将获取锁失败，从而结束自身的业务流程。

7.4　基于 ZooKeeper 实现分布式锁

分布式系统架构的应用与部署虽然可以给企业带来一定的优势，比如系统拆分、独立部署、服务模块解耦等，在实际项目中也着实解决了诸多棘手的难题，然而此种系统架构在实际生产环境落地实施时，同时也带来了一些典型的问题，比如分布式事务、数据一致性等问题。在前面的章节中，主要介绍了如何基于数据库的乐观锁、悲观锁和基于 Redis 的原子操作，解决多线程对"共享资源"的并发访问，从而保证数据的一致性。

本节将着重介绍另外一种可以实现"控制并发线程对共享资源的访问"的方式，即基于 ZooKeeper 的临时节点和 Watcher 机制实现分布式锁，包括其实现流程与底层的执行原理，并以实际生产环境中典型的应用场景作为案例，配以实际的代码来实现。

7.4.1　ZooKeeper 简介与作用

ZooKeeper 是一款开源的分布式服务协调中间件，是由雅虎研究院相关的研发人员组织开发的。其设计的初衷是开发一个通用的无单点问题的分布式协调框架，采用统一的协调管理方式更好地管理各个子系统，从而让开发者将更多的精力集中在业务逻辑处理上，最终使整个分布式系统看上去就像是一个大型的动物园，而 ZooKeeper 则正好用来协调分布式环境中的各个子系统。ZooKeeper 也因此而得名。

除此之外，ZooKeeper 还是一种典型的分布式数据一致性的解决方案，应用程序可以基于 ZooKeeper 实现诸如数据发布/订阅、负载均衡、命名服务、分布式协调/通知、集群管理、分布式锁和分布式队列等功能。ZooKeeper 在实际项目中具有广泛的应用，如图 7.50 所示。

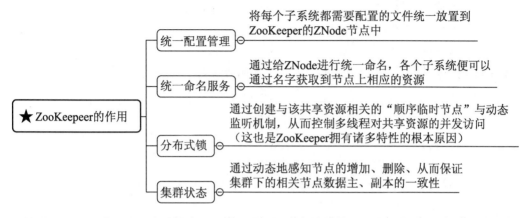

图 7.50　ZooKeeper 在实际项目中的作用

- 统一配置管理：指的是 ZooKeeper 可以把每个子系统都需要的配置文件抽取出来，并将其统一放置到 ZooKeeper 的 ZNode 节点中进行共享。
- 统一命名服务：指的是给存放在每个节点上的资源进行命名，各个子系统便可以通过名字获取到节点上相应的资源。
- 集群状态：通过动态地感知 ZooKeeper 上节点的增加、删除，从而保证集群下的相关节点主、副本数据的一致性。
- 分布式锁：是 ZooKeeper 提供给外部应用的一个重大功能，主要是通过创建与共享资源相关的"临时顺序节点"和动态 Watcher 监听机制，从而控制多线程对共享资源的并发访问，而这也可以看作是 ZooKeeper 拥有诸多特性的根本原因。

而在本节中，将重点介绍 ZooKeeper 是如何实现分布式锁，从而控制多线程对共享资源的并发访问。

ZooKeeper 在实际生产环境中具有广泛的应用场景，比较典型的业务场景当属 ZooKeeper 用于担任服务生产者和服务消费者的"注册中心"，即服务生产者将自己提供的服务注册到 ZooKeeper 中心，服务的消费者在进行服务调用时先在 ZooKeeper 中查找服务，获取到服务生产者的详细信息之后，再去调用服务生产者提供的相关接口。

如图 7.51 所示，在分布式服务调度框架 Dubbo 的基础架构中，ZooKeeper 就担任了注册中心这一角色。

对于 ZooKeeper 在分布式服务调度框架 Dubbo 中所起到的注册中心的作用，这里就不详细介绍了，感兴趣的读者可以搜索相关资料进行学习。除此之外，读者也可以打开浏览器，访问 https://www.imooc.com/learn/1096，学习笔者亲身录制的免费课程，即"2 小时实战 Apache 顶级项目-RPC 框架 Dubbo 分布式服务调度"，其中就有关于 Dubbo 框架的相关技术与 ZooKeeper 作为注册中心所起到的作用的讲解，如图 7.52 所示。

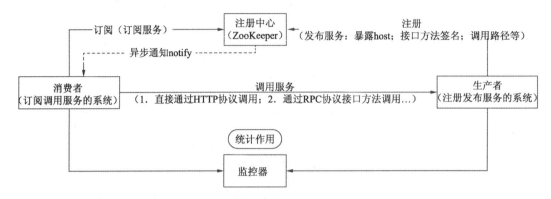

图 7.51　ZooKeeper 作为 Dubbo 基础架构的注册中心

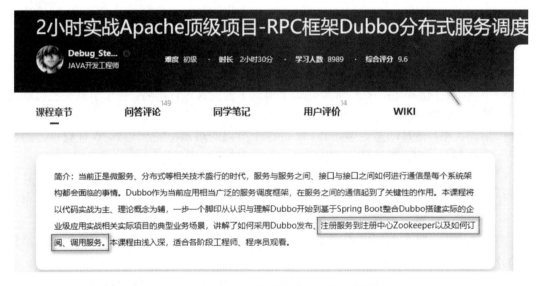

图 7.52　ZooKeeper 作为注册中心的视频教程

7.4.2　分布式锁的实现流程与原理分析

ZooKeeper 除了可以作为注册中心，充当服务的发布、订阅作用之外，还可以提供"分布式锁"的功能，即 ZooKeeper 可以通过创建与共享资源相关的"顺序临时节点"，并采用其提供的监听器 Watcher 机制，从而控制多线程对共享资源的并发访问。整体的实现流程如图 7.53 所示。

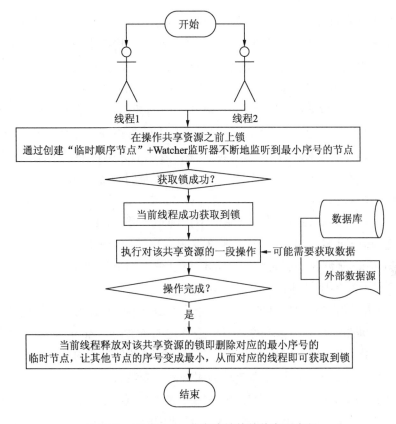

图 7.53　ZooKeeper 分布式锁的整体实现流程

从图 7.53 中可以看出，ZooKeeper 实现分布式锁功能的核心流程在于创建"临时顺序节点 ZNode"以及采用 Watcher 监听机制监听临时节点的增减，从而判断当前的线程能够成功获取到锁。接下来需要重点介绍一下 ZooKeeper 在实现分布式锁功能的过程中涉及的几个专有词汇，即节点和监听器，而 ZooKeeper 底层基础架构的核心部分正是由这两个组件组成，如图 7.54 所示。

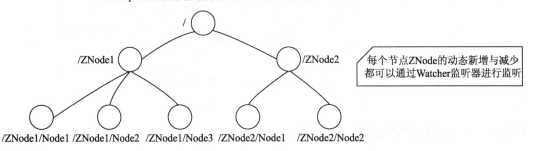

图 7.54　ZooKeeper 底层基础架构的核心组成部分

　　节点：在谈及分布式的时候，通常所说的"节点"指的是组成集群的每一台机器。然而在 ZooKeeper 中，"节点"分为两种类型，第一种是指构成集群的机器，我们称之为机器节点；第二种则是指数据模型中的数据单元，我们称之为数据节点，即前文介绍的 ZNode，而在图 7.54 中组成 ZooKeeper 底层基础架构的节点指的正是 ZNode。

　　ZooKeeper 将所有数据存储在内存中，最终构成的数据模型可以看作是一棵树（ZNode Tree），由斜杠"/"进行分割，分割之后的每个分支即为路径，每个路径对应的即为一个 ZNode，例如/ZNode1/Node1，每个节点都会保存自己的数据内容及一系列的属性信息。在 ZooKeeper 中，ZNode 可以分为"持久节点"和"临时节点"两种类型。

　　持久节点，顾名思义，指的是一旦这个 ZNode 被创建了，除非主动移除这个 ZNode，否则它将一直保存在 ZooKeeper 上。而临时节点则不一样，它的生命周期是和客户端的会话绑定在一起的，一旦客户端会话失效，那么这个客户端创建的所有临时节点都会被移除。除此之外，ZooKeeper 创建的临时节点 ZNode 可以带上一个整型的数字，这个特性可以用来创建一系列带有顺序序号标识的临时 ZNode。

　　Watcher 监听器：指的是"事件监听器"，由于 ZooKeeper 允许用户在指定的节点 ZNode 上注册"监听"事件，因而当该节点触发一些特定的事件时，ZooKeeper 服务端即 Server 会将事件通知到感兴趣的客户端 Client 上，从而让客户端做出相对应的措施。值得一提的是，这种机制是 ZooKeeper 实现分布式协调服务的重要特性。

　　正是由于 ZooKeeper 的底层基础架构中拥有这两个核心的组件，才使得 ZooKeeper 对外可以提供诸多的功能特性，比如前文所讲的注册中心、分布式锁及统一命名服务等。如图 7.55 所示为 ZooKeeper 所拥有的大部分的功能特性。

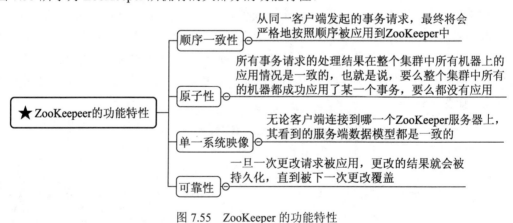

图 7.55　ZooKeeper 的功能特性

7.4.3　Spring Boot 整合 ZooKeeper

　　实战出真知，接下来以前文搭建好的 Spring Boot 项目作为奠基来整合 ZooKeeper，并以前面小节介绍的"用户重复提交注册信息"业务场景作为案例，采用实际的代码讲解如何基于 ZooKeeper 的"分布式锁"实现多线程对共享资源的并发访问。

　　工欲善其事，必先利其器。在使用 ZooKeeper 的相关功能特性之前，需要在本地开发环境 Windows 下安装 ZooKeeper。至于 ZooKeepr 在其他开发环境如 Linux、Mac 的安装，这里就不详述了，感兴趣的读者可以自行搜索相关方法进行安装与配置。

　　Windows 环境下 ZooKeeper 的安装步骤是非常简单的，只需要下载 ZooKeeper 的安装包，然后解压到某个不带中文字符的磁盘目录下，最后双击 bin 文件夹里面的 zkServer.cmd 文件，如果可以弹出"ZooKeeper 服务端"启动成功的对话框，则代表 ZooKeeper 服务已经安装成功，并已经在本地开发环境成功运行起来了，如图 7.56 所示。

图 7.56　Windows 开发环境安装与启动、运行 ZooKeeper

　　接下来，基于 Spring Boot 搭建的项目进行 ZooKeeper 整合，包括整合其相关的依赖与相关的配置文件。

　　首先是加入 ZooKeepr 的相关依赖，这些依赖的 jar 包是配置在 server 模块的 pom.xml 文件中的，代码如下：

```
<!--zookeeper-->
<dependency>
    <groupId>org.apache.zookeeper</groupId>
    <artifactId>zookeeper</artifactId>
```

```
        <version>3.4.6</version>
        <exclusions>
            <exclusion>
                <artifactId>slf4j-log4j12</artifactId>
                <groupId>org.slf4j</groupId>
            </exclusion>
        </exclusions>
    </dependency>
    <dependency>
        <groupId>org.apache.curator</groupId>
        <artifactId>curator-framework</artifactId>
        <version>2.10.0</version>
    </dependency>
    <dependency>
        <groupId>org.apache.curator</groupId>
        <artifactId>curator-recipes</artifactId>
        <version>2.10.0</version>
    </dependency>
```

接下来是将 ZooKeeper 服务所在的相关地址配置到项目配置文件 application.xml 中，需要配置的选项包括 ZooKeeper 的命名空间及所在的主机，配置如下：

```
#zookeeper 配置-主机与命名空间 – 命名空间只是用于区分不同的项目罢了
zk.host=127.0.0.1:2181
zk.namespace=middleware_distributeLock
```

为了方便开发者访问操作 ZooKeeper，ZooKeeper 研发人员提供了一款高度封装后的客户端 Curator 框架，使用该框架实例可以很好地解决很多 Zookeeper 客户端非常底层的细节开发工作，包括重连、反复注册及 NodeExistsException 异常等问题。

而在 Spring Boot 搭建的项目中，可以通过自定义注入 CuratorFramework 实例对 ZooKeeper 进行相应的操作，如下代码是在应用程序的启动入口类 MainApplication 中添加自定义注入 CuratorFramework 实例：

```
//导入依赖包
import org.apache.curator.framework.CuratorFramework;
import org.apache.curator.framework.CuratorFrameworkFactory;
import org.apache.curator.retry.RetryNTimes;
import org.mybatis.spring.annotation.MapperScan;
import org.springframework.beans.factory.annotation.Autowired;
import org.springframework.boot.SpringApplication;
import org.springframework.boot.autoconfigure.SpringBootApplication;
import org.springframework.boot.builder.SpringApplicationBuilder;
import org.springframework.boot.web.support.SpringBootServletInitializer;
import org.springframework.context.annotation.Bean;
import org.springframework.core.env.Environment;
/**
 * 应用启动类-入口
 * @Author:debug (SteadyJack)
**/
@SpringBootApplication
@MapperScan(basePackages = "com.debug.middleware.model")
public class MainApplication extends SpringBootServletInitializer {
```

```
//此处省略 main 方法及其他代码，这些代码已经存在，就不列举了

//读取环境变量的实例
@Autowired
private Environment env;
//自定义注入 Bean-ZooKeeper 高度封装过的客户端 Curator 实例
@Bean
public CuratorFramework curatorFramework(){
    //创建 CuratorFramework 实例
    // (1) 创建的方式是采用工厂模式进行创建
    // (2) 指定了客户端连接到 ZooKeeper 服务端的策略：这里是采用重试的机制(5 次，
每次间隔 1 秒)
    CuratorFramework curatorFramework= CuratorFrameworkFactory.
builder().connectString(env.getProperty("zk.host")).namespace(env.
getProperty("zk.namespace"))
            .retryPolicy(new RetryNTimes(5,1000)).build();
    curatorFramework.start();
    //返回 CuratorFramework 实例
    return curatorFramework;
    }
}
```

至此，ZooKeeper 在 Spring Boot 项目中的依赖与配置已经添加完毕。此时可以将项目运行起来，观察 IDEA 控制台的输出信息，可以看到应用系统已经成功连接到了本地 Windows 的 ZooKeeper 服务中了，如图 7.57 所示。

图 7.57　启动运行 Spring Boot 整合 ZooKeeper 后的项目

7.4.4　基于 ZooKeeper 实现分布式锁

本节是将 ZooKeeper 应用到"用户重复提交注册信息"业务场景中，即需要在

UserRegService 服务类中添加"采用 ZooKeeper 分布式锁处理用户重复提交注册请求"的功能方法，完整的源代码如下：

```
//定义 ZooKeeper 客户端 CuratorFramework 实例
@Autowired
private CuratorFramework client;
//ZooKeeper 分布式锁的实现原理是由 ZNode 节点的创建与删除跟监听机制构成的
//而 ZNoe 节点将对应一个具体的路径-跟 Unix 文件夹路径类似，需要以 / 开头
private static final String pathPrefix="/middleware/zkLock/";
/**
 * 处理用户提交注册的请求-加 ZooKeeper 分布式锁
 * @param dto
 */
public void userRegWithZKLock(UserRegDto dto) throws Exception{
    //创建 ZooKeeper 互斥锁组件实例，需要将监控用的客户端实例、精心构造的共享资源
作为构造参数
    InterProcessMutex mutex=new InterProcessMutex(client,pathPrefix+dto.
getUserName()+"-lock");
    try {
        //采用互斥锁组件尝试获取分布式锁，其中尝试的最大时间在这里设置为 10 秒
        //当然，具体情况需要根据实际的业务而定
        if (mutex.acquire(10L, TimeUnit.SECONDS)){
            //TODO: 真正的核心处理逻辑

            //根据用户名查询用户实体信息
            UserReg reg=userRegMapper.selectByUserName(dto.getUserName());
            //如果当前用户名还未被注册，则将当前用户信息注册入数据库中
            if (reg==null){
                log.info("---加了 ZooKeeper 分布式锁---,当前用户名为：{} ",dto.
getUserName());
                //创建用户注册实体信息
                UserReg entity=new UserReg();
                //将提交的用户注册请求实体信息中对应的字段取值
                //复制到新创建的用户注册实体的相应字段中
                BeanUtils.copyProperties(dto,entity);
                //设置注册时间
                entity.setCreateTime(new Date());
                //插入用户注册信息
                userRegMapper.insertSelective(entity);
            }else {
                //如果用户名已被注册，则抛出异常
                throw new Exception("用户信息已经存在!");
            }
        }else{
            throw new RuntimeException("获取 ZooKeeper 分布式锁失败!");
        }
    }catch (Exception e){
        throw e;
    }finally {
        //TODO:不管发生何种情况，在处理完核心业务逻辑之后，需要释放该分布式锁
        mutex.release();
```

```
    }
}
```

最后，调整控制器 UserRegController 中 "处理用户提交请求"方法的核心处理逻辑为"ZooKeeper 分布式锁的处理方式"，其完整的源代码如下：

```
/**提交用户注册信息
* @param dto
* @return
*/
@RequestMapping(value = prefix+"/submit",method = RequestMethod.GET)
public BaseResponse reg(UserRegDto dto){
  //校验提交的用户名、密码等信息
  if (Strings.isNullOrEmpty(dto.getUserName()) || Strings.isNullOrEmpty
(dto.getPassword())){
      return new BaseResponse(StatusCode.InvalidParams);
  }
  //定义返回信息实例
  BaseResponse response=new BaseResponse(StatusCode.Success);
  try {
      //处理用户提交请求-不加分布式锁
      //userRegService.userRegNoLock(dto);
      //处理用户提交请求-加分布式锁
      //userRegService.userRegWithLock(dto);

      //处理用户提交请求-加 ZooKeeper 分布式锁
      userRegService.userRegWithZKLock(dto);
  }catch (Exception e){
      //发生异常情况的处理
      response=new BaseResponse(StatusCode.Fail.getCode(),e.getMessage());
  }
  //返回响应信息
  return response;
}
```

至此，基于 ZooKeeper 的分布式锁实战代码已经开发完毕。接下来，将整个项目运行起来，并观察控制台的输出结果，如果没有报错信息，则代表相应的实战代码没有语法级别的错误。

7.4.5　Jmeter 高并发测试

接下来，仍然沿用上一节 "基于 Redis 实现分布式锁" 的 Jmeter 测试计划，对上述采用 ZooKeeper 分布式锁 "控制多线程对共享资源的并发访问" 的代码逻辑进行压力测试。

（1）打开该测试计划，在 "线程组" 选项中设置 1 秒内并发的线程个数为 1000 个，其他参数的取值设置则保持不变。

同时，为了测试的准确性与方便性，可以将 "CSV 数据文件设置" 选项中 CSV 文件的测试用例更换为一批新的用户名，如图 7.58 所示。

图 7.58　更换调整 CSV 数据文件测试用例

（2）单击 Jmeter 主界面的"启动"按钮，即可发起 1 秒内并发 1000 个线程的请求。每个请求将携带取值为"123456"的 password 参数，以及取值为图 7.58 中随机获取的值的 userName 参数。

观察控制台的输出信息，可以看到"ZooKeeper 分布式锁"确实做到了，实现了多线程对共享资源的并发访问，如图 7.59 所示。

```
INFO [http-nio-8087-exec-136] --- UserRegService: ---加了ZooKeeper分布式锁---,当前用户名为: luohou
INFO [http-nio-8087-exec-8] --- UserRegService: ---加了ZooKeeper分布式锁---,当前用户名为: zhongwenjie
INFO [http-nio-8087-exec-20] --- UserRegService: ---加了ZooKeeper分布式锁---,当前用户名为: lixiaolong
```

ZooKeeper分布式锁:控制台输出结果

图 7.59　Jmeter 压力测试 ZooKeeper 分布式锁控制台输出结果

最后还可以观察数据库表 user_reg 中的相关数据记录，可以看到同一个用户名只成功插入了一次，如图 7.60 所示。

	id	user_name	password	create_time	1
1	53	linsen	123456	2019-04-20 23:01:08	
2	54	debug	123456	2019-04-20 23:36:42	
3	55	debug	123456	2019-04-20 23:36:42	
4	56	jack	123456	2019-04-20 23:36:42	
5	57	sam	123456	2019-04-20 23:36:42	
6	58	jack	123456	2019-04-20 23:36:42	
7	59	jack	123456	2019-04-20 23:36:42	
8	60	sam	123456	2019-04-20 23:36:42	
9	61	sam	123456	2019-04-20 23:36:42	
10	62	database	123456	2019-04-20 23:59:41	
11	63	rabbitmq	123456	2019-04-20 23:59:41	
12	64	lock	123456	2019-04-20 23:59:41	
13	65	java	123456	2019-04-20 23:59:41	
14	66	redis	123456	2019-04-20 23:59:41	
15	71	luohou	123456	2019-04-21 21:51:05	
16	72	lixiaolong	123456	2019-04-21 21:51:05	
17	73	zhongwenjie	123456	2019-04-21 21:51:05	

ZooKeeper分布式锁:数据库记录结果

图 7.60　Jmeter 压力测试 ZooKeeper 分布式锁数据库记录结果

由于 ZooKeeper 的分布式锁主要是通过创建临时顺序节点 ZNode,以及动态监听 ZNode 上的增加、删除来实现的,因而此种方式是具有一定的时间开销的。当并发产生巨大的数据量时,这种方式需要耗费一定的时间在动态创建、删除、监听临时节点 ZNode 的变化上,这种开销在某种程度上可以通过集群部署多个 ZooKeeper 机器节点加以有效解决。

当然,在实际生产环境中,"用户重复提交注册信息"业务场景的实现,也可以通过在数据库表 user_reg 中对 user_name 字段加"唯一索引"的方式来达到,但是建议这种方式需要视具体的业务情况而定,对于并发请求量不高的业务场景,加"唯一索引"是可行的,但是在并发请求量巨大的情况下,可能会给数据库 DB 服务器造成过大的压力(因为数据库引擎底层是需要开启判重机制的),从而影响应用系统的整体性能。

7.4.6　小结

本节主要介绍了另外一种可以实现"控制并发线程对共享资源的访问"的方式,即基于 ZooKeeper 的"分布式锁"进行实现,介绍了这种方式的实现流程与底层的执行原理。除此之外,还介绍了 ZooKeeper 的基本概念、作用、功能特性、典型的应用场景及本地开发环境的安装配置,最终以 Spring Boot 整合 ZooKeeper 的项目作为奠基,以实际生产环境中典型的应用场景"用户重复提交注册信息"作为实战案例,配以实际的代码进行了讲解。

在这里仍然要强烈建议读者一定要按照书中提供的案例、分析思路和样例代码进行实际演练,只有动手演练一次,才能更好地掌握 ZooKeeper 底层分布式锁的实现机制。

7.5　典型应用场景之书籍抢购模块设计与实战

在如今微服务、分布式系统架构盛行的时代,分布式锁的应用实施不仅给整体系统架构带来了性能和质量的提升,也给企业应用和业务带来了大规模扩展的可能,直接或者间接地给企业带来了可观的盈利性收入,从某种角度上看,"分布式锁"确实是一大"功臣"!

在实际生产环境中或多或少可以看到分布式锁的踪影,本节将以实际项目中典型的业务场景"书籍抢购模块"为案例,配备实际的代码,讲解分布式锁在该业务模块所起的作用,进一步使读者理解和掌握分布式锁的相关技术要点、实现流程及实现原理。

7.5.1　整体业务流程介绍与分析

相信读者都在亚马逊、当当或者京东商城等购物平台购买过书籍,有时候平台为了提高书籍的销量,经常会举办热卖书籍的"秒杀"活动。如图 7.61 所示为笔者喜爱的其中一本人物传记"曾国藩传"的秒杀、抢购场景。

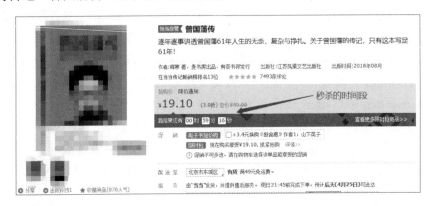

图 7.61　书籍抢购的真实案例

　　由于书籍的库存有限，因而当抢购活动开始时，用户会不断地单击"抢购"按钮进行下单，在网络环境等外界条件正常的情况下，此时用户的抢购请求将会被提交到系统后端相应的接口进行处理，其处理流程大概需要经历以下几个过程，如图 7.62 所示。

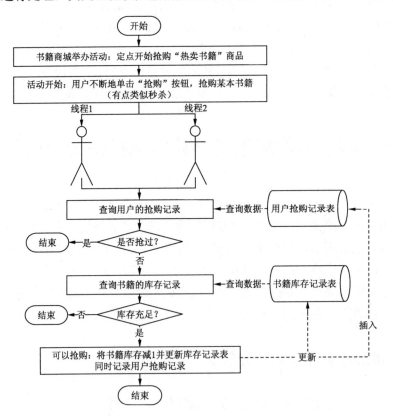

图 7.62　书籍抢购的后端处理流程

从图 7.62 中可以看出，系统后端在接收到前端用户抢购书籍的请求时，首先需要根据用户的账号与当前抢购的书籍编号查询用户是否已经抢购过该本书籍了，如果已经抢购过了，则意味着该流程可以直接结束；否则，后端接口将继续查询该本书籍对应的库存是否充足，如果充足，则意味着当前用户抢购成功，此时需要及时更新该书籍的库存（即减1 操作），并同时记录当前用户的抢购记录。

在对"书籍抢购业务模块"整体实现流程的分析过程中，不难发现其核心流程主要有3 步，第一步是查询并判断当前用户是否抢购过该本书籍；第二步是查询并判断当前书籍的库存是否充足；第三步是更新书籍的库存并插入用户抢购的记录。而这三步操作对于多线程而言是一个完整的"整体"，即共享的资源。

因此，书籍抢购业务可以划分为两大模块，如图 7.63 所示。

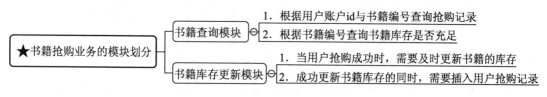

图 7.63　书籍抢购业务的模块划分

- 书籍查询模块：主要包含两个核心流程，一个是根据用户账户 id 与书籍编号查询抢购记录；另一个是根据书籍编号查询书籍库存是否充足。
- 书籍库存更新模块：主要包含两个核心流程，一个是当用户抢购成功时，需要及时更新书籍的库存；另一个是在成功更新书籍库存的同时，需要插入用户抢购记录。

7.5.2　数据库表设计与用例设计

接下来进入书籍抢购业务场景的数据库设计环节，基于上述对书籍抢购场景整体业务流程的分析与模块划分可以得知，整体业务模块核心主要由两张数据库表构成，一个是书籍库存记录表，另一个是书籍抢购记录表，这两个表的 DDL（Data Definition Language 即数据结构定义）分别如下。首先是书籍库存记录表：

```
//导入依赖包
import lombok.Data;
import lombok.ToString;
//书籍库存实体
@Data
@ToString
public class BookStock {
    private Integer id;              //主键 id
    private String bookNo;           //书籍编号
    private Integer stock;           //存库
```

```
    private Byte isActive;                    //是否上架
}
```

然后是书籍抢购记录表：

```
//导入依赖包
import lombok.Data;
import lombok.ToString;
import java.util.Date;
//书籍抢购记录实体
@Data
@ToString
public class BookRob {
    private Integer id;                       //主键 id
    private Integer userId;                   //用户 id
    private String bookNo;                    //书籍编号
    private Date robTime;                     //抢购时间
}
```

接下来采用 MyBatis 的逆向工程生成这两张数据库表对应的 Entity 实体类、Mapper 操作接口及对应的 SQL 配置文件 Mapper.xml。

（1）进行书籍库存实体 BookStock 对应的 Mapper 操作接口 BookStockMapper 的开发，在该操作接口中，需要开发根据书籍编号查询记录、更新书籍库存的功能，其完整的源代码如下：

```
//导入依赖包
import com.debug.middleware.model.entity.BookStock;
import org.apache.ibatis.annotations.Param;
//书籍库存实体操作接口 Mapper
public interface BookStockMapper {
    //根据书籍编号查询
    BookStock selectByBookNo(@Param("bookNo") String bookNo);
    //更新书籍库存-不加锁
    int updateStock(@Param("bookNo") String bookNo);
    //更新书籍库存-加锁
    int updateStockWithLock(@Param("bookNo") String bookNo);
}
```

其中，更新书籍库存功能包含两种情况，一种是不加分布式锁的情况，另一种是加分布式锁的情况。该 Mapper 操作接口对应的 SQL 配置文件 BookStockMapper.xml 的完整源代码如下：

```
<!--书籍库存实体 Mapper 操作接口 BookStockMapper 命名空间-->
<mapper namespace="com.debug.middleware.model.mapper.BookStockMapper" >
  <!--查询结果集映射-->
  <resultMap id="BaseResultMap" type="com.debug.middleware.model.entity.
BookStock" >
    <id column="id" property="id" jdbcType="INTEGER" />
    <result column="book_no" property="bookNo" jdbcType="VARCHAR" />
    <result column="stock" property="stock" jdbcType="INTEGER" />
    <result column="is_active" property="isActive" jdbcType="TINYINT" />
```

```
    </resultMap>
    <!--查询的 SQL 片段-->
    <sql id="Base_Column_List" >
      id, book_no, stock, is_active
    </sql>
    <!--根据书籍编号查询记录-->
    <select id="selectByBookNo" resultType="com.debug.middleware.model.
entity.BookStock">
      SELECT <include refid="Base_Column_List"/>
      FROM book_stock
      WHERE is_active=1 AND book_no=#{bookNo}
    </select>
    <!--更新库存-不加锁-->
    <update id="updateStock">
      UPDATE book_stock SET stock = stock - 1
      WHERE is_active=1 AND book_no=#{bookNo}
    </update>
    <!--更新库存-加了锁-->
    <update id="updateStockWithLock">
      update book_stock SET stock = stock - 1
      where is_active=1 AND book_no=#{bookNo} and stock > 0 and (stock - 1)>=0
    </update>
</mapper>
```

（2）进行"书籍抢购记录"实体类 BookRob 对应的 Mapper 操作接口 BookRobMapper 的开发，在该操作接口中，需要开发插入抢购记录、统计用户抢购过的书籍的记录数的功能，其完整的源代码如下：

```
//导入依赖包
import com.debug.middleware.model.entity.BookRob;
import org.apache.ibatis.annotations.Param;
//书籍抢购成功的记录实体 Mapper 操作接口
public interface BookRobMapper {
    //插入抢购成功的记录信息
    int insertSelective(BookRob record);
    //统计每个用户每本书的抢购数量
    //用于判断用户是否抢购过该书籍
    int countByBookNoUserId(@Param("userId") Integer userId,@Param("bookNo")
String bookNo);}
```

Mapper 操作接口 BookRobMapper 对应的 SQL 配置文件 BookRobMapper.xml 的完整源代码如下：

```
<!--书籍抢购记录实体 Mapper 操作接口 BookRobMapper 命名空间-->
<mapper namespace="com.debug.middleware.model.mapper.BookRobMapper" >
  <!--查询结果集映射-->
  <resultMap id="BaseResultMap" type="com.debug.middleware.model.entity.
BookRob" >
    <id column="id" property="id" jdbcType="INTEGER" />
    <result column="user_id" property="userId" jdbcType="INTEGER" />
    <result column="book_no" property="bookNo" jdbcType="VARCHAR" />
    <result column="rob_time" property="robTime" jdbcType="TIMESTAMP" />
  </resultMap>
```

```xml
<!--查询的 SQL 片段-->
<sql id="Base_Column_List" >
  id, user_id, book_no, rob_time
</sql>
<!--插入抢购记录信息-->
<insert id="insertSelective" parameterType="com.debug.middleware.
model.entity.BookRob" >
  insert into book_rob
  <trim prefix="(" suffix=")" suffixOverrides="," >
    <if test="id != null" >
      id,
    </if>
    <if test="userId != null" >
      user_id,
    </if>
    <if test="bookNo != null" >
      book_no,
    </if>
    <if test="robTime != null" >
      rob_time,
    </if>
  </trim>
  <trim prefix="values (" suffix=")" suffixOverrides="," >
    <if test="id != null" >
      #{id,jdbcType=INTEGER},
    </if>
    <if test="userId != null" >
      #{userId,jdbcType=INTEGER},
    </if>
    <if test="bookNo != null" >
      #{bookNo,jdbcType=VARCHAR},
    </if>
    <if test="robTime != null" >
      #{robTime,jdbcType=TIMESTAMP},
    </if>
  </trim>
</insert>
<!--统计每个用户每本书的抢购数量-->
<select id="countByBookNoUserId" resultType="java.lang.Integer">
  SELECT COUNT(id)
  FROM book_rob WHERE user_id=#{userId} AND book_no=#{bookNo}
</select>
</mapper>
```

至此，"用户抢购书籍模块"这一业务场景的 DAO 层（即数据库访问操作层）代码已经开发完毕。

7.5.3　书籍抢购核心业务逻辑开发实战

接下来进入书籍抢购场景核心业务逻辑的开发，首先是开发用于接收前端用户抢购书籍请求的 BookRobController，其完整的源代码如下：

```
//导入依赖包
import com.debug.middleware.api.enums.StatusCode;
import com.debug.middleware.api.response.BaseResponse;
import com.debug.middleware.server.controller.lock.dto.BookRobDto;
import com.debug.middleware.server.service.lock.BookRobService;
import org.assertj.core.util.Strings;
import org.slf4j.Logger;
import org.slf4j.LoggerFactory;
import org.springframework.web.bind.annotation.RequestMapping;
import org.springframework.web.bind.annotation.RequestMethod;
import org.springframework.web.bind.annotation.RestController;
/**
 * 书籍抢购 Controller
 * @Author:debug (SteadyJack)
**/
@RestController
public class BookRobController {
    //定义日志
    private static final Logger log= LoggerFactory.getLogger(BookRob
Controller.class);
    //定义请求前缀
    private static final String prefix="book/rob";
//定义核心逻辑处理服务类
@Autowired
    private BookRobService bookRobService;
    /**
     * 用户抢购书籍请求
     * @param dto 用于接收前端用户抢购请求的信息封装实体
     * @return
     */
    @RequestMapping(value = prefix+"/request",method = RequestMethod.GET)
public BaseResponse takeMoney(BookRobDto dto){
    //校验参数的合法性
        if (Strings.isNullOrEmpty(dto.getBookNo()) || dto.getUserId()==
null || dto.getUserId()<=0){
            return new BaseResponse(StatusCode.InvalidParams);
        }
    //定义返回响应信息的实体
        BaseResponse response=new BaseResponse(StatusCode.Success);
        try {
            //不加锁的情况
            bookRobService.robWithNoLock(dto);

            //加 ZooKeeper 分布式锁的情况
            //bookRobService.robWithZKLock(dto);
        }catch (Exception e){
            response=new BaseResponse(StatusCode.Fail.getCode(),e.getMessage());
        }
    //返回响应信息
        return response;
    }
}
```

其中，BookRobDto 类是用于封装前端用户提交抢购请求时的信息实体，主要包括两个核心参数，即用户账户 id 与书籍编号，其完整的源代码如下：

```java
//导入依赖包
import lombok.Data;
import lombok.ToString;
import java.io.Serializable;
/**
 * 书籍抢购实体 dto
 * @Author:debug (SteadyJack)
**/
@Data
@ToString
public class BookRobDto implements Serializable{
    private Integer userId;              //用户 id
    private String bookNo;               //书籍编号
}
```

然后是书籍抢购核心业务服务类 BookRobService 的开发，在该服务处理类中，首先开发"不加分布式锁"情况下的功能，其源代码如下：

```java
//导入依赖包
import com.debug.middleware.model.entity.*;
import com.debug.middleware.model.mapper.*;
import com.debug.middleware.server.controller.lock.dto.BookRobDto;
import org.apache.curator.framework.CuratorFramework;
import org.apache.curator.framework.recipes.locks.InterProcessMutex;
import org.slf4j.Logger;
import org.slf4j.LoggerFactory;
import org.springframework.beans.BeanUtils;
import org.springframework.beans.factory.annotation.Autowired;
import org.springframework.stereotype.Service;
import org.springframework.transaction.annotation.Transactional;
import java.util.Date;
import java.util.concurrent.TimeUnit;
/**
 * 书籍抢购服务处理类
 * @Author:debug (SteadyJack)
**/
@Service
public class BookRobService {
    //定义日志实例
    private static final Logger log= LoggerFactory.getLogger(BookRob
Service.class);
//定义书籍库存实体操作接口 Mapper 实例
@Autowired
    private BookStockMapper bookStockMapper;
    //定义书籍抢购实体操作接口 Mapper 实例
    @Autowired
    private BookRobMapper bookRobMapper;
    /**
     * 处理书籍抢购逻辑-不加分布式锁
     * @param dto 前端用户抢购时的请求封装实体
```

```
 * @throws Exception
 */
@Transactional(rollbackFor = Exception.class)
public void robWithNoLock(BookRobDto dto) throws Exception{
    //根据书籍编号查询记录
    BookStock stock=bookStockMapper.selectByBookNo(dto.getBookNo());
    //统计每个用户每本书的抢购数量
    int total=bookRobMapper.countByBookNoUserId(dto.getUserId(),dto.
getBookNo());
    //商品记录存在、库存充足，而且用户还没抢购过本书，则代表当前用户可以抢购
    if (stock!=null && stock.getStock()>0 && total<=0){
        log.info("---处理书籍抢购逻辑-不加分布式锁---,当前信息: {} ",dto);

        //当前用户抢购到书籍，库存减 1
        int res=bookStockMapper.updateStock(dto.getBookNo());
        //更新库存成功后，需要添加抢购记录
        if (res>0){
            //创建书籍抢购记录实体信息
            BookRob entity=new BookRob();
            //将提交的用户抢购请求实体信息中对应的字段取值
            //复制到新创建的书籍抢购记录实体的相应字段中
            BeanUtils.copyProperties(dto,entity);
            //设置抢购时间
            entity.setRobTime(new Date());
            //插入用户注册信息
            bookRobMapper.insertSelective(entity);
        }
    }else {
        //如果不满足上述的任意一个 if 条件，则抛出异常
        throw new Exception("该书籍库存不足!");
    }
}
}
```

至此，"书籍抢购"场景核心业务逻辑的代码开发已经完成了。接下来可以打开 Postman 工具对整体的业务逻辑进行自测，在测试之前，需要在书籍库存记录表中创建数据用例，如图 7.64 所示。

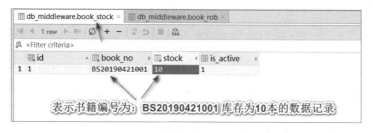

图 7.64　书籍抢购业务创建数据用例

图 7.64 中的数据表示书籍编号为 BS20190421001，库存为 10 本的记录。接着可以在 Postman 工具中输入用户抢购书籍的请求，该请求将携带两个参数，即用户账户 id 和书籍编

号，http://127.0.0.1:8087/middleware/book/rob/request?userId=10010&bookNo=BS20190421001
表示当前用户账户 id 为 10010，书籍编号为 BS20190421001 的请求。单击 Send 按钮，即
可发起当前用户抢购书籍的请求。稍等片刻，即可看到后端接口返回了相应的响应信息，
如图 7.65 所示。

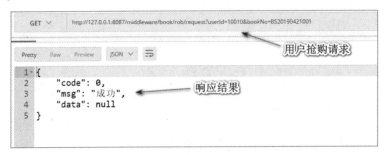

图 7.65　"书籍抢购业务"发起请求与响应

从响应结果中可以得出当前用户已经抢购成功！打开数据库，可以观察书籍库存表
book_stock 与用户抢购记录表 book_rob 的数据记录情况，如图 7.66 所示。

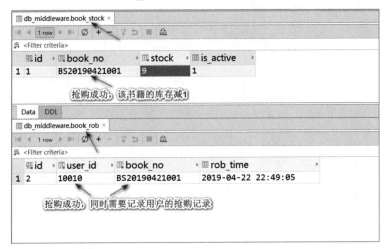

图 7.66　书籍抢购业务数据库记录结果

至此，对于书籍抢购业务场景代码的自测已经完成了，从测试结果中可以得出，在"用户
数据量不大"（比如十几秒才有一个用户购买书籍）的情况下，抢购的处理逻辑是没问题的。

7.5.4　Jmeter 重现"库存超卖"的问题

下面采用测试工具 Jmeter 对上述业务场景的代码逻辑进行压力测试，重现高并发下
"商品库存超卖"的问题。

Jmeter 建立测试计划的步骤在前面章节中已经介绍得很详细了，在这里就不重复介绍了。需要注意的是，Jmeter 高并发产生的多线程请求携带的参数有 userId 与 bookNo，其中 userId 参数的取值可以从 CSV 数据文件中随机读取，如图 7.67 所示。

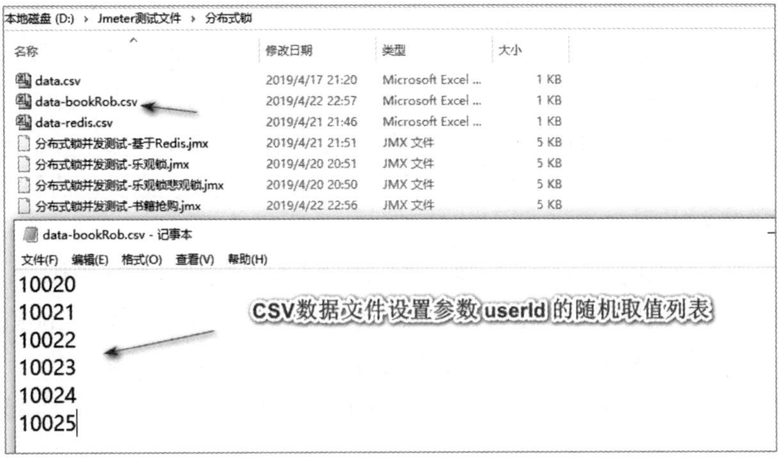

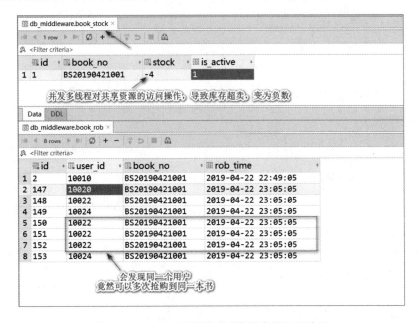

图 7.67　Jmeter 压测时 CSV 数据文件的设置

单击 Jmeter 主界面的"启动"按钮，即可发起 1 秒内并发 1000 个线程的请求，此时可以直接观察数据库中两个数据库表的记录结果，如图 7.68 所示。

图 7.68　Jmeter 压力测试时数据库的记录结果

从数据库表的记录结果中可以看出，库存超卖了，即高并发产生的多线程对共享资源进行了并发访问，导致出现了数据不一致的现象。

7.5.5　采用分布式锁解决问题

值得再提的是，书籍抢购业务场景的"共享资源"主要由是哪个核心操作组成？第一个是查询并判断当前用户是否抢购过该本书籍；第二个是查询并判断当前书籍的库存是否充足；最后一个是更新书籍的库存并插入用户抢购的记录。这 3 个操作对于多线程来说是一个完整的"整体"，不可分割，一旦分割，将很有可能出现"来不及处理"的状况，即完整的操作应该将其看作共享的资源。

下面采用本章介绍的分布式锁控制多线程对共享资源的并发访问操作。由于本章介绍的分布式锁的实现方式有多种，在这里就暂时介绍其中的一种，即基于 ZooKeeper 实现分布式锁的方式，其他两种方式读者可以自行尝试，培养自己的动手能力。

以下代码为"书籍抢购服务"中采用"ZooKeeper 分布式锁"实现的功能方法：

```java
//导入依赖包
import com.debug.middleware.model.entity.*;
import com.debug.middleware.model.mapper.*;
import com.debug.middleware.server.controller.lock.dto.BookRobDto;
import org.apache.curator.framework.CuratorFramework;
import org.apache.curator.framework.recipes.locks.InterProcessMutex;
import org.slf4j.Logger;
import org.slf4j.LoggerFactory;
import org.springframework.beans.BeanUtils;
import org.springframework.beans.factory.annotation.Autowired;
import org.springframework.stereotype.Service;
import org.springframework.transaction.annotation.Transactional;
import java.util.Date;
import java.util.concurrent.TimeUnit;
/**
 * 书籍抢购服务
 * @Author:debug (SteadyJack)
 **/
@Service
public class BookRobService {
    //定义日志实例
    private static final Logger log= LoggerFactory.getLogger(BookRobService.
class);
    //定义书籍库存实体操作接口 Mapper 实例
    @Autowired
    private BookStockMapper bookStockMapper;
    //定义书籍抢购实体操作接口 Mapper 实例
    @Autowired
    private BookRobMapper bookRobMapper;
    //定义 ZooKeeper 客户端 CuratorFramework 实例
    @Autowired
    private CuratorFramework client;
```

```
//ZooKeeper 分布式锁的实现原理是由 ZNode 节点的创建、删除与监听机制构成的
//而 ZNoe 节点将对应一个具体的路径-跟 Unix 文件夹路径类似-需要以 / 开头
private static final String pathPrefix="/middleware/zkLock/";
/**
 * 处理书籍抢购逻辑-加 ZooKeeper 分布式锁
 * @param dto
 * @throws Exception
 */
@Transactional(rollbackFor = Exception.class)
public void robWithZKLock(BookRobDto dto) throws Exception{
    //创建 ZooKeeper 互斥锁组件实例，需要将 CuratorFramework 实例、精心构造的共
享资源
    作为构造参数
    InterProcessMutex mutex=new InterProcessMutex(client,pathPrefix+dto.
getBookNo()+dto.getUserId()+"-lock");
    try {
        //采用互斥锁组件尝试获取分布式锁-其中尝试的最大时间在这里设置为 15s
        //当然，具体情况需要根据实际的业务而定
        if (mutex.acquire(15L, TimeUnit.SECONDS)){
            //TODO：真正的核心处理逻辑

            //根据书籍编号查询记录
            BookStock stock=bookStockMapper.selectByBookNo(dto.getBookNo());
            //统计每个用户每本书的抢购数量
            int total=bookRobMapper.countByBookNoUserId(dto.getUserId(),
dto.getBookNo());
            //商品记录存在、库存充足，而且用户还没抢购过本书，则代表当前用户可以抢购
            if (stock!=null && stock.getStock()>0 && total<=0){
                log.info("---处理书籍抢购逻辑-加 ZooKeeper 分布式锁---,当前信
息：{} ",dto);

                //当前用户抢购到书籍，库存减 1
                int res=bookStockMapper.updateStock(dto.getBookNo());
                //更新库存成功后，需要添加抢购记录
                if (res>0){
                    //创建书籍抢购记录实体信息
                    BookRob entity=new BookRob();
                    //将提交的用户抢购请求实体信息中对应的字段取值
                    //复制到新创建的书籍抢购记录实体的相应字段中
                    entity.setUserId(dto.getUserId());
                    entity.setBookNo(dto.getBookNo());
                    //设置抢购时间
                    entity.setRobTime(new Date());
                    //插入用户注册信息
                    bookRobMapper.insertSelective(entity);
                }
            }else {
                //如果不满足上述的任意一个 if 条件，则抛出异常
                throw new Exception("该书籍库存不足!");
            }
        }else{
```

```
            throw new RuntimeException("获取 ZooKeeper 分布式锁失败!");
        }
    }catch (Exception e){
        throw e;
    }finally {
        //TODO: 不管发生何种情况, 在处理完核心业务逻辑之后, 需要释放该分布式锁
        mutex.release();
    }
    }
}
```

除此之外，还需要调整控制器 BookRobController 调用 "核心业务逻辑处理" 的方法
为上述 "加了分布式锁" 的功能方法，其代码如下：

```
//导入依赖包
import com.debug.middleware.api.enums.StatusCode;
import com.debug.middleware.api.response.BaseResponse;
import com.debug.middleware.server.controller.lock.dto.BookRobDto;
import com.debug.middleware.server.service.lock.BookRobService;
import org.assertj.core.util.Strings;
import org.slf4j.Logger;
import org.slf4j.LoggerFactory;
import org.springframework.web.bind.annotation.RequestMapping;
import org.springframework.web.bind.annotation.RequestMethod;
import org.springframework.web.bind.annotation.RestController;
/**
 * 书籍抢购 Controller
 * @Author:debug (SteadyJack)
**/
@RestController
public class BookRobController {
    //定义日志
    private static final Logger log= LoggerFactory.getLogger(BookRob
Controller.class);
    //定义请求前缀
    private static final String prefix="book/rob";
//定义核心逻辑处理服务类
@Autowired
    private BookRobService bookRobService;
    /**
     * 用户抢购书籍请求
     * @param dto 用于接收前端用户抢购请求的信息封装实体
     * @return
     */
    @RequestMapping(value = prefix+"/request",method = RequestMethod.GET)
public BaseResponse takeMoney(BookRobDto dto){
    //校验参数的合法性
        if (Strings.isNullOrEmpty(dto.getBookNo()) || dto.getUserId()==
null || dto.getUserId()<=0){
```

```
        return new BaseResponse(StatusCode.InvalidParams);
    }
//定义返回响应信息的实体
    BaseResponse response=new BaseResponse(StatusCode.Success);
    try {
        //不加锁的情况
        //bookRobService.robWithNoLock(dto);

        //加 ZooKeeper 分布式锁的情况
        bookRobService.robWithZKLock(dto);
    }catch (Exception e){
        response=new BaseResponse(StatusCode.Fail.getCode(),e.getMessage());
    }
//返回响应信息
    return response;
    }
}
```

在再次采用 Jmeter 工具测试上述加了分布式锁后的处理逻辑之前,需要调整更换 CSV
数据文件中 userId 参数的随机取值列表,并重新设置该书籍库存为 10 本,如图 7.69 所示。

图 7.69　Jmeter 再次压力测试时调整更换参数的随机取值列表

单击 Jmeter 主界面的"启动"按钮,即可发起 1 秒内并发 1000 个线程的请求,此时
可以直接观察数据库中两个数据库表的记录结果,如图 7.70 所示。

从数据库表的记录结果中可以得出,ZooKeeper 的"分布式锁"确实成功控制了多线
程对共享资源的并发访问。由于 userId 的随机取值列表为 6 个账户,即 10040~10045(见
图 7.69),因而不管并发了多少个线程,最多只有 6 个用户能够抢到该本书籍,最终该本
书籍的库存为 10-6=4 本。

至此,书籍抢购业务场景完整的代码实战演练已经完成了,读者可以根据本节提供的
样例代码与思路动手实践。

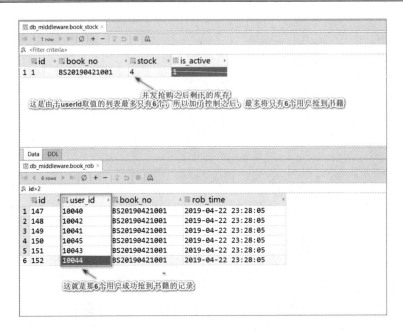

图 7.70　Jmeter 再次进行压力测试时数据库表的记录

7.5.6　小结

"纸上得来终觉浅，绝知此事要躬行"。前面小节中主要讲解了目前分布式领域实现分布式锁的几种方式，包括理论概念、实现流程与实现原理。然而若只是单单停留在理论知识层面的学习上，那么对于分布式锁的理解与掌握将终究只是"纸上谈兵"。因而本节以实际生产环境中的典型应用场景书籍商城抢购书籍为案例，配备实际的代码实现该业务场景的相关业务模块，并基于 ZooKeeper 的分布式锁解决了该业务场景在高并发下产生的库存超卖问题，算是给分布式锁的整体介绍画上了一个圆满的句号。

值得一提的是，本节重在业务场景的流程分析、模块划分及实际的代码实战，因而在这里还是建议读者一定要亲自照着思路编写代码，拒绝"CV 大法"（即 Ctrl+C 复制、Ctrl+V 粘贴），唯有亲自写出来相应的代码，才能更好地理解分布式锁的作用、实现方式，以及实际生产环境中商品库存超卖问题的产生与解决方案。

7.6　总　　结

本章主要是围绕着分布式系统架构在实际生产环境落地实施时出现的一种典型问题

进行探讨，即分布式数据一致性的问题。当高并发产生的多线程对共享资源进行并发访问时，由于后端接口"来不及"处理线程请求的数据，导致最终出现数据不一致或并非预想的结果，如数据重复提交、手机号重复充值、库存超卖等均为典型的场景。

为此，分布式锁登场了。分布式锁指的是在分布式的环境下对共享资源加锁，避免多线程访问时出现并发安全的问题。简单理解就是，加分布式锁，其实最直接的目的在于为核心的处理逻辑赢得足够的时间，避免高并发产生多线程访问共享资源时，系统后端接口出现"来不及"判断的状况，从而最终避免出现"数据不一致"的问题。

除此之外，本章还重点介绍了分布式锁的基本概念、出现背景、典型应用场景及常见的 3 种实现方式。这 3 种方式包括基于数据库级别的乐观锁和悲观锁，基于 Redis 的原子操作，以及基于 ZooKeeper 实现的分布式锁。每种实现方式各有优缺点，适应的业务场景也不尽相同。在实际项目中，可以根据具体的业务、系统规模、准确性要求等指标，采取适当的方式实现分布式锁，对并发线程共享的资源加锁，从而避免出现数据不一致的现象。（笔者更偏向于使用基于 Redis 的原子操作和基于 ZooKeeper 的方式实现分布式锁）

值得一提的是，本章也配备了丰富的来源于实际生产环境中的典型应用场景案例，以实际的代码实现分布式锁，将分布式锁真正应用到实际项目中，从而加深读者对分布式锁相关技术要点的理解，进一步掌握分布式锁在实际生产环境中的应用。

第 8 章　综合中间件 Redisson

在互联网时代，企业为了适应业务规模和用户数据量的增长，一般情况下会对其相应的应用系统不断地进行迭代和更新。在企业级 Java 应用时代便经历了集中式的单体 Java 应用系统到分布式系统架构的演进。

然而，在企业级应用系统架构演进的过程中，实施者经常会遇到一些非业务层面的困扰，比如关于替代技术的选型、中间件的使用及底层相关通信框架的选择等。特别是对于中间件的选择与应用，对实施者而言可谓是一大挑战。因为实施者需要考虑其使用性能、高可用指标，以及尽量与业务低耦合等情况。

本章要介绍的便是这样一款高性能分布式中间件 Redisson，它是架设在 Redis 基础上实现 Java 驻内存数据网格的综合中间件。之所以称为"综合中间件"，是因为 Redisson 所提供的功能特性及其在实际项目中所起的作用远远大于原生 Redis 所提供的各种功能。

Redisson 是一款具有诸多高性能功能特性的开源中间件，其设计的初衷是促进实施者对 Redis 的关注进行分离（Separation of Concern），让使用者可以将更多的精力集中地放在处理业务逻辑上，从而更好地拆分应用的整体系统架构。

本章的主要内容有：

- Redisson 简介，包括 Redisson 的基本概念、作用、功能特性及典型的应用场景。
- 基于 Spring Boot 搭建的项目整合 Redisson，包括添加 Redisson 的相关依赖包、整合核心配置文件，以及自定义注入相关 Bean 操作组件。
- 以实际代码实现 Redisson 典型的常见数据组件，包括 Redisson 的分布式对象和分布式集合等。
- 重点介绍 Redisson 提供的不同类型分布式锁的实现方式、作用及各自的性能对比。
- 以实际生产环境中的典型应用场景为案例，采用 Redisson 提供的各种数据组件及分布式锁，解决该业务场景中出现的典型问题。

8.1　Redisson 概述

Redisson 是一款免费、开源的中间件。其内置了一系列的分布式对象、分布式集合、分布式锁及分布式服务等诸多功能特性，是一款基于 Redis 实现、拥有一系列分布式系统功能特性的工具包，可以说是实现分布式系统架构中缓存中间件的最佳选择。

本节将重点介绍 Redisson 的基本概念、作用、功能特性及其在实际生产环境中的典型应用场景。除此之外，还将介绍如何基于前面章节搭建的 Spring Boot 项目整合 Redisson，包括整合其相关依赖、配置文件，并实现 Redisson 相关 Bean 操作组件的自定义注入，以实际的代码实践方式帮助读者入门 Redisson。

8.1.1　Redisson 简介与作用

初次接触 Redisson 这个词语的读者可能心里会有一个疑问，它跟缓存中间件 Redis 有什么关联吗？怎么第一眼读起来有点像 Redis 的"儿子"（Redisson=Redis+Son）？这里，笔者也不卖关子，Redisson 虽然不能称为 Redis 的"儿子"，但是却与 Redis 有着千丝万缕的关系。

Redisson 是建立在缓存中间件 Redis 的基础上实现的一款具有高性能且操作更为便捷的"综合中间件"。它充分利用 Redis 的 Key-Value（键值对）数据结构及基于内存数据库所提供的一系列优势，使得原本作为协调单机多线程并发程序的工具包获得了协调分布式多机多线程并发系统的能力，大大降低了设计和研发大规模分布式系统架构的难度。与此同时，Redisson 还结合了各种具有丰富特色的分布式服务、分布式对象、分布式集合及分布式锁等数据组件，更进一步地简化了分布式环境中程序之间的相互协作。

打开浏览器，访问 https://redisson.org/，即可看到 Redisson 的官方网站，从其清新、简洁的页面中即可推测 Redisson 是一个不简单的"角色"。其官方网站的部分界面如图 8.1 所示。

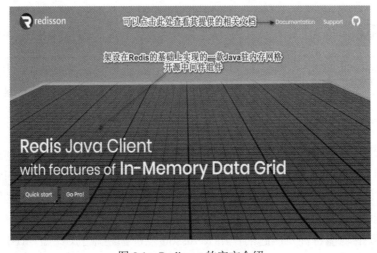

图 8.1　Redisson 的官方介绍

当然，这里的"综合中间件"只是笔者对该开源组件的"尊称"，因为它所提供的功能特性及在实际项目中所起的作用远远超过了原生 Redis 所提供的各种功能。它还提供了分布式远程服务（Remote Service）、分布式实时对象（Live Object）服务及分布式调度任务服务（Scheduler Service）等功能特性，因而可以将其称为综合了各种功能特性的开源中间件。这一点，读者在后续篇章实战 Redisson 相关分布式对象、分布式集合及分布式服务等功能组件时将有所体会。

除此之外，Redisson 的诞生也给开发者带来了更为便捷的操作。原因在于，Redisson 底层数据结构的设计采用了动态类的形式，这让 Redis 的数据结构操作起来更像 Java 对应的数据结构。比如，在 JavaSE 的基础知识体系中，应用相当广泛的当属 Java 的集合（即列表 List 和映射 Map），而开源组件 Redisson 的其中一个设计初衷就是希望将 Redis 的数据结构（如 List、Set、Map 等）与 JavaSE 基础知识体系中常见的 List、Set 和 Map 等联系起来，从而让开发者可以以"代码"的形式而不是以"硬记命令"的形式操作 Redis，实现开发者对 Redis 的关注分离，从而可以更好地将精力放在应用系统业务逻辑的处理上。如图 8.2 所示为业务应用系统在使用开源组件 Redisson 时的核心架构图（在这里采用了多个 Redis 服务节点部署构成的服务）。

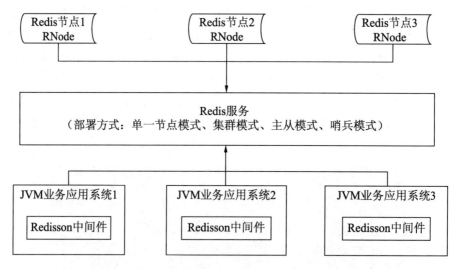

图 8.2　业务应用系统在使用 Redisson 时的核心架构

值得一提的是，Redisson 的底层基础架构采用基于 NIO（即 Non-Blocking IO，非阻塞式的输入输出）的 Netty 框架实现数据的传输，具有更为高效的数据传输性能。它不仅可以作为 Redis 的底层驱动客户端，还可以实现 Redis 命令以同步、异步、异步流甚至是管道的形式发送消息等功能。

Redis 具备的功能特性及所起的作用 Redisson 几乎都涵盖了。比如，Redis 可以实现的热点数据存储、最近访问的数据和排行榜等功能，Redisson 也可以实现。除此之外，Redisson 还具有更多的功能，比如可以实现分布式锁、分布式服务调度、分布式任务调度、远程执行服务等作用。总而言之，Redisson 是一款相对于 Redis 而言具有更高性能、操作更为便捷、功能特性更为丰富的综合中间件。

8.1.2　Redisson 的功能特性

如前文所述，Redisson 虽是建立在 Redis 的基础上实现的一款综合中间件，但是却拥有比 Redis 种类更多、性能更强的功能特性。而正是由于它提供的这些功能特性，使得 Redisson 成为一款可以用于构建分布式应用系统的重要工具，在高并发应用系统中充当着至关重要的"角色"。如图 8.3 所示为 Redisson 所提供的绝大部分功能特性。

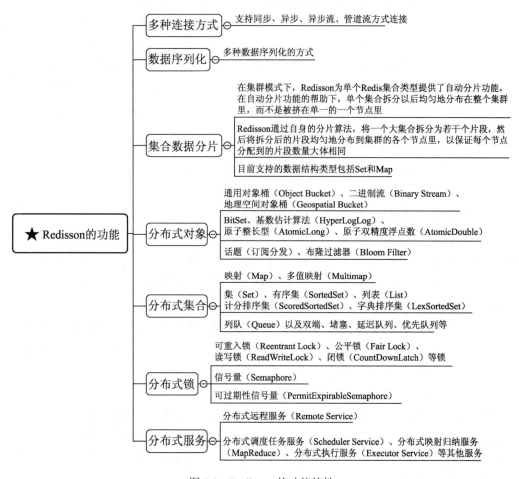

图 8.3　Redisson 的功能特性

本章将重点介绍并以实际的代码实现 Redisson 提供的分布式对象、分布式集合及分布式锁等功能特性。特别是对"分布式锁"这一功能特性，将以实际生产环境中的典型业务场景作为案例，配备实际的代码加以巩固。

- 多种连接方式：指作为客户端的应用系统可以拥有多种方式连接到 Redisson 所在的服务节点，比如同步连接的方式、异步连接的方式及异步流连接的方式等。
- 数据序列化：指对象的序列化和反序列化方式，从而实现 Java 对象在 Redis 的存储和读取功能。
- 集合数据分片：Redisson 可以通过自身的分片算法，将一个大集合拆分为若干个片段，然后将拆分后的片段均匀地分布到集群里的各个节点中，以保证每个节点分配到的片段数量大体相同。
- 分布式对象：可以说大部分数据组件都是 Redisson 所特有的，比如布隆过滤器、BitSet、基于订阅发布式的话题功能等。
- 分布式集合：这一点和原生的缓存中间件 Redis 所提供的数据结构类似，包括列表 List、集合 Set、映射 Map，以及 Redisson 所特有的延迟队列等数据组件。
- 分布式锁：是 Redisson 至关重要的组件。目前在 Java 应用系统中使用 Redisson 最多的功能特性当属分布式锁了，其提供了可重入锁、一次性锁、读写锁等组件。
- 分布式服务：指可以实现不在同一个 Host（机器节点）的远程服务之间的调度。除此之外，还包括定时任务的调度等。

Redisson 提供的这些功能特性对多线程高并发应用系统而言是至关重要的基本组件，也造就了 Redisson 成为一款构建分布式系统架构的重要工具。

8.1.3　典型应用场景之布隆过滤器与主题

Redisson 凭借着拥有诸多功能特性与自身操作的便捷性，使得它在高并发分布式应用系统中起到了重要的作用，在实际生产环境中具有典型的应用场景。下面笔者将列举几个亲身经历过的典型业务场景，让读者初步认识 Redisson 在实际项目中的应用。

首先要介绍的典型业务场景是 Redisson 在"去重业务"场景中的应用。对于去重，相信读者并不陌生。去重指的是判断一个元素是否在一个集合中存在。如果存在，则输出"已存在"的结果；如果不存在，则存储该元素并输出"该元素不存在"的结果。去重业务场景的流程如图 8.4 所示。

传统 Java 应用系统一般采用 JDK 自身提供的 HashSet 进行去重，即主要是通过调用 contains()方法，判断当前元素是否存在于集合 Set 中。如果方法调用返回的结果为 true，则代表元素已存在于该集合中；如果返回结果为 false，则代表元素不存在，并将该元素添加进集合中。此种方式要求在调用 contains()方法之前，将数据列表加载至内存中，即

HashSet 的 contains()方法是基于内存存储实现判断功能的。故在高并发产生大数据量的场景下，此种方式则显得"捉襟见肘"。为此 Redisson 分布式对象提供了一种高性能的数据组件"布隆过滤器"（Bloom Filter）。

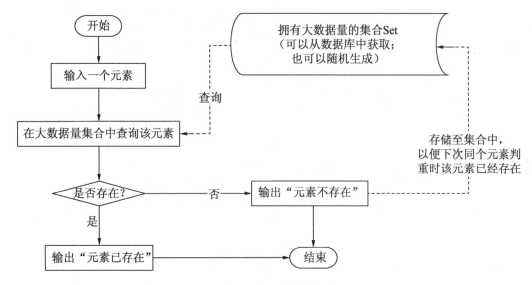

图 8.4　去重业务场景的大概流程图

"布隆过滤器"对于初次接触的读者可能会比较陌生。其实它是一个过滤器，用来过滤已经存在的元素，最终保证集合中的元素是唯一的，即所谓的"去重"。它的作用和 JDK 自身提供的 HashSet 作用有异曲同工之妙，只不过它不需要在"判重"之前将数据列表加载至内存中。

Redisson 的"布隆过滤器"需要将当前的元素经过事先设计构建好的 K 个哈希函数计算出 K 个哈希值，并将预先已经构建好的"位数组"的相关下标取值置为 1。当某个元素需要判断是否已经存在时，则同样是先经过 K 个哈希函数求取 K 个哈希值，并判断"位数组"相应的 K 个下标的取值是否都为 1。如果是，则代表元素是"大概率"存在的；否则，表示该元素一定不存在。

从上述对布隆过滤器的介绍中可以得知，布隆过滤器在实际项目中主要是用于判断一个元素是否存在于**"大数量"**的集合中，其底层判重的算法主要有两个核心步骤：首先是"初始化"的逻辑，即需要设计并构造 K 个哈希函数及容量大小为 N、每个元素初始取值为 0 的位数组，如图 8.5 所示。

第二个核心步骤是"判断元素是否存在"的执行逻辑。该步骤其实与第一个核心步骤有点类似，首先也是需要将当前的元素经过 K 个哈希函数的计算得到 K 个哈希值，然后判断 K 个哈希值（数组的下标）对应数组中的取值是否都为 1。如果都为 1，则代表该元素是"大概率"性存在的，否则，只要有其中一个取值不为 1，则表示元素一定不存在。

这一步骤的核心执行流程如图 8.6 所示。

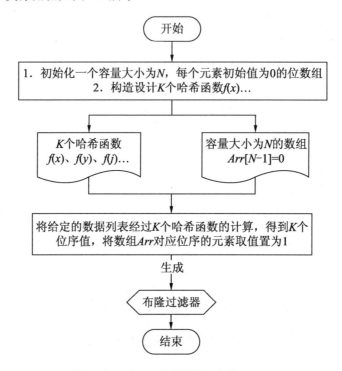

图 8.5　Redisson 去重的第一个核心步骤

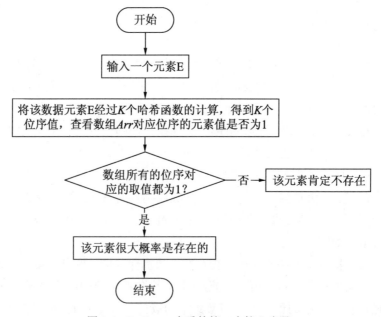

图 8.6　Redisson 去重的第二个核心步骤

布隆过滤器的去重算法核心执行步骤如下：

（1）设计并构造 K 个哈希函数，每个函数可以把元素散列成为一个整数，即每个元素经过函数的计算求值，将得到一个整数值。

（2）初始化一个长度为 N 的比特数组，即位数组，将每个比特位，即数组的元素取值初始化为 0。

（3）当某个元素要加入集合时，需要先用 K 个哈希函数计算出 K 个散列值，并把数组中对应下标的元素赋值为 1。

（4）在判断某个元素是否存在集合时，先用 K 个哈希函数计算出 K 个散列值，并查询数组中对应下标的取值，如果所有的数组下标对应的元素取值都为 1，则可以认为该元素"大概率"地存在于该集合中，如果数组中有其中任意一个元素的取值不为 1，则可以确定该元素一定不存在于该集合中。

之所以说是"大概率"地存在，是因为位数组中元素被赋值为 1 时，很有可能是在不同元素通过 K 个哈希函数计算出 K 个"哈希值"时，刚好有"下标"是重复所导致的，即所谓的"误判"现象，如图 8.7 所示。

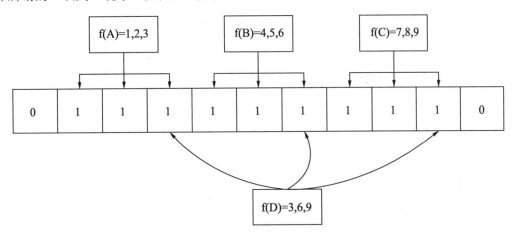

图 8.7　Redisson 判重时的误判现象

在图 8.7 中，主要是通过 3 个哈希函数，长度大小为 11 的位数组构成一个简单的"布隆过滤器"，其整体的执行流程为：

首先将待添加入集合的元素 A、B、C 经过 3 个哈希函数的计算，分别得到 3 个哈希值，即 f(A)=1,2,3；f(B)=4,5,6；f(C)=7,8,9；与此同时，位数组相应的下标取值将赋值为 1，即 Arr[1]~Arr[9] 的取值都为 1，而其余下标对应的元素取值仍然为 0。此时，如果需要判断元素 D 是否存在于集合时，发现通过 3 个哈希函数计算出来的 3 个哈希值为 3、6、9，即 f(D)=3,6,9；而此时 Arr[1]~Arr[9] 的取值均为 1，即布隆过滤器会认为该元素是存在于集合中的，而事实上该元素明显是不存在的，即布隆过滤器出现了误判的现象。（当然，在

实际生产环境中是极少出现这种状况的）

对于布隆过滤器而言，其优点与缺点是并存的。优点在于它不需要开辟额外的内存存储元素，从而节省了存储空间；缺点在于判断元素是否在集合中时，有一定的误判率，并且添加进布隆过滤器的元素是无法删除的，因为位数组的下标是多个元素"共享"的，如果删除的话，很有可能出现"误删"的情况。

接着要介绍的第二个典型业务场景是"消息通信"，即 Redisson 也可以实现类似于"消息中间件 RabbitMQ"所提供的消息队列功能，从而实现业务服务模块的异步通信与解耦。这一功能主要是通过 Redisson 分布式对象中的一个组件 "基于发布订阅模式的主题"功能实现的，该数据组件底层在执行发布、订阅逻辑时与 RabbitMQ 消息队列的生产者发送消息、消费者监听消费消息很类似。其执行流程如图 8.8 所示。

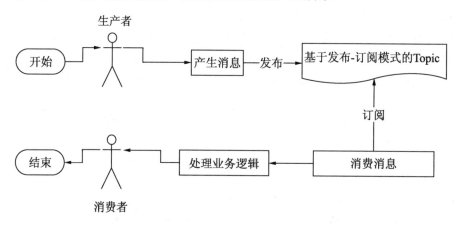

图 8.8　Redisson "基于订阅发布模式的主题"的执行流程

首先需要构造"发布-订阅模式的主题"。当生产者需要发布消息时，只需要将相应的消息或者数据以主题的形式进行发布，而消费者只需要订阅相应的主题即可实现自动监听消费主题和消息，从而执行相应的业务逻辑。这一过程跟消息中间件实现消息的发送、接收的过程很类似。如图 8.9 所示为分布式消息中间件 RabbitMQ 的基本消息模型中生产、发送消息，以及监听、消费消息的大概流程。

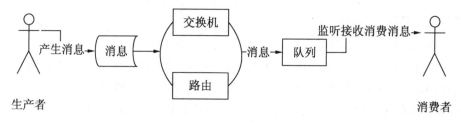

图 8.9　消息中间件发送、接收消息的大概流程

"基于订阅-发布模式的主题"的数据组件核心主要由 3 个部分组成。一个是"主题"，可以理解为消息队列中的消息；一个是生产者，主要作用在于生产消息，并将消息以主题的形式进行发布；最后一个是消费者，主要作用在于订阅主题，并时刻监听是否有相应的主题和消息到来，如果有，则接收并执行相应的业务逻辑。

在某种程度上，"基于订阅-发布模式的主题"这一数据组件可以替代消息中间件发送和接收消息的功能。

8.1.4　典型应用场景之延迟队列与分布式锁

接下来要介绍的是 Redisson 的另外一种典型应用场景"延迟队列"。对于延迟队列，相信读者并不陌生，在前面的章节中介绍 RabbitMQ 死信队列时就曾经重点介绍过了。而在这里 Redisson 的延迟队列跟 RabbitMQ 的死信队列几乎是"双胞胎"，拥有着几乎相同的功能特性，即生产者将消息发送至队列之后，并不会立即被消费者监听消费，而是等待一定的时间 TTL，当 TTL 一到，消息才会被真正的队列监听消费。

值得一提的是，在 Ressision 开源组件里并没有提供"死信队列"这一核心组件，取而代之的是 Redisson 的阻塞式队列。阻塞式队列指的是进入到 Redisson 队列中的消息将会发生阻塞的现象，如果消息设置了过期时间 TTL（也叫存活时间），那么消息将会在该阻塞队列"暂时停留"一定的时间，直到过期时间 TTL 一到，即代表消息该"离开"了，将前往下一个中转站，消息将进入真正的队列，等待着被消费者监听消费。如图 8.10 所示为消息在进入 Redisson 延迟队列之后大概的执行流程。

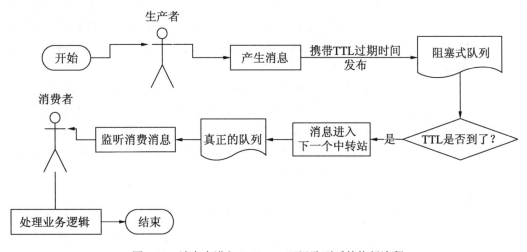

图 8.10　消息在进入 Redisson 延迟队列后的执行流程

从图 8.10 中可以看出，Redisson 的"阻塞式队列"相当于 RabbitMQ 的"死信队列"，主要起到"暂存、缓冲"的作用，当设置的过期时间或存活时间 TTL 一到，消息将进入真正的队列，被消费者监听消费。

最后一个值得重点介绍的 Redisson 典型应用场景是"Redisson 分布式锁"。对于分布式锁，相信读者也不陌生，在本书第 7 章就已经重点介绍过了。它在实际项目中的作用主要用于"控制高并发产生的多线程对共享资源的并发访问"。前面章节中介绍了实现分布式锁的 3 种方式，即基于数据库级别的乐观锁、悲观锁和基于 Redis 的原子操作实现分布式锁，以及基于 ZooKeeper 的临时顺序节点和 Watcher 机制实现分布式锁。

以上 3 种实现方式其实各有优缺点，这在前面的篇章中已经详细论述过了，此处就不重复赘述了。本章要介绍的是另外一种具有高性能且操作更为便捷的实现方式，即 Redisson 的分布式锁。众所周知，Redisson 是架设在 Redis 基础上实现的一款 Java 驻内存网格的综合中间件，不仅拥有 Redis 提供的绝大部分功能特性，还拥有诸如分布式对象、分布式服务等一系列功能组件，在分布式应用系统中起到了关键性的作用。

而之所以 Redisson 提供了"分布式锁"这一功能组件，其最大的原因在于基于 Redis 的原子操作实现的分布式锁是有一定缺陷的，而 Redisson 的分布式锁可以很好地弥补这一缺陷。这些缺陷包括以下几点：

- 执行 Redis 的原子操作 EXPIRE 时，需要设置 Key 的过期时间 TTL，不同的业务场景设置的过期时间是不同的，但是如果设置不当，将很有可能影响应用系统与 Redis 服务的性能。

- 采用 Redis 的原子操作 SETNX 获取分布式锁时，不具备"可重入"的特性。即当高并发产生多线程时，同一时刻只有一个线程可以获取到锁，从而操作共享资源，而其他的线程将获取锁失败，而且是"永远"失败下去。而有一些业务场景需要要求线程具有"可重入"，则需要在应用程序里添加 while(true){} 的代码块，即不断地循环等待获取分布式锁，这种方式既不优雅，又很有可能造成应用系统性能"卡顿"的现象。

- 在执行 Redis 的原子操作 SETNX 之后 EXPIRE 操作之前，此时如果 Redis 的服务节点发生宕机，由于 Key 没有及时被释放而导致最终很有可能出现"死锁"的现象，即永远不会有其他的线程能够获取到锁（因为 Key 没有被删除，导致其永久存在）。

在 Redis 3.x 等高版本中虽然已经出现了 RedLock 等分布式锁组件，但是其性能却仍然有待考究，而 Redisson 分布式锁的出现可以很好地解决以上列举的几点缺陷。如图 8.11 所示为 Redisson 分布式锁在控制多线程对共享资源并发访问时的执行流程。

从图 8.11 中可以看出，Redisson 提供了多种"分布式锁"供开发者使用，包括"可重入锁""一次性锁""联锁""红锁 RedLock"及"读写锁"等，每一种分布式锁实现的方式和适用的应用场景各不相同。而应用比较多的当属 Redisson 的"可重入锁"及"一次性锁"了。

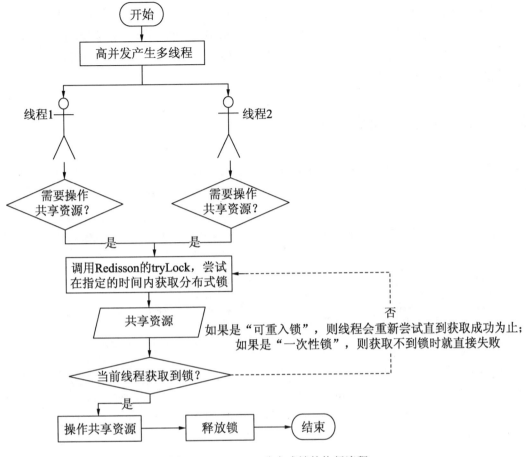

图 8.11　Redisson 分布式锁的执行流程

可重入锁，顾名思义，指的是当前线程如果没有获取到对共享资源的锁，将会等待一定的时间重新获取。在这个过程中 Redisson 会提供一个重新获取锁的时间阈值，并在调用 tryLock() 方法时进行指定。

一次性锁指的是当前线程获取分布式锁时，如果成功则执行后续对共享资源的操作，否则将永远地失败下去（有点"成者为王，败者为寇"的韵味！），其主要是通过调用 lock() 方法获取锁。

不管最终是采用哪种方式实现分布式锁，其最终的目的都是为"执行对共享数据的操作"赢得足够的时间，从而可以很好地避免多线程对共享资源的并发访问，避免出现并发安全的问题，最终保证数据的一致性。

以上介绍的即为笔者目前在实际生产环境中亲身经历过的典型应用场景，这些业务场景在后续的代码实战篇章中将重新提及并采用实际的代码来实现，从而巩固和加深读者对 Redisson 的理解及在实际项目中的应用。

当然，对于 Redisson 而言，其适用的应用场景还远远不止于此，目前其涉足的领域还包括分布式的大数据处理、Web 应用会话集群及微服务架构实施等业务场景，读者可以访问 Redisson 的官方网站 https://redisson.org/ 即可看到最下方 Redisson 目前应用相当广泛的业务领域。

8.1.5　Spring Boot 整合 Redisson

接下来，以前面章节搭建好的 Spring Boot 项目作为奠基，整合开源的综合中间件 Redisson，包括整合其相关的依赖、配置文件，以及自定义注入 Redisson 相关操作的 Bean 组件等。

首先需要在项目中加入 Redisson 的依赖包，在这里将其加在 server 模块的 pom.xml 配置文件中。配置如下：

```xml
<!--redisson-->
<dependency>
    <groupId>org.redisson</groupId>
    <artifactId>redisson</artifactId>
    <version>3.10.6</version>
</dependency>
```

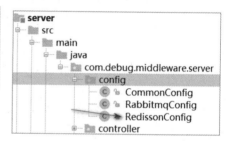

然后在 Spring Boot 项目中加入 Redisson 自定义的 Bean 操作组件 RedissonClient，其自定义注入的代码是在 RedissonConfig 类中，相应的目录结构如图 8.12 所示。

图 8.12　Redisson 自定义注入 Bean 操作组件所在的目录结构

完整的源代码如下：

```java
//导入依赖包
import org.redisson.Redisson;
import org.redisson.api.RedissonClient;
import org.redisson.config.Config;
import org.springframework.beans.factory.annotation.Autowired;
import org.springframework.context.annotation.Bean;
import org.springframework.context.annotation.Configuration;
import org.springframework.core.env.Environment;
/**
 * Redisson 相关开源组件自定义注入
 * @Author:debug (SteadyJack)
 * @Date: 2019/4/27 13:34
 **/
@Configuration
public class RedissonConfig {
    //读取环境变量的实例 env
    @Autowired
```

```
    private Environment env;
    /**
     * 自定义注入配置操作 Redisson 的客户端实例
     * @return
     */
    @Bean
    public RedissonClient config(){
        //创建配置实例
        Config config=new Config();
        //可以设置传输模式为 EPOLL, 也可以设置为 NIO 等
        //config.setTransportMode(TransportMode.NIO);
        //设置服务节点部署模式: 集群模式, 单一节点模式, 主从模式, 哨兵模式等
        //config.useClusterServers().addNodeAddress(env.getProperty
("redisson.host.config"),env.getProperty("redisson.host.config"));
        config.useSingleServer()
                .setAddress(env.getProperty("redisson.host.config"))
                .setKeepAlive(true);
        //创建并返回操作 Redisson 的客户端实例
        return Redisson.create(config);
    }
}
```

其中,读取环境变量实例env读取的变量是配置在配置文件application.properties中的,其变量取值如下:

```
#redisson 配置
redisson.host.config=redis://127.0.0.1:6379
```

从源代码中可以看出, Redisson 确实是以 Redis 搭建的服务作为奠基,并使用自身高度封装的客户端操作实例 RedissClient 实现各种功能特性。除此之外,从下面这段源代码中可以看出,本地 Spring Boot 项目整合 Redisson 时是采用"单一节点模式"搭建 Redis 服务的。

```
config.useSingleServer().setAddress(env.getProperty("redisson.host.
config")).setKeepAlive(true);
```

而除了"单一节点"的部署模式之外,还有"集群""主从""哨兵"等部署模式,不同的部署模式对应的代码是不尽相同的,读者可根据自身项目的实际情况采取合适的部署模式。也可以打开浏览器访问 https://github.com/redisson/redisson/wiki,查看 Redisson 的接口文档。如图 8.13 为 Redisson 在不同部署模式下相应的配置代码目录,单击不同的模式,即可看到相应的配置代码。

可以单击 IDEA 的运行按钮,将整个项目运行起来。此时可以查看控制台的输出结果,如果没有相应的报错信息,则代表初步的整合是暂时没有问题的(这里要注意的是,需要先将 Redis 的服务跑起来)。

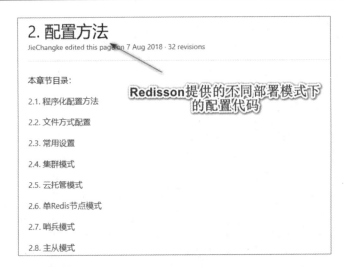

图 8.13 Redisson 在不同部署模式下的配置代码目录

最后，可以写一个简单的单元测试方法，打印输出目前 Redisson 在该 Spring Boot 项目中的配置概况。该单元测试方法的源代码如下：

```
//导入依赖包
import org.junit.Test;
import org.junit.runner.RunWith;
import org.redisson.api.RedissonClient;
import org.slf4j.Logger;
import org.slf4j.LoggerFactory;
import org.springframework.beans.factory.annotation.Autowired;
import org.springframework.boot.test.context.SpringBootTest;
import org.springframework.test.context.junit4.SpringJUnit4ClassRunner;
/**单元测试类
 * @Author:debug (SteadyJack)
**/
@RunWith(SpringJUnit4ClassRunner.class)
@SpringBootTest
public class RedissonTest {
    //定义日志
    private static final Logger log= LoggerFactory.getLogger(RedissonTest.
class);
    //定义操作 Redisson 的客户端实例
    @Autowired
    private RedissonClient redissonClient;
//打印输出目前 Redisson 的配置概况
    @Test
    public void test1() throws Exception{
        log.info("redisson 的配置信息: {}",redissonClient.getConfig().toJSON());
    }
}
```

运行单元测试方法，即可在控制台看到其相应的输出结果。以下代码即为该单元测试方法的输出，该输出结果其实正是 Redisson 提供给开发者的配置参数。读者可以根据实际的业务情况，在 RedissonConfig 配置类中加入相应的配置选项。

```
{
//单一节点配置
"singleServerConfig": {
//连接空闲超时-单位为毫秒
"idleConnectionTimeout": 10000,
//ping 模式连接超时时间-单位为毫秒
"pingTimeout": 1000,
//连接超时-单位为毫秒
"connectTimeout": 10000,
//命令等待超时-单位为毫秒
"timeout": 3000,
//命令失败重试次数
"retryAttempts": 3,
//命令失败后的重试时间间隔
"retryInterval": 1500,
//单个连接最大订阅数量
"subscriptionsPerConnection": 5,
//启用 SSL 终端识别
"sslEnableEndpointIdentification": true,
// sslProvider
"sslProvider": "JDK",
//ping 模式连接的时间间隔
"pingConnectionInterval": 0,
//连接是否保持活跃状态
"keepAlive": true,
"tcpNoDelay": false,
//Redis 服务的地址
"address": "redis://127.0.0.1:6379",
//从节点发布和订阅连接的最小空闲连接数
"subscriptionConnectionMinimumIdleSize": 1,
//从节点发布和订阅连接池大小
"subscriptionConnectionPoolSize": 50,
"connectionMinimumIdleSize": 32,
//连接池的数量
"connectionPoolSize": 64,
//使用 Redis 的数据库编号
"database": 0,
// DNS 监测时间间隔-单位为毫秒
"dnsMonitoringInterval": 5000
},
//线程池数量，默认为：当前处理核数量 * 2
"threads": 16,
// Netty 线程池数量
"nettyThreads": 32,
"codec": {
//序列化与反序列化时采用的编码
"class": "org.redisson.codec.FstCodec"
},
```

```
"referenceEnabled": true,
//传输模式，默认为NIO
"transportMode": "NIO",
//监控锁的看门狗超时时间，单位为毫秒
"lockWatchdogTimeout": 30000,
//保持订阅发布的顺序
"keepPubSubOrder": true,
//其余的参数在实际应用系统中比较少用，可以采用默认配置即可
//如果需要查阅其他参数，可以查看 Redisson 相关的接口文档
}
```

至此，Spring Boot 整合 Redisson 的相关工作已经准备完毕，包括整合 Redisson 的依赖，加入相应的配置选项，以及在 Spring Boot 项目中注入自定义的 Bean 操作组件 RedissonClient。在后续篇章中，将以此作为代码实现的奠基。

8.2　Redisson 常见功能组件实战

上一节主要介绍了 Redisson 的基本概念、作用、典型应用场景及常见的功能组件。其中，Redisson 常用的功能组件包括 Redis 中常见且典型的数据结构（如列表 List、集合 Set、映射 Map 等）、分布式对象中的布隆过滤器（Bloom Filter）、基于发布-订阅模式的主题及 Redisson 特有的延迟队列等功能组件。本节将以前面章节 Spring Boot 整合 Redisson 的项目作为奠基，以实际的业务场景作为案例，配备相应的代码进行实现。

8.2.1　布隆过滤器

布隆过滤器（Bloom Filter）在实际生产环境中主要用于"判断一个元素是否存在于大数据量的集合中"。其底层算法的核心逻辑主要由两大部分组成：第一部分是精心设计并构造 K 个哈希函数及大小为 N 的位数组，并设置数组每个元素的初始值为 0；第二部分是判断一个元素是否存在于大数据量的集合时，需要将该元素经过 K 个哈希函数的计算得出 K 个哈希值，并判断位数组对应下标的元素取值是否为 1，如果都为 1，则元素有很大概率是存在的，而只要有一个对应的数组元素取值不为 1，则代表该元素一定不存在于集合中。其底层算法的执行逻辑如图 8.14 所示。

从图 8.14 中可以看出，如果要求开发者自行设计一种上述执行流程的算法时，无疑会加大开发者开发的难度。为此，Redisson 分布式对象提供了一种经过高度封装的数据组件，即布隆过滤器，开发者可以直接拿来使用，即真正做到了"开箱即用"。

下面以实际生产环境中典型的业务场景"判断一个元素是否存在于一个大数据量的集合中"为案例，配备实际的代码实现 Redisson 的布隆过滤器功能。首先需要利用布隆过滤

器构造一个大数据量（在这里指定为 10 万个数，也可以指定为 100 万等其他数字）的集合，然后分别检查指定的元素是否存在于该集合中,最后将对应的检测结果进行打印输出。

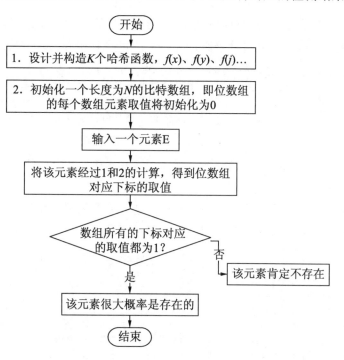

图 8.14　Redisson 在不同部署模式下的配置代码目录

完整的源代码编写在 RedissonTest 类的 test2()方法中。代码如下：

```java
@Test
public void test2() throws Exception{
    //定义 Redis 中的 Key
    final String key="myBloomFilterDataV2";
    //初始化构造数组容量的大小
    Long total=100000L;
    //创建布隆过滤器组件
    RBloomFilter<Integer> bloomFilter=redissonClient.getBloomFilter(key);
    //初始化布隆过滤器，预计统计元素数量为 100000，期望误差率为 0.01
    bloomFilter.tryInit(total, 0.01);
    //初始化遍历往布隆过滤器添加元素
    for (int i=1;i<=total;i++){
        bloomFilter.add(i);
    }
    //检查特定的元素在布隆过滤器中是否存在并打印输出
    log.info("该布隆过滤器是否包含数据 1: {}",bloomFilter.contains(1));
    log.info("该布隆过滤器是否包含数据-1: {}",bloomFilter.contains(-1));
    log.info("该布隆过滤器是否包含数据 10000: {}",bloomFilter.contains(10000));
```

```
    log.info("该布隆过滤器是否包含数据100000000: {}",bloomFilter.contains
(100000000));
}
```

运行该单元测试方法，观察控制台的输出结果，稍等片刻（total 的取值越大，运行的时间将越长，因为需要往布隆过滤器添加元素）即可看到相应的输出结果，如下：

```
INFO [main] --- RedissonTest: 该布隆过滤器是否包含数据 1: true
INFO [main] --- RedissonTest: 该布隆过滤器是否包含数据-1: false
INFO [main] --- RedissonTest: 该布隆过滤器是否包含数据 10000: true
INFO [main] --- RedissonTest: 该布隆过滤器是否包含数据 100000000: false
```

在上述代码中，由于循环遍历了 total=100000L 的次数，并往布隆过滤器中添加了相应的元素，因而 1 跟 10000 这两个元素是存在于集合中的，而-1 跟 100000000 这两个元素则不存在于集合中。

在上述代码中，该布隆过滤器主要用于存储基本数据类型的元素，而在实际项目中还有可能用于存储和过滤对象类型的元素。其完整的源代码如下：

```
@Test
public void test3() throws Exception{
    //定义 Redis 中的 Key
    final String key="myBloomFilterDataV4";
    //创建布隆过滤器组件
    RBloomFilter<BloomDto> bloomFilter=redissonClient.getBloomFilter(key);
    //初始化布隆过滤器，预计统计元素数量为 1000，期望误差率为 0.01
    bloomFilter.tryInit(1000, 0.01);
    //初始化遍历向布隆过滤器中添加对象
    BloomDto dto1=new BloomDto(1,"1");
    BloomDto dto2=new BloomDto(10,"10");
    BloomDto dto3=new BloomDto(100,"100");
    BloomDto dto4=new BloomDto(1000,"1000");
    BloomDto dto5=new BloomDto(10000,"10000");
    //向布隆过滤器中添加对象
    bloomFilter.add(dto1);
    bloomFilter.add(dto2);
    bloomFilter.add(dto3);
    bloomFilter.add(dto4);
    bloomFilter.add(dto5);
    //检查特定的元素在布隆过滤器中是否存在并打印输出
    log.info("该布隆过滤器是否包含数据(1,\"1\"): {}",bloomFilter.contains(new
 BloomDto(1,"1")));
    log.info("该布隆过滤器是否包含数据(100,\"2\"): {}",bloomFilter.contains
(new BloomDto(100,"2")));
    log.info("该布隆过滤器是否包含数据(1000,\"3\"): {}",bloomFilter.contains
(new BloomDto(1000,"3")));
    log.info("该布隆过滤器是否包含数据(10000,\"10000\"): {}",bloomFilter.contains
(new BloomDto(10000,"10000")));
}
```

其中，BloomDto 类主要包含两个字段，这两个字段并没有特殊的含义，纯粹只是用于测试使用，读者可以不必在意，其完整的源代码如下：

```
/**
 * 用于布隆过滤器存储的对象
 * @Author:debug (SteadyJack)
 * @Date: 2019/4/28 20:41
 **/
@Data
@ToString
@EqualsAndHashCode
public class BloomDto implements Serializable{
    private Integer id;              //id
    private String msg;              //描述信息
    //空构造方法
    public BloomDto() {
    }
    //包含所有字段的构造方法
    public BloomDto(Integer id, String msg) {
        this.id = id;
        this.msg = msg;
    }
}
```

运行该单元测试方法，观察控制台的输出，稍等片刻即可以看到相应的结果，具体如下：

```
INFO [main] --- RedissonTest: 该布隆过滤器是否包含数据(1,"1"): true
INFO [main] --- RedissonTest: 该布隆过滤器是否包含数据(100,"2"): false
INFO [main] --- RedissonTest: 该布隆过滤器是否包含数据(1000,"3"): false
INFO [main] --- RedissonTest: 该布隆过滤器是否包含数据(10000,"10000"): true
```

由于(1,"1")与(10000,"10000")对应的对象已经被添加进布隆过滤器中，所以这两个元素是存在于集合中的。同理，另外两个元素则不存在于该集合中。至此，关于 Redisson 布隆过滤器的介绍与代码实现已经完成了，读者可以自行发挥想象力，构造特定的业务场景并进行相应的代码实现。

布隆过滤器还可以充当"Redis 缓存击穿"的解决方案。因为"缓存击穿"的产生是由前端不断地请求一定不存在于缓存中的数据，而导致大量的请求落到 DB 数据库上，从而造成数据库服务器的压力暴增所引起的。而布隆过滤器正是用于高效地判断一个元素是否存在于集合中，因而可以将布隆过滤器应用于 Redis 的缓存击穿中。

8.2.2　发布-订阅式主题

基于发布-订阅式的主题是 Redisson 提供给开发者使用的另一个高性能功能组件，可以实现类似消息中间件 RabbitMQ 的消息通信的功能，在实际项目中可以用于服务模块解耦、消息通信等业务模块中，可以说是 Redisson 在构建分布式应用系统中的有一大利器。

与消息中间件 RabbitMQ 的基本消息模型类似，Redisson 的基于发布-订阅式主题主要由 3 大部分组成，即生产者、消费者和消息。生产者将消息以主题的形式发布，而消费者只需要订阅相应的主题，即可实现自动监听消费处理消息，执行流程如图 8.15 所示。

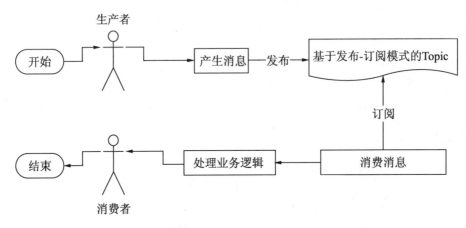

图 8.15　Redisson 基于订阅-发布式主题的执行流程图

下面以实际生产环境中典型的应用场景"异步记录用户登录成功的相关信息并记入数据库中，用于跟踪、分析用户的轨迹"作为案例，配备实际的代码实现 Redisson 的这一功能组件。

对于"异步记录用户登录成功后的轨迹并记入数据库"这一业务场景其实在本书更早的章节中已经有所介绍了，在那里我们已经设计好了相应的数据库表 sys_log，其相应的 DDL（数据库表的数据结构，即建立数据库表的语句）如下：

```
CREATE TABLE `sys_log` (
  `id` int(11) NOT NULL AUTO_INCREMENT,
  `user_id` int(11) DEFAULT '0' COMMENT '用户id',
  `module` varchar(255) DEFAULT NULL COMMENT '所属操作模块',
  `data` varchar(5000) CHARACTER SET utf8mb4 DEFAULT NULL COMMENT '操作数据',
  `memo` varchar(500) CHARACTER SET utf8mb4 DEFAULT NULL COMMENT '备注',
  `create_time` datetime DEFAULT NULL COMMENT '创建时间',
  PRIMARY KEY (`id`)
) ENGINE=InnoDB DEFAULT CHARSET=utf8 COMMENT='日志记录表';
```

sys_log 数据库表对应的 Entity 实体信息、Mapper 操作接口及对应的 SQL 配置文件夹 Mapper.xml 在这里就不给出了（读者可以全局搜索项目的 SysLogMapper 类和 SysLog Mapper.xml 配置文件）。

接下来开发用于发布消息的生产者 UserLoginPublisher，以及用于监听消费处理消息的消费者 UserLoginSubscriber，相应的代码文件所在的目录结构如图 8.16 所示。

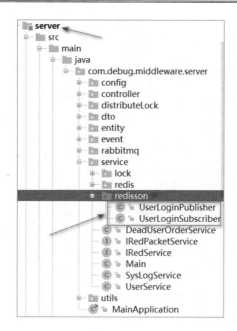

图 8.16 Redisson 基于订阅-发布式的主题相关代码文件

首先是开发用于生产、发布消息的生产者 UserLoginPublisher，用于将用户登录成功后的相关信息以主题的形式进行发布，其完整的源代码如下：

```
//导入依赖包
import com.debug.middleware.server.dto.UserLoginDto;
import org.redisson.api.RTopic;
import org.redisson.api.RedissonClient;
import org.slf4j.Logger;
import org.slf4j.LoggerFactory;
import org.springframework.beans.factory.annotation.Autowired;
import org.springframework.stereotype.Component;
/**
 * 记录用户登录成功后的轨迹-生产者
 * @Author:debug (SteadyJack)
**/
@Component
public class UserLoginPublisher {
    //定义日志
    private static final Logger log= LoggerFactory.getLogger(UserLogin
Publisher.class);
    //构造基于发布-订阅式主题的 Key
    private static final String topicKey="redissonUserLoginTopicKey";
    //构造 Redisson 客户端操作实例
    @Autowired
    private RedissonClient redissonClient;
    /**
     * 异步发送消息
     * @param dto
```

```
      */
   public void sendMsg(UserLoginDto dto){
      try {
         //判断消息对象是否为 null
         if (dto!=null){
            log.info("记录用户登录成功后的轨迹-生产者-发送消息：{} ",dto);

            //创建主题
            RTopic rTopic=redissonClient.getTopic(topicKey);
            //发布消息
            rTopic.publishAsync(dto);
         }
      }catch (Exception e){
         log.error("记录用户登录成功后的轨迹-生产者-发生异常：{}",dto,e.fill
InStackTrace());
      }
   }
}
```

其中，消息是由 UserLoginDto 类来充当，它主要包含了 3 个字段，即用户名、密码及用户 id，其完整的源代码如下：

```
//导入依赖包
import lombok.Data;
import lombok.ToString;
import org.hibernate.validator.constraints.NotBlank;
import java.io.Serializable;
/**
 * 用户登录实体信息
 * @Author:debug (SteadyJack)
**/
@Data
@ToString
public class UserLoginDto implements Serializable{
   @NotBlank
   private String userName;            //用户名-必填
   @NotBlank
   private String password;            //登录密码-必填
   private Integer userId;             //用户 id
}
```

最后是开发用于监听消费、处理消息的消费者 UserLoginSubscriber 类。在这里，由于 Redisson 的基于发布-订阅式的主题不具备 "自动" 监听的功能，因而需要将消费者继承 Spring 提供的 ApplicationRunner 和 Ordered 接口，使得消费者可以在项目启动完成之后执行相应的 "不断" 监听消息的业务逻辑，完整的源代码如下：

```
//导入依赖包
import com.debug.middleware.server.dto.UserLoginDto;
import com.debug.middleware.server.service.SysLogService;
import org.redisson.api.RTopic;
import org.redisson.api.RedissonClient;
import org.redisson.api.listener.MessageListener;
```

```
import org.slf4j.Logger;
import org.slf4j.LoggerFactory;
import org.springframework.beans.factory.annotation.Autowired;
import org.springframework.boot.ApplicationArguments;
import org.springframework.boot.ApplicationRunner;
import org.springframework.core.Ordered;
import org.springframework.stereotype.Component;
/**
 * 记录用户登录成功后的轨迹-消费者
 * @Author:debug (SteadyJack)
 * @Date: 2019/4/28 22:08
 **/
@Component
public class UserLoginSubscriber implements ApplicationRunner,Ordered{
    //定义日志
    private static final Logger log= LoggerFactory.getLogger(UserLogin
Subscriber.class);
    //构造基于发布-订阅式主题的 Key
    private static final String topicKey="redissonUserLoginTopicKey";
    //构造 Redisson 客户端操作实例
    @Autowired
    private RedissonClient redissonClient;
    //定义系统日志服务实例
    @Autowired
    private SysLogService sysLogService;
    /**
     * 在这个方法里实现"不断地监听该主题中消息的动态" - 即间接地实现自动监听消费
     * @param arguments
     * @throws Exception
     */
    @Override
    public void run(ApplicationArguments arguments) throws Exception {
        try {
            RTopic rTopic=redissonClient.getTopic(topicKey);
            rTopic.addListener(UserLoginDto.class, new MessageListener
<UserLoginDto>() {
                @Override
                public void onMessage(CharSequence charSequence, UserLoginDto
dto) {
                    log.info("记录用户登录成功后的轨迹-消费者-监听消费到消息: {}",dto);

                    //判断消息是否为 null
                    if (dto!=null){
                        //如果消息不为 null，则将消息记录入数据库中
                        sysLogService.recordLog(dto);
                    }
                }
            });
        }catch (Exception e){
            log.error("记录用户登录成功后的轨迹-消费者-发生异常: ",e.fillInStackTrace());
        }
    }
    /**
```

```
 * 设置项目启动时也跟着启动
 * @return
 */
@Override
public int getOrder() {
    return 0;
}
}
```

在上述代码中，重写的 run()方法即为"基于发布-订阅式主题"中消费者的自动监听消费逻辑。

至此，"异步记录用户登录成功后的轨迹并记入数据库中"这一业务场景相应的代码已经开发完毕，最后可以在 RedissonTest 类中编写一个单元测试方法，直接调用生产者发送消息的方法，其中相应的消息代表当前登录成功后用户的相关消息，其单元测试方法对应的源代码如下：

```
//创建用户登录成功后发送消息的生产者实例
@Autowired
private UserLoginPublisher userLoginPublisher;

@Test
public void test4() throws Exception{
  //创建用户登录成功后的实体对象
    UserLoginDto dto=new UserLoginDto();
  //设置用户 id、用户名及密码等信息
    dto.setUserId(90001);
    dto.setUserName("a-xiu-luo");
    dto.setPassword("123456");
  //将消息以主题的形式发布出去
    userLoginPublisher.sendMsg(dto);
}
```

运行该单元测试方法并观察控制台的输出，稍等片刻，即可看到相应的输出信息，如图 8.17 所示。

```
rabbitConnectionFactory#1545a188:0/SimpleConnection@281dc4c2 [delegate=amqp://guest@127.0.0.1:5672/, localPort= 45874]
[2019-04-28 23:00:31.960] boot -  INFO [main] --- RedissonTest: Started RedissonTest in 4.489 seconds (JVM running for 5.145)
[2019-04-28 23:00:32.002] boot -  INFO [main] --- UserLoginPublisher: 记录用户登录成功后的轨迹-生产者-发送消息: UserLoginDto(userName=a-xiu-luo,
 password=123456, userId=90001)
[2019-04-28 23:00:32.018] boot -  INFO [redisson-3-2] --- UserLoginSubscriber: 记录用户登录成功后的轨迹-消费者-监听消费到消息: UserLoginDto
 (userName=a-xiu-luo, password=123456, userId=90001)
[2019-04-28 23:00:32.019] boot -  INFO [Thread-5] --- GenericWebApplicationContext: Closing org.springframework.web.context.support
.GenericWebApplicationContext@5c90e579: startup date [Sun Apr 28 23:00:27 CST 2019]; root of context hierarchy
[2019-04-28 23:00:32.020] boot -  INFO [redisson-3-2] --- AnnotationAsyncExecutionInterceptor: No task executor bean found for async
 processing: no bean of type TaskExecutor and no bean named 'taskExecutor' either
```

图 8.17　代码运行后控制台的输出结果

与此同时，还可以打开数据库，查看数据库表 sys_log 的数据记录。可以看到，用户登录成功后的相关信息已经成功记录到数据库中，如图 8.18 所示。

至此，该业务场景相应的代码实现已经完成了，读者还可以自行发挥想象力，将"基于发布-订阅式的主题"应用于其他的业务模块中，加深对该功能组件的理解。

图 8.18　查看数据库表的记录结果

8.2.3　数据结构之映射 Map

基于 Redis 的分布式集合中的数据结构"映射 Map",是开源中间件 Redisson 提供给开发者的另一种高性能功能组件,在 Redisson 里称为 RMap。RMap 功能组件实现了 Java 对象中的 java.util.concurrent.ConcurrentMap 接口和 java.util.Map 接口,不仅拥有 Map 和 ConcurrentMap 相应的操作方法,同时自身也提供了丰富的 Redisson 特有的操作方法,而且几乎每种方法还提供了多种不同的操作方式,以下代码为 RMap 提供的多种不同操作方式的"添加元素"的 put()方法。

```
/**
* 功能组件 Map-RMap
* @throws Exception
*/
@Test
public void test5() throws Exception{
//定义存储于缓存中间件 Redis 的 Key
final String key="myRedissonRMap";
//构造对象实例
RMapDto dto1=new RMapDto(1,"map1");
RMapDto dto2=new RMapDto(2,"map2");
RMapDto dto3=new RMapDto(3,"map3");
RMapDto dto4=new RMapDto(4,"map4");
RMapDto dto5=new RMapDto(5,"map5");
RMapDto dto6=new RMapDto(6,"map6");
RMapDto dto7=new RMapDto(7,"map7");
RMapDto dto8=new RMapDto(8,"map8");
//获取映射 RMap 功能组件实例,并采用多种不同的方式将对象实例添加进映射 RMap 中
RMap<Integer, RMapDto> rMap=redissonClient.getMap(key);
//正常的添加元素
rMap.put(dto1.getId(),dto1);
//异步的方式添加元素
rMap.putAsync(dto2.getId(),dto2);
//添加元素之前判断是否存在,如果不存在才添加元素;否则不添加
rMap.putIfAbsent(dto3.getId(),dto3);
//添加元素之前判断是否存在,如果不存在才添加元素;否则不添加 - 异步的方式
rMap.putIfAbsentAsync(dto4.getId(),dto4);
//正常的添加元素-快速的方式
```

```
rMap.fastPut(dto5.getId(),dto5);
//正常的添加元素-快速异步的方式
rMap.fastPutAsync(dto6.getId(),dto6);
//添加元素之前判断是否存在，如果不存在才添加元素;否则不添加-异步的方式
rMap.fastPutIfAbsent(dto7.getId(),dto7);
//添加元素之前判断是否存在，如果不存在才添加元素;否则不添加 - 异步快速的方式
rMap.fastPutIfAbsentAsync(dto8.getId(),dto8);

log.info("---往映射数据结构 RMap 中添加数据元素完毕---");
}
```

在上述代码中，主要演示了 RMap 提供的多种不同操作方式的 put 方法，其中包括异步的添加方式、添加之前需要判断元素是否存在的方式，以及快速添加的方式等。在这个单元测试方法中，向 RMap 数据结构中添加的元素类型为实体对象 RMapDto，其源代码如下：

```
//导入依赖包
import lombok.Data;
import lombok.EqualsAndHashCode;
import lombok.ToString;
import java.io.Serializable;

/**
 * 映射数据结构 RMap 的实体信息
 */
@Data
@ToString
@EqualsAndHashCode
public class RMapDto implements Serializable {
    private Integer id;                     //id
    private String name;                    //名称
     //空的构造方法
    public RMapDto() {
    }
     //包括所有字段的构造方法
    public RMapDto(Integer id, String name) {
        this.id = id;
        this.name = name;
    }
}
```

运行该单元测试方法 test5()，稍等片刻，即可看到控制台输出的相应信息如下，运行结果表示已经成功将相应的实体对象信息添加至 RMap 中了。

```
INFO [main] --- RedissonTest: ---往映射数据结构 RMap 中添加数据元素完毕---
```

最后再写一个单元测试方法 test6()，用于将刚刚添加进 RMap 数据结构中的数据元素取出来，并尝试移除一些指定的元素，最终重新获取 RMap 数据结构并观察其中数据元素的变化情况。完整的源代码如下：

```
@Test
public void test6() throws Exception{
```

```
        log.info("---从映射数据结构 RMap 中获取数据元素开始---");

        //定义存储于缓存中间件 Redis 的 Key
        final String key="myRedissonRMap";
        //获取映射 RMap 的功能组件实例
        //并采用多种不同的方式将对象实例添加进映射 RMap 中
        RMap<Integer, RMapDto> rMap=redissonClient.getMap(key);
        //遍历获取并输出映射 RMap 数据结构中的元素
        Set<Integer> ids=rMap.keySet();
        Map<Integer,RMapDto> map=rMap.getAll(ids);
        log.info("元素列表：{} ",map);

        //指定待移除的元素 id
        final Integer removeId=6;
        rMap.remove(removeId);
        map=rMap.getAll(rMap.keySet());
        log.info("移除元素{}后的数据列表：{} ",removeId,map);
        //待移除的元素 id 列表
        final Integer[] removeIds=new Integer[]{1,2,3};
        rMap.fastRemove(removeIds);
        map=rMap.getAll(rMap.keySet());
        log.info("移除元素{}后的数据列表：{} ",removeIds,map);
    }
```

在上述代码中，首先通过 RMap 数据结构的 Key 列表（键列表）获取 RMap 数据结构中的所有数据元素，接着移除指定的元素 id 及元素 id 列表，最终重新获取 RMap 数据结构并观察其中存储的所有数据元素。

运行该单元测试方法 test6()，稍等片刻，即可看到控制台相应的输出结果，如图 8.19 所示。

```
[2019-05-01 21:50:19.595] boot - INFO [simpleContainerManual-1] --- CachingConnectionFactory: Created new connection:
 rabbitConnectionFactory#51c88e00:0/SimpleConnection@492e4594 [delegate=amqp://guest@127.0.0.1:5672/, localPort= 50027]
[2019-05-01 21:50:19.717] boot - INFO [main] --- RedissonTest: Started RedissonTest in 3.922 seconds (JVM running for 4.608)
[2019-05-01 21:50:19.751] boot - INFO [main] --- RedissonTest: ---从映射数据结构RMap中获取数据元素开始---
[2019-05-01 21:50:19.792] boot - INFO [main] --- RedissonTest: 元素列表：{1=RMapDto(id=1, name=map1), 2=RMapDto(id=2, name=map2), 3=RMapDto
 (id=3, name=map3), 4=RMapDto(id=4, name=map4), 5=RMapDto(id=5, name=map5), 6=RMapDto(id=6, name=map6), 7=RMapDto(id=7, name=map7),
 8=RMapDto(id=8, name=map8)}
[2019-05-01 21:50:19.802] boot - INFO [main] --- RedissonTest: 移除元素6后的数据列表：{1=RMapDto(id=1, name=map1), 2=RMapDto(id=2, name=map2)
 , 3=RMapDto(id=3, name=map3), 4=RMapDto(id=4, name=map4), 5=RMapDto(id=5, name=map5), 7=RMapDto(id=7, name=map7), 8=RMapDto(id=8,
 name=map8)}
[2019-05-01 21:50:19.810] boot - INFO [main] --- RedissonTest: 移除元素[1, 2, 3]后的数据列表：{4=RMapDto(id=4, name=map4), 5=RMapDto(id=5,
 name=map5), 7=RMapDto(id=7, name=map7), 8=RMapDto(id=8, name=map8)}
[2019-05-01 21:50:19.813] boot - INFO [Thread-5] --- GenericWebApplicationContext: Closing org.springframework.web.context.support
 .GenericWebApplicationContext@291b4bf5: startup date [Wed May 01 21:50:16 CST 2019]; root of context hierarchy
[2019-05-01 21:50:19.814] boot - INFO [Thread-5] --- DefaultLifecycleProcessor: Stopping beans in phase 2147483647
[2019-05-01 21:50:19.816] boot - INFO [Thread-5] --- SimpleMessageListenerContainer: Waiting for workers to finish.
```

图 8.19 查看控制台输出结果

从输出结果中可以看出，RMap 数据结构中初始的元素列表有 8 个实体对象，当移除元素 id 为 6 的实体对象后，数据结构 RMap 中的元素列表只剩下 7 个。同样的道理，当批量移除元素 id 为 1、2、3 对应的实体对象后，数据结构 RMap 中的元素列表只剩下 4 个实体对象。

RMap 数据结构除了上述代码介绍的 put()、remove()和 getAll()等方法之外，还有其他的操作方法，这里就不一一列举了，读者可以自行查看相应的接口文档或者在 IDEA 编辑器中单击 RMap 类，查看该类提供的相关操作方法。

开源中间件 Redisson 还为映射 RMap 这一功能组件提供了一系列具有不同功能特性的数据结构，这些数据结构按照特性主要分为 3 大类，即 Eviction 元素淘汰、LocalCache 本地缓存及 Sharding 数据分片，如图 8.20 所示。

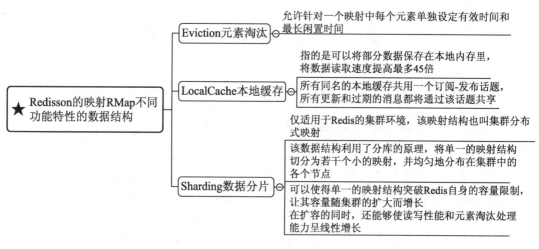

图 8.20　RMap 不同功能特性的数据结构

- **元素淘汰**：Redisson 提供的映射数据结构 RMap 跟原生 Redis 提供的哈希数据结构 Hash 其实是"师出同门"，甚至可以理解为这两者根本就是一码事，只不过在不同的媒介下有不同的显示操作方法而已。

然而，Hash 存储类型不具备对"单个数据元素"失效的功能，而 RMap 数据结构则具有此种功能，即可以通过为某个数据元素指定过期时间从而决定该数据元素的存活时效，而不需要因为所有数据元素共用的 Key 失效而导致所有的数据元素都丢失。

- **本地缓存**：指可以将部分数据保存在本地内存里，从而将数据读取的速度提高最多 45 倍。另外，此种数据结构可以实现所有同名的本地缓存共用一个订阅-发布话题，从而使所有更新和过期的消息都通过该话题进行共享。
- **数据分片**：指将单一的映射结构切分为若干个小的映射，并均匀地分布在集群中各个节点的数据结构。

下面采用实际的代码实现上述介绍的"元素淘汰"的数据结构，学习、理解并掌握如何通过此种数据结构动态地对单个数据元素执行"过期失效"的操作，完整的源代码如下：

```
/*元素淘汰机制*/
@Test
public void test7() throws Exception{
//定义存储于缓存中间件 Redis 的 Key
final String key="myRedissonMapCache";
```

```
//获取映射缓存 RMapCache 的功能组件实例-元素淘汰机制对应的实例
RMapCache<Integer, RMapDto> rMap=redissonClient.getMapCache(key);
//构造对象实例
RMapDto dto1=new RMapDto(1,"map1");
RMapDto dto2=new RMapDto(2,"map2");
RMapDto dto3=new RMapDto(3,"map3");
RMapDto dto4=new RMapDto(4,"map4");

//将对象元素添加进 MapCache 组件中
rMap.putIfAbsent(dto1.getId(),dto1);
//将对象元素添加进 MapCache 组件中-有效时间 TTL 设置为 10 秒钟,即该数据元素存活时间
为 10 秒
rMap.putIfAbsent(dto2.getId(),dto2,10, TimeUnit.SECONDS);
//将对象元素添加进 MapCache 组件中
rMap.putIfAbsent(dto3.getId(),dto3);
//将对象元素添加进 MapCache 组件中-有效时间 TTL 设置为 5 秒钟,即该数据元素存活时间为
5 秒
rMap.putIfAbsent(dto4.getId(),dto4,5,TimeUnit.SECONDS);
//首次获取 MapCache 组件的所有 Key
Set<Integer> set=rMap.keySet();
//获取 MapCache 组件存储的所有元素
Map<Integer,RMapDto> resMap=rMap.getAll(set);
log.info("元素列表：{} ",resMap);

//等待 5 秒钟-再获取查看 MapCache 存储的数据元素列表
Thread.sleep(5000);
resMap=rMap.getAll(rMap.keySet());
log.info("等待 5 秒钟-元素列表：{} ",resMap);
//等待 10 秒钟-再获取查看 MapCache 存储的数据元素列表
Thread.sleep(10000);
resMap=rMap.getAll(rMap.keySet());
log.info("等待 10 秒钟-元素列表：{} ",resMap);
}
```

在上述代码中，程序首先为"元素淘汰"数据结构对应的 RMapCache 实例添加了 4 个实体对象，并为 id 为 2 和 4 的实体对象分别设置 10 秒和 5 秒的过期时间，之后获取、输出并打印数据结构 RMap 中所有的数据元素。

理论上，当首次获取所有的数据元素时，程序将会输出打印 4 个实体对象；当程序等待 5 秒钟后，由于此时 id 为 4 的实体对象已经到了过期时间，因而此时数据结构 RMap 中将只剩下 3 个数据元素；当程序继续等待 10 秒钟后，由于 id 为 2 的实体对象将到达过期时间，因而最终数据结构 RMap 中将只剩下 2 个数据元素，即 id 为 1 和 3 对应的实体对象。

运行该单元测试方法 test7()，稍等半分钟左右的时间，即可观察控制台相应的输出结果，如图 8.21 所示。

```
[2019-05-01 23:03:53.386] boot -  INFO [main] --- DefaultLifecycleProcessor: Starting beans in phase 2147483647
[2019-05-01 23:03:53.428] boot -  INFO [simpleContainerManual-1] --- CachingConnectionFactory: Created new connection:
 rabbitConnectionFactory#521572b:0/SimpleConnection@1d20d06 [delegate=amqp://guest@127.0.0.1:5672/, localPort= 63097]
[2019-05-01 23:03:53.529] boot -  INFO [main] --- RedissonTest: Started RedissonTest in 3.635 seconds (JVM running for 4.292)
[2019-05-01 23:03:53.604] boot -  INFO [main] --- RedissonTest: 元素列表：{1=RMapDto(id=1, name=map1), 2=RMapDto(id=2, name=map2), 4=RMapDto
 (id=4, name=map4), 3=RMapDto(id=3, name=map3)}
[2019-05-01 23:03:58.610] boot -  INFO [main] --- RedissonTest: 等待5秒钟-元素列表：{1=RMapDto(id=1, name=map1), 2=RMapDto(id=2, name=map2),
 3=RMapDto(id=3, name=map3)}
[2019-05-01 23:04:08.616] boot -  INFO [main] --- RedissonTest: 等待10秒钟-元素列表：{1=RMapDto(id=1, name=map1), 3=RMapDto(id=3, name=map3)}
[2019-05-01 23:04:08.620] boot -  INFO [Thread-5] --- GenericWebApplicationContext: Closing org.springframework.web.context.support
 .GenericWebApplicationContext@291b4bf5: startup date [Wed May 01 23:03:50 CST 2019]; root of context hierarchy
[2019-05-01 23:04:08.621] boot -  INFO [Thread-5] --- DefaultLifecycleProcessor: Stopping beans in phase 2147483647
[2019-05-01 23:04:08.623] boot -  INFO [Thread-5] --- SimpleMessageListenerContainer: Waiting for workers to finish.
[2019-05-01 23:04:09.473] boot -  INFO [Thread-5] --- SimpleMessageListenerContainer: Successfully waited for workers to finish.
```

图 8.21　运行单元测试方法后控制台的输出结果

从输出结果中可以得出，最终的"结局"正如我们所预料的那般。而之所以"元素淘汰"机制对应的数据结构具有此种功能，主要原因在于其底层在实现 put() 方法时，如果为特定的数据元素指定了 TTL（即过期时间），则 Redisson 会额外开启一个定时的任务调度，定时扫描特定的数据元素是否已经到了存活时间。如果数据元素已经超过了指定的过期时间，则 Redisson 会将该数据元素从指定的数据结构 RMap 中移除，从而实现数据元素的淘汰功能。

对于其他两种特殊的映射数据结构"本地缓存"与"数据分片"，读者可以根据官方提供的接口文档与案例代码自行练习。

8.2.4　数据结构之集合 Set

基于 Redis 的分布式集合中的功能组件 RSet 则主要是实现了 Java 对象中的 java.util.Set 接口，该功能组件可以保证集合中每个元素的唯一性，它不仅拥有 Set 接口提供的相应的操作方法，同时自身也扩展提供了丰富的 Redisson 特有的操作。

除此之外，Redisson 还为集合 Set 这一功能组件提供了一系列具有不同功能特性的数据结构，包括有序集合功能组件 SortedSet、计分排序集合功能组件 ScoredSortedSet，以及字典排序集合功能组件 LexSortedSet 等。

对于这些具有不同功能特性的数据结构，其实原生的 Redis 几乎都已经提供了，在前面介绍并实战缓存中间件 Redis 的篇章中已经有所提及。接下来采用实际的代码实现以下两种数据结构，即有序集合功能组件 SortedSet 和计分排序集合功能组件 ScoredSortedSet。

首先是有序集合功能组件 SortedSet，其主要用于实现集合 Set 中元素的唯一性与有序性。下面开发一个实体对象 RSetDto 类（该类的相应字段并不代表实际的业务含义，只是纯粹用于测试），用于实现上述两种不同的数据结构，完整的源代码如下：

```java
//导入依赖包
import lombok.Data;
import lombok.EqualsAndHashCode;
```

```
import lombok.ToString;
import java.io.Serializable;
/**
* Redisson 的集合数据组件 RSet 实体信息
*/
@Data
@ToString
@EqualsAndHashCode
public class RSetDto implements Serializable {
private Integer id;                  //id 字段
private String name;                 //名称
private Integer age;                 //年龄大小
private Double score;                //成绩-得分
//空的构造方法
public RSetDto() {
}
//拥有部分字段的构造方法
public RSetDto(Integer id, String name, Double score) {
this.id = id;
this.name = name;
this.score = score;
}
//拥有部分字段的构造方法
public RSetDto(Integer id, String name, Integer age) {
    this.id = id;
    this.name = name;
    this.age = age;
  }
}
```

接下来开发一个单元测试方法 test8()，用于实现"在将实体对象添加进集合的同时，根据 age 的大小对集合中的元素进行从大到小的排序"功能，完整的源代码如下：

```
//集合 Set-保证元素的唯一性 -RSortedSet
@Test
public void test8() throws Exception{
    //定义存储于缓存中间件 Redis 的 Key
    //保证了元素的有序性
    final String key="myRedissonSortedSetV2";
    //创建对象实例
    RSetDto dto1=new RSetDto(1,"N1",20,10.0D);
    RSetDto dto2=new RSetDto(2,"N2",18,2.0D);
    RSetDto dto3=new RSetDto(3,"N3",21,8.0D);
    RSetDto dto4=new RSetDto(4,"N4",19,6.0D);
    RSetDto dto5=new RSetDto(5,"N5",22,1.0D);
    //定义有序集合 SortedSet 实例
    RSortedSet<RSetDto> rSortedSet=redissonClient.getSortedSet(key);
    //设置有序集合 SortedSet 的元素比较器
    rSortedSet.trySetComparator(new RSetComparator());
    //将对象元素添加进集合中
    rSortedSet.add(dto1);
    rSortedSet.add(dto2);
    rSortedSet.add(dto3);
```

```
    rSortedSet.add(dto4);
    rSortedSet.add(dto5);
    //查看此时有序集合 Set 的元素列表
    Collection<RSetDto> result=rSortedSet.readAll();
    log.info("此时有序集合 Set 的元素列表：{} ",result);
}
```

由于需要对集合 Set 中的数据元素进行从大到小的排序，因而需要为集合 Set 添加一个自定义的"比较器"，根据待添加的实体对象的 age 字段的取值实现从大到小的排序，完整的源代码如下：

```
//导入依赖包
import java.util.Comparator;
//集合 RSet 数据组件的自定排序
public class RSetComparator implements Comparator<RSetDto>{
    /**
     * 自定义排序的逻辑
     * @param o1 待比较的数据元素 1
     * @param o2 待比较的数据元素 2
     */
    @Override
    public int compare(RSetDto o1, RSetDto o2) {
        //表示后添加的数据元素，如果 age 更大，则排得越前
        return o2.getAge().compareTo(o1.getAge());
    }
}
```

运行该单元测试方法 test8()，稍等片刻即可看到控制台相应的输出结果。从输出结果中可以看出，SortedSet 确实可以根据指定的"业务字段"实现集合中数据元素的唯一与有序。输出结果如下：

```
此时有序集合 Set 的元素列表：[RSetDto(id=5, name=N5, age=22, score=null),
RSetDto(id=3, name=N3, age=21, score=null), RSetDto(id=1, name=N1, age=20,
score=null), RSetDto(id=4, name=N4, age=19, score=null), RSetDto(id=2,
name=N2, age=18, score=null)]
```

除此之外，Redisson 的集合 Set 还提供了计分排序集合功能组件 ScoredSortedSet，在实际生产环境中可以用于实现积分排行榜、最近访问排行榜等功能。其跟有序集合功能组件 SortedSet 类似。在使用计分排序集合功能组件 ScoredSortedSet 实现相关的排名功能时，需要指定特定的"业务字段"作为"得分"的依据。

以下代码主要是采用实体类 RSetDto 的 score 字段的取值作为得分排行的业务字段，完整的源代码如下：

```
//集合 Set--ScoredSortedSet
@Test
public void test9() throws Exception{
    //定义存储于缓存中间件 Redis 的 Key
    final String key="myRedissonScoredSortedSet";
    //创建对象实例
```

```
    RSetDto dto1=new RSetDto(1,"N1",10.0D);
    RSetDto dto2=new RSetDto(2,"N2",2.0D);
    RSetDto dto3=new RSetDto(3,"N3",8.0D);
    RSetDto dto4=new RSetDto(4,"N4",6.0D);
    //定义得分排序集合 ScoredSortedSet 实例
    RScoredSortedSet<RSetDto> rScoredSortedSet=redissonClient.getScored
SortedSet(key);
    //往得分排序集合 ScoredSortedSet 中添加对象元素
    rScoredSortedSet.add(dto1.getScore(),dto1);
    rScoredSortedSet.add(dto2.getScore(),dto2);
    rScoredSortedSet.add(dto3.getScore(),dto3);
    rScoredSortedSet.add(dto4.getScore(),dto4);
    //查看此时得分排序集合 ScoredSortedSet 的元素列表
    //可以通过 SortOrder 指定读取出的元素是正序还是倒序
    Collection<RSetDto> result=rScoredSortedSet.readSortAlpha(SortOrder.DESC);
    log.info("此时得分排序集合 ScoredSortedSet 的元素列表-从大到小:{}",result);
    //获取对象元素在集合中的位置-相当于获取排名
    //得到的排序值是从 0 开始算的,可以加 1
    log.info("获取对象元素的排名: 对象元素={},从大到小排名={} ",dto1,rScoredSortedSet.
revRank(dto1)+1);
    log.info("获取对象元素的排名: 对象元素={},从大到小排名={} ",dto2,rScoredSortedSet.
revRank(dto2)+1);
    log.info("获取对象元素的排名: 对象元素={},从大到小排名={} ",dto3,rScoredSortedSet.
revRank(dto3)+1);
    log.info("获取对象元素的排名: 对象元素={},从大到小排名={} ",dto4,rScoredSortedSet.
revRank(dto4)+1);
    //获取对象元素在排名集合中的得分
    log.info("获取对象元素在排名集合中的得分: 对象元素={},得分={} ",dto1,rScoredSortedSet.
getScore(dto1));
    log.info("获取对象元素在排名集合中的得分: 对象元素={},得分={} ",dto2,rScoredSortedSet.
getScore(dto2));
    log.info("获取对象元素在排名集合中的得分: 对象元素={},得分={} ",dto3,rScoredSortedSet.
getScore(dto3));
    log.info("获取对象元素在排名集合中的得分: 对象元素={},得分={} ",dto4,rScoredSortedSet.
getScore(dto4));
}
```

在向 ScoredSortedSet 数据结构中添加数据元素时，Redisson 底层默认是采用"正序"的方式对数据元素进行排序的，因而在读取集合中所有的数据元素时，可以通过指定 SortOrder.DESC 为"从大到小的排序"顺序获取指定的数据元素，指定 SortOrder.ASC 为"从小到大的排序"顺序获取相应的数据列表。

除了可以获取集合中数据元素的"排名"之外，还可以获取特定的数据元素的得分，即只需要通过 getScore()方法即可获取到相应的得分。

运行该单元测试方法，稍等片刻即可看到控制台相应的输出结果，如图 8.22 所示。

```
rabbitConnectionFactory#70260fb4:0/SimpleConnection@5cf45640 [delegate=amqp://guest@127.0.0.1:5672/, localPort= 10864]
[2019-05-02 00:09:11.907] boot - INFO [main] --- RedissonTest: Started RedissonTest in 3.767 seconds (JVM running for 4.417)
[2019-05-02 00:09:11.974] boot - INFO [main] --- RedissonTest: 此时得分排序集合ScoredSortedSet的元素列表-从大到小: [RSetDto(id=1, name=N1,
 age=null, score=10.0), RSetDto(id=3, name=N3, age=null, score=8.0), RSetDto(id=2, name=N2, age=null, score=2.0), RSetDto(id=4, name=N4,
 age=null, score=6.0)]
[2019-05-02 00:09:11.975] boot - INFO [main] --- RedissonTest: 获取对象元素的排名: 对象元素=RSetDto(id=1, name=N1, age=null, score=10.0),从大
 到小排名=1
[2019-05-02 00:09:11.977] boot - INFO [main] --- RedissonTest: 获取对象元素的排名: 对象元素=RSetDto(id=2, name=N2, age=null, score=2.0),从大
 到小排名=4
[2019-05-02 00:09:11.978] boot - INFO [main] --- RedissonTest: 获取对象元素的排名: 对象元素=RSetDto(id=3, name=N3, age=null, score=8.0),从大
 到小排名=2
[2019-05-02 00:09:11.980] boot - INFO [main] --- RedissonTest: 获取对象元素的排名: 对象元素=RSetDto(id=4, name=N4, age=null, score=6.0),从大
 到小排名=3
[2019-05-02 00:09:11.980] boot - INFO [main] --- RedissonTest:

[2019-05-02 00:09:11.981] boot - INFO [main] --- RedissonTest: 获取对象元素在排名集合中的得分: 对象元素=RSetDto(id=1, name=N1, age=null,
 score=10.0),得分=10.0
[2019-05-02 00:09:11.982] boot - INFO [main] --- RedissonTest: 获取对象元素在排名集合中的得分: 对象元素=RSetDto(id=2, name=N2, age=null,
 score=2.0),得分=2.0
[2019-05-02 00:09:11.984] boot - INFO [main] --- RedissonTest: 获取对象元素在排名集合中的得分: 对象元素=RSetDto(id=3, name=N3, age=null,
 score=8.0),得分=8.0
[2019-05-02 00:09:11.985] boot - INFO [main] --- RedissonTest: 获取对象元素在排名集合中的得分: 对象元素=RSetDto(id=4, name=N4, age=null,
 score=6.0),得分=6.0
```

图 8.22　运行单元测试方法后控制台的输出结果

通过输出结果，相信读者心中或多或少对集合 Set 提供的这一功能组件 ScoredSortedSet 的实际应用有了相应的认识。毫不夸张地说，凡是需要对缓存中的数据列表进行排序的，都可以使用 Redisson 提供的这个强大的功能组件 ScoredSortedSet。

8.2.5　队列 Queue 实战

基于 Redis 的分布式队列 Queue 是 Redisson 提供的又一个功能组件，按照不同的特性，分布式队列 Queue 还可以分为双端队列 Deque、阻塞队列 Blocking Queue、有界阻塞队列（Bounded Blocking Queue）、阻塞双端队列（Blocking Deque）、阻塞公平队列（Blocking Fair Queue）、阻塞公平双端队列（Blocking Fair Deque）等功能组件，不同的功能组件其作用不尽相同，适用的业务场景也是不一样的。

在实际业务场景中，不管是采用哪一种功能组件作为"队列"，其底层核心的执行逻辑仍旧是借助"基于发布-订阅式的主题"来实现的，如图 8.23 所示。

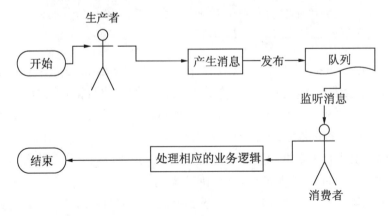

图 8.23　队列底层核心的执行逻辑

从图 8.23 中可以看出，队列 Queue 主要由 3 大核心部分组成，即用于生产和发布消息的生产者、代表着数据流的消息，以及监听消费、处理消息的消费者，这 3 大部分组成了最基本的消息模型（这一点跟分布式消息中间件 RabbitMQ 的基本消息模型类似）。下面采用实际的代码实现队列 RQueue 这一功能组件的基本消息模型。

（1）开发用于生产和发布消息的生产者 QueuePublisher 类，该类主要用于发布最基本的消息（在这里使用字符串充当消息），完整的源代码如下：

```java
//导入依赖包
import org.redisson.api.RQueue;
import org.redisson.api.RedissonClient;
import org.slf4j.Logger;
import org.slf4j.LoggerFactory;
import org.springframework.beans.factory.annotation.Autowired;
import org.springframework.stereotype.Component;
/**
 * 队列的生产者
 * @Author:debug (SteadyJack)
**/
@Component
public class QueuePublisher {
    //定义日志
    private static final Logger log= LoggerFactory.getLogger
(QueuePublisher.class);
    //定义 Redisson 的操作客户端实例
    @Autowired
    private RedissonClient redissonClient;
    /**
     * 发送基本的消息
     * @param msg 待发送的消息
     */
    public void sendBasicMsg(String msg){
        try {
            //定义基本队列的名称
            final String queueName="redissonBasicQueue";
            //获取队列的实例
            RQueue<String> rQueue=redissonClient.getQueue(queueName);
            //向队列中发送消息
            rQueue.add(msg);
            log.info("队列的生产者-发送基本的消息-消息发送成功：{} ",msg);
        }catch (Exception e){
            log.error("队列的生产者-发送基本的消息-发生异常：{} ",msg,e.
fillInStackTrace());
        }
    }
}
```

从代码中可以看出，如果需要给 Redisson 的分布式队列发送消息时，首先需要获取 RQueue 实例，并调用其发送消息的方法 add()，最终将该消息发送至指定的队列中，等待消费者监听消费。

（2）开发用于监听、消费并处理消息的消费者 QueueConsumer 类。在这里需要注意的是，Redisson 分布式队列中的"消息监听"机制是不同于 RabbitMQ 的，对于消息中间件 RabbitMQ 而言，当队列中有消息到来时，RabbitMQ 会将该消息"主动推送"给队列的监听者，从而实现消息可以成功被监听、消费的功能。

而在 Redisson 的分布式队列 RQueue 这里，却并没有"主动推送"的机制，因而需要在"某个地方"，消费者需要不断地监听队列中是否有消息到来，从而决定是否需要执行相应的业务逻辑。以下代码为消费者 QueueConsumer 类不断地监听队列 RQueue 中的消息。

```java
//导入依赖包
import org.assertj.core.util.Strings;
import org.redisson.api.RQueue;
import org.redisson.api.RedissonClient;
import org.slf4j.Logger;
import org.slf4j.LoggerFactory;
import org.springframework.beans.factory.annotation.Autowired;
import org.springframework.boot.ApplicationArguments;
import org.springframework.boot.ApplicationRunner;
import org.springframework.core.Ordered;
import org.springframework.stereotype.Component;
/**队列的消费者-实现ApplicationRunner,Ordered 接口，表示该类将在项目启动运行完毕
之后，
*自动 run()方法的业务逻辑-在这里指的是"不断监听、消费队列中的消息"
 * @Author:debug (SteadyJack)
**/
@Component
public class QueueConsumer implements ApplicationRunner,Ordered{
    //定义日志
    private static final Logger log= LoggerFactory.getLogger
(QueueConsumer.class);
    //定义 Redisson 的操作客户端实例
    @Autowired
    private RedissonClient redissonClient;
    /**
     * 在项目启动运行成功之后执行该 run 方法
     * @param args
     * @throws Exception
     */
    @Override
    public void run(ApplicationArguments args) throws Exception {
        //定义基本队列的名称
        final String queueName="redissonBasicQueue";
        //获取队列的实例
        RQueue<String> rQueue=redissonClient.getQueue(queueName);
        while (true){
            //从队列中弹出消息
            String msg=rQueue.poll();
            if (!Strings.isNullOrEmpty(msg)){
                log.info("队列的消费者-监听消费消息: {} ",msg);
```

```
            //TODO:在这里执行相应的业务逻辑
        }
    }
}
/*
表示 QueueConsumer 将会在项目启动之后启动
 */
@Override
public int getOrder() {
    return -1;
}
}
```

从代码中可以看出，当需要从分布式队列中监听、消费消息时，首先需要获取 Redisson 的分布式队列这一功能组件的实例 **RQueue**，并不断地调用 poll()方法，弹出队列中的消息。如果消息不为空，则代表队列中有消息来了，消费者可以对该消息执行相应的业务逻辑；在某一时刻，如果从队列中弹出的消息为空，则代表消费者可以暂时进入"休息时间"了！

（3）开发用于触发队列生产者生产、发送消息的 **QueueController** 类，完整的源代码如下：

```
//导入依赖包
import com.debug.middleware.api.enums.StatusCode;
import com.debug.middleware.api.response.BaseResponse;
import com.debug.middleware.server.service.redisson.queue.QueuePublisher;
import org.slf4j.Logger;
import org.slf4j.LoggerFactory;
import org.springframework.beans.factory.annotation.Autowired;
import org.springframework.web.bind.annotation.RequestMapping;
import org.springframework.web.bind.annotation.RequestMethod;
import org.springframework.web.bind.annotation.RequestParam;
import org.springframework.web.bind.annotation.RestController;
/**
 * Redisson 的队列 Controller
 * @Author:debug (SteadyJack)
 **/
@RestController
public class QueueController {
    //定义日志
    private static final Logger log= LoggerFactory.getLogger
(QueueController.class);
    //定义发送请求的前缀 URL
    private static final String prefix="queue";
    //定义发送日志的队列生产者实例
    @Autowired
    private QueuePublisher queuePublisher;
    /**
     * 发送消息
     * @param msg
     */
    @RequestMapping(value = prefix+"/basic/msg/send",method = Request
Method.GET)
```

```
public BaseResponse sendBasicMsg(@RequestParam String msg){
    //定义响应结果实例
    BaseResponse response=new BaseResponse(StatusCode.Success);
    try {
    //调用队列生产者发送消息的方法
        queuePublisher.sendBasicMsg(msg);
    }catch (Exception e){
        response=new BaseResponse(StatusCode.Fail.getCode(),e.getMessage());
    }
    //返回响应结果实例
    return response;
    }
}
```

至此，关于 Redisson 分布式队列 RQueue 中最基本的消息模型的代码已经完成了，单击 IDEA 的运行按钮，即可将整个项目运行起来。观察控制台的输出信息，如果没有相应的报错信息，则代表上述编写的代码逻辑是没有语法级别的错误的。

接着打开 Postman 测试工具，选择请求方法为 Get，并在地址栏输入以下用于访问"发送消息"的链接 http://127.0.0.1:8087/middleware/queue/basic/msg/send?msg=，这是第一则消息。单击 Send 按钮即可发起相应的请求，其中，请求链接的 msg 参数表示需要发送至队列中的消息。

观察控制台相应的输出信息，可以看到该队列的生产者已经成功将消息发送出去了。稍等片刻，即可看到消费者也监听消费了该消息，输出结果如下：

```
INFO [http-nio-8087-exec-3] --- QueuePublisher: 队列的生产者-发送基本的消息-
消息发送成功：这是第一则消息
INFO [main] --- QueueConsumer: 队列的消费者-监听消费消息：这是第一则消息
```

至此，已经完成了 Redisson 中分布式队列最基本的功能组件 RQueue 的代码实战与自测，对于其他具有不同功能特性的数据组件，这里就不一一展开介绍了，感兴趣的读者可以自行查阅 Redisson 提供的相应的接口文档与样例代码。下一节将介绍分布式队列中的延迟队列 Delayed Queue。

8.2.6　延迟队列 Delayed Queue 实战 1

对于延迟队列功能组件，相信读者并不陌生，在前面介绍分布式消息中间件 RabbitMQ 死信队列的相关章节中已经有所提及。延迟队列是一种特殊的队列，可以实现进入队列中的消息延迟一定的时间再被消费者监听消费的功能，在实际生产环境中具有广泛的应用场景，特别是需要延迟处理的业务，都可以使用 RabbitMQ 死信队列/延迟队列这个强大的功能组件。如图 8.24 所示为 RabbitMQ 死信队列的消息模型。

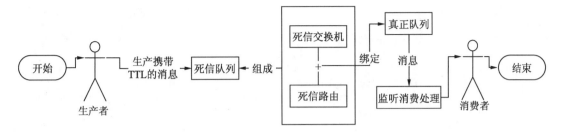

图 8.24　RabbitMQ 死信队列的消息模型

　　然而，任何事物都并非十全十美，RabbitMQ 的死信队列也是如此。当进入 RabbitMQ 死信队列的消息携带着不一样的 TTL（即存活时间）时，理论上 TTL 较小的消息应当**先于** TTL 较大的消息被路由到真正的队列中，但是 RabbitMQ 的死信队列却不是如此，它依旧保持着 FIFO（First In Fist Out，即先进先出）的机制，即先进入死信队列中的消息将先被真正的队列监听消费，而全然不管不同消息携带的不同的 TTL 的值。

　　举个例子，当前有 3 个消息 A、B、C 先后进入 RabbitMQ 的死信队列，其中，消息 A 的 TTL 为 10 秒钟，消息 B 的 TTL 为 2 秒钟，消息 C 的 TTL 为 4 秒钟。由于这 3 个消息的存活时间**从小到大**的顺序为 B、C、A，因而理论上消息 B 将首先到达存活时间而"死去"，从而进入真正的队列被监听消费，然后才轮到消息 C、消息 A 先后进入真正的队列被监听消费。然而，通过代码实际操作，会发现事实并非如此。

　　下面采用实际的代码实现上述的案例，一起认识并见证 RabbitMQ 死信队列的"不可思议"之处。

　　（1）需要在 RabbitmqConfig 配置类中创建死信队列基本的消息模型（创建的步骤其实在前面的章节中已经介绍得相当详细了），完整的源代码如下：

```
/**Redisson 篇章-RabbitMQ 死信队列的缺陷**/
//创建死信队列-由死信交换机+死信路由组成
@Bean
public Queue redissonBasicDeadQueue(){
    Map<String,Object> argsMap=new HashMap<>();
 //添加死信交换机组件
    argsMap.put("x-dead-letter-exchange", env.getProperty("mq.redisson.
dead.exchange.name"));
 //添加死信路由组件
    argsMap.put("x-dead-letter-routing-key", env.getProperty("mq.redisson.
dead.routing.key.name"));
 //创建并返回死信队列-由死信交换机+死信路由组成
    return new Queue(env.getProperty("mq.redisson.dead.queue.name"),true,
false,false,argsMap);
}
//创建基本的交换机
@Bean
public TopicExchange redissonBasicExchange() {
    return new TopicExchange(env.getProperty("mq.redisson.dead.basic.
```

```
exchange.name"), true, false);
}
//创建基本路由及其绑定-绑定到死信队列
@Bean
public Binding redissonBasicBinding() {
    return BindingBuilder.bind(redissonBasicDeadQueue())
            .to(redissonBasicExchange()).with(env.getProperty("mq.redisso
n.dead.basic.routing.key.name"));
}
//创建死信交换机
@Bean
public TopicExchange redissonBasicDeadExchange() {
    return new TopicExchange(env.getProperty("mq.redisson.dead.exchange.
name"), true, false);
}
//创建真正的队列 - 面向消费者
@Bean
public Queue redissonBasicDeadRealQueue() {
    return new Queue(env.getProperty("mq.redisson.real.queue.name"), true);
}
//创建死信路由及其绑定-绑定到真正的队列
@Bean
public Binding redissonBasicDeadRealBinding() {
    return BindingBuilder.bind(redissonBasicDeadRealQueue())
            .to(redissonBasicDeadExchange()).with(env.getProperty("mq.
redisson.dead.routing.key.name"));
}
```

其中，读取环境变量实例 env 读取的变量是配置在配置文件 application.properties 中的，其变量取值如下：

```
#死信队列消息模型
#定义死信队列的名称
mq.redisson.dead.queue.name=${mq.env}.middleware.redisson.dead.queue
#定义死信交换机的名称
mq.redisson.dead.exchange.name=${mq.env}.middleware.redisson.dead.exchange
#定义死信路由的名称
mq.redisson.dead.routing.key.name=${mq.env}.middleware.redisson.dead.
routing.key
#定义绑定到死信队列的基本交换机的名称
mq.redisson.dead.basic.exchange.name=${mq.env}.middleware.redisson.dead.
basic.exchange
#定义绑定到死信队列的基本路由的名称
mq.redisson.dead.basic.routing.key.name=${mq.env}.middleware.redisson.dead.
basic.routing.key
#定义真正的队列的名称
mq.redisson.real.queue.name=${mq.env}.middleware.redisson.real.queue
```

（2）开发用于生产、发送消息的生产者 MqDelayQueuePublisher 类，主要用于将消息发送至死信队列中，并动态指定消息的 TTL（即存活时间），其完整的源代码如下：

```
//导入依赖包
import com.debug.middleware.server.dto.DeadDto;
import org.slf4j.Logger;
```

```
import org.slf4j.LoggerFactory;
import org.springframework.amqp.AmqpException;
import org.springframework.amqp.core.*;
import org.springframework.amqp.rabbit.core.RabbitTemplate;
import org.springframework.amqp.support.converter.AbstractJavaTypeMapper;
import org.springframework.amqp.support.converter.Jackson2JsonMessage
Converter;
import org.springframework.beans.factory.annotation.Autowired;
import org.springframework.core.env.Environment;
import org.springframework.stereotype.Component;
/**
 * RabbitMQ 死信队列消息模型-生产者
 * @Author:debug (SteadyJack)
**/
@Component
public class MqDelayQueuePublisher {
    //定义日志
    private static final Logger log= LoggerFactory.getLogger(MqDelay
QueuePublisher.class);
    //定义 RabbitMQ 发送消息的操作组件实例
    @Autowired
    private RabbitTemplate rabbitTemplate;
    //定义读取环境变量的实例 env
    @Autowired
    private Environment env;
    /**
     * 发送消息入延迟队列
     * @param msg 消息
     * @param ttl 消息的存活时间
     */
    public void sendDelayMsg(final DeadDto msg, final Long ttl){
        try {
            //设置消息在 RabbitMQ 传输的格式
            rabbitTemplate.setMessageConverter(new Jackson2JsonMessage
Converter());
            //设置死信路由、死信交换机 rabbitTemplate.setExchange(env.getProperty
("mq.redisson.dead.basic.exchange.name"));
rabbitTemplate.setRoutingKey(env.getProperty("mq.redisson.dead.basic.
routing.key.name"));
            //调用 RabbitMQ 操作组件发送消息的方法
            rabbitTemplate.convertAndSend(msg, new MessagePostProcessor() {
                @Override
                public Message postProcessMessage(Message message) throws
AmqpException {
                    //获取消息属性实例
                    MessageProperties messageProperties=message.getMessage
Properties();
                    //设置消息的持久化
                    messageProperties.setDeliveryMode(MessageDeliveryMode.
PERSISTENT);
                    //指定消息头中消息的具体类型
                    messageProperties.setHeader(AbstractJavaTypeMapper.
DEFAULT_CONTENT_CLASSID_FIELD_NAME,DeadDto.class);
```

```
                                //设置消息的过期时间
                                messageProperties.setExpiration(ttl.toString());
                                //返回消息实例
                                return message;
                        }
                });
                log.info("RabbitMQ 死信队列消息模型-生产者-发送消息入延迟队列-消息:{}",msg);
        }catch (Exception e){
                log.error("RabbitMQ 死信队列消息模型-生产者-发送消息入延迟队列-发生异
常:{}",msg,e.fillInStackTrace());
        }
    }
}
```

从代码中可以看出，RabbitMQ 死信队列动态设置消息的 TTL 的方式是通过调用
messageProperties.setExpiration(ttl.toString())的方法实现的，其中需要注意的是该方法接收
String 类型的 TTL 值，因而需要将 Long 类型的 TTL 转化为 String 类型即可。同时，TTL
即存活时间的时间单位是**毫秒**，需要注意转换。

在这里是采用实体类 DeadDto 充当消息的，该实体类主要包含两个字段，即 id 和 name，
这两个字段并没有太多实际的业务含义，纯粹只是用于测试，完整的源代码如下：

```
//导入依赖包
import lombok.Data;
import lombok.ToString;
import java.io.Serializable;
/**
 * 用于充当 redisson 死信队列中的消息
 * @Author:debug (SteadyJack)
 * @Date: 2019/5/2 17:21
 **/
@Data
@ToString
public class DeadDto implements Serializable{
    private Integer id;
    private String name;
    //空的构造方法
    public DeadDto() {
    }
    //包含所有字段的构造方法
    public DeadDto(Integer id, String name) {
        this.id = id;
        this.name = name;
    }
}
```

（3）开发用于监听、消费及处理消息的消费者 MqDelayQueueConsumer 类，完整的源
代码如下：

```
//导入依赖包
import com.debug.middleware.server.dto.DeadDto;
import org.slf4j.Logger;
```

```
import org.slf4j.LoggerFactory;
import org.springframework.amqp.rabbit.annotation.RabbitListener;
import org.springframework.amqp.rabbit.core.RabbitTemplate;
import org.springframework.beans.factory.annotation.Autowired;
import org.springframework.core.env.Environment;
import org.springframework.messaging.handler.annotation.Payload;
import org.springframework.stereotype.Component;
/**
 * RabbitMQ 死信队列消息模型-消费者
 * @Author:debug (SteadyJack)
**/
@Component
public class MqDelayQueueConsumer {
    //定义日志
    private static final Logger log= LoggerFactory.getLogger(MqDelayQueue
Consumer.class);
    //定义 RabbitMQ 发送消息的操作组件实例
    @Autowired
    private RabbitTemplate rabbitTemplate;
    //定义读取环境变量的实例 env
    @Autowired
    private Environment env;
    /**
     * 监听消费真正队列中的消息
     * @param deadDto
     */
    @RabbitListener(queues = "${mq.redisson.real.queue.name}",
containerFactory = "singleListenerContainer")
    public void consumeMsg(@Payload DeadDto deadDto){
        try {
            log.info("RabbitMQ 死信队列消息模型-消费者-监听消费真正队列中的消息:
{}",deadDto);
            //TODO:在这里执行真正的业务逻辑

        }catch (Exception e){
            log.error("RabbitMQ 死信队列消息模型-消费者-监听消费真正队列中的消息-
发生异常: {}",deadDto,e.fillInStackTrace());
        }
    }
}
```

（4）在 QueueController 类中开发用于触发生产者生产和发送消息的方法，完整的源代码如下：

```
//定义生产者实例
@Autowired
private MqDelayQueuePublisher mqDelayQueuePublisher;
/**
 * 发送 mq 延迟消息
 * @return
 */
@RequestMapping(value = prefix+"/basic/msg/delay/send",method = RequestMethod.GET)
public BaseResponse sendMqDelayMsg(){
```

```
BaseResponse response=new BaseResponse(StatusCode.Success);
try {
//创建了 3 个实体对象，代表 3 个不同的消息，同时，不同的消息将携带不同的 TTL
    DeadDto msgA=new DeadDto(1,"A");
    final Long ttlA=10000L;
    DeadDto msgB=new DeadDto(2,"B");
    final Long ttlB=2000L;
    DeadDto msgC=new DeadDto(3,"C");
    final Long ttlC=4000L;
 //依次发送 A、B、C 三条消息给 RabbitMQ 的死信队列
    mqDelayQueuePublisher.sendDelayMsg(msgA,ttlA);
    mqDelayQueuePublisher.sendDelayMsg(msgB,ttlB);
    mqDelayQueuePublisher.sendDelayMsg(msgC,ttlC);
}catch (Exception e){
    response=new BaseResponse(StatusCode.Fail.getCode(),e.getMessage());
}
return response;
}
```

至此，基于 RabbitMQ 死信队列的代码开发已经完成了，接下来进入自测阶段。打开
Postman 测试工具，选择请求方法为 GET，在地址栏输入访问该 Controller 对应的请求方
法的请求地址 http://127.0.0.1:8087/middleware/queue/basic/msg/delay/send，最后单击 Send
按钮，即可发起相应的请求。稍等片刻，即可观察到控制台相应的输出信息，如图 8.25
所示。

```
信息: Initializing Spring FrameworkServlet 'dispatcherServlet'
[2019-05-02 19:57:28.139] boot - INFO [http-nio-8087-exec-1] --- DispatcherServlet: FrameworkServlet 'dispatcherServlet': initialization
completed in 20 ms
[2019-05-02 19:57:28.200] boot - INFO [http-nio-8087-exec-1] --- MqDelayQueuePublisher: RabbitMQ死信队列消息模型-生产者-发送消息入延迟队列-消息:
DeadDto(id=1, name=A)
[2019-05-02 19:57:28.201] boot - INFO [http-nio-8087-exec-1] --- MqDelayQueuePublisher: RabbitMQ死信队列消息模型-生产者-发送消息入延迟队列-消息:
DeadDto(id=2, name=B)
[2019-05-02 19:57:28.202] boot - INFO [http-nio-8087-exec-1] --- MqDelayQueuePublisher: RabbitMQ死信队列消息模型-生产者-发送消息入延迟队列-消息:
DeadDto(id=3, name=C)
[2019-05-02 19:57:28.205] boot - INFO [AMQP Connection 127.0.0.1:5672] --- RabbitmqConfig: 消息发送成功:correlationData(null),ack(true),cause
(null)
[2019-05-02 19:57:28.208] boot - INFO [AMQP Connection 127.0.0.1:5672] --- RabbitmqConfig: 消息发送成功:correlationData(null),ack(true),cause
(null)
[2019-05-02 19:57:28.209] boot - INFO [AMQP Connection 127.0.0.1:5672] --- RabbitmqConfig: 消息发送成功:correlationData(null),ack(true),cause
(null)
[2019-05-02 19:57:38.243] boot - INFO [SimpleAsyncTaskExecutor-1] --- MqDelayQueueConsumer: RabbitMQ死信队列消息模型-消费者-监听消费真正队列中的
消息: DeadDto(id=1, name=A)
[2019-05-02 19:57:38.279] boot - INFO [SimpleAsyncTaskExecutor-1] --- MqDelayQueueConsumer: RabbitMQ死信队列消息模型-消费者-监听消费真正队列中的
消息: DeadDto(id=2, name=B)
[2019-05-02 19:57:38.280] boot - INFO [SimpleAsyncTaskExecutor-1] --- MqDelayQueueConsumer: RabbitMQ死信队列消息模型-消费者-监听消费真正队列中的
消息: DeadDto(id=3, name=C)
```

进入死信队列中的消息的顺序为A、B、C;但是从死信队列出来并被消费者监听消费的顺序竟然也还是A、B、C

图 8.25　RabbitMQ 死信队列运行代码控制台的输出结果

对于这样的输出结果，相信绝大多数的读者是不能接受的，因为 TTL（即消息的存
活时间）小的消息竟然不是最先"出来"的！在实际的项目中不建议将 RabbitMQ 死信
队列应用于"消息的 TTL 不相同"的业务场景中，因为这样的死信队列是有"坑"的！
因而 RabbitMQ 的死信队列一般在实际生产环境中适用于"消息的 TTL 的取值一样"的
场景。

8.2.7　延迟队列 Delayed Queue 实战 2

用户的需求是多样化的，永远不会按照程序员的思路走！在实际的生产环境中，仍旧存在着需要处理不同 TTL（即过期时间/存活时间）的业务数据的场景，为了解决此种业务场景，Redisson 提供了"延迟队列"这个强大的功能组件，它可以解决 RabbitMQ 死信队列出现的缺陷，即不管在什么时候，消息将按照 TTL 从小到大的顺序先后被真正的队列监听、消费，其在实际项目中的执行流程如图 8.26 所示。

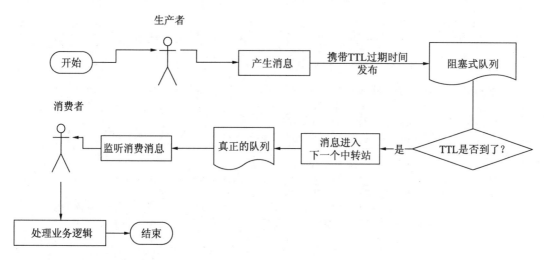

图 8.26　Redisson 延迟队列的执行流程

从图 8.26 中可以看出，Redisson 的延迟队列需要借助"阻塞式队列"作为"中转站"，用于充当消息的第一个暂存区（相当于 RabbitMQ 的死信交换机）。当 TTL 即存活时间一到，消息将进入真正的队列被监听消费。

下面采用实际的代码实现 Redisson 这个强大的功能组件，重新认识、理解并掌握如何用 Redisson 的延迟队列 Delayed Queue 延迟发送、接收消息。

（1）开发用于生产、发送消息的生产者 RedissonDelayQueuePublisher 类，主要作用在于将消息发送至指定的延迟队列中，并指定消息的 TTL，即存活时间。完整的源代码如下：

```
//导入依赖包
import com.debug.middleware.server.dto.DeadDto;
import org.redisson.api.*;
import org.slf4j.Logger;
import org.slf4j.LoggerFactory;
import org.springframework.beans.factory.annotation.Autowired;
import org.springframework.stereotype.Component;
import java.util.concurrent.TimeUnit;
/**
```

```
 * Redisson 延迟队列消息模型-生产者
 * @Author:debug (SteadyJack)
**/
@Component
public class RedissonDelayQueuePublisher {
    //定义日志
    private static final Logger log= LoggerFactory.getLogger
(RedissonDelayQueuePublisher.class);
    //定义 Redisson 的客户端操作实例
    @Autowired
    private RedissonClient redissonClient;
    /**
     * 发送消息入延迟队列
     * @param msg 消息
     * @param ttl 消息的存活时间-可以随意指定时间单位，在这里指毫秒
     */
    public void sendDelayMsg(final DeadDto msg, final Long ttl){
        try {
            //定义延迟队列的名称
            final String delayQueueName="redissonDelayQueueV3";
            //定义获取阻塞式队列的实例
            RBlockingQueue<DeadDto> rBlockingQueue=redissonClient.
getBlockingQueue(delayQueueName);
            //定义获取延迟队列的实例
            RDelayedQueue<DeadDto> rDelayedQueue=redissonClient.
getDelayedQueue(rBlockingQueue);
            //往延迟队列发送消息-设置的 TTL，相当于延迟了 "阻塞队列" 中消息的接收
            rDelayedQueue.offer(msg,ttl,TimeUnit.MILLISECONDS);

            log.info("Redisson 延迟队列消息模型-生产者-发送消息入延迟队列-消息: {}",msg);
        }catch (Exception e){
            log.error("Redisson 延迟队列消息模型-生产者-发送消息入延迟队列-发生异
常: {}",msg,e.fillInStackTrace());
        }
    }
}
```

从源代码中可以看出，在创建 Redisson 的延迟队列实例之前，需要预先创建阻塞式队列的实例作为创建延迟队列实例时的参数，代码如下：

```
//定义延迟队列的名称
final String delayQueueName="redissonDelayQueueV3";
//定义获取阻塞式队列的实例
RBlockingQueue<DeadDto> rBlockingQueue=redissonClient.getBlockingQueue
(delayQueueName);
//定义获取延迟队列的实例
RDelayedQueue<DeadDto> rDelayedQueue=redissonClient.getDelayedQueue
(rBlockingQueue);
```

（2）开发用于监听、消费并处理消息的消费者 RedissonDelayQueueConsumer 类，其完整的源代码如下：

```
//导入依赖包
import com.debug.middleware.server.dto.DeadDto;
import org.redisson.api.RBlockingQueue;
import org.redisson.api.RedissonClient;
import org.slf4j.Logger;
import org.slf4j.LoggerFactory;
import org.springframework.beans.factory.annotation.Autowired;
import org.springframework.scheduling.annotation.EnableScheduling;
import org.springframework.scheduling.annotation.Scheduled;
import org.springframework.stereotype.Component;
/**
 * Redisson 延迟队列消息模型-消费者
 * @Author:debug (SteadyJack)
**/
@Component
@EnableScheduling
public class RedissonDelayQueueConsumer{
    //定义日志
    private static final Logger log= LoggerFactory.getLogger
(RedissonDelayQueueConsumer.class);
    //定义 Redisson 的客户端操作实例
    @Autowired
    private RedissonClient redissonClient;
    /**
     * 监听消费真正队列中的消息
     * 每时每刻都在不断地监听执行
     * @throws Exception
     */
    @Scheduled(cron = "*/1 * * * * ?")
    public void consumeMsg() throws Exception {
        //定义延迟队列的名称
        final String delayQueueName="redissonDelayQueueV3";
        RBlockingQueue<DeadDto> rBlockingQueue=redissonClient.
getBlockingQueue(delayQueueName);
        //从队列中取出消息
        DeadDto msg=rBlockingQueue.take();
        if (msg!=null){
            log.info("Redisson 延迟队列消息模型-消费者-监听消费真正队列中的消息:
{} ",msg);

            //TODO:在这里执行相应的业务逻辑
        }
    }
}
```

　　从源代码中可以看出，延迟队列的消费者在监听、消费处理消息时，是通过阻塞队列的实例从队列中获取消息的，从这一点可以看出，Redisson 的延迟队列 Delayed Queue 的作用正是延迟了真正队列中消息的传输。

（3）在 QueueController 类中开发用于触发生产者生产和发送消息的方法，其完整的源代码如下：

```
//定义生产者实例
@Autowired
private RedissonDelayQueuePublisher redissonDelayQueuePublisher;
/**发送 redisson 延迟消息
 * @return
 */
@RequestMapping(value = prefix+"/redisson/msg/delay/send",method =
RequestMethod.GET)
public BaseResponse sendRedissonDelayMsg(){
    BaseResponse response=new BaseResponse(StatusCode.Success);
    try {
  //创建 3 个不同的实体对象用于充当 3 条不同的消息，同时指定不同的 TTL
        DeadDto msgA=new DeadDto(1,"A");
        final Long ttlA=8000L;
        DeadDto msgB=new DeadDto(2,"B");
        final Long ttlB=2000L;
        DeadDto msgC=new DeadDto(3,"C");
        final Long ttlC=4000L;
    //将消息发送至延迟队列中
        redissonDelayQueuePublisher.sendDelayMsg(msgA,ttlA);
        redissonDelayQueuePublisher.sendDelayMsg(msgB,ttlB);
        redissonDelayQueuePublisher.sendDelayMsg(msgC,ttlC);
    }catch (Exception e){
        response=new BaseResponse(StatusCode.Fail.getCode(),e.getMessage());
    }
    return response;
}
```

（4）运行项目，观察控制台的打印信息，如果没有相应的报错信息，即代表上述代码没有相应的语法级别的错误。打开 Postman 测试工具，选择请求方法为 GET，在地址栏输入 http://127.0.0.1:8087/middleware/queue/redisson/msg/delay/send 并单击 Send 按钮，即可发起相应的请求。稍等片刻，即可在控制台看到相应的输出结果，如图 8.27 所示。

对于这样的输出结果，相信读者应该是很满意的！由此可见，Redisson 的延迟队列不仅可以实现延迟发送、接收消息的作用，还可以根据不同的 TTL 决定消息被真正消费的先后顺序，而这一点也正好解决了 RabbitMQ 死信队列在处理不同 TTL 的消息时产生的缺陷。

值得一提的是，虽然 RabbitMQ 的死信队列有这样的缺陷，但也不能因为这一点瑕疵而否决了 RabbitMQ 死信队列的作用。在实际的生产环境中，读者只需要根据实际的业务来决定是采用 Redisson 的延迟队列还是 RabbitMQ 的死信队列，做到专业的组件干专业的事情！

六月 28, 2019 3:55:20 下午 org.apache.catalina.core.ApplicationContext log
[2019-06-28 15:55:20.120] boot - INFO [http-nio-8087-exec-3] --- DispatcherServlet: FrameworkServlet 'dispatcherServlet': initialization started
信息: Initializing Spring FrameworkServlet 'dispatcherServlet'
[2019-06-28 15:55:20.142] boot - INFO [http-nio-8087-exec-3] --- DispatcherServlet: FrameworkServlet 'dispatcherServlet': initialization completed in 22 ms
[2019-06-28 15:55:20.196] boot - INFO [http-nio-8087-exec-3] --- RedissonDelayQueuePublisher: Redisson延迟队列消息模型-生产者-发送消息入延迟队列-消息:
DeadDto(id=1, name=A)
[2019-06-28 15:55:20.197] boot - INFO [http-nio-8087-exec-3] --- RedissonDelayQueuePublisher: Redisson延迟队列消息模型-生产者-发送消息入延迟队列-消息:
DeadDto(id=2, name=B)
[2019-06-28 15:55:20.197] boot - INFO [http-nio-8087-exec-3] --- RedissonDelayQueuePublisher: Redisson延迟队列消息模型-生产者-发送消息入延迟队列-消息:
DeadDto(id=3, name=C)
[2019-06-28 15:55:22.220] boot - INFO [scheduled-thread-1] --- RedissonDelayQueueConsumer: Redisson延迟队列消息模型-消费者-监听消费真正队列中的消息: DeadDto
(id=2, name=B)
[2019-06-28 15:55:24.218] boot - INFO [scheduled-thread-1] --- RedissonDelayQueueConsumer: Redisson延迟队列消息模型-消费者-监听消费真正队列中的消息: DeadDto
(id=3, name=C)
[2019-06-28 15:55:28.216] boot - INFO [scheduled-thread-2] --- RedissonDelayQueueConsumer: Redisson延迟队列消息模型-消费者-监听消费真正队列中的消息: DeadDto
(id=1, name=A)

进入队列中的消息顺序为：A>B>C，其中TTL从小到大的顺序为：B、C、A，因而输出的先后顺序为B、C、A

图 8.27　Redisson 延迟队列控制台输出结果

8.3　分布式锁实战

在微服务、分布式系统时代，许多服务实例或者系统是分开部署的，它们将拥有自己独立的 Host（主机）和 独立的 JDK，导致应用系统在分布式部署的情况下，传统单体应用出现的"并发线程访问共享资源"的场景演变为"跨 JVM 进程之间的访问共享资源"，因而为了控制"分布式系统架构"下，并发线程访问共享资源时出现"数据不一致"等现象，"分布式锁"诞生了！

在前面的篇章中，我们已经知晓了多种实现分布式锁的方式，包括基于数据库级别的乐观锁、悲观锁，基于 Redis 的原子操作实现分布式锁，以及 基于 ZooKeeper 的有序临时节点和 Watcher 机制实现分布式锁等方式，每种实现方式的优缺点各不相同，适应的应用场景也是不一样的。本节将介绍另外一种高可用、高性能的实现方式，即采用 Redisson 的分布式锁功能组件进行实现。

8.3.1　重温分布式锁

传统的 Java 单体应用一般是通过 JDK 自身提供的 Synchronized 关键字、Lock 类等工具控制并发线程对共享资源的访问，这种方式在很长一段时间内确实可以起到很好的"保护"共享资源的作用，在早期的许多 Java 应用系统中都可以看到其踪影。

然而，此种方式对服务、系统所在 Host 的 JDK 是有很强的依赖性的，一般情况下，一台主机 Host 将部署一个服务实例或者子系统，而另外的主机将部署同样具有相同服务的不同实例，即在分布式或者集群部署的环境下，服务、系统是独立、分开部署的，每个服务实例将拥有自己独立的 Host、独立的 JDK，而这也导致了传统的和通过 JDK 自身提供的工具，控制多线程并发访问共享资源的方式显得"捉襟见肘"。

为此，分布式锁出现了！分布式锁也是一种锁机制，只不过是专门应对"分布式"的环境而设计的，它并不是一种全新的中间件或者组件，而是一种机制，一种实现方式，甚至可以说是一种解决方案。它指的是在分布式部署的环境下，通过锁机制让多个客户端或者多个服务进程和线程互斥地对共享资源进行访问，从而避免出现并发安全、数据不一致等问题。

在前面的章节中，我们已经对分布式锁相关的知识要点有所了解，包括基本的概念、执行流程、各种实现方式的优缺点和应用场景及其相应的实现代码。本节将介绍另外一种高可用、高性能的实现方式，即基于 Redisson 的分布式锁这个强大的功能组件，同时将以实际生产环境中的典型的业务场景为案例，配以实际的代码进行实现。

众所周知，开源中间件 Redisson 是架设在 Redis 的基础上而设计的一款 Java 驻内存网格，可以说是一款新型的、操作更为便捷的、具有更高性能的综合中间件。虽然它是基于缓存中间件 Redis 而设计的，但是却拥有比 Redis 更为高效的性能，特别是在分布式锁的实现方式上，Redisson 的分布式锁功能组件解决了采用基于 Redis 的原子操作实现分布式锁的方式的缺陷。下面介绍其中一个典型的缺陷。

当采用基于 Redis 的原子操作实现分布式锁时，如果负责储存这个分布式锁的 Redis 节点发生了宕机等情况，而该"锁"又正好处于被锁住的状态，那么这个"锁"很有可能会出现被锁死的状态，即传说中的"死锁"。为了避免这种情况的发生，Redisson 内部提供了一个监控锁的"看门狗"，其作用是在 Redisson 实例被关闭之前，不断地延长分布式锁的有效期。在默认情况下，"看门狗"检查锁的超时时间是 30 秒钟，当然，在实际业务场景下，也可以通过修改 Config.lockWatchdogTimeout 进行设置。

值得一提的是，开源中间件 Redisson 的设计者考虑到实际生产环境中，控制多线程"并发访问共享资源"的情况可以有许多种，因而设计了多种针对不同应用场景下的分布式锁，按照功能特性的不同，主要包含了可重入锁（Reentrant Lock）、公平锁（Fair Lock）、联锁（MultiLock）、红锁（RedLock）、读写锁（ReadWriteLock）、信号量（Semaphore）及闭锁（CountDownLatch）等功能组件。

不同的分布式锁功能组件其实现方式、作用及适应的应用场景是不一样的，本节将重点介绍 Redisson 提供的"可重入锁"这个功能组件，包括其基本概念及实现方式，如图 8.28 所示为 Redisson 的分布式锁（以"可重入锁"为例）在实际业务场景中的执行流程。

值得一提的是，Redisson 提供的"可重入锁"功能组件有一次性与可重入两种实现方式。一次性指的是当前线程如果可以获取到分布式锁，则成功获取之，否则，将**永远失败**下去，即所谓"永不翻身"；可重入指的是如果当前线程不能获取到分布式锁，它并不会立即失败，而会等待一定的时间后重新获取分布式锁，这种方式也可以简单理解为"虽为咸鱼，却仍有可翻身的机会"。

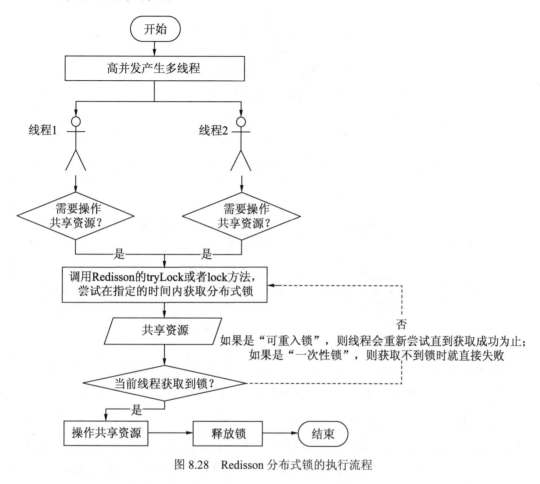

图 8.28　Redisson 分布式锁的执行流程

8.3.2　分布式锁之一次性锁实战

正如前面所讲，分布式锁的一次性，指的是高并发产生多线程时，如果当前线程可以获取到分布式锁，则成功获取之，如果获取不到，当前线程将**永远**的被"抛弃"。这对于该线程而言，相当于有一道天然的屏障一样，永远地阻隔了该线程与共享资源"见面"。

分布式锁的一次性方式适用于那些在同一时刻而且是在很长的一段时间内，仍然只允许只有一个线程访问共享资源的场景，比如用户注册、重复提交、抢红包等业务场景。在开源中间件 Redisson 这里，主要是通过 lock.lock()方法实现。

下面以前面章节介绍过的典型应用场景"用户重复提交注册信息"为案例，采用 Redisson 的分布式锁之"一次性锁"进行实战演示，这一业务场景的执行流程如图 8.29

所示。

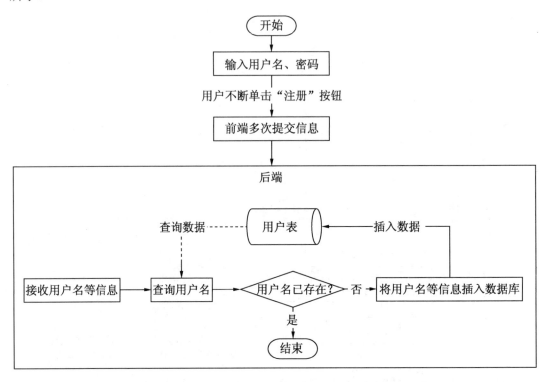

图 8.29　"用户重复提交注册信息"业务流程图

　　经过分析可以得知,该业务场景的整体流程在高并发的环境下是存在"并发安全"问题的,而这个问题的产生是因为没有将"判断用户名是否已注册"和"插入用户信息到数据库中"这两个操作视为一个"整体性的操作",导致高并发产生多线程请求时,程序来不及判断,最终出现"同时有多个相同的用户名注册成功"的现象。

　　因此,需要在执行这个整体性的操作之前加分布式锁,为实际的、访问共享资源的操作赢得充分的时间,从而避免出现"数据不一致"的情况。

　　(1)在用户注册服务 UserRegService 类中开发"控制多线程请求提交用户注册信息"的方法逻辑,完整的源代码如下:

```
//定义 Redisson 的客户端操作实例
@Autowired
private RedissonClient redissonClient;
/**
 * 处理用户提交注册的请求-加 Redisson 分布式锁
 * @param dto
 * @throws Exception
 */
public void userRegRedisson(UserRegDto dto) throws Exception{
    //定义锁的名称
```

```
    final String lockName="redissonOneLock-"+dto.getUserName();
    //获取分布式锁实例
    RLock lock=redissonClient.getLock(lockName);
  try {
        //操作共享资源之前上锁
        //在这里可以通过 lock.lock()方法, 也可以通过调用如下的方法, 即上锁之后, 不管
何种状况, 10 秒后会自动释放
        lock.lock(10,TimeUnit.SECONDS);
        //TODO: 以下为真正的核心处理逻辑
        //根据用户名查询用户实体信息
        UserReg reg=userRegMapper.selectByUserName(dto.getUserName());
        //如果当前用户名还未被注册, 则将当前用户信息注册入数据库中
        if (reg==null){
            log.info("---加了 Redisson 分布式锁之一次性锁---,当前用户名为: {} ",
dto.getUserName());
            //创建用户注册实体信息
            UserReg entity=new UserReg();
            //将提交的用户注册请求实体信息中对应的字段取值
            //复制到新创建的用户注册实体的相应字段中
            BeanUtils.copyProperties(dto,entity);
            //设置注册时间
            entity.setCreateTime(new Date());
            //插入用户注册信息
            userRegMapper.insertSelective(entity);
        }else {
            //如果用户名已被注册, 则抛出异常
            throw new Exception("用户信息已经存在!");
        }
  }catch (Exception e){
        log.error("---获取 Redisson 的分布式锁失败!---");
        throw e;
  }finally {
        //TODO:不管发生何种情况, 在处理完核心业务逻辑之后, 需要释放该分布式锁
        if (lock!=null){
        //释放锁
            lock.unlock();
            //在某些严格的业务场景下, 也可以调用强制释放分布式锁的方法
            //lock.forceUnlock();
        }
  }
}
```

从上述源代码中可以看出, 可以通过调用 lock.lock()或者 lock.lock(ttl,timeUnit)方法为共享资源上锁。在实际项目中, 笔者更偏向于使用后者为共享资源加一次性锁, 因为该方法提供了一种"到时间便自动释放"的机制, 可以很好地避免出现死锁的情况。

(2) 在 UserRegController 类的"提交用户注册信息"方法中调用上述开发好的服务处理逻辑, 该方法的完整源代码如下:

```
/**
 * 提交用户注册信息
```

```
 * @param dto
 * @return
 */
@RequestMapping(value = prefix+"/submit",method = RequestMethod.GET)
public BaseResponse reg(UserRegDto dto){
    //校验提交的用户名、密码等信息
    if (Strings.isNullOrEmpty(dto.getUserName()) || Strings.isNullOrEmpty
(dto.getPassword())){
        return new BaseResponse(StatusCode.InvalidParams);
    }
    //定义返回信息实例
    BaseResponse response=new BaseResponse(StatusCode.Success);
    try {
        //处理用户提交请求-加 Redisson 分布式锁
        userRegService.userRegRedisson(dto);
    }catch (Exception e){
        //发生异常情况的处理
        response=new BaseResponse(StatusCode.Fail.getCode(),e.getMessage());
    }
    //返回响应信息
    return response;
}
```

（3）直接采用在前面章节已经建立好的 Jmeter 测试计划，对上述代码逻辑进行压力测试。需要注意的是，该测试计划相应的参数都保持不变，包括并发的线程数、请求的 HTTP 链接、端口、请求参数、请求方法等，只需要变更测试计划需要读取的 CSV 数据文件的内容即可，将该 CSV 数据文件的内容调整为 userA、userB 等 4 个取值，用于并发产生多线程请求时，作为每个请求携带的 userName 参数随机读取的值，如图 8.30 所示。

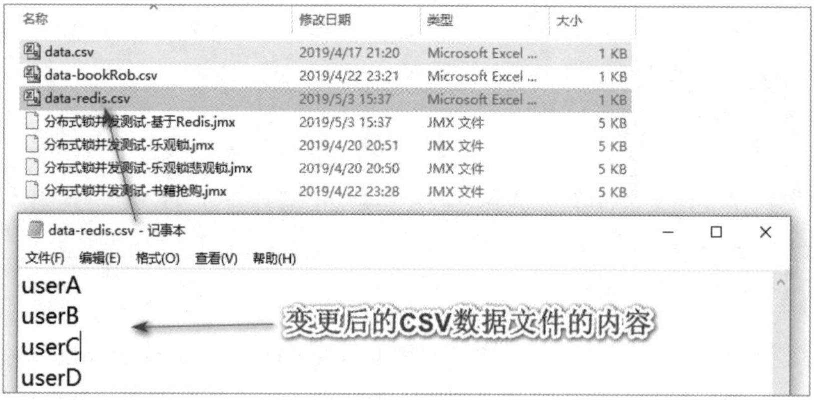

图 8.30　"用户重复提交注册信息"测试计划对应的 CSV 数据文件

单击 IDEA 的运行按钮，将整个项目运行起来，此时可以观察控制台的输出结果，如果没有相应的报错信息，则代表上述的代码逻辑没有语法方面的错误。

之后再单击 Jmeter 主界面的启动按钮，即可发起 1 秒内并发 1000 个线程的请求，每个请求将携带两个参数，一个是密码参数 password，取值固定为 123456；另一个是用户名参数 userName，该参数的取值将从上述的 CSV 数据文件中随机获取。

此时再观察控制台的输出信息可以看到，纵然高并发产生了 1000 个线程请求，但是在 Redisson 的分布式锁面前，始终只有 4 个线程请求（因为 CSV 数据文件中最多只有 4 个用户）可以获取到分布式锁，成功将用户信息插入到数据库中。控制台的输出结果如图 8.31 所示。

```
INFO [http-nio-8087-exec-122] --- DispatcherServlet: FrameworkServlet 'dispatcherServlet': initialization

INFO [http-nio-8087-exec-122] --- DispatcherServlet: FrameworkServlet 'dispatcherServlet': initialization
只有这4个线程请求获取到了分布式锁!
INFO [http-nio-8087-exec-15]  --- UserRegService: ---加了Redisson分布式锁之一次性锁---,当前用户名为: userC
INFO [http-nio-8087-exec-120] --- UserRegService: ---加了Redisson分布式锁之一次性锁---,当前用户名为: userA
INFO [http-nio-8087-exec-161] --- UserRegService: ---加了Redisson分布式锁之一次性锁---,当前用户名为: userB
INFO [http-nio-8087-exec-7]   --- UserRegService: ---加了Redisson分布式锁之一次性锁---,当前用户名为: userD
```

图 8.31　"用户重复提交注册信息"控制台的输出结果

与此同时，还可以打开数据库相应的数据库表 user_reg 表中查看相应的数据记录，可以看到数据表中最终确实只有 4 个用户信息可以成功插入到数据库中，如图 8.32 所示。

图 8.32　"用户重复提交注册信息"数据库表的记录结果

至此，关于 Redisson 分布式锁的一次性锁在实际生产环境中的代码实现与自测已经完成了，在这里强烈建议读者一定要按照书中提供的样例代码，亲自动手编写、实践，只有真正实践过了，才会发现 Redisson 这种实现分布式锁的方式相对于 Redis 的原子操作实现的分布式锁 实现起来更为便捷！

8.3.3　分布式锁之可重入锁实战

分布式锁的可重入，指的是当高并发产生多线程时，如果当前线程不能获取到分布式锁，它并不会立即被"抛弃"，而是会等待一定的时间，重新尝试去获取分布式锁。如果可以获取成功，则执行后续操作共享资源的步骤；如果不能获取到锁，而且重试的时间达到了上限，则意味着该线程将被"抛弃"。对于该线程而言，这一过程相当于"虽彼时为咸鱼，但经过多次努力奋斗与尝试，终有可能可以成为鲨鱼"。

分布式锁的可重入方式适用于那些在同一时刻并发产生多线程时，虽然在某一时刻不能获取到分布式锁，但是却允许隔一定的时间重新获取到"分布式锁"并操作共享资源的场景。典型的应用场景当属商城平台高并发抢购商品的业务。

众所周知，商城平台在搞热卖商品的营销活动时，对外一般会宣称商品"库存有限"，提醒用户尽快抢购下单。然而在一般情况下，该热卖商品的实际库存是"永远"充足的，所以哪怕在某一时刻出现了"超卖"的现象，商家也会尽快采购商品发货，将库存补足，对于这种现象，读者也可以简单地理解为"饥饿营销"。

直白点理解就是商城平台允许当前不同用户并发的线程请求数大于商品当前的库存（来的用户越多越好）。当然除了同一用户并发的多个线程请求除外，因为这种情况有点类似于"用户刷单"，因而在商城平台的商品抢购流程中，虽然需要保证某一时刻只能有一个用户对应的一个线程"抢购下单"，但是却允许那些在某一时刻获取不到锁的其他用户线程重新尝试进行获取。

在采用基于缓存中间件 Redis 的原子操作实现分布式锁时，如果需要设置线程"可重入"，一般是通过 while(true){}的方式进行实现。此种实现方式不但不够"优雅"，还很有可能会加重应用系统整体的负担。

而在开源中间件 Redisson 里，主要是通过 lock.tryLock()方法来实现，代码如下。该方法有 3 个参数，表示当前线程在某一时刻如果能获取到锁，则会在 10 秒后自动释放，如果不能获取到锁，则会进入一直尝试的状态，直到尝试的时间达到了一个时间上限，在下面这段代码中这个上限指的是 100 秒。lock.tryLock()方法相应参数的设置可以视具体的应用和业务场景而定。

```
//获取 Redisson 分布式锁实例
RLock lock = redisson.getLock("anyLock");
//尝试加锁，最多等待 100 秒，上锁以后 10 秒自动解锁
boolean res = lock.tryLock(100, 10, TimeUnit.SECONDS);
```

下面以前面章节中介绍过的实际生产环境中典型的应用场景"商城高并发抢购"为案例，采用 Redisson 的分布式锁的"可重入锁"进行代码实现，使读者掌握如何采用 Redisson 的"可重入锁"实现商城高并发抢购的业务。同时，笔者将会介绍一种如何允许"商品超

卖"的方式，并在商品出现超卖的情况时采用定时检测的机制通知商家。该应用场景整体的业务流程如图 8.33 所示。

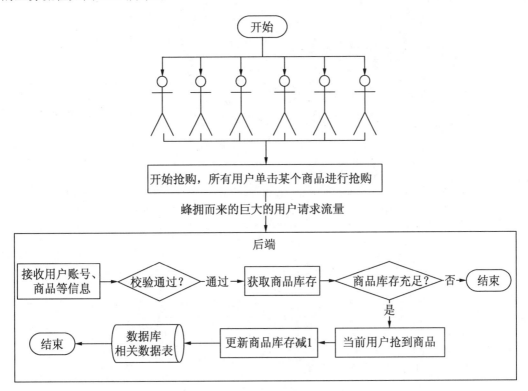

图 8.33　"商城高并发抢购"场景业务流程

接下来进入代码实现环节。

（1）在书籍抢购服务 BookRobService 类中添加"用 Redisson 的分布式锁处理并发抢购逻辑"的方法，完整的源代码如下：

```
//定义 Redisson 的客户端操作实例
@Autowired
private RedissonClient redissonClient;
/**
 * 处理书籍抢购逻辑-加 Redisson 分布式锁
 * @param dto 并发线程的请求信息
 */
@Transactional(rollbackFor = Exception.class)
public void robWithRedisson(BookRobDto dto) throws Exception{
  //定义分布式锁的名称
    final String lockName="redissonTryLock-"+dto.getBookNo()+"-"+dto.
getUserId();
 //获取 Redisson 的分布式锁实例
```

```
    RLock lock=redissonClient.getLock(lockName);
    try {
    //尝试获取分布式锁，如果返回 true，即代表成功获取到了分布式锁
        Boolean result=lock.tryLock(100,10,TimeUnit.SECONDS);
        if (result){
            //TODO：真正的核心处理逻辑
            //根据书籍编号查询记录
            BookStock stock=bookStockMapper.selectByBookNo(dto.getBookNo());
            //统计每个用户每本书的抢购数量
            int total=bookRobMapper.countByBookNoUserId(dto.getUserId(),
dto.getBookNo());
            //商品记录存在、库存充足，而且用户还没抢购过本书，则代表当前用户可以抢购
            if (stock!=null && stock.getStock()>0 && total<=0){
                //当前用户抢购到书籍，库存减 1
                int res=bookStockMapper.updateStockWithLock(dto.getBookNo());
                //如果允许商品超卖-达成饥饿营销的目的，则可以调用下面的方法
                //int res=bookStockMapper.updateStock(dto.getBookNo());
                //更新库存成功后，需要添加抢购记录
                if (res>0){
                    //创建书籍抢购记录实体信息
                    BookRob entity=new BookRob();
                    //将提交的用户抢购请求实体信息中对应的字段取值
                    //复制到新创建的书籍抢购记录实体的相应字段中
                    entity.setBookNo(dto.getBookNo());
                    entity.setUserId(dto.getUserId());
                    //设置抢购时间
                    entity.setRobTime(new Date());
                    //插入用户注册信息
                    bookRobMapper.insertSelective(entity);
                    log.info("---处理书籍抢购逻辑-加 Redisson 分布式锁---,当前线程
成功抢到书籍：{} ",dto);}
                }else {
                    //如果不满足上述的任意一个 if 条件，则抛出异常
                    throw new Exception("该书籍库存不足!");
                }
            }else{
                throw new Exception("----获取 Redisson 分布式锁失败!----");
            }
    }catch (Exception e){
        throw e;
    }finally {
        //TODO：不管发生何种情况，在处理完核心业务逻辑之后，需要释放该分布式锁
        if (lock!=null){
            lock.unlock();

            //在某些严格的业务场景下，也可以调用强制释放分布式锁的方法
            //lock.forceUnlock();
```

```
        }
    }}
```

其中，在该服务处理逻辑中，如果商城平台的商家允许商品超卖的情况出现（为了实现业绩），则只需要调整下面这段代码即可：

```
//当前用户抢购到书籍，库存减 1   -   将下面这段代码注释掉
//int res=bookStockMapper.updateStockWithLock(dto.getBookNo());
//如果允许商品超卖-达成饥饿营销的目的，则可以调用下面的方法 - 将下面这段代码的注释去掉
int res=bookStockMapper.updateStock(dto.getBookNo());
```

（2）在处理书籍抢购请求的 BookRobController 中调用上述服务类提供的方法，该请求对应的完整源代码如下：

```
/**
* 用户抢购书籍请求
* @param dto 请求体
*/
@RequestMapping(value = prefix+"/request",method = RequestMethod.GET)
public BaseResponse takeMoney(BookRobDto dto){
//判断参数的合法性
  if (Strings.isNullOrEmpty(dto.getBookNo()) || dto.getUserId()==null ||
dto.getUserId()<=0){
      return new BaseResponse(StatusCode.InvalidParams);
  }
//定义响应结果实例
  BaseResponse response=new BaseResponse(StatusCode.Success);
  try {
      //加 Redisson 分布式锁的情况
      bookRobService.robWithRedisson(dto);
  }catch (Exception e){
      response=new BaseResponse(StatusCode.Fail.getCode(),e.getMessage());
  }
//返回响应结果
  return response;
}
```

（3）直接采用在前面章节已经建立好的 Jmeter 测试计划，对上述代码逻辑进行压力测试。需要注意的是，测试计划相应的参数都保持不变，包括并发的线程数、请求的 HTTP 链接、端口、请求参数和请求方法等，只需要变更测试计划需要读取的 CSV 数据文件的内容即可，即将该 CSV 数据文件的内容调整为 20001 至 20009 等 9 个取值，用于并发产生多线程请求时，作为每个请求携带的 userName 参数随机读取的值，如图 8.34 所示。

单击 IDEA 的运行按钮，将整个项目运行起来，此时可以观察控制台的输出结果。如果没有相应的报错信息，则代表上述的代码逻辑没有语法方面的错误。在单击运行 Jmeter

的启动按钮之前，需要在数据库表 book_stock 中设置当前待抢购的书籍的初始库存，如图
8.35 所示，代表当前待抢购的书籍编号为 BS20190421001，库存为 5 本的记录（当然，实
际生产环境中肯定不止 5 本）。

　　理论上，由于设置的并发用户有 9 个，而书籍的库存只有 5 本，因而不管并发多个线
程，最终只有 5 个用户可以成功抢购到该本书籍。

　　单击 Jmeter 主界面的启动按钮，即可发起 1 秒内并发 1000 个线程的请求。每个请求
将携带两个参数，一个是书籍编号参数 bookNo，取值固定为 BS20190421001；另一个是
用户 id 参数 userId，该参数的取值将从上述的 CSV 数据文件中随机获取。

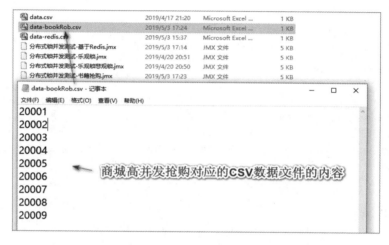

图 8.34　"商城高并发抢购"测试计划对应的 CSV 数据文件

图 8.35　"商城高并发抢购"设置数据库表的书籍库存

　　启动成功之后，可以观察控制台的输出信息，可以看到，纵然高并发产生了 1000 个
线程请求，但是在 Redisson 的分布式锁面前，却始终只有 5 个线程请求（因为该书籍的库
存最多只有 5 本）可以获取到分布式锁，控制台的输出结果如图 8.36 所示。

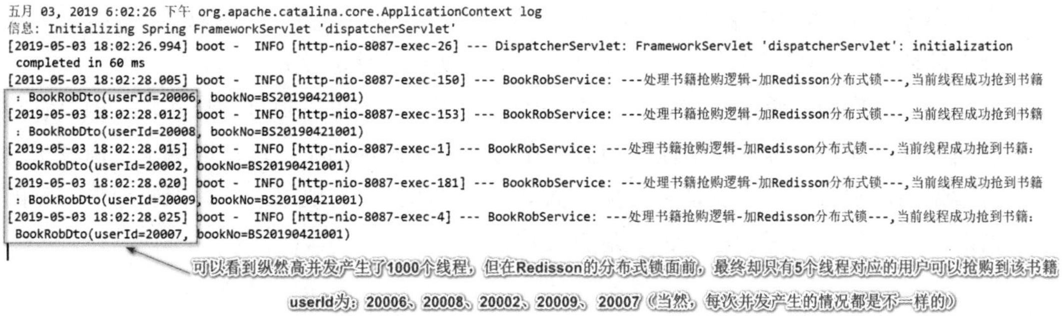

```
五月 03, 2019 6:02:26 下午 org.apache.catalina.core.ApplicationContext log
信息: Initializing Spring FrameworkServlet 'dispatcherServlet'
[2019-05-03 18:02:26.994] boot - INFO [http-nio-8087-exec-26] --- DispatcherServlet: FrameworkServlet 'dispatcherServlet': initialization
  completed in 60 ms
[2019-05-03 18:02:28.005] boot - INFO [http-nio-8087-exec-150] --- BookRobService: ---处理书籍抢购逻辑-加Redisson分布式锁---,当前线程成功抢到书籍
  : BookRobDto(userId=20006, bookNo=BS20190421001)
[2019-05-03 18:02:28.012] boot - INFO [http-nio-8087-exec-153] --- BookRobService: ---处理书籍抢购逻辑-加Redisson分布式锁---,当前线程成功抢到书籍
  : BookRobDto(userId=20008, bookNo=BS20190421001)
[2019-05-03 18:02:28.015] boot - INFO [http-nio-8087-exec-1] --- BookRobService: ---处理书籍抢购逻辑-加Redisson分布式锁---,当前线程成功抢到书籍:
  BookRobDto(userId=20002, bookNo=BS20190421001)
[2019-05-03 18:02:28.020] boot - INFO [http-nio-8087-exec-181] --- BookRobService: ---处理书籍抢购逻辑-加Redisson分布式锁---,当前线程成功抢到书籍
  : BookRobDto(userId=20009, bookNo=BS20190421001)
[2019-05-03 18:02:28.025] boot - INFO [http-nio-8087-exec-4] --- BookRobService: ---处理书籍抢购逻辑-加Redisson分布式锁---,当前线程成功抢到书籍:
  BookRobDto(userId=20007, bookNo=BS20190421001)
```

可以看到纵然高并发产生了1000个线程，但在Redisson的分布式锁面前，最终却只有5个线程对应的用户可以抢购到该书籍 userid为：20006、20008、20002、20009、20007（当然，每次并发产生的情况都是不一样的）

图 8.36　"商城高并发抢购"控制台的输出结果

与此同时，还可以打开数据库相应的数据库表，即在书籍库存表 book_stock 和书籍抢购用户记录表 book_rob 中查看相应的数据记录，可以看到，数据表中最终只有 5 个用户成功抢购到该书籍，如图 8.37 所示。

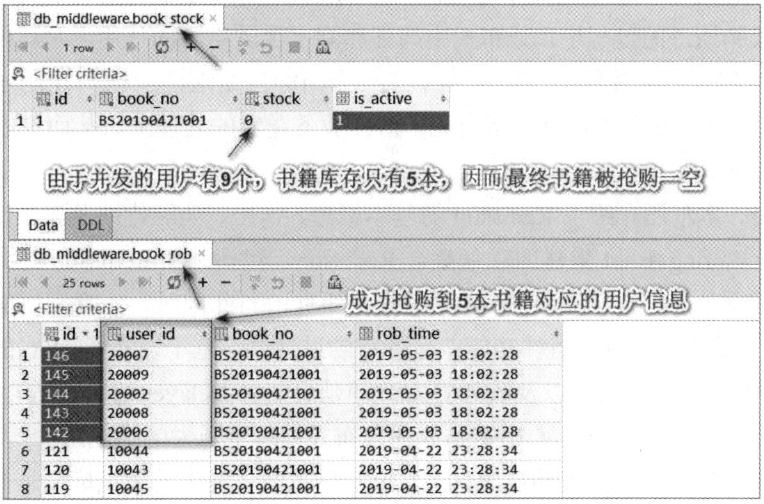

图 8.37　"商城高并发抢购"数据库表的记录结果

至此，关于 Redisson 分布式锁的可重入锁在实际生产环境中的代码实现与自测已经完成了。从控制台的运行结果与数据库表的记录结果可以得知，Redisson 的可重入锁确实可以很好地控制高并发产生的多线程对共享资源的并发访问，从而避免了最终出现数据不一致的现象。

在前面实现"书籍抢购服务"的代码逻辑中，笔者也提供了如何允许书籍抢购出现"超卖"的现象，即只需要在更新商品库存时允许商品的库存出现负数即可。

除此之外，还需要编写一个定时检测商品库存出现负数的定时器，用于检测库存出现"超卖"的商品。当商品的库存出现负数时，需要在代码逻辑中以发送短信或发送邮件的方式告知商家，当前抢购的商品已经出现了"超卖"的现象，需要及时调整该商品记录"库存字段"的取值为正数，并在线下及时采购商品，从而才能够正常发货。

这一机制对应的代码逻辑在这里就不展开介绍了，读者可以自行尝试实现，如果有相应的问题，可以联系笔者进行交流。当然，在这里需要提及的是，正常情况下，商城平台为了持续保持用户流量，一般是不会允许商品出现"超卖"的现象，读者需要根据实际的业务情况自行斟酌，选择合适的方式进行处理。

8.4　总　结

在互联网、移动互联网时代，企业自身为了适应业务规模和用户数据量的增长，一般情况下会对其相应的应用系统不断地进行改进、优化、升级，以及迭代和更新。在企业级 Java 应用时代便经历了集中式的单体 Java 应用系统架构到分布式系统架构的演进，而在分布式系统架构演进的过程中，分布式中间件起到了至关重要的作用，尤其是高性能的中间件，更是起到了不可替代的作用。本章主要介绍的便是这样一款高性能分布式中间件 Redisson，它可以让使用者将更多精力集中放在业务逻辑的处理上，从而更好地拆分应用整体的系统架构。

除此之外，本章还介绍了 Redisson 的基本概念、作用、功能特性及典型应用场景；介绍了如何基于 Spring Boot 搭建的项目整合 Redisson，包括添加 Redisson 的相关依赖包、整合核心配置文件及自定义注入 Bean 相关操作组件；与此同时，本章还以实际代码实现了 Redisson 常见的典型数据组件功能，包括布隆过滤器、基于发布-订阅式的主题、数据结构之映射 Map、集合 Set，以及队列 Queue 和延迟队列 Delayed Queue 等功能组件。

在本章的最后还重点介绍了 Redisson 的分布式锁这个强大的功能组件，其中主要介绍了可重入锁和一次性锁这两大功能组件，并以实际生产环境中的典型应用场景为案例，配以实际代码进行了演示，进一步加深、巩固读者对 Redisson 分布式锁实现方式的理解。

对于本章涉及的相关代码，笔者依旧是强烈建议读者一定要根据书中提供的样例代码亲自"上阵"，按照提供的思路进行代码编写。只有经过"真枪实战"的演练，才能真正地掌握其中的精髓及相应的知识点，才能进一步地深入底层，掌握其底层的实现逻辑。

第 9 章 Redisson 典型应用场景实战之高性能点赞

在前面的章节中，我们主要介绍了综合中间件 Redisson 的相关理论知识要点。本章我们将"乘胜追击"，以实际生产环境中的典型应用场景"点赞"业务作为案例，深入介绍"点赞"业务在实际项目中的实现流程及常见问题，然后将对其进行深入剖析，并针对这些问题提出相应的解决方案。在此期间将采用实际的代码进行实际演示，从而进一步加深读者对 Redisson 相关知识要点的理解，以巩固 Redisson 在实际生产环境中的应用。

本章的主要内容有：

- 对"点赞"业务场景进行整体介绍、分析、模块划分，并根据划分好的业务模块进行数据库设计。
- 对"点赞和取消点赞"业务模块进行介绍与分析，并采用 MVCM 开发模式，以实际的代码实现相关功能。
- 对"点赞排行榜"业务模块进行介绍与分析，并采用"Redis + 数据库"的 Group By 和 Order By 模式进行代码实现。
- 对整体的开发流程做一个回顾与总结。

9.1 整体业务流程介绍与分析

作为一名技术开发者，笔者经常在各大平台发表各种类型的技术文章，有时是为了记录学习心得，有时是为了分析"踩坑"经历。而各大平台几乎都提供了对所发表文章进行"点赞"的功能。作为互联网时代的各位读者朋友，相信或多或少都"点赞"或者"取消点赞"过他人分享的文章。

对于一些并发用户量并不高的平台，正常情况下"点赞"操作并不会对系统后端造成多大的压力负载，此时的后端接口只需要按照正常的逻辑进行处理即可。然而，对于一些热点新闻、文章或者博客（比如"微博 App"的热搜，特别是一些具有爆炸性的娱乐八卦新闻），每次出现时都会有巨大的用户量发起点赞、评论、转发及收藏等操作，这对于系统后端而言，可以说是一种高并发的用户请求。

本节将以实际生产环境中"微博 App"中热搜的"点赞"业务为案例，介绍并分析该应用场景的整体业务流程，并对该应用场景进行模块划分及数据库设计，为后续相应的代码实战做准备。

9.1.1　业务背景介绍

在互联网时代，许多新型的企业如雨后春笋般涌现，这些企业为了抓住用户流量，实现自身业绩的增长，一般会设计并推广自身研发的产品，通过产品及提供的服务留住用户群体，从而间接地实现企业盈利。尤其是在如今终端手机普及的移动互联网时代，更是涌现出了许多实用、优秀、吸引用户的产品，这些产品凭借着自身操作的便捷性和贴近用户生活习惯的特性，以及极佳的用户体验等优势，在各自的领域绽放光芒。

比如大家熟悉的微信或 QQ（社交领域）、支付宝（第三方支付领域）、淘宝（电商领域）、美团（用户生活与美食领域）、滴滴（用户出行领域）、微博（娱乐以及新闻领域）等移动端 App 应用，几乎已经成为了人们日常必备的应用产品。这些产品拥有巨大的用户流量，可以称之为优秀的产品。之所以这些产品可以吸引用户，保持着巨大的用户流量，除了本身具有极佳的用户体验和人性化操作之外，还得归功于起到"顶梁柱"作用的后端系统架构。

试想一下，如果在某一时刻使用这些 App 的用户量突增，高并发产生的多线程请求到达后端系统后，系统后端接口却由于支撑不住，导致前端迟迟得不到响应，最终出现"404 页面不存在"或者"502 Bad GateWay"等错误时，用户一定会感到失望，从而影响用户体验。

为了应对此种场景，企业一般会对相应产品的后端系统架构进行不断地改进、升级、迭代与优化，分布式应用系统架构便由此诞生。它凭借高吞吐、强扩展、高并发、低延迟及灵活部署等特点，直接促进了产品的迭代发展，也间接地给企业带来了巨大的收益。

作为分布式系统中关键的组件——分布式中间件，在分布式系统架构的演进、部署与实施中也起到了必不可少的作用。在正常情况下，一个"正规"的分布式系统架构一般不止由一个分布式中间件组成，而是由多个中间件协同合作，提供一系列的服务，共同完成项目中某些业务模块或者服务的处理等。

本章要介绍的便是综合中间件 Redisson 在实际生产环境中典型业务场景的使用，将前面章节中介绍过的 Redisson 分布式集合、分布式锁等功能组件应用到实际项目中，进一步加深和巩固读者对 Redisson 相关技术要点的理解。本章介绍的典型业务场景为模仿"微博 App"中"热搜"的"点赞"业务场景。

对于"微博 App"中的"热搜"，相信读者都不陌生。许多用户几乎每天都会"刷一刷"，而且还会进行点赞、收藏、评论、转发等操作。用户如果是在正常的时间段内执行这样的操作,应用系统一般不会出现太大的问题。然而,对于一些"热搜"新闻,难免会有某一瞬间出现高并发用户的"点赞"等操作,对于这些操作,如果系统后端接口不采取相应的措施,很有可能在瞬间出现高并发时而导致宕机或者系统响应慢等问题。因而为了控制前端用户高并发的请求操作,应用系统架构一般会采取相应的"对策"。本章我们将从"缓存"层面入手,着手解决在某一瞬间用户出现高并发的"点赞"操作时出现的诸多问题,其中,将主要借助综合中间件 Redisson 实现。

9.1.2　业务流程介绍与分析

接下来便以"微博 App"应用中的"热搜"为案例,介绍该业务场景的整体业务流程。在这里需要的注意是,为了方便,后面所指的"热搜"即为博客。

一般情况下,一个完整的"点赞"业务模块包含两大核心操作,即**点赞**与**取消点赞**。当用户执行点赞操作时,系统后端首先会查询当前用户是否已经点赞过该博客了,如果已经点赞过了,则直接返回点赞成功;如果没有点赞过,当用户点赞时系统后端会记录一条该文章的点赞记录至数据库中,并设置该记录当前的状态为 1,表示当前用户已点赞该博客了。如图 9.1 所示为用户点赞操作的总体流程。

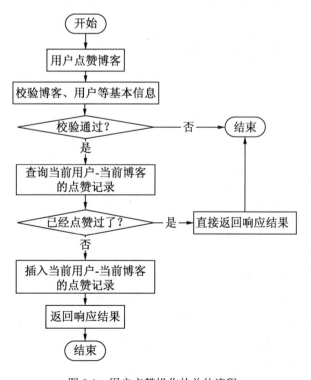

图 9.1　用户点赞操作的总体流程

　　而当用户执行取消点赞操作时，系统后端接口将首先判断当前用户是否已经点赞过该文章。如果已经点赞过了，则直接使该点赞记录失效，即将该记录的状态置为 0，表示当前用户已经取消点赞该文章；如果当前用户没有点赞过该博客，则直接返回取消点赞成功的提醒信息即可。如图 9.2 所示为用户取消点赞操作的总体流程。

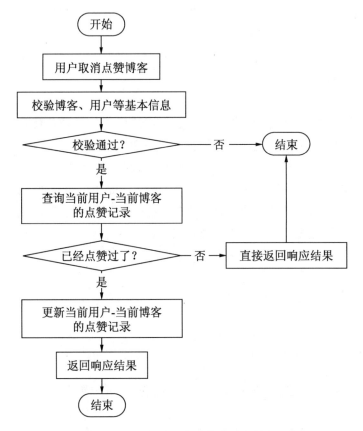

图 9.2　用户取消点赞操作的总体流程

　　从以上两个流程（图 9.1 和图 9.2）中可以看出，其实点赞与取消点赞操作涉及的业务逻辑并不复杂，执行比较多的操作是"查询是否有点赞记录"和"插入或更新点赞记录"，即先查询后插入的操作。

　　而对于这样的操作，在前面介绍分布式锁、Redisson 分布式锁等内容时就已经分析过了，先查询后插入的操作需要将其看作是一个不可分割的、整体的操作，即所谓的"共享资源"，否则在高并发产生多线程请求时，系统后端接口将很有可能由于"来不及处理"，而导致出现并发安全的问题，即数据不一致的现象，这种现象在点赞业务场景里将体现为"同一个用户出现多条对相同文章的点赞记录"。

　　为了控制这种现象的发生，后端接口一般会在执行这个整体的操作之前加分布式锁，即控制高并发产生的多线程请求对共享资源的并发访问，避免最终出现数据不一致的现象。

在"点赞"业务模块里，除了点赞操作和取消点赞操作之外，一般应用系统会开发专门的"排行榜"，即根据点赞的数量从大到小对博客进行排序，排得越靠前，代表该博客越热门。如图 9.3 所示为"点赞"业务场景中产生排行榜的总体流程。

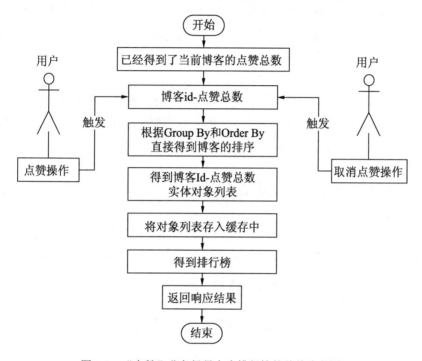

图 9.3　"点赞"业务场景产生排行榜的总体流程图

"排行榜"的产生在实际项目中可以有多种方式，有的是直接借助缓存中间件的相关组件进行实现，有的是直接借助数据库如 MySQL 的 Group By 和 Order By 关键字实现，不同的实现方式性能不一样，适用的业务场景也不尽相同。

而从流程图 9.3 中可以得知，对于高并发的"点赞"业务场景，笔者采用的是综合中间件 Redisson 中的相关组件，并结合数据库如 MySQL 的 Group By 和 Order By 关键字综合进行实现，此种方式只需要保证以下两点：

- 需要保证排行榜对应 SQL 的正确性，因为该 SQL 将直接用于产生"排行榜"，即已经排好序的实体对象列表，其中每个实体对象主要包含"博客 id""点赞总数"等字段。如果 SQL 的执行结果不正确，那其他执行的操作将是在做无用功。
- 提供一种触发机制，即用户在前端执行某些操作时，将实时触发缓存中排行榜的更新，而这主要是通过触发这样的一段代码逻辑：重新获取排好序的实体对象列表，并更新缓存中的排行榜，这个操作可以通过异步的方式进行触发。而在一些对实时性要求不高的业务模块中，也可以只通过定时的方式主动触发缓存中的排行榜。

对于"点赞"业务场景，其实应用系统更关注的是用户触发"点赞"和"取消点赞"操作后在数据库中产生的相关记录。因此只需要控制并保证用户在触发相应的操作时，数据库及时存储相应的记录，那么应用系统中其他的业务模块都可以基于此实现相应的操作，而这种控制对于系统后端而言是再简单不过了。

之所以上述方式在高并发的业务场景下具有可行性，主要是基于这样的假设，即 DB 数据库服务器宕机的几率要小于缓存服务器宕机的几率，这个假设在"云时代"几乎是成立的，特别是大型的互联网企业，其数据库几乎是采用云上的数据库，如阿里云数据库 RDS 等。

对于一些预算充足且具备雄厚实力的企业，一般会对数据库服务器采取 Master/Slave，即主/从备份的部署模式，并对于"读实例"的数据库服务器采取"集群"部署的模式（即所谓的多台主机部署模式），最终提高前端用户高并发、频繁访问排行榜的性能。

9.1.3　业务模块划分与数据库设计

从前面对"点赞"应用场景的介绍与分析中，可以得知该业务场景主要由 4 大操作模块构成，即点赞、取消点赞、点赞排行榜及缓存模块构成，如图 9.4 所示。

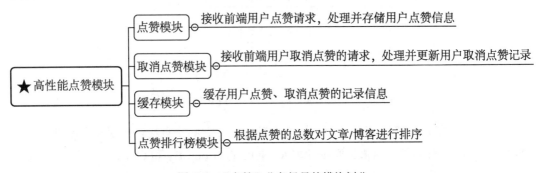

图 9.4　"点赞"业务场景的模块划分

- 点赞模块：主要是用于接收前端用户的点赞请求，处理并存储用户的点赞信息，最终将该点赞记录存储至数据库中，并设置其状态为 1，代表当前用户已经点赞当前博客了。
- 取消点赞模块：同理，该操作模块主要用于接收前端用户取消点赞的请求，处理并更新用户取消点赞的记录。即主要是将数据库中用户对该博客的点赞记录的状态置为 0，代表当前用户已经取消点赞当前博客了。
- 缓存模块：指用于缓存用户点赞、取消点赞的相关信息。在这里主要采用 Redisson 作为中间件进行辅助，并负责设计、构造存储至缓存中格式为"博客 id：用户 id"

的 Key。

- 点赞排行榜模块：主要是根据数据库中点赞的总数对文章/博客进行排序（从大到小或者从小到大的顺序都是可以的）。

在实现上述各大操作模块时，仍然采用 MVCM 的开发模式对相应的操作模块进行代码实现。

基于上述对"点赞"业务场景的分析及业务模块的划分，接下来进入数据库设计环节。对于"点赞"业务场景，其实核心操作主要是"点赞博客"及"取消点赞博客"，因而主要的数据库表包含"博客点赞记录表"，其 DDL（Data Definition Language，数据库表定义语句）如下：

```
CREATE TABLE `praise` (
  `id` int(11) NOT NULL AUTO_INCREMENT COMMENT '主键',
  `blog_id` int(11) NOT NULL COMMENT '博客 id',
  `user_id` int(11) NOT NULL COMMENT '点赞人',
  `praise_time` datetime DEFAULT NULL COMMENT '点赞时间',
  `status` int(11) DEFAULT '1' COMMENT '状态(1=正常;0=取消点赞)',
  `is_active` int(11) DEFAULT '1' COMMENT '是否有效(1=是;0=否)',
  `create_time` datetime DEFAULT NULL COMMENT '创建时间',
  `update_time` timestamp NULL DEFAULT NULL COMMENT '更新时间',
  PRIMARY KEY (`id`)
) ENGINE=InnoDB DEFAULT CHARSET=utf8mb4 COMMENT='用户点赞记录表';
```

当然，在这里笔者省略了用户信息、博客信息和博客类型等数据库表，因为对于"点赞"业务而言，这些数据库表只是起到附属的作用（但在整个应用系统中，这些数据库表也属于核心的部分）。

最后，采用 MyBatis 的逆向生成该数据库表的实体类 Entity、Mapper 操作接口，以及对应的动态 SQL 配置文件 Mapper.xml。

（1）开发实体类 Praise，其完整的源代码如下：

```
//实体类所在的包路径
package com.debug.middleware.model.entity;
//导入依赖包
import lombok.Data;
import lombok.ToString;
import java.util.Date;
/**
 * 点赞信息实体类
 */
@Data
@ToString
public class Praise {
    private Integer id;              //主键 id
    private Integer blogId;          //博客 id
    private Integer userId;          //点赞人 id
    private Date praiseTime;         //点赞时间
```

```
    private Integer status;              //点赞的状态
    private Integer isActive;            //是否有效
    private Date createTime;             //创建时间
    private Date updateTime;             //更新时间
}
```

（2）开发该实体类对应的 Mapper 操作接口 PraiseMapper，在该操作接口中，笔者除了保留"插入用户点赞信息"的操作方法外，还开发了"点赞"业务场景相关的方法，其完整的源代码如下：

```java
//所在的包路径
package com.debug.middleware.model.mapper;
//导入依赖包
import com.debug.middleware.model.dto.PraiseRankDto;
import com.debug.middleware.model.entity.Praise;
import org.apache.ibatis.annotations.Param;
import java.util.List;
/**
 * 点赞实体操作接口 Mapper
 */
public interface PraiseMapper {
    //插入点赞信息
    int insertSelective(Praise record);
    //根据博客 id 跟用户 id 查询点赞记录
    Praise selectByBlogUserId(@Param("blogId") Integer blogId, @Param
("uId") Integer uId);
    //根据博客 id 查询总的点赞数
    int countByBlogId(@Param("blogId") Integer blogId);
    //取消点赞博客
    int cancelPraiseBlog(@Param("blogId") Integer blogId, @Param("uId")
Integer uId);
    //获取博客点赞总数排行榜
    List<PraiseRankDto> getPraiseRank();
}
```

其中，PraiseRankDto 实体类指的是"博客点赞排行榜"中的实体对象，主要包含两个核心字段，即"博客 blogId""点赞总数 total"，其完整的源代码如下：

```java
//所在的包路径
package com.debug.middleware.model.dto;
//导入依赖包
import lombok.Data;
import lombok.ToString;
import java.io.Serializable;
/**
 * 博客点赞总数排行
 * @Author:debug (SteadyJack)
 **/
@Data
@ToString
public class PraiseRankDto implements Serializable{
    private Integer blogId;                    //博客 id
```

```
private Long total;                        //点赞总数
//空的构造器
public PraiseRankDto() {
}
//包含所有字段的构造器
public PraiseRankDto(Integer blogId, Long total) {
    this.blogId = blogId;
    this.total = total;
}
}
```

（3）开发该 Mapper 操作接口对应的动态 SQL 配置文件 PraiseMapper.xml，其核心的源代码如下：

```xml
<!--点赞实体操作 Mapper 所在的命名空间-->
<mapper namespace="com.debug.middleware.model.mapper.PraiseMapper" >
  <!--查询结果集映射-->
  <resultMap id="BaseResultMap" type="com.debug.middleware.model.entity.
Praise" >
    <id column="id" property="id" jdbcType="INTEGER" />
    <result column="blog_id" property="blogId" jdbcType="INTEGER" />
    <result column="user_id" property="userId" jdbcType="INTEGER" />
    <result column="praise_time" property="praiseTime" jdbcType="TIMESTAMP" />
    <result column="status" property="status" jdbcType="INTEGER" />
    <result column="is_active" property="isActive" jdbcType="INTEGER" />
    <result column="create_time" property="createTime" jdbcType="TIMESTAMP" />
    <result column="update_time" property="updateTime" jdbcType="TIMESTAMP" />
  </resultMap>
  <!--SQL 查询片段-->
  <sql id="Base_Column_List" >
    id, blog_id, user_id, praise_time, status, is_active, create_time,
    update_time
  </sql>
  <!--插入用户点赞记录-->
  <insert id="insertSelective" useGeneratedKeys="true" keyProperty="id"
parameterType="com.debug.middleware.model.entity.Praise" >
    insert into praise
    <trim prefix="(" suffix=")" suffixOverrides="," >
      <if test="id != null" >
        id,
      </if>
      <if test="blogId != null" >
        blog_id,
      </if>
      <if test="userId != null" >
        user_id,
      </if>
      <if test="praiseTime != null" >
        praise_time,
      </if>
      <if test="status != null" >
        status,
      </if>
      <if test="isActive != null" >
```

```
        is_active,
      </if>
      <if test="createTime != null" >
        create_time,
      </if>
      <if test="updateTime != null" >
        update_time,
      </if>
    </trim>
    <trim prefix="values (" suffix=")" suffixOverrides="," >
      <if test="id != null" >
        #{id,jdbcType=INTEGER},
      </if>
      <if test="blogId != null" >
        #{blogId,jdbcType=INTEGER},
      </if>
      <if test="userId != null" >
        #{userId,jdbcType=INTEGER},
      </if>
      <if test="praiseTime != null" >
        #{praiseTime,jdbcType=TIMESTAMP},
      </if>
      <if test="status != null" >
        #{status,jdbcType=INTEGER},
      </if>
      <if test="isActive != null" >
        #{isActive,jdbcType=INTEGER},
      </if>
      <if test="createTime != null" >
        #{createTime,jdbcType=TIMESTAMP},
      </if>
      <if test="updateTime != null" >
        #{updateTime,jdbcType=TIMESTAMP},
      </if>
    </trim>
  </insert>
  <!--根据博客id-用户id查询点赞记录-->
  <select id="selectByBlogUserId" resultType="com.debug.middleware.model.
entity.Praise">
    SELECT <include refid="Base_Column_List"/>
    FROM praise
    WHERE is_active = 1 AND status = 1 AND blog_id=#{blogId} AND user_id =
#{uId}
  </select>
  <!--根据博客id查询点赞数-->
  <select id="countByBlogId" resultType="java.lang.Integer">
    SELECT COUNT(id) AS total
    FROM praise
    WHERE is_active = 1 AND status = 1 AND blog_id=#{blogId}
  </select>
  <!--取消点赞博客-->
  <update id="cancelPraiseBlog">
    UPDATE praise SET status=0 WHERE is_active = 1 AND status = 1
    AND blog_id=#{blogId} AND user_id = #{uId}
  </update>
```

```
<!--获取博客点赞总数排行榜-->
<select id="getPraiseRank" resultType="com.debug.middleware.model.dto.
PraiseRankDto">
  SELECT
    blog_id  AS blogId,
    count(id) AS total
  FROM praise
  WHERE is_active = 1 AND status = 1
  GROUP BY blog_id
  ORDER BY total DESC
</select>
</mapper>
```

至此，关于"点赞"业务场景的代码已经完成了一小步，即该业务场景的 Dao 层（数据库访问层）已经开发完毕，在介绍后续操作模块的篇章中，将会再次对相应的 SQL 语句进行重点剖析。

9.2　"点赞与取消点赞"操作模块实战

对于"点赞"业务场景中的"点赞与取消点赞"操作模块，其核心操作对象其实在于"博客"这个实体，即不管用户发起的是"点赞"操作还是"取消点赞"操作，最终都是以"博客"或者"文章"这样的实体执行相应的业务逻辑。

本节将首先从"点赞""取消点赞"两个操作模块的业务流程入手，对其相应的执行流程进行剖析，之后将以 MVCM 的开发模式进行代码实战，最后对相应的代码逻辑进行自测。

9.2.1　"点赞与取消点赞"业务流程分析

对于"点赞"操作，正常情况下，用户在界面上单击"点赞"按钮时，会将当前用户的账户 id、博客/文章的 id 等请求信息提交到系统后端相应的接口，并等待后端接口的响应信息。如图 9.5 所示为业务场景中"点赞"操作模块的完整执行流程。

从图 9.5 中可以看出，"点赞"操作模块对应的系统后端接口在接收到相应的请求信息后，首先会进行"例行检查"，即校验数据的合法性，如果校验通过，会继续查询当前用户是否已经"点赞"当前博客/文章了，即查询数据库中是否有相应的"点赞记录"，如果没有相应的记录，则代表当前用户还没有"点赞"该博客。

此时可以将相应的请求信息插入到数据库中，同时，还需要将相应的数据记录存入缓存中，即将相应的点赞记录的"点赞状态（1=已点赞；0=取消点赞）"更新为 1，最终将相应的响应结果返回给前端。

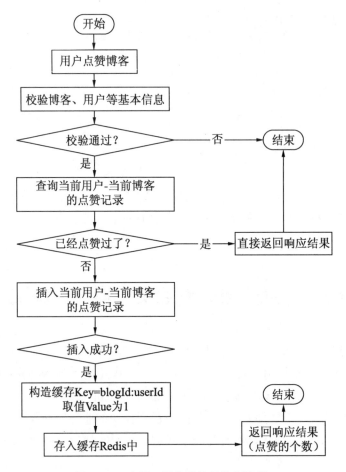

图 9.5　"点赞"操作模块的执行流程

而在实际生产环境中，返回给前端的"响应结果"可以有许多种，比如有最简单的提示信息"点赞成功！"，也有当前博客的点赞总数等，在"点赞"业务场景中，笔者是将"当前博客的点赞总数"作为响应结果返回给前端的。

而对于"取消点赞"操作模块，可以说是"点赞"操作模块的相反操作，如图 9.6 所示为"点赞"业务场景中"取消点赞"操作模块的执行流程。

从图 9.6 中可以看出，"取消点赞"操作模块对应的系统后端接口在接收到相应的请求信息后，首先会进行"例行检查"，即校验数据的合法性。如果校验通过，会继续查询当前数据库中是否有相应的"点赞记录"，如果存在相应的记录，则代表当前用户已经"点赞"该博客，此时可以将相应记录的"点赞状态（1=已点赞；0=取消点赞）"更新为 0，代表当前用户已经"取消点赞"当前博客了。与此同时，还需要将相应的数据记录更新至缓存中，最终将相应的响应结果返回给前端。

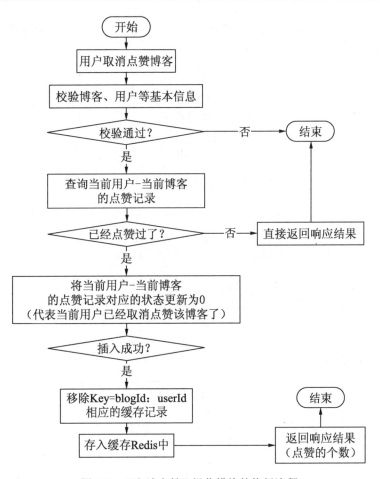

图 9.6　"取消点赞"操作模块的执行流程

从图 9.6 中可以得出，"点赞"跟"取消点赞"操作都需要将"博客 id"和"用户 id"以字符":"的形式进行拼接，用于充当缓存中的 Key，并将相应的 Value 置为 1 或者 0。其中，Value=1 时代表"当前用户点赞了当前博客"，如果 Value=0，则代表"当前用户取消点赞了当前博客"。可以基于此种缓存逻辑计算并统计博客/文章的"点赞总数"，执行流程如图 9.7 所示。

从图 9.7 中可以看出，对于"博客点赞总数"的统计，其实主要是根据缓存中 Key 的构造，通过对分号字符":"进行拆分（在实际项目中，读者可以根据自己的编码习惯进行构造，比如还可以用字符 "-" 进行构造等），拆分完成之后将得到两批数组。

第一批数组代表"博客 id 数组"，表示当前缓存中存储的所有"博客 id"信息；第二批数组存储的是触发"点赞"操作时的"用户 id"信息。之后便可以循环遍历第一个数组，找到等于当前"博客 id"的元素，如果找到了，则"博客点赞总数"加 1，当遍历完成时，即代表成功获取了当前博客的"点赞总数"了（在实际生产环境中，也可以通过异

步触发的方式预先在缓存中生成所有"博客 id"对应的"点赞总数"Map 映射,而不需要
实时进行计算、统计获取)。

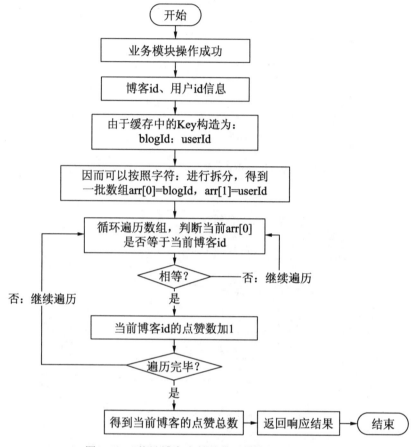

图 9.7　"统计博客点赞总数"模块的执行流程

9.2.2　Controller 层接收请求信息

接下来进入代码实现环节,以实际的代码实战上一节介绍的"点赞和取消点赞"操作
模块。首先是开发用于接收前端用户提交的"点赞"和"取消点赞"请求的 Controller,
在这里命名为 PraiseController 类,其完整的源代码如下:

```
//所在包路径
package com.debug.middleware.server.controller.redisson;
//导入部分依赖包
import com.debug.middleware.api.enums.StatusCode;
/**
 * 博客点赞业务 Controller
 * @author: zhonglinsen
```

```
    */
@RestController
public class PraiseController {
    //定义日志
    private static final Logger log= LoggerFactory.getLogger(PraiseController.
class);
    //定义请求前缀
    private static final String prefix="blog/praise";
    //定义点赞服务处理实例
    @Autowired
    private IPraiseService praiseService;
    /**点赞*/
    @RequestMapping(value = prefix+"/add",method = RequestMethod.POST,
consumes = MediaType.APPLICATION_JSON_UTF8_VALUE)
    public BaseResponse addPraise(@RequestBody @Validated PraiseDto dto,
BindingResult result){
        //校验参数的合法性
        if (result.hasErrors()){
            //如果有参数不合法-则直接返回错误的响应信息
            return new BaseResponse(StatusCode.InvalidParams);
        }
        //定义响应结果实例
        BaseResponse response=new BaseResponse(StatusCode.Success);
        //定义返回的响应数据
        Map<String,Object> resMap= Maps.newHashMap();
        try {
            //调用点赞博客处理方法。方式一：传统的处理方式
            //praiseService.addPraise(dto);
            //调用点赞博客处理方法。方式二：加了分布式锁的处理方式
            praiseService.addPraiseLock(dto);

            //获取博客的总点赞数
            Long total=praiseService.getBlogPraiseTotal(dto.getBlogId());
            //将结果塞入响应数据中
            resMap.put("praiseTotal",total);
        }catch (Exception e){
            log.error("点赞博客-发生异常: {} ",dto,e.fillInStackTrace());
            response=new BaseResponse(StatusCode.Fail.getCode(),e.getMessage());
        }
        response.setData(resMap);
        return response;
    }
    /**取消点赞*/
    @RequestMapping(value = prefix+"/cancel",method = RequestMethod.POST,
consumes = MediaType.APPLICATION_JSON_UTF8_VALUE)
    public BaseResponse cancelPraise(@RequestBody @Validated PraiseDto dto,
BindingResult result){
        //校验参数的合法性
        if (result.hasErrors()){
            //如果有参数不合法，则直接返回错误的响应信息
            return new BaseResponse(StatusCode.InvalidParams);
        }
```

```
    //定义响应结果实例
    BaseResponse response=new BaseResponse(StatusCode.Success);
    //定义返回的响应数据
    Map<String,Object> resMap= Maps.newHashMap();
    try {
        //调用取消点赞博客的处理方法
        praiseService.cancelPraise(dto);

        //获取博客的总点赞数
        Long total=praiseService.getBlogPraiseTotal(dto.getBlogId());
        //将结果塞入响应数据中
        resMap.put("praiseTotal",total);
    }catch (Exception e){
        log.error("取消点赞博客 发生异常：{} ",dto,e.fillInStackTrace());
        response=new BaseResponse(StatusCode.Fail.getCode(),e.getMessage());
    }
    //将处理结果返回给前端
    response.setData(resMap);
    return response;
    }
}
```

其中，实体类 PraiseDto 封装了前端用户提交的请求信息，主要包含两个核心字段，即"博客 id"和"用户账户 id"，其完整的源代码如下：

```
//实体类所在的包路径
package com.debug.middleware.server.dto;
//导入依赖包
import lombok.Data;
import lombok.ToString;
import javax.validation.constraints.NotNull;
import java.io.Serializable;
/**
 * 接受前端用户点赞博客的信息的实体对象
 * @author: zhonglinsen
 */
@Data
@ToString
public class PraiseDto implements Serializable {
    @NotNull
    private Integer blogId;                 //博客 id-必填
    @NotNull
    private Integer userId;                 //点赞/取消点赞的用户 id-必填
}
```

在控制器 PraiseController 类的"点赞方法"中，笔者提供了两种不同的实现方式，一种是采用传统的即不加"分布式锁"的方式；另外一种是针对高并发产生多线程的情况下加"分布式锁"的处理方式。这两种方式相应的代码处理逻辑存放在"点赞服务处理"接口 IPraiseService 及其实现类 PraiseService 中，相应的源代码将在下一节逐一给出。

9.2.3　Service 层插入、更新并缓存记录信息

"点赞"业务场景涉及的相应服务的处理主要由 IPraiseService 接口及其相应的实现类 PraiseService 完成。IPraiseService 接口的完整源代码如下：

```
//所在包路径
package com.debug.middleware.server.service;
//导入依赖包
import com.debug.middleware.server.dto.PraiseDto;
import com.debug.middleware.model.dto.PraiseRankDto;
import java.util.Collection;
/**
 * 点赞业务处理接口
 * @author: zhonglinsen
 */
public interface IPraiseService {
    //点赞博客-无锁
    void addPraise(PraiseDto dto) throws Exception;
    //点赞博客-加分布式锁
    void addPraiseLock(PraiseDto dto) throws Exception;
    //取消点赞博客
    void cancelPraise(PraiseDto dto) throws Exception;
    //获取博客的点赞数
    Long getBlogPraiseTotal(Integer blogId) throws Exception;

    //获取博客点赞总数排行榜-不采用缓存
    Collection<PraiseRankDto> getRankNoRedisson() throws Exception;
    //获取博客点赞总数排行榜-采用缓存
    Collection<PraiseRankDto> getRankWithRedisson() throws Exception;
}
```

其中，IPraiseService 接口定义了"点赞"业务涉及的所有操作模块所对应的服务处理，包括点赞操作、取消点赞操作、获取博客点赞总数，以及获取排行榜等操作，这些操作模块对应的真正服务处理类为 PraiseService。

首先是"点赞"操作模块的实现，其完整的源代码如下：

```
//所在包路径
package com.debug.middleware.server.service.redisson.praise;
/**点赞处理接口-实现类
 * @author: zhonglinsen*/
@Service
public class PraiseService implements IPraiseService {
    //定义日志
    private static final Logger log= LoggerFactory.getLogger(PraiseService.
class);
    //定义点赞博客时加分布式锁对应的 Key
    private static final String keyAddBlogLock="RedisBlogPraiseAddLock";
    //定义读取环境变量的实体 env
```

```java
@Autowired
private Environment env;
//点赞信息实体操作接口 Mapper
@Autowired
private PraiseMapper praiseMapper;
//定义缓存博客点赞 Redis 服务
@Autowired
private IRedisPraise redisPraise;
//创建 Redisson 客户端操作实例
@Autowired
private RedissonClient redissonClient;
/**点赞博客-无锁
 * @param dto
 * @throws Exception
 */
@Override
@Transactional(rollbackFor = Exception.class)
public void addPraise(PraiseDto dto) throws Exception {
    //根据博客 id-用户 id 查询当前用户的点赞记录
    Praise p=praiseMapper.selectByBlogUserId(dto.getBlogId(),dto.getUserId());
    //判断是否有点赞记录
    if (p==null){
        //如果没有点赞记录，则创建博客点赞实体信息
        p=new Praise();
        //将前端提交的点赞请求相应的字段取值复制到新创建的点赞实体相应的字段取值中
        BeanUtils.copyProperties(dto,p);
        //定义点赞时间
        Date praiseTime=new Date();
        p.setPraiseTime(praiseTime);
        //设置点赞记录的状态，status=1 为正常点赞
        p.setStatus(1);
        //插入用户点赞记录
        int total=praiseMapper.insertSelective(p);
        //判断是否成功插入
        if (total>0){
            //如果成功插入博客点赞记录，则输出打印相应的信息，并将用户点赞记录添加至
            缓存中
            log.info("---点赞博客-{}-无锁-插入点赞记录成功---",dto.getBlogId());
            redisPraise.cachePraiseBlog(dto.getBlogId(),dto.getUserId(),1);

            //触发排行榜，这在下一节中将进行代码实现
            //this.cachePraiseTotal();
        }
    }
}
/**
 * 点赞博客-加分布式锁-针对同一用户高并发重复点赞的情况
 * @param dto 请求信息
 */
@Override
@Transactional(rollbackFor = Exception.class)
public void addPraiseLock(PraiseDto dto) throws Exception {
```

```
        //定义用于获取分布式锁的 Redis 的 Key
        final String lockName=keyAddBlogLock+dto.getBlogId()+"-"+dto.
getUserId();
        //获取一次性锁对象
        RLock lock=redissonClient.getLock(lockName);
        //上锁并在 10 秒钟自动释放,可用于避免 Redis 节点宕机时出现死锁
        lock.lock(10L, TimeUnit.SECONDS);
        try {
            //TODO:
            //根据博客 id-用户 id 查询当前用户的点赞记录
            Praise p=praiseMapper.selectByBlogUserId(dto.getBlogId(),dto.
getUserId());
            //判断是否有点赞记录
            if (p==null){
                //如果没有点赞记录,则创建博客点赞实体信息
                p=new Praise();
                //将前端提交的点赞请求相应的参数值复制到新创建的点赞实体相应的字段取值中
                BeanUtils.copyProperties(dto,p);
                //定义点赞时间
                Date praiseTime=new Date();
                p.setPraiseTime(praiseTime);
                //设置点赞记录的状态,status=1 为正常点赞
                p.setStatus(1);
                //插入用户点赞记录
                int total=praiseMapper.insertSelective(p);
                //判断是否成功插入
                if (total>0){
                    //如果成功插入博客点赞记录,则输出打印相应的信息,并将用户点赞记录添
                    加至缓存中
                    log.info("---点赞博客-{}-加分布式锁-插入点赞记录成功---",dto.
getBlogId());
                    redisPraise.cachePraiseBlog(dto.getBlogId(),dto.getUserId(),1);
                    //触发排行榜,在下一节中将进行代码实现
                    //this.cachePraiseTotal();
                }
            }
        }catch (Exception e){
            //如果出现异常,则直接抛出
            throw e;
        }finally {
            if (lock!=null){
                //操作完成,主动释放锁
                lock.unlock();
            }
        }
    }
}
```

　　从上述代码中可以得知,"点赞"操作在这里是首先保证"点赞信息"可以成功插入数据库中,只有成功插入了,才将其相对应的信息存入缓存中。在这里,缓存的实现逻辑主要是由 IRedisPraise 接口及其实现类 RedisPraise 实现。

首先是 IRedisPraise 接口，它主要定义了缓存"点赞和取消点赞"操作时产生的记录信息，以及"触发排行榜"和"获取排行榜"等操作方法，完整的源代码如下：

```java
//包路径
package com.debug.middleware.server.service;
//导入依赖包
import com.debug.middleware.model.dto.PraiseRankDto;
import java.util.List;
/**
 * 博客点赞 Redis 处理服务
 * @author: zhonglinsen
*/
public interface IRedisPraise {
    //缓存当前用户点赞博客的记录-包括正常点赞、取消点赞
    void cachePraiseBlog(Integer blogId, Integer uId, Integer status) throws
Exception;
    //获取当前博客总的点赞数
    Long getCacheTotalBlog(Integer blogId) throws Exception;

    //触发博客点赞总数排行榜
    void rankBlogPraise() throws Exception;
    //获得博客点赞排行榜
    List<PraiseRankDto> getBlogPraiseRank() throws Exception;
}
```

IRedisPraise 接口相应的实现类为 RedisPraise，在这里首先贴出缓存"点赞和取消点赞"操作时产生的记录信息，以及"获取博客总的点赞数"的实现逻辑，至于"触发排行榜"及"获取缓存中的排行榜"等实现逻辑，将在下一节再重点进行开发（为了避免代码报错，读者可以在实现类中对应的方法返回 null），其源代码如下：

```java
//所在包路径
package com.debug.middleware.server.service.redisson.praise;
//导入依赖包
import com.debug.middleware.model.dto.PraiseRankDto;
import com.debug.middleware.model.mapper.PraiseMapper;
import com.debug.middleware.server.service.IRedisPraise;
import org.assertj.core.util.Strings;
import org.redisson.api.*;
import org.slf4j.Logger;
import org.slf4j.LoggerFactory;
import org.springframework.beans.factory.annotation.Autowired;
import org.springframework.stereotype.Component;
import java.util.Collection;
import java.util.List;
import java.util.Map;
import java.util.Set;
import java.util.concurrent.TimeUnit;
/**
 * 博客点赞处理服务
 * @author: zhonglinsen
*/
@Component
```

```java
public class RedisPraise implements IRedisPraise {
    //定义日志
    private static final Logger log= LoggerFactory.getLogger(RedisPraise.
class);
    //定义点赞博客时缓存存储时的 Key
    private static final String keyBlog= "RedisBlogPraiseMap";
    //创建 Redisson 客户端操作实例
    @Autowired
    private RedissonClient redissonClient;

    /**
     * 缓存当前用户点赞博客的记录
     * @param blogId 博客 id
     * @param uId 用户 id
     * @param status 点赞状态（1=正常点赞；0=取消点赞）
     */
    @Override
    public void cachePraiseBlog(Integer blogId, Integer uId, Integer status)
throws Exception {
        //创建用于获取分布式锁的 Key
        final String lockName=new StringBuffer("blogRedissonPraiseLock").
append(blogId).append(uId).append(status).toString();
        //获取分布式锁实例
        RLock rLock=redissonClient.getLock(lockName);
        //尝试获取分布式锁（可重入锁）
        Boolean res=rLock.tryLock(100,10, TimeUnit.SECONDS);
        try {
            //res 为 true 代表已经获取到了锁
            if (res){
                //判断参数的合法性
                if (blogId!=null && uId!=null && status!=null){
                    //精心设计并构造存储至缓存中的 key: 为了具有唯一性，这里采用"博客 id+
                    用户 id" 的拼接作为 Key
                    final String key=blogId+":"+uId;
                    //定义 Redisson 的 RMap 映射数据结构实例
                    RMap<String,Integer> praiseMap=redissonClient.getMap(keyBlog);
                    //如果 status=1，则代表当前用户执行点赞操作
                    //如果 status=0，则代表当前用户执行取消点赞操作
                    if (1==status){
                        //点赞操作，需要将对应的信息（这里是用户的 id）添加进 RMap 中
                        praiseMap.putIfAbsent(key,uId);
                    }else if (0==status){
                        //取消点赞操作,需要将对应的信息(这里是唯一的那个 Key)从 RMap
                        中进行移除
                        praiseMap.remove(key);
                    }
                }
            }
        }catch (Exception e){
            throw e;
        }finally {
            //操作完毕，直接释放该锁
```

```
            if (rLock!=null){
                rLock.forceUnlock();
            }
        }
    }
    /**
     * 获取博客总的点赞数
     * @param blogId 博客 id
     */
    @Override
    public Long getCacheTotalBlog(Integer blogId) throws Exception {
        //定义最终的返回值，初始时为 0
        Long result=0L;
        //判断参数的合法性
        if (blogId!=null){
            //定义 Redisson 的 RMap 映射数据结构实例
            RMap<String,Integer> praiseMap=redissonClient.getMap(keyBlog);
            //获取 RMap 中所有的 Key-Value，即键值对列表-map
            Map<String,Integer> dataMap=praiseMap.readAllMap();
            //判断取出来的键值对列表是否有值
            if (dataMap!=null && dataMap.keySet()!=null){
                //获取该 map 所有的键列表，每个键的取值是由“博客 id:用户 id”这样的格式
                构成
                Set<String> set=dataMap.keySet();
                Integer bId;
                //循环遍历其中所有的键列表，查看是否有以当前博客 id 开头的数据记录
                for (String key:set){
                    if (!Strings.isNullOrEmpty(key)){
                        //由于每个键的取值是由“博客 id:用户 id”这样的格式构成
                        //因而可以通过分隔分隔符，得到：博客 id 与用户 id 参数的值
                        String[] arr=key.split(":");
                        if (arr!=null && arr.length>0){
                            bId=Integer.valueOf(arr[0]);
                            //判断当前取出的键对应的博客 id 是否跟当前待比较的博客 id 相等

                            //如果是，代表有一条点赞记录，则结果需要加 1
                            if (blogId.equals(bId)){
                                result += 1;
                            }
                        }
                    }
                }
            }
        }
        //返回最终的统计结果
        return result;
    }
}
```

　　"点赞"服务处理类 PraiseService 除了提供"点赞"操作模块的实现逻辑之外，还提供了"取消点赞"操作模块及"获取点赞总数"的实现逻辑，其源代码如下：

```
/**
 * 取消点赞博客
 * @param dto
 * @throws Exception
 */
@Override
@Transactional(rollbackFor = Exception.class)
public void cancelPraise(PraiseDto dto) throws Exception {
    //判断当前参数的合法性
    if (dto.getBlogId()!=null && dto.getUserId()!=null){
        //当前用户取消点赞博客-更新相应的记录信息
        int result=praiseMapper.cancelPraiseBlog(dto.getBlogId(),dto.getUserId());
        //判断是否更新成功
        if (result>0){
            //result>0 表示更新成功，同时更新缓存中相应博客的用户点赞记录
            log.info("---取消点赞博客-{}-更新点赞记录成功---",dto.getBlogId());
            redisPraise.cachePraiseBlog(dto.getBlogId(),dto.getUserId(),0);

            //触发排行榜。在下一节中将进行开发
            //this.cachePraiseTotal();
        }
    }
}
/**
 * 获取博客的点赞数量
 * @param blogId 博客 id
 * @throws Exception
 */
@Override
public Long getBlogPraiseTotal(Integer blogId) throws Exception {
    //直接调用 Redis 服务封装好的"获取博客点赞数量"的方法即可
    return redisPraise.getCacheTotalBlog(blogId);
}
```

至此，"点赞"业务场景中对应的点赞操作、取消点赞操作及获取点赞总数操作逻辑对应的代码已经开发完毕。在这里需要注意的是，有一些接口的方法是在下一节实现的，因而为了避免报错，在这一节可以对相应的未实现的方法直接返回 null。

9.2.4　业务模块自测

开发完毕，进行代码自测，是每个优秀的程序员应该养成的习惯。接下来，便进入"点赞"业务场景中"点赞和取消点赞"操作模块的测试。

首先需要将整个项目运行起来，如果 IDEA 控制台没有出现相应的错误信息，即代表上述的代码逻辑没有语法方面的错误。

然后打开 Postman 测试工具，选择请求方法为 POST，并在地址栏中输入链接 http://127.0.0.1:8087/middleware/blog/praise/add。在请求体 Body 中选择提交的数据格式为 JSON （application/json），并在请求体中输入以下请求信息，表示当前"用户 id"为 101 的用户对"博客 id"为 100 的博客发起了"点赞"操作。

```
{
    "blogId":100,
    "userId":101
}
```

单击 Send 按钮，即可发起相应的请求。稍等片刻，即可看到 Postman 得到了相应的返回结果，如图 9.8 所示。

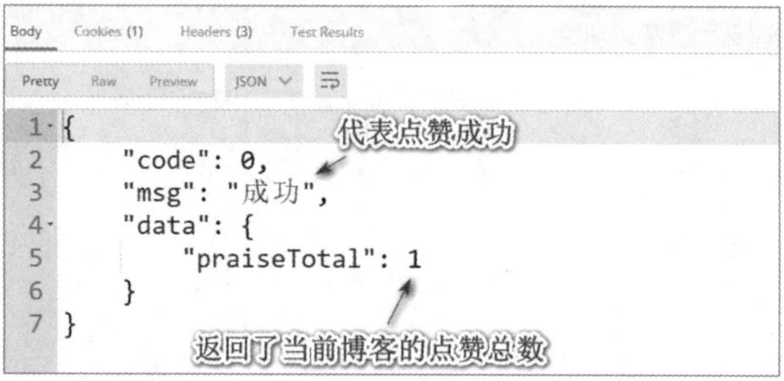

图 9.8　Postman 中"点赞"操作的返回结果

为了"制造"更多的数据，可以不断在 Postman 中对同一个"博客 id"采用不同的"用户 id"发起"点赞"请求。在这里，笔者便额外发起了"用户 id"为 102~109 的"点赞"请求，此时观察数据库表的记录信息，可以看到相应用户的"点赞"信息已经成功记录在数据库表 praise 中了，如图 9.9 所示。

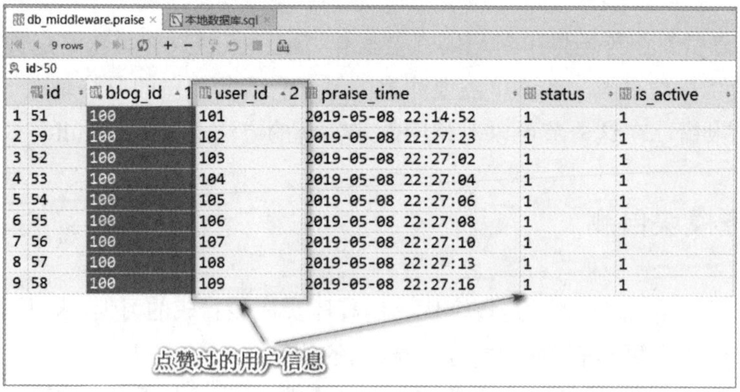

图 9.9　点赞操作的数据库记录

同时，还可以从 Postman 得到的响应结果中得知当前"博客 id"为 100 的当前的"点赞总数"为 9 个，如图 9.10 所示。

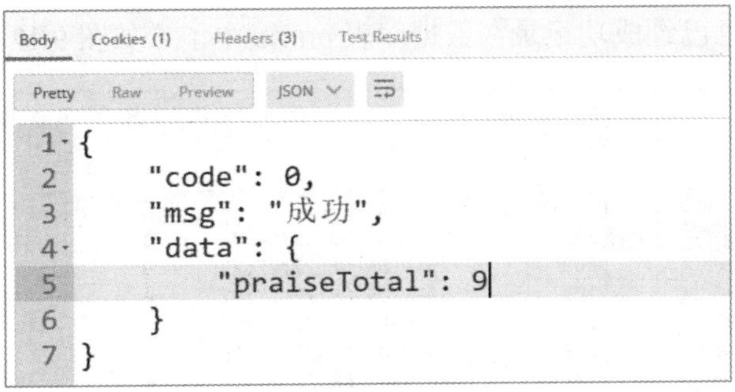

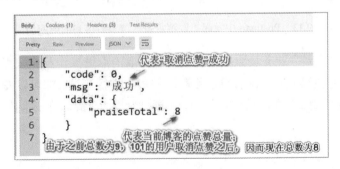

图 9.10　Postman 中发起"点赞"请求后得到的响应结果

　　以上是关于"点赞"操作模块的整体测试,从测试结果中可以得出,点赞操作对应的代码逻辑没有太大的问题。当然,读者也可以采用压力测试工具 Jmeter 对该操作模块进行高并发测试,这里笔者就不列出详细步骤了。

　　接下来是关于"取消点赞"操作模块的测试。同样的道理,首先需要在 Postman 的地址栏输入 http://127.0.0.1:8087/middleware/blog/praise/cancel ,选择请求方法为 POST,在请求体 Body 中选择提交的数据格式为 JSON(application/json),并在请求体中输入以下请求信息,表示当前"用户 id"为 101 的用户对"博客 id"为 100 的博客发起了"取消点赞"的操作。

```
{
"blogId":100,
"userId":101
}
```

　　单击 Send 按钮,即可发起相应的请求。稍等片刻,即可看到 Postman 得到了相应的返回结果,如图 9.11 所示。

图 9.11　Postman 中发起"取消点赞"请求后得到的响应结果

　　同样的道理,读者可以不断在 Postman 中对同一个"博客 id"采用不同的"用户 id",发起"取消点赞"请求,这里便额外发起了"用户 id"为 102~107(即最终只保留了 128 跟 129 的用户)的"取消点赞"请求。此时观察数据库表的记录信息,可以看到相应用户的"取消点赞"信息已经成功记录在数据库表 praise 中了，如图 9.12 所示。

图 9.12　Postman 中发起"取消点赞"请求后数据库表的记录结果

与此同时，还可以从 Postman 得到的响应结果中得知当前"博客 id"为 100 的当前的"点赞总数"为 2，如图 9.13 所示。

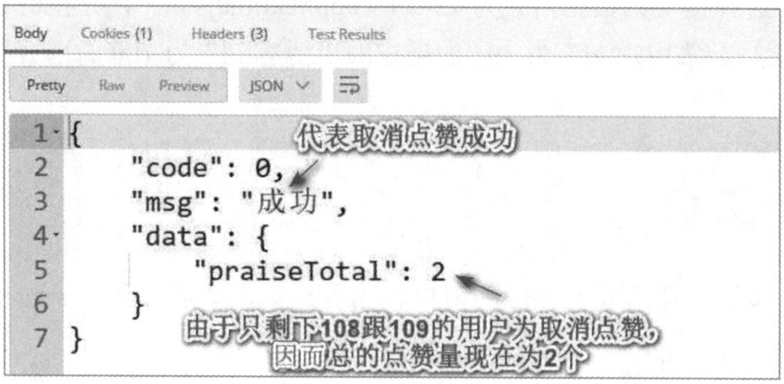

图 9.13　Postman 中发起"取消点赞"请求后得到的响应结果

至此，关于"点赞"业务场景中的点赞操作、取消点赞操作及获取点赞总数操作的代码逻辑已经开发并测试完毕。读者可以不断地并多次进行测试，即可以变换不同的博客 id 和用户 id 轮番进行测试。在测试的过程中，不断地观察 Postman 的返回结果及数据库表的记录结果。

9.3　"排行榜"业务模块实战

对于"点赞"业务场景中的"排行榜"模块，其实就是对"点赞总数"按照从大到小或者从小到大的顺序对相应的"博客"进行排序。

本节同样是属于代码实战环节，将介绍如何结合数据库 MySQL 的"Group By + Order By"关键字和 Redisson 分布式集合中的功能组件列表 RList，综合实现"点赞"业务场景的"点赞排行榜"，最终以代码的形式实现，并对相应的代码逻辑进行自测。

9.3.1　"排行榜"业务流程分析

对于"排行榜"，在实际项目中可以有多种实现方式。有的是直接借助缓存中间件的相关组件进行实现，有的是采用数据库如 MySQL 的 Group By 和 Order By 关键字进行实现，不同的实现方式，其性能不一样，适用的业务场景也不尽相同。如图 9.14 所示为"点赞"业务场景中"排行榜"模块的整体实现流程。

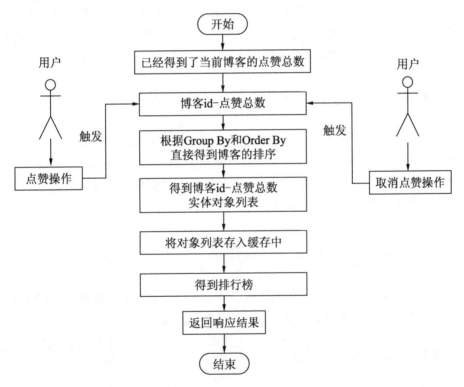

图 9.14　"排行榜"模块的整体实现流程

从图 9.14 中可以看出，笔者采用的是借助综合中间件 Redisson 中的功能组件，即列表 RList，并结合数据库 MySQL 的 Group By 和 Order By 关键字进行了综合实现。以下代码为实现"根据点赞的数量，按照从大到小的顺序对博客进行排序"的动态 SQL：

```
<!--获取博客点赞总数排行榜-->
<select id="getPraiseRank" resultType="com.debug.middleware.model.dto.
PraiseRankDto">
```

```
SELECT
  blog_id  AS blogId,
  count(id) AS total
FROM praise
WHERE is_active = 1 AND status = 1
GROUP BY blog_id
ORDER BY total DESC
</select>
```

需要注意的是，为了保证"排行榜"模块最终输出结果的正确性与高效性，此种实现方式需要保证两点：

- 需要保证排行榜对应的 SQL 的正确性，因为该 SQL 将直接用于产生"排行榜"，即包含"博客 id""点赞总数"等字段的已经排好序的实体对象列表。如果该 SQL 的执行结果不正确，那其他的操作流程将是在做无用功。
- 需要提供一种触发机制，即用户在前端执行某些操作时，将**实时**触发缓存中排行榜的更新，而这主要是通过触发这样的一段代码逻辑：重新获取排好序的实体对象列表，并更新缓存中的排行榜。当然，这一段代码逻辑也可以通过异步的方式进行触发。

在一些对实时性要求不高的业务模块，也可以只通过**定时**的方式主动触发缓存中的排行榜。

在"点赞"业务场景中，其实应用系统更关注的是用户触发"点赞"和"取消点赞"操作后在数据库中产生的相关记录，因而只要**控制**并保证用户在触发相应的操作时，数据库及时地存储相应的记录，那么应用系统中其他的业务模块都可以基于此实现相应的操作（而对于这种**控制**，对于系统后端很简单）。

9.3.2 接收前端请求并触发缓存排行榜

接下来进入"排行榜"模块的代码实战环节。首先需要在控制器 PraiseController 类中开发"获取点赞排行榜"的请求方法，其相应的源代码如下：

```
/**
 * 获取博客点赞排行榜
 * @return
 */
@RequestMapping(value = prefix+"/total/rank",method = RequestMethod.GET)
public BaseResponse rankPraise(){
    //定义响应结果实例
    BaseResponse response=new BaseResponse(StatusCode.Success);
    try {
        response.setData(praiseService.getRankWithRedisson());
    }catch (Exception e){
        log.error("获取博客点赞排行榜-发生异常: ",e.fillInStackTrace());
        response=new BaseResponse(StatusCode.Fail.getCode(),e.getMessage());
    }
```

```
        return response;
    }
```

其中，"点赞服务处理类"PraiseService 中的 getRankWithRedisson()方法主要用于通过缓存的方式获取"点赞排行榜"，其源代码如下：

```
/**获取博客点赞总数排行榜-采用缓存
* @return 返回排行榜
*/
@Override
public Collection<PraiseRankDto> getRankWithRedisson() throws Exception {
    return redisPraise.getBlogPraiseRank();
}
```

除此之外，在"点赞服务处理类"PraiseService 中还提供了不采用缓存的方式获取"点赞排行榜"的方式，以及通用的用于触发"缓存中点赞排行榜的更新"的处理逻辑，其源代码如下：

```
/**获取博客点赞总数排行榜-不采用缓存
 * @return 返回排行榜
 */
@Override
public Collection<PraiseRankDto> getRankNoRedisson() throws Exception {
    return praiseMapper.getPraiseRank();
}
/**将当前博客 id 对应的点赞总数构造为实体，并添加进 RList 中 - 构造排行榜
 * 记录当前博客 id-点赞总数-实体排行榜*/
private void cachePraiseTotal(){
    try {
        redisPraise.rankBlogPraise();
    }catch (Exception e){
        e.printStackTrace();
    }
}
```

最后是缓存服务处理接口中"触发博客点赞总数排行榜"方法，以及"获得博客点赞排行榜"方法的实现逻辑，相应的处理逻辑是在 RedisPraise 类中进行实现，源代码如下：

```
//点赞实体 Mapper 操作接口实例
@Autowired
private PraiseMapper praiseMapper;
/**
 * 博客点赞总数排行榜
 * @throws Exception
 */
@Override
public void rankBlogPraise() throws Exception {
    //定义用于缓存排行榜的 Key
    final String key="praiseRankListKey";
    //根据数据库查询语句得到已经排好序的博客实体对象列表
    List<PraiseRankDto> list=praiseMapper.getPraiseRank();
    //判断列表中是否有数据
    if (list!=null && list.size()>0){
```

```
    //获取 Redisson 的列表组件 RList 实例
    RList<PraiseRankDto> rList=redissonClient.getList(key);
    //先清空缓存中的列表数据
    rList.clear();
    //将得到的最新的排行榜更新至缓存中
    rList.addAll(list);
    }
}
/**
 * 获得博客点赞排行榜
 * @throws Exception
 */
@Override
public List<PraiseRankDto> getBlogPraiseRank() throws Exception {
    //定义用于缓存排行榜的 Key
    final String key="praiseRankListKey";
    //获取 Redisson 的列表组件 RList 实例
    RList<PraiseRankDto> rList=redissonClient.getList(key);
    //获取缓存中最新的排行榜
    return rList.readAll();
}
```

至此，"点赞"业务场景中"排行榜"模块的代码已经开发完毕。当然，对于"触发及获取排行榜"的代码实现逻辑也可以有不同的实现方式，比如对于实时性要求不高的业务场景，读者可以尝试采用定时器的方式（如每隔 10 秒钟执行一次操作）主动从数据库中获取最新的排行榜，并将其更新至缓存中。

9.3.3　业务模块自测

在进入"排行榜"业务模块测试之前，需要将"触发排行榜的获取及更新缓存"的方法调用加入到"点赞服务处理类"RedisPraise 中的"点赞"和"取消点赞"操作方法中。以下代码为在 RedisPraise 类的"取消点赞博客"方法中调用"触发更新缓存中排行榜"的方法：

```
/**取消点赞博客*/
@Override
@Transactional(rollbackFor = Exception.class)
public void cancelPraise(PraiseDto dto) throws Exception {
    //判断当前参数的合法性
    if (dto.getBlogId()!=null && dto.getUserId()!=null){
        //当前用户取消点赞博客-更新相应的记录信息
        int result=praiseMapper.cancelPraiseBlog(dto.getBlogId(),dto.
getUserId());
        //判断是否更新成功
        if (result>0){
            //result>0 表示更新成功,同时更新缓存中相应博客的用户点赞记录
            log.info("---取消点赞博客-{}-更新点赞记录成功---",dto.getBlogId());
```

```
        redisPraise.cachePraiseBlog(dto.getBlogId(),dto.getUserId(),0);
        //触发更新缓存中的排行榜
        this.cachePraiseTotal();
    }
}
```

同样的道理，也需要在"点赞博客"的方法 addPraiseLock()和 addPraise()中加入"触发更新缓存中排行榜"的方法调用，以下代码为 addPraiseLock()方法的完整源代码：

```
/**点赞博客-加分布式锁-针对同一用户高并发重复点赞的情况*/
@Override
@Transactional(rollbackFor = Exception.class)
public void addPraiseLock(PraiseDto dto) throws Exception {
    //定义用于获取分布式锁的 Redis 的 Key
    final String lockName=keyAddBlogLock+dto.getBlogId()+"-"+dto.getUserId();
    //获取一次性锁对象
    RLock lock=redissonClient.getLock(lockName);
    //上锁并在 10 秒钟自动释放，可用于避免 Redis 节点宕机时出现死锁
    lock.lock(10L, TimeUnit.SECONDS);
    try {
        //TODO:
        //根据博客 id-用户 id 查询当前用户的点赞记录
        Praise p=praiseMapper.selectByBlogUserId(dto.getBlogId(),dto.getUserId());
        //判断是否有点赞记录
        if (p==null){
            //如果没有点赞记录，则创建博客点赞实体信息
            p=new Praise();
            //将前端提交的博客点赞请求相应的字段取值，复制到新创建的点赞实体相应的字段取
            值中
            BeanUtils.copyProperties(dto,p);
            //定义点赞时间
            Date praiseTime=new Date();
            p.setPraiseTime(praiseTime);
            //设置点赞记录的状态-1 为正常点赞
            p.setStatus(1);
            //插入用户点赞记录
            int total=praiseMapper.insertSelective(p);
            //判断是否成功插入
            if (total>0){
                //如果成功插入博客点赞记录，则输出打印相应的信息，并将用户点赞记录添加至
                缓存中
                log.info("---点赞博客-{}-加分布式锁-插入点赞记录成功---",dto.
getBlogId());
                redisPraise.cachePraiseBlog(dto.getBlogId(),dto.getUserId(),1);

                //触发更新缓存中的排行榜
                this.cachePraiseTotal();
            }
        }
    }catch (Exception e){
        //如果出现异常则直接抛出
```

```
        throw e;
    }finally {
        if (lock!=null){
            //操作完成，主动释放锁
            lock.unlock();
        }
    }
}
```

接下来进入"点赞"业务场景中"排行榜"模块的测试。首先需要打开测试工具 Postman，并在地址栏输入 http://127.0.0.1:8087/middleware/blog/praise/total/rank ，选择请求方法为 GET，最后单击 Send 按钮，即可发起"获取当前博客排行榜"的请求。稍等片刻，即可得到后端的响应结果，如图 9.15 所示。

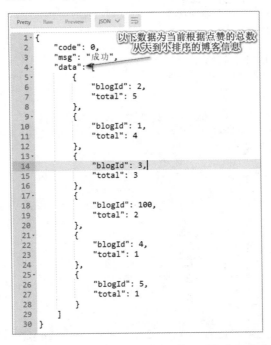

图 9.15　Postman 发起"排行榜"请求得到的响应结果

为了检验 Postman 得到的响应结果的正确性，可以打开数据库管理工具 Navicat Premium，并将下面这段用于获取"排行榜"的 SQL 置于查询界面中，运行后即可得到相应的输出结果，如图 9.16 所示。

对比运行 SQL 得到的输出结果及 Postman 得到的响应结果，可以得知"排行榜"业务模块的触发及更新缓存的代码逻辑并没有问题！

除此之外，对于"排行榜"业务模块的测试，读者还可以结合"点赞"操作模块及"取消点赞"操作模块进行综合测试。如图 9.17 所示为笔者对"点赞操作"发起了"博客 id"为 100、"用户 id"为 201~204 的请求后的数据库记录。

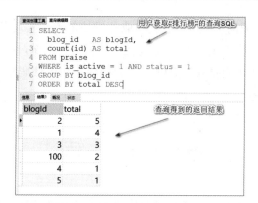

图 9.16　Navicat Premium 执行"获取排行榜"的 SQL 得到的结果

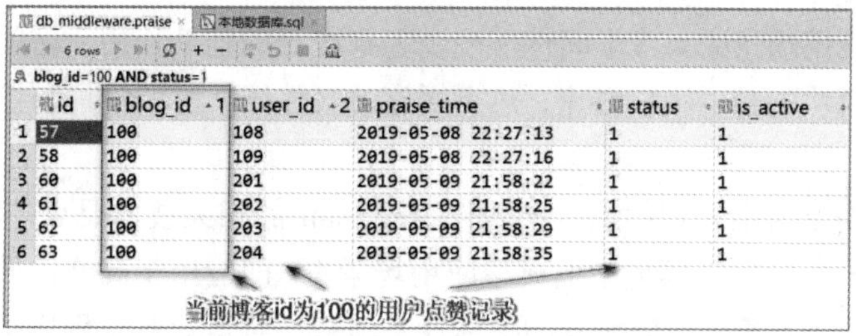

图 9.17　Postman 中发起"点赞请求"后的数据库记录结果

　　此时，"博客 id"为 100 的"博客点赞总数"为 6，超过了"博客 id"为 2 的"博客点赞总数"，因而将触发新的排行榜的诞生。如图 9.18 所示为 Postman 中发起新的"获取排行榜"的请求后得到的响应结果。

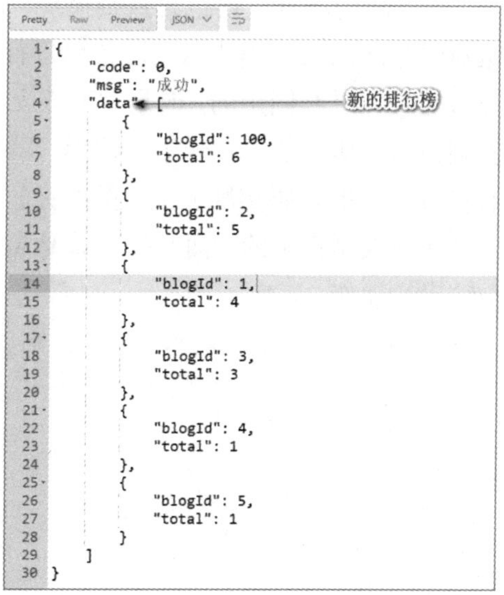

图 9.18　Postman 发起"排行榜"请求后得到的响应结果

至此，关于"点赞"应用场景"排行榜"业务模块的代码实现及测试可以告一段落了，在这里仍然强烈建议读者一定要多动手编写代码，多进行测试，特别是业务模块与业务模块之间的交叉测试，如此才能直观、更好地理解相应模块的代码实现逻辑及相应的业务执行流程。

9.4　总　　结

在互联网时代，高性能的分布式系统架构对于一个企业的产品和应用而言是至关重要的。而高性能、高可用的"中间件"对于分布式系统架构而言同样也是很重要的。特别是在一些高并发的应用场景中，"中间件"可以起到很好的辅助作用。这些作用在实际生产环境中包括业务模块解耦、接口限流、热点缓存、服务统一协调管理和控制高并发多线程的并发访问等。

本章基于前面章节中介绍的综合中间件 Redisson 的相关技术要点，将 Redisson 的相关功能组件应用于实际生产环境中的典型应用场景中，即应用于高性能的"点赞"业务中。其中，主要介绍了"点赞"应用场景的整体业务流程，对该业务流程进行了整体分析及模块划分，并基于划分好的操作模块进行数据库设计，最终采用 MyBatis 逆向工程，生成相应数据库表的实体类、Mapper 操作接口及对应的动态 SQL 配置文件 Mapper.xml。

本章还重点介绍了"点赞"业务场景中出现的背景及整体的业务流程，对该业务的整体实现流程进行了深入剖析，并基于分析得到的结果对整体业务场景进行了模块划分及数据库设计，从中可以得知"点赞"应用场景主要包含点赞模块、取消点赞模块、获取点赞总数模块及排行榜模块，最后对相应的操作模块以实际代码进行了实现。

虽然每个操作模块的业务流程几乎是固定的，但是对于该应用场景中每个操作模块的代码实现却可以有不同的实现方式。所谓的"有一千个读者，就有一千个哈姆雷特"，指的便是一种业务流程可以有多种不同的代码实现方式。但不管怎么实现，最终都应该保证每个操作模块的输入、输出结果不仅是正确的，而且还应该是高性能的，即应当减少代码对数据库频繁的 I/O（输入/输出）操作。

第3篇
总结

▸▸ 第 10 章 总结与回顾

第 10 章　总结与回顾

通过前面章节的分享与介绍，想必各位读者已经知晓了本书所介绍的相关分布式中间件的知识要点，包括基本概念、典型应用场景，以及在实际项目中典型业务模块的代码实现。本章主要对前面篇章介绍的相关 Java 中间件进行整体的总结与回顾，并针对其中的代码实战环节与实际项目中的使用提出几点建议。

本书开篇主要介绍了当今盛行的分布式系统架构的演进过程，介绍了分布式系统架构在演进的各个阶段所关注的核心要点。其中，本书重点介绍了演进过程中的以下几个核心阶段：

首先是传统的单体应用时代。这个时代的 Java 企业级应用，其关注的重点在于"项目的可用性"，即交付给客户的项目只需要最大程度地保证项目可以运行、业务流程可以正常开展，就可说明该项目的开发是"成功的"，而不管在此期间有多大的人力层面、成本层面、网络层面及服务器等硬件层面的开销。可以说，在这个阶段开发的项目，大部分面向的对象是高校、企业、政府单位或小型的个体商户。

之后便是按照"业务"或者"模块"拆分的系统架构时代。这个时代的 Java 企业级应用，其关注的重点在于"分库分表"及"服务"的划分，服务与服务之间独立部署、"单兵作战"，主要用于提供与自身业务服务相关的逻辑。除此之外，服务与服务虽然是独立部署，但却允许通过网络或者某种协商一致的协议进行通信，共同完成某项"任务"。可以说，这个时代的 Java 企业级应用逐渐接近于微服务和分布式系统架构。

最后便是将"分布式中间件"运用得淋漓尽致的分布式系统架构。这个时代的 Java 企业级应用，其关注的不仅是系统架构的规模及可扩展性，而且更关注的是"业务"及"用户量"在突发增长时系统架构的可用性和高效性。在这个时代的 Java 企业级应用系统架构中，中间件的引入可以说起到了至关重要的作用。如果说"分布式系统架构"在 Java 企业级应用中相当于"三军统帅"的话，那么"分布式中间件"就相当于"大将"的角色。为此，本书便展开了分布式中间件的"实战"历程。下面分别介绍。

首先是分布式缓存中间件 Redis，重点介绍了它的基本概念及典型的应用场景。除此之外，还介绍了 Redis 在本地开发环境如 Windows 系统中的安装与使用，并基于 Spring Boot 整合搭建的项目对 Redis 的常见数据结构进行了代码实战。最后还以实际生产环境中的典型应用场景"抢红包系统的设计与开发"为案例，配备实际的代码实现，进一步加深读者对分布式缓存中间件 Redis 在实际项目应用中的理解。

其次是分布式消息中间件 RabbitMQ，主要介绍了它的基本概念、典型应用场景及在实际生产环境中的作用。重点介绍了 RabbitMQ 的几种消息模型，包括基于 FanoutExchange 的消息模型、基于 DirectExchange 的消息模型，以及基于 TopicExchange 的消息模型。除此之外，还介绍了 RabbitMQ 的"多实例消费者"消费机制及几种典型的确认消费模式，以及如何采用 RabbitTemplate 操作组件和@RabbitListener 注解实现消息的发送和接收。

接着在介绍 RabbitMQ 的篇章中，笔者专门将"死信队列"拿出来独立为专门的章节进行介绍。主要是因为"死信队列/延迟队列"在如今的微服务和分布系统架构中的应用越来越广泛，因而可以将其当作独立的组件进行对待。其中，主要介绍了"死信队列/延迟队列"的基本概念及其典型应用场景。在章节的最后，还以实际生产环境中的典型应用场景"用户下单支付超时"为案例，配以实际代码进行了实战演示。

然后是"分布式锁"的登场。分布式锁是一种可以在分布式环境中控制多线程对共享资源访问的机制。它并不是一种全新的"组件"或者"中间件"，而是一种解决方案，然而该解决方案却需要相关的中间件进行实现。本书主要介绍了 4 种分布式锁，分别为基于数据库的乐观锁和悲观锁，基于缓存中间件 Redis 的原子操作实现的分布式锁和基于服务协调中间件 ZooKeeper 的有序临时节点和 Watcher 机制实现的分布式锁，以及基于综合中间件 Redisson 实现的分布式锁。其中，主要介绍了中间件 ZooKeeper 的相关基本概念及其底层基础架构的实现原理。

最后是综合中间件 Redisson。虽然可以把它当做是 Redis 的升级版，但是它却拥有比 Redis 功能更为强大、性能更为高效的功能。其中，主要介绍了 Redisson 的基本概念、典型应用场景及其常见的功能组件，在最后还以实际生产环境中的典型业务场景"高性能点赞"为案例，配以实际的代码进行了实战演示，进一步巩固、加深读者对 Redisson 相关技术要点的理解。

读者在学习本书介绍的相关中间件时，千万不要"眼高手低"，而应当贯彻"实战为主，理论为辅"的理念，结合相应的业务流程图，多动手进行代码编写。读者也可以自行根据笔者提供的业务流程图，动手实现跟笔者不一样的代码，也许会有比笔者提供的现有方案更为高效的解决方案。

总之，实战出真知，只有经历了真正的代码"实战"，最终才能理解并掌握本书所介绍的知识和要点。

推荐阅读